U0214996

致敬金庸先生

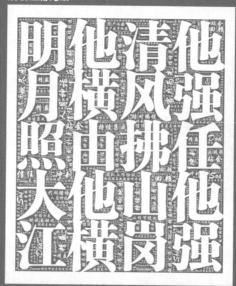

——宋家友 侧供雕

简洁信息与计算 / 计算机
计算机辅助设计与图形学
网文地址详见 / 未知地理丁

"书名说明了一切，敏捷是无敌的。敏捷是一种价值观，是一种态度，是有生命力的方法论，是 VUCA 时代所有适应变化的方法之集大成者，其影响力已经超越 IT 领域，可以广泛用于指导工作和生活的方方面面。在《敏捷无敌之 DevOps 时代》一书中，王立杰、许舟平和姚冬三位大咖脑洞大开，借着一名 IT 新兵践行敏捷成长为所向披靡的老将的故事，从最简单的 Scrum 实践逐步深入，延伸到思考敏捷和 DevOps 的'道'，内容海纳百川，字里行间充满真知灼见，远远超出了传统敏捷和 DevOps 的范畴，三位作者的功力和诚意可见一斑。此书既可以作为了解与学习敏捷和 DevOps 的工具书，又可以充当解决问题的宝典，特别是'冬哥有话说'这个环节，字字珠玑，句句经典，时有醍醐灌顶的顿悟，相信各个阶段的读者都能够从中受益。"

——方炜，浙江移动云计算中心副主任

"用趣味的语言和轻小说风格将敏捷开发和 DevOps 这样专业的方法论以理论结合实践的方式展示给读者，非常值得每一个工程师一读。从最简单的 Scrum 实践逐步深入，延伸到思考敏捷和 DevOps 的'道'，内容海纳百川且不乏实战经验、真知灼见。此书可以作为学习了解敏捷和 DevOps 的工具书，也可以是解决问题的参考书。'冬哥有话说'环节很经典，总结精炼、观点清晰并有实战指导意义，适合各个阶段的读者从中领悟受益。"

——李晓东，中国民生银行信息科技部总架构师、技术管理中心负责人

"这是一本特别的技术书，用小说故事的方式跨度十年，讲解敏捷开发、精益创业和DevOps的落地实践。我本来以为这样的故事不容易看，但不知不觉就翻完好几章，因为故事描述的场景具有现实意义，主人公讲解很清晰，所以很容易读下去。

三位作者都是技术出身，有丰富的研发管理和咨询实践经验，之所以选择这种形式，觉得坊间太多教科书式的书籍，读起来比较干巴巴的，真正在实践中碰到的问题和场景不能得到有效解答。所以决定用故事方式来串讲，更具有可读性。

这本书适合有一定敏捷实践和管理经验的读者，三位作者在书中的章节内容很有实践性，提炼出来的要点原则实用性强，书中的场景和项目素材都来自于真实世界的开发项目，这样完整再现分析项目的实践过程对于正在应用敏捷和DevOps的同行来说很有借鉴意义。

美中不足的是缺乏一个更简练的敏捷DevOps引导手册，方便初学敏捷的读者更容易上手。希望新版或者作者提供附加电子版来帮助更多人快速从中获益。

瑕不掩瑜，这是一本难得的研发方法论落地实践的好书，无论你是从头看到尾，还是从中选择你关心的部分，都能看到作者多年实践总结的心得。"

——蒋涛，CSDN 创始人 & 董事长

"依托机智幽默的语言，巧借轻小说的文风，这本书以理论结合实践的方式将敏捷开发和DevOps如此专业的方法论娓娓道来，非常值得每个工程师阅读。"

——何刚，前微软、亚马逊、京东技术高管

"第一眼翻开书，我就被吸引进去而不忍释卷。三位作者将精益敏捷到DevOps的发展历程娓娓道来，让读者们轻松生动地融入故事之中，还能从中学到大量生动的实战案例！这是一种完全不一样的体验，一种深入浅出的学习，一番与业界牛人的对话！过去十年，精益敏捷新思维、新实践风起云涌，跟随着书中主角快意徐行，既是探索敏捷DevOps的旅程，也指引着读者选对方向，以正确的'姿势'叩其门而入。我欣赏这样独特的视角！为这种新颖的学习方式点赞、鼓掌！"

——张泽辉，光环国际董事长

"几年前在一个偶然的机会认识了'无敌三人组'中的许舟平，一个痴迷敏捷开发和DevOps的技术管理者。因为我们都曾经在蓝色巨人 IBM 工作过，也因为我们有很多开发和运维方面的共同兴趣和看法，交流中有很多共鸣，相见恨晚。最近拿到他送我的《敏捷无敌之 DevOps 时代》样书后，在一个周末静下来开始细读，一下子就被书中小说般引人入胜的故事和丰富的内容所吸引，读得不忍放手，让我重新尝到了那种久违的从纸质技术书中系统获取知识的快乐感。字里行间处处显露出来的是三位作者对敏捷和 DevOps 的真爱以及他们在这方面的深厚积累，满满的都是干货。从十年前的敏捷到近几年的 DevOps，'无敌三人组'把他们自己多年的实战经验，用精心设计的场景和美妙的文字无私地分享给了读者。书中内容远远超过了敏捷和 DevOps，还覆盖了领导力、管理艺术、测试方法论、产品设计、黑客马拉松、NPS（净推荐值）等多方面的知识点，值得各种软件开发者和互联网从业者学习。不管你是一个初入 IT 行业的新兵，还是一个有多年工作经验的技术管理者，我相信这本书都会让你受益。"

——崔宝秋，小米集团副总裁，集团技术委员会主席

"当冬哥（沿袭'冬哥有话说'的称呼）让我写推荐语，我是既高兴又忐忑。立杰和冬哥都是我的老朋友，我们行在试点看板、敏捷 SCRUM 和 DevOps 部分实践过程中，他们都给与了很多帮助，立杰'无敌哥'的形象更是深入民心；与舟平有过一面之缘，这次他们无敌三人组在 DevOps 提出十周年之际，再次出书，想必融入了很多他们一路走来的酸甜苦辣。

这本书其实有几种读法，每章都分为小说、知识要点和冬哥有话说三部分。如果你嫌看一堆技术的词语太过枯燥，那么你只需要阅读每章节的'小说'部分；如果你想快速查看每章的核心技术内容，你可以参考'知识要点'部分；如果你想听听冬哥的经验之谈和实施建议，你可以参考'冬哥有话说'部分。

细细品读本书，发现作者们非常用心，将当前敏捷、看板、精益、DevOps 落地过程中经常遇到的问题和误区都融入其中。最值得一提的是附录的参考资料，基本上把当前最经典的书和网站都囊括其中。希望本书成为中国版的《凤凰项目》，也有机会让Gaming Works 出一款同名沙盘。"

——陈展文，招行总行信息技术部 DevOps 推广负责人

"每一次见到著书立说的老师，我都是非常佩服的，佩服其专业精神，佩服其坚持的韧性。尤其是那种有非常丰富的实战经验的老师写的书，我会坚信不疑其品质。本书作者团队在圈子里都非常有声望，有着丰富的实战经验，同时又与时俱进，兼容并蓄。

'没踩过坑，你都不好意思说在做敏捷''DevOps 的核心，是精益与敏捷的思想和原则''是什么，不重要；能解决什么，要解决什么问题，很重要'……工程实践、方法和框架等是'术'这一层面的内容，文化、价值观等才是'道'的层面的，两者要匹配，否则会看到速成的假象、会有人集体做假、最终会失败。感谢作者用小说体、讲故事的方式，将敏捷、精益和 DevOps 的原则、方法、误解及假象等说得那么透彻，那么通俗易懂。书中包含的内容丰富，详略得当，重点描述又非常具体详细，总之，真的是一本很好的学习用书；同时，对于那些在探索敏捷、精益、DevOps 等实践的过程中的同学，也可以用来对照反思，增强学习。我坚信每一个在坚持探索与改变的读者都能找到自己在书中的影子，我也确定这本书能帮助大家系统性地、正确地梳理概念、反思实践、指导大家探索求变。

我对作者的最高评价是'有良心的作者'。本书的三位作者，恨不得把自己掌握的所有积累，以武侠小说中高人为爱徒打通任督二脉、灌入通体内力的方式，毫无保留地交给读者。发自内心地感谢这三位有良心的老师。"

　　——李怀根，广发银行研发中心总经理

"世界上有两件最难的事情，一件是把别人的钱装进自己的口袋，另一件是把自己的思想装进别人的脑袋。当要传递的思想包含数种方法和数十个概念的时候，则变得难上加难。三位作者通过将要传递的思想融入到故事中，随着情节的发展，徐徐展开，让学习的过程变得更加自然和充满乐趣，用心良苦。三位作者笔下主人公阿捷也刻画了一个积极主动、持续学习，在挑战中不断成长的优秀工程师，故事结局皆大欢喜，努力的人运气不会太差。"

　　——李涛，百度效率云总经理

"《敏捷无敌之 DevOps 时代》凝聚了几位大咖多年的实战经验，以小说的形式娓娓道来，由浅入深道出 Devops 概念，落地过程中的种种问题以 及文化思想上的转变，如亲临其境，有热情改变现状的 IT 管理人员值得反复阅读。"

——薛恩峰，中原银行信息技术部 副总经理

"写书著作，用平铺直叙的方式容易，还是用小说的形式容易呢？

老实说，平铺直叙的方式只要理论深受喜爱便行了，读者完全会自行去意会，无需太多拐弯陈述。而采用小说的形式就要难得多了，非有一张合理的编年史来记录主角的成长历程不可，从头到尾都马虎不得。

这是一本用小说形式写成的书，几位作者文笔流畅，既使是在描述比较艰深的条文时也能说明得让人阅读起来浅显易懂，实属难能可贵。

记得 DevOps 开始流行之初，台湾的 IT 先行者四处寻找论述到 DevOps 的丛书，只要书名挂上 DevOps 就变得抢手，一时间洛阳纸贵，科技界呈现着一股追星的潮流。那时有一本《凤凰计划》，采用的就是这种小说形式来描述 IT 和 DevOps 业务之间的故事，那是 2013 年 1 月的事，这本书的毁誉参半，看过的人出现二极化的评语。

负面评语是这么说的：「这本书的前面铺陈太长，让人找不到重点，实在很难看下去，而后半段一直在隐喻的三步工作法却放在附录里而且只有两三页，实在不敢恭维，若不是在读书会里头依靠几位前辈的教诲才得以找到重点。因此，不建议大家阅读。」

佳评如下：「《凤凰计划》是一本伪装成小说的商业书籍。当我开始以商业书籍而非小说的形式评估《凤凰计划》时，我开始更加享受，对书中呈现的概念有了更多的了解，而不是专注于简单的散文和高度人为的场景。该情节是作者探索和崇尚整个商业意识形态的工具。通过这些概念中的每一个，对主要人物进行了指导，以使读者受益，以了解它们各自对业务产生的巨大影响。」

当时，这二种评语让我犹豫着是否该推荐给年轻的工程师阅读，尤其是科技人那一群急着吸收新知的新新人类，他们会不会只看了前半段就放弃了呢？但随着 DevOps 的日渐成熟，事实证明，我的疑虑是多余的，它迅速成为亚马逊的畅销书，而且还在持续的再版中。

拿到《敏捷无敌之 DevOps 时代》的那一刻，这本被称为轻小说的敏捷专业书籍，零负担的轻小说，真的好棒！让人全然没有前面所提到的疑虑，在迅速读完上部之后，一种「就是能让你轻松阅读的小说」的感受油然而生，我终于可以毫无疑虑地推荐给大家了。

另一个一定要推荐给大家的理由是，这本书所涵盖的宽度和广度，由探究需求的黄金圈理论、设计冲刺一直到持续发布的 CI/CD 作业及 Netflix 的捣蛋猴军团甚至是抽象化评估理论的 CANO 模式都没有遗漏，可见无敌三人组的努力不一般。尤其是针对每一主题那种迅速的重点导入方式，让人阅读起来没有负担，没有要准备进入长篇大论的沉重氛围，这种敏捷文件独特的刚刚好（just enough）的设计模式，正符合 Kent Beck 所谓的「为明天而设计，而不是将来」，这种刚刚好模式非常适合心急的读者群先用快速浏览的方式进行一种轻松的阅读，然后在找到有兴趣的部分时再去做深入探讨，自然能够收获丰硕。这本书，我尤其喜欢「冬哥有话说」的补述方式，建议读者可以在读到这部分的时候放慢速度，全心感受一下他究竟要说些什么，是对这一段陈述的理论补述还是总结，这一定会让你更有收获。

阅读书中人物对各种挑战的各式应变范式时，建议读者以自身的情境为考虑，犹如作者所言：「实践是死的，人是活的，必须根据具体情况灵活处理。别人总结的实践需要吸收、消化和提炼，最终形成自己的实践。」

敏捷不是一种快速开发的方法，它是一种应变需求快速改变的方法。

在此，与大家共勉之。"

——李智桦，Ruddy 老师

敏捷无敌之
DevOps 时代

王立杰
许舟平　著
姚　冬

清华大学出版社
北京

内 容 简 介

本书以轻小说的形式，借助于逼真的场景演绎了一名软件工程师从敏捷走向无敌DevOps的技艺精进历程。软件工程师阿捷从发现敏捷、学习敏捷、应用敏捷进而扩展到DevOps领域的仗剑走天涯之旅，一路上或自学成才，或拜师学艺，最后习得吸星大法，兼容并蓄，深度掌握了敏捷与DevOps的核心思想和方法，不仅构建出自己的关键知识体系，最后还和赵敏双剑合璧，走上共同精进之路。

本书涉及市场、产品经理、开发、测试和运维等角色，描述了各个角色如何理解、应对和驾驭乌卡时代的不确定性，是一本融合理论、实践以及情感的趣味读物，可以帮助读者洞察到互联网企业和技术公司是如何在管理、流程和文化上进行迭代和创新的。

本书封面贴有清华大学出版社防伪标签，无标签者不得销售。

版权所有，侵权必究。举报：010-62782989，beiqinquan@tup.tsinghua.edu.cn。

图书在版编目(CIP)数据

敏捷无敌之DevOps时代 / 王立杰，许舟平，姚冬著. —北京：清华大学出版社，2019.10（2023.9重印）
ISBN 978-7-302-54113-4

Ⅰ.①敏…　Ⅱ.①王…②许…③姚…　Ⅲ.①软件工程　Ⅳ.①TP311.5

中国版本图书馆 CIP 数据核字（2019）第 241866 号

责任编辑：文开琪
封面设计：李　坤
责任校对：周剑云
责任印制：沈　露

出版发行：清华大学出版社
　　　　网　　　址：http://www.tup.com.cn，http://www.wqbook.com
　　　　地　　　址：北京清华大学学研大厦 A 座　　　　邮　　　编：100084
　　　　社 总 机：010-83470000　　　　邮　　　购：010-62786544
　　　　投稿与读者服务：010-62776969，c-service@tup.tsinghua.edu.cn
　　　　质 量 反 馈：010-62772015，zhiliang@tup.tsinghua.edu.cn
印 装 者：涿州市般润文化传播有限公司
经　　销：全国新华书店
开　　本：178mm×230mm　　　印　　张：37.5　　　字　　数：815 千字
版　　次：2019 年 11 月第 1 版　　　印　　次：2023 年 9 月第 4 次印刷
定　　价：128.00 元

产品编号：085959-02

弹指十年，功到自然成

徐峰，华为云 DevCloud 总经理

为兄弟们的十年修炼做个见证。

2009 年，因一本《敏捷无敌》让我有幸结识了舟平。接下来的十年，无论是深圳、北京还是旧金山，只要能"碰撞"到同一城市，我们一定是要小酌两杯问候近况和聊聊梦想的。同样是 2009 年，比利时的根特市，Patrick Debois 提出了 DevOps 的话题，将敏捷从开发延伸到运维，自此掀开了软件工程的新篇章。后来也因为参与中国 DevOpsDays 社区的活动又认识冬子，很荣幸邀请到冬子加入了华为云 DevCloud 团队。

一晃 10 年，敏捷、精益、DevOps 等各种软件工程理念不断碰撞并激发出新的火花。从软件的全生命周期上看，由开发的敏捷，向前延伸到了商业设计的敏捷，向后延伸到了运维的敏捷。从软件自身属性提升上看，由质量、效率走向了安全和可信。从实施的组织上看，由个体实践走向了中小团队进而到大规模组织。从新技术上看，随着大数据、人工智能和区块链等技术的引入，必将在数字化运营的敏捷和全流程可信实现新突破。从变革范围看，从方法实践走向了系统化理论、组织和文化，越来越匹配当下软件发展的特征和本源，所谓适应变化是永恒的，文化和人是根基。

2019 年，立杰、舟平、姚冬组成的无敌三人组闭关十年后再度出山，将其间修炼的精华创作为一本顶级武功秘籍《敏捷无敌之 DevOps 时代》。几天前，当姚冬带着样书邀请我写序的时候，让我受宠若惊。于是，在从深圳经北京转机飞往莫斯科的 12 个小时里，我带着 QC 耳机安安静静地读完了全书，我眼前也不断浮现过去和哥儿几个聊敏捷和 DevOps 的那些片段。学习和理解敏捷、精益、DevOps 这些新型软件工程的过程更像是修炼，其精髓在于悟。

敏捷不同于一些经典软件工程有着一套方法、流程和模板让你可以去遵循和套用，它是由一系列实践方法组成，需要你根据实际的场景和问题去选择和应用，而且在自我实践的过程中不断总结和改进。也正因为如此,我更喜欢阅读小说型的软件工程书籍。然而,大部分小说型的软件工程书籍故事很精彩但缺乏了对理论和实践的提炼,让读者读完之后确有一番感悟却难以形成知识沉淀。当初喜欢《敏捷无敌》,正是因为每章最后的"敏捷精灵日记"的精辟总结。而十年后的这本新书让我更加喜欢,"敏捷精灵日记"进化为"知识要点总结",这说明这些年很多知识点已经成为了共识,更系统化的理论体系越发成熟。"冬哥有话说"更是绝妙的新尝试,针对每章的内容进行深度解读和知识延伸,既从专家的角度让读者了解到理论形成的前因后果,又可以额外学习到很多相关的知识和内容。《敏捷无敌之 DevOps 时代》既是一部软件工程师读着不累的小说,也是一本软件工程的知识宝典。

终于在软件工程的书里面可以读到软件工程师的故事了,其实他们也是有生活和爱情的。在中国有近千万的软件从业人员,大家用智慧和双手创造了前所未有的数字化和智能化的新时代。其实,大家如同阿捷一样追求梦想,也一样渴望着拥有阿捷和赵敏那样的爱情。我坚信有这么一帮富有梦想、热爱生活的软件工程师们,一定会重构新一代科技革命改变全球科技创新的版图。

最后,我希望已经修炼多年的道友和新加入的朋友们都好好读一下这本书,大家一起思考、交流和成长,一同在中国软件产业发展的道路上认真刻下你我(她)的名字。

青春无悔

徐磊，LEANSOFT 首席架构师 /CEO

2012 年大年初二的清晨，在北京南山滑雪场的拖牵上，我接到了一个重要的客户电话，要求我在假期结束后奔赴中国南方的一个城市，开始一段 DevOps 的探索之旅。同样的场景也出现在这本书中，那个时候我并不认识几位作者，我们甚至可能正生活在地球的两端，但我们却经历着同样的故事，向着同一个方向努力。

岁月如梭，犹如白驹过隙。弹指一挥间，敏捷和 DevOps 已然成为 IT 圈中的热词，DevOps 相关的工作职位也已经位居各种 IT 技术类职位的榜首。现在，全球活跃着近 50 个自发的 DevOps 社区，仅中国就有近 20 个城市在组织各种形式的 Meetup 活动。而我，2004 年开始接触 XP，2010 年成为认证 Scrum Master，2012 年开始正式相关的顾问工作，2017 年成为认证的 DevOps Master 讲师，可以说，一路经历了过去 15 年中国软件工程效率改进的发展历程。阅读这本书，再次把我带回到一个个熟悉的场景，让我有机会再次回顾自己的成长历程，再次深入思考敏捷、精益和 DevOps 的本源。

我相信，即便这些方法在 20 年后的今天，大家仍然对它们存在大量的误解。其中，最多的误解是，如果我用了这些方法，就能够解决我的那些问题。但实际上，这种理解从根本上就已经背离了敏捷和 DevOps 的初衷。

其实，无论是敏捷还是 DevOps，都是帮助践行者根据具体情况找到合适的落地方法，而不是可以直接拿来就用的所谓最佳实践。我们在各种技术分享中看到各种类型实践的时候，你都会和自己的背景有一个映射，很多实践听上去跟你的非常匹配、有效，但这些已经不是敏捷、精益和 DevOps 的核心，你需要学习的不是这个结果，而是要像阿捷与赵敏那样通过适合自己的过程去找寻这个结果。这就是我常说的一句话："敏捷和 DevOps 都可以帮助你登上高山，但你登上的绝对不是别人的那座高山，而是专属于你自己的那座顶峰。"

敏捷和 DevOps 的核心到底是什么？其实这不是一个专业性问题，而是一个人生观问题。我们每一个人,从出生时的手无缚鸡之力到可以独立在这个社会上生存,其实都经历了同样的过程。那就是从一个个错误中不断学习、领会、思考和再次践行的过程。想一想你自己在青春期的时候有多么反感父母的各种教诲,你总觉得他们是在用上一代人的固化思维在限制你,因此总是要自己去尝试一下。当自己经历挫折以后,你会发现父母的有些教诲确实是对的,有些也不一定对,有些可能是对的但并不适合自己。我一直觉得,青春期的叛逆就是老天给予每个人成长的最佳机会,这个阶段是我们每个人形成自己人生观的重要时期,而你对人生的认知其实是通过这样一个个的经历、错误和挫折以及由此而来的挫败感和成就感所打磨出来的。可以说,没有错误就没有经验,没有挫折就没有成长。每个人进入社会以后的生存能力、适应能力和成长能力都是通过一个个微小的错误或正确积累出来的。每个人每天都在面对无法预知的未来,你不知道明天的自己会怎样,即便是循规蹈矩的朝九晚五,也一样会遇到突如其来的交通管制,毫无预兆的暴雨冰雹,当然也有不经意间发生的美好邂逅。我们的人生之所以如此有魅力,就在于这种不确定性,老天之所以给予我们每个人青春叛逆的机会,就是为了让我们充分体会这种无常,进而构建出一种从容的人生态度,让我们足以面对不确定的未来。书中的阿捷经历了很多非预期的事情,但是,正是这些事情促进了阿捷的成长,阿捷的成长历程值得大家深思。

从这个角度来看,教育的作用其实不应该仅仅是教给大家正确的做事,而是创造一个可以让大家安全犯错的环境,并引导每一个人去思考那些适合自我个体的思维方法。但实际情况是,我们在学校的教育更多地教给我们如何不要犯错,阻止大家犯错,引导大家都向一个固定的方向去发展,复制其他人的所谓"成功路径"。这种教育方式的错位其实是造成大家无法正确理解敏捷和 DevOps 的根源,也是为什么那么多企业管理者在引入这些方法时都要寻找一个所谓的"标准"的根源。我们接受的教育造就了我们习惯于使用"确定性"思维思考问题,而不是使用"不确定性"思维。敏捷DevOps 的核心和根基其实就是构建在"不确定性"思维之上。

在阅读本书的过程中,其实我一直在寻找那些失败,而不是太关注成功。本书的魅力在于,它采用了一种真实的带入方式,让你经历过去十几年中国的 IT 发展路径:2008 年的奥运会、汶川地震以及后来大数据、人工智能与 IoT 的崛起,跟随阿捷和赵敏的视角经历了这么多无常的人生,其中不变的却是敏捷和 DevOps 的精髓。每一节压轴出场的冬哥倒更像是故事开头那位敏捷圣贤,将我们从虚拟的故事中抽离出来,回到现实，同时通过分析总结，帮助读者更深入地了解故事背后的那些实践。如果作为读者的你完全可以吃透"冬哥有话说"的那些内容，我相信你已经是一名合格的敏捷践行者和 DevOps 实践者了。

回想自己过去从事敏捷和 DevOps 顾问咨询的十几年时间，我也一样是从一种寻找固化的"标准"执念，逐渐转变到接受"不确定性"，不再试图评估所谓的"成功"，不再说服他人接受自己的所谓"正确"。如果我们能够自己定义出成功，说明我们其实已经成功了一半。很多时候并不是我们不知道该怎么做，而是我们根本不知道要去到哪里。阿捷与赵敏所展现出来的敏捷和 DevOps 思维方式，让我恍然大悟，无论自己未来要去到哪里，都将会是一个更美好的未来，也一定会遇到更好的自己。如此一来，我们也就可以放下纷扰，从容地做好当下。

希望你也可以。

十年磨一剑，霜刃多曾试。

今日把试君，只为天下事。

十年之期，如白驹过隙。

十年前，我们创作第一部《敏捷无敌》时，敏捷在国内还处于萌芽状态，实施敏捷的公司基本是一些通信行业的外企和少量敢于尝鲜的互联网开发团队，关于敏捷的图书也屈指可数，参考资料乏善可陈。如今，敏捷逐渐成为业界的主流开发模式，越来越多的组织成功实现了敏捷转型，在研发效率提升和客户价值交付等方面成绩斐然。敏捷已经从纯研发领域，向前延伸到了业务敏捷，向后扩展实现了DevOps开发运维一体化，更有敏捷市场(Agile Marketing)、敏捷人力资源（Agile HR）和敏捷家庭教育等分支涌现。同时，各种新颖的优秀实践不断涌现，颇有百花竞放之势。

十年间，我们三人先后从安捷伦（Agilent）离开，又几乎共同经历了IBM、华为和京东的洗礼，从最初的"码农"，历经"架构师""技术顾问""咨询师""敏捷教练""布道师"等多样化的角色，践行着敏捷和DevOps价值观，身体力行地运用各种方法论及工具，帮助过金融、互联网和电信等多个行业客户。工作之余，大家总结经验，相互切磋，持续精进，努力做到知行合一，坚信好的理论需要"事上练"。在历经一年半的艰苦碰撞和笔耕后，合力完成了这部亦庄亦谐的作品。希望这部小说成为我们中国版的《目标》《金矿》与《凤凰项目》。

"良工锻炼凡几年，铸得宝剑名龙泉。"期待正在阅读此书的你，从此可以仗剑走天涯。

特别感谢清华大学出版社的文开琪老师为本书的出版发行、封面及宣传文案设计等卓越工作所付出的各种努力，衷心感谢张瑞喜老师为本书付出的前期工作，感谢看好我们并时刻鞭策我们不断前行的李强先生，感谢自带流量的技术社区达人成芳女士，还要感谢社区内的赵卫、王英伟、孟菲菲、赵英美和高金梅等小伙伴为本书提供的宝贵修订建议。感谢为我们写推荐序及推荐语的各位大咖，以及为本书出版做出贡献的所有朋友及家人们，这里不再一一列出。再次祝所有人开心每一天。

无敌三人组

2019年10月

上部　敏捷无敌：Agile 1001+

下部　DevOps 征途：星辰大海

上部
敏捷无敌：Agile 1001+

第 01 章

末日帝国，Agile 公司的困境

"向左，还是向右？"挂在岩壁上的阿捷用手摸了摸腰后的家伙盘算着，"只剩下最后两个岩楔和一个快挂了，还差 30 米才能到顶，应该选哪边呢？左边的岩壁虽然看起来更陡一些，但抓点可能会更多一些。右边的岩壁貌似坡度一般，可是……"

"铃铃铃……"，一阵手机铃声打断了阿捷的思考。

阿捷在腿上蹭了蹭沾满镁粉的手，从腰间包里小心翼翼地取出手机。

"不能再掉下去了，上回就是在攀岩的时候被一个垃圾电话骚扰而摔坏了自己心爱的黑莓手机。"阿捷边想着边按下接听键，刚说了一句"你好"，一个悦耳的女声就已经在耳边响起："请问是徐捷先生吗？"

"嗯，你好。哪位？"

"您好，这里是 Agile 有限公司中国研发中心，请问您方便在 6 月 18 日上午来我们这里拿下 offer 吗？……嗯，好的。那咱们 6 月 18 日见。"

10 分钟后，阿捷兴奋地站在广西阳朔月亮山的岩壁顶端，望着远处被夕阳映红的青山秀水，大喊："Agile，我来啦！！"

作为世界通信行业顶尖的公司，Agile Corp.（NASDAQ：AGIL）在全球 80 多个国家拥有分公司，从 Agile 中国 1996 年成立起，Agile 中国研发中心就多次被中国的媒体评为外企最佳雇主，成为 Agile 的员工也是很多软件开发者的梦想，阿捷没想到刚来到阳朔放松一下，居然就接到了 Agile 公司的 offer（录用意向书）。

2005 年 8 月 18 日，这是一个值得阿捷记住的日子，因为阿捷终于加入了梦想中的 Agile 中国研发中心。

第一次在 Agile 大厦里面迷路，找不到自己的座位，结果尴尬地被人领回去；第一次用上边哗啦啦响着边磨咖啡豆的咖啡机；第一次可以自己在系统里定制想要的键盘、鼠标甚至印有自己名字的杯子；第一次在自己工作台上的小白板列出自己每天要做的重要事情；第一次跟走错屋的老外 Rob 打招呼，聊天；第一次参加 Charles 主持的月度部门会议，拘谨地做自我介绍；第一次加入 Agile 的业余篮球队，认识许多其他部门的人。Agile 的一切都是那样新鲜，那样令人兴奋。

阿捷发现，此时自己才开始理解 Agile 公司的文化与历史变迁。正如公司创始人戴维帕卡德所说的那样："小公司的文化挂在墙上，大公司的文化自在心中。"Agile 能够从一个只有两人的车库公司，发展成为在全球拥有几万员工的大公司，并成为业界的领头羊，依靠的正是这种深深植根于每个员工心中的文化。

阿捷被深深地打动了。一种博大精深的文化、一家伟大的公司、一个天才汇聚的地方、一片任由自己翱翔的天空，所有这些不正是自己多年来的渴望与追求？在 Agile 这样一个注重人才、注重员工发展的公司，自己的发展前景会更加光明，机会更多。找工作就像谈恋爱一样，能够遇到自己的知心爱人是非常难得的，一旦找到，就一定要牢牢抓住，不要轻易放弃。

转眼间阿捷已经入职 5 个月了。在这 5 个月里，阿捷的业务项目上手很快，毕竟 TD-SCDMA（一种第三代移动通信标准，以后简称 TD）的东西对阿捷来说轻车熟路，早在 2003 年的时候，阿捷就曾经作为项目经理带着一帮兄弟做过基于 TD 的运营系统软件开发，这也是为什么袁朗他们在面试完阿捷，填写面试反馈时，在"相关技能"和"团队协作"等方面都给了阿捷满分的主要原因。对于这段经历，阿捷在面试时留了一手，并没有说自己是项目经理，而只是说自己作为架构师如何与同事们一起协同开发。阿捷留了个心眼儿，毕竟 Agile 公司是赫赫有名的大牌外企，中国研发中心高手如云，而阿捷应聘的职位也仅仅是一个高级软件工程师，阿捷担心自己项目经理的经历会被人认为不能踏实本分地做好技术工作。

在 Agile 中国研发中心里面，除了阿捷所在的 TD 项目开发组，还包括了负责传输业务的中间件开发组和负责底层协议的开发组，袁朗是 TD 的项目经理，中间件组的项目经理叫周晓晓。周晓晓长着一张苦瓜脸，一副苦大仇深的样子，基本上让人看了一眼就不想看第二眼，阿捷只在入职的时候被袁朗领着和他打过一次照面。通信协议团队的项目经理是个典型的美国佬，高高大大白白净净，自己座位前的个人小白板上不是记着米斯特比萨和赛百味的送餐电话，就是写着 "I'm on holiday from XX to YY. Limited access to my email box. please call my mobile phone to reach.（我自 XX 到 YY 休假，有限查看邮件，请打电话给我）"。阿捷每当看着 Rob 背着旅行包匆匆外出时，心里就想着怎么差距就这么大呢。三个项目经理都汇报给 Agile 中国研发中心的电信系统解决方案事业部老大 Charles 李。说起这个他，同组的大民告诉阿捷，查尔斯在进入 Agile 中国研发中心之前，曾经在西门子、摩托罗拉等大公司供职多年，大家对他的评价早就达成共识，就是三个字 "稳，准，狠"。Agile 中国研发中心的高层将查尔斯挖至旗下组建了现在的电信系统部，不到两年的时间里，就带起来三个能打硬仗的团队，直接支持 Agile 中国的销售团队对中国市场进行深度挖掘。阿捷现在所在的 TD 团队就是查尔斯所期望的 "尖刀连"，希望能够帮助 Agile 公司在中国的电信市场上生生地切下一块蛋糕。

不过，在阿捷看来，不仅仅是袁朗这个团队，周晓晓和 Rob 的团队也或多或少地存在问题。周晓晓是 Charles 早期建团队时从其他部门转过来的那批老员工之一，凭借在 Agile 的老资历，总算在阿捷进入 Agile 半年前提升到项目经理。听周晓晓团队的同事们私下里说，周晓晓最怕别人说他 "没能力" "凭资历" 之类的话。在平时的项目管理中，周晓晓经常因为不敢做决定而让大家进行漫无目的的讨论。而且，在其所负责的项目中，经常提出一些非常不切实际的项目时间估算，这个时间估算通常非常离谱的。据说最离谱的一次是原本只需要 4 人月的工作，他愣是估出了 9 人月，自己还振振有词。所以周晓晓团队的同事们都并不十分认可周晓晓的管理方式，而周晓晓原来所熟悉的 CMMI 那一套在现在的团队中又不适用，弄得他现在很没头脑。

说到那个 Rob 就更神奇了。据知情人士讲，Rob 就是一个典型的美国大男孩，年轻的时候玩滑板听摇滚开着轰轰响的福特野马在中学门口泡美眉，总而言之除了念书外什么都喜欢，高中毕业后就在美国加州一家零售店里做店员，折腾了几年之后刚好赶上IT 热，在家苦读了一个夏天的计算机书籍就成为 Agile 公司程序员了。之后经历磨难，从辉煌走向泡沫，从泡沫走向辉煌，终于在差不多 40 岁的时候成为经理，而升任经理的条件之一，是他必须到中国用三四年的时间带起一个团队，把他在美国实施的那些通信协议相关的项目迁移到中国来。这刚好也满足了他儿时想到中国这个神秘东方国度看看的愿望，反正他只要按时给前妻支付孩子的抚养费就好。说到技术，Rob 还真有两把刷子，别看他没怎么正经上过学，凭借在 Agile 十余年的积累，不仅在通信协议上的造诣不浅，而且已经成为 Agile 为数不多的六西格玛黑带。

阿捷发现 Agile 公司虽然推行了六西格玛，但收效甚微。首先，整个部门一直在收支平衡的困境中挣扎，曾经有两个季度收支平衡后，整个部门还专门拿钱出来庆祝了一番。真的令人费解，一个上千人的部门，不挣钱好像是很正常的事情，反而一旦挣了钱，不管多少，肯定是完成了不可完成的任务。其次，部门一直在呼吁不要对客户"过度承诺"，还指定了专人负责，但"过度承诺"还是层出不穷，一直无法解决。第三，无论是涉及多个产品的大版本，还是针对某个客户的小的改进，虽然中间设定有多个检查点，但检查点常常不能按期通过，从而导致最终发布期限一推再推，几乎没有一个项目是不延误的。第四，跨职能部门之间的合作问题很大，相互间的需求一直变来变去，没有一个有效的机制来管理和控制这种变化，经常导致几个产品在最后的集成阶段因为接口不一致而出现问题，甚至有些产品需要推翻重来。第五，阿捷所在的是Agile 公司内最复杂的一个部门，因为历史悠久，研发地点分布在全球 7 个国家 10 个办公地点，不仅仅有文化、时差的问题，更有研发流程不统一和需求管理混乱的问题。

这就是著名的 Agile 中国研发中心电信系统解决方案事业部在软件开发管理上的现状。其实不光阿捷这样的新人看出了这些症结，像大民、阿朱这些 Agile 的老员工也都对此有着自己的看法。而且这两年电信的日子不好过，各大公司兼并的兼并，裁员的裁员，Agile 的市场地位也不再那么牢固了。国际上的竞争对手在技术上紧紧追赶，国内的厂商在客户关系和产品价格上已经屡次让 Agile 中国吃了苦头。如果说当年的 Agile公司独霸天下，那现在的 Agile 公司已经日薄西山，而 Agile 中国研发中心更像是"最后的武士"，在努力维护着 Agile 中国的产品开发和质量的尊严。

第 02 章

重任在肩，如何打破人月神话

阿捷知道，最近的项目进展非常不顺利，原本应该 10 月份发布的版本现在看来已经是不可能完成的任务。同时，阿捷也知道，项目延期的主要因素其实不在中国。

作为 Agile 全球研发中心的一部分，Charles 所负责的中国研发团队只是在 Agile OSS（运营支持系统）中负责了大约三分之一的产品模块开发工作。

在 Charles 所管辖的部门中，Rob 的团队人数最多，有 23 人，负责了大约 1/2 的通信协议开发，另外一半由 Rob 原来在美国的团队做。周晓晓的团队则分担了大约 25% 的中间件开发工作，其实，中间件的需求相对比较固定，大部分代码都是从美国那边直接移交过来的，周晓晓团队并没有太多的实际开发量。真正的苦活累活都是袁朗的团队在做。

首先，在应用层面的开发上，TD-SCDMA 几乎就是从零做起；其次，TD-SCDMA 的产品需求几乎都由中国来提出，而中国的客户对于产品的理解和定义相比成熟的欧美市场来说真是五花八门。在这样的条件下，袁朗的团队需要在目前的 Agile OSS 5.0

的版本里，加入对 TD-SCDMA 的支持，实际所需的工作量对仅仅有 5 名开发人员的团队来说非常大。

在 Agile 的研发中心，整个开发流程是有非常详尽的要求的，为了保证产品质量，每一个新加入的产品特性的每一个具体细节，都要多方反复讨论，要把所有从第一线来的需求确定下来后，负责相应产品的团队才能给出详细而具体的产品功能设计文档、UI 设计文档，最后才是阿捷这样的一线开发人员，在文档的基础上完成软件的开发工作。

阿捷刚刚加入 Agile 的时候，就发现这套如教科书般标准的瀑布开发流程虽然在一定程度上保证了 Agile 现有产品的开发质量，但是同时也限制了 Agile 公司对市场的反应速度。就拿 Agile OSS 5.0 的开发说，阿捷他们早在春节前就完成了针对中国市场的 TD-SCDMA 产品设计文档，但是由于中间件和通信协议部分和美国那边的讨论一直没有结果，导致了阿捷、大民他们春节后有 2 个多月的时间没有进行实际的开发工作。这让本来很有信心在 2007 年 7 月份完成开发工作，10 月份完成发版的 Charles 心里非常不爽。阿捷在代替袁朗参加的几次部门例会中强烈地感觉到了 Charles 对周晓晓和 Rob 的不满，一直在敦促他们两个赶紧和美国研发团队协商解决。

Rob 还好，资历和身份都在这里摆着，大不了 Charles 给他今年的绩效评得差点，反正等项目移交后，他再回到美国继续做他的大爷。周晓晓可就惨了，几乎每天晚上都要和在加州帕洛阿尔托的同事开电话会，折腾到夜里一两点才睡觉，眼圈从来都是黑的，舌苔上火口腔长大泡。袁朗最不着急，一副事不关己隔岸观火的样子，反正团队里的设计文档，阿捷、大民都已经帮他弄好了。所以当阿捷看到 Charles 在黑木崖里黑着脸与周晓晓和 Rob 开会时，还以为 Charles 又在鞭打慢牛呢！

这天下午，阿捷被通知到黑木崖开会。

刚进屋，阿捷看见 Charles 已经坐到了他最喜欢的位置，"如果 Charles 不在，袁朗也喜欢坐那个位子"，阿捷一边心里想着，一边坐到了 Charles 的斜对面。这时阿捷发现，自己的这个位置恰恰就是当初面试时的那个座位。

"你知道今天我来找你有什么事吗？"还没等阿捷从回忆中走出来，Charles 用他习惯性的开场白把阿捷从回忆中拉了回来。

阿捷没有回答 Charles，他已经习惯了 Charles 这样的提问。阿捷知道，只要自己静静地等着，Charles 就会给出刚才提问的答案。

"袁朗上周五因为个人原因离职了，"尽管事先根据袁朗的表现，阿捷和大民他们都曾经想过袁朗会走人，但从 Charles 口中听到这个消息的时候，阿捷还是吓了一大跳。

"那项目怎么办？ Agile OSS 5.0 的 TD-SCDMA 开发谁来管？正在进行的设计文档评审谁负责？"阿捷问完了一串问题，才发现这些问题更多的是问给自己，Charles 才不会关心具体的开发细节和项目管理。

Charles 好像就等着阿捷听到消息后产生这样的表情，满意地笑了笑，对阿捷讲："这些问题都是你现在需要去解决的，今天上午我和周晓晓经理、Rob 经理都谈过了，虽然还有一些疑虑，但是想让你来带 TD 这个团队。怎么样，有什么困难吗？"

阿捷脑子有点晕，还真有些反应不过来，傻傻地追问："为什么是我？大民呢？阿朱呢？他们来的时间都比我早啊。"

Charles 好像有些不耐烦了，把腿翘起来说："就这样决定了吧。你有什么困难，可以随时过来找我。我会把这个职位在部门内公开发布，欢迎每个人来参与竞争。所以你接下来还需要准备一个简历，美国那边的老大会过来走一个形式上的面试，之后你会成为 TD 的项目经理，等以后有机会我会帮你争取一线经理的名额。大民和阿朱这些人暂时汇报给我。"

虽然部门里还有几个同事表示对这个职位感兴趣，并正式提出了申请，但阿捷还是顺理成章地成为 TD 项目组实际的领导。接下来的日子，请整个项目组吃饭，团队建设是少不了的了，唯一有点变化的是 Charles 讲的形式上的面试，从北京改到了美国的帕洛阿尔托。原因吗，首先是美国那边的老大最近被 Agile OSS 5.0 的研发搞得焦头烂额，实在腾不出时间到中国来；其次也算 Charles 给阿捷一个小小的甜头，让还没去过美国的阿捷见见世面。按照 Agile 中国公司的惯例，每位新提升的经理都要去一趟美国总部履新，顺便把那边的关系走动走动，让平日里在邮件列表上的名字都能够来个网友见面会，以便于日后工作上能有个照应。

阿捷的护照办得很顺，因为 Agile 公司是美商会的成员，直接把材料交给美商会，然后就等着大使馆的面签。

面签那天，阿捷才领略到了传说中的美国使馆签证处的恐怖，小小的大厅里挤满了人，刚好又赶上出行的旺季，每个窗口起码有 30 个以上拿着各色卡片的人在等。从窗口离开的人有哭的，有笑的，有表情麻木的，有激动得不能自已的，每一个正在等待签证官面谈的人都像在接受一场审判，而审判的结果仅仅是能否得到一张小小的纸片。

阿捷心里想着，这次去帕洛阿尔托等待自己的又会是什么呢？

第 03 章

橄榄球与敏捷软件开发

阿捷在帕洛阿尔托的一切都进行得异常顺利。

由于 Charles 只提了阿捷这一个候选人，所以阿捷也没有什么压力。在程式化地回答了自己哪年加入 Agile，都在什么公司做过怎样的职位之后，几个面试官分别从不同的角度了解了阿捷对 Agile 公司和这个职位的看法。

阿捷发现，国外面试和国内面试最大的区别其实在于：国内的面试大多都是在研究如何考你，而国外的面试更多的是在于了解你。首先去了解你是一个怎样的人，其次是了解你是否真正适合这个职位。人和人都是平等的，对于一个职位也只有适合和不适合。

对于面试，有三个问题让阿捷记忆犹新：第一，分析 Agile 公司现在在业界技术上的优势和劣势；第二，如果让你带领中国的 TD 团队，你觉得哪里最需要改进；第三，你觉得 TD 项目能够为 Agile 公司带来怎样的收益。

阿捷知道，在 Agile 做一名一线经理，不仅仅是管理好技术带好队伍，还要有项目预算和规划的能力，并能够由此帮助总部研发中心开拓本地的市场。这就是所谓的矩阵式管理中阿捷这颗螺丝钉应做的事情。

又逢周五。忙完一周工作，阿捷独自回到家里，遛好了小黑，自己却没有什么心思吃饭，凌晨一点还要和美国那边开电话会议，睡觉怕又是后半夜了。小黑吃饱了，把头搭在阿捷的拖鞋上睡着了。

阿捷决定还是先打个瞌睡。可是，上好闹钟，躺了下来，睡意全无，只好瞅着天花板出神。透过窗外昏暗的灯光，阿捷注意到屋角有一只小飞虫，不停地飞来飞去，一会儿撞上这面墙，一会儿又撞上另一面墙。阿捷叹了一口气，多么像以后的自己啊，可能以后会撞得更加体无完肤。

既然没办法静下来，阿捷决定还是上网消磨一会儿时间。

在《浩方》（一个游戏对战平台）上激战了一个多小时的 CS（《反恐精英》）后，阿捷把自己的郁闷一股脑地撒向对方，也不知道打了多少个回合，点杀了多少位英雄。直到闹钟响起，阿捷才发现已经到了零点，要赶紧准备晚上的电话会了。

屏幕从 CS 切换过来后，阿捷发现屏幕上有一个 MSN 小窗口在不断地闪啊闪，这么晚了，谁啊？

打开 MSN 窗口，发现原来是大学的室友猴子。

"Hi，阿捷！在吗？怎么不说话？"

"瞎忙活什么呢？"

"不在还开什么 MSN，浪费感情。"

阿捷心里一笑，一边心想"这个猴子，还是这个猴急脾气"，一边回复道："Hi，猴子，不好意思啊！我刚才 CS 呢。"

"哦，我说呢，没事！趁着周末，那还不大家一起切磋切磋，来个通宵？"

"啊哈，那可不敢，你当初在学校里面打 DOOM（《毁灭战士》，一款动作设计游戏）就那么厉害，我不是自讨苦吃啊。"

"少来！又不是想灭你，我们一起组队灭其他人啊！现在不是搞什么北京 CS 社区大赛嘛，我们这个小区总是凑不够，你来帮帮忙。"

阿捷只好实话实说："哎，今晚不行啊，马上要和美国那边开电话会呢，改天陪你通宵吧。"

"不错啊，升官了吧？都赶上和美国那边开会了。"

"哪里。就是我们原来的头儿被别的公司挖走了，我被大老板抓了替罪羊，顶着雷呢！好麻烦啊，不知道该怎么搞！"

"难得的机会啊！好好干！以后多弄几个名额把咱们兄弟几个都招进去啊，然后下班就联网打 CS ！"

"你这死猴子，哪儿那么容易。我最近脑袋快赶上大头同学了，头发也白了不少。项目时间紧，任务重，老板给的资源还少，这可怎么干啊？"

"嗯。我知道都不容易。对了，现在不都是流行什么敏捷开发嘛，既然你都是经理了，为啥不在你的项目组里也玩玩敏捷开发呢？"

阿捷还没来得及和猴子解释"其实自己就是个代理项目经理，还没有真正一线经理的权力"，就被猴子所说的敏捷开发所吸引了，"敏捷开发？没有听说过啊！我们 Agile 公司一直遵循的是瀑布开发模型。"

"那你们也太老土了吧。怪不得你们的项目经理都被别人挖走了。其实我也没研究明白。你知道的，我们这个网络游戏行业会接触到很多关于 VC 的故事。最近老听人讲，如果现在想拿投资，VC 考察的第一个指标就是，你是否在实施敏捷开发，否则一切免谈！我们那会儿，大伙比着烧钱，现在都不敢乱烧了。"

"这样啊，看来'敏捷'真的很流行！但是如何能够真正敏捷起来做开发呢？我现在在项目管理上就有很多问题啊。"

"那我也说不明白。这样吧，给你推荐一个敏捷论坛，里面有很多关于敏捷开发的介绍，要是你能找到'敏捷圣贤'这个人，也许你的这些问题就都能够找到答案了！"

"敏捷圣贤？好奇怪的名字。是个什么人啊？哪个公司的？"

"我也不知道。很神秘的一个家伙，我只是之前想用敏捷开发的方法开发网游而在那个论坛上发过帖子，结果只有他非常详尽地解答了我所有的问题，并且告诉我那个项目用敏捷开发并不合适。他真的很牛，基本上所有关于敏捷的事情他都能告诉你！"

"哦，这样厉害啊。多谢了，我回头泡泡论坛去。猴子我不能多聊了，马上 1 点了，我开会了。下回联手 CS 吧。"

014 敏捷无敌之 DevOps 时代

"好,加油!阿捷,你小子还要多练练枪法啊。再见!"

这些天,阿捷一直泡在这个敏捷论坛里面,吸收着关于敏捷的点点滴滴,囫囵吞枣地理解着"敏捷"。阿捷发现,这个号称最大的敏捷开发中文论坛里面,混杂着这样几种人。

- 真正的"大牛",很少发言,但每次发言都一语中的。
- 像自己这样只看文章但很少回复的潜水员。
- 一些厂商的代表,不遗余力、不分时机地发布着垃圾产品广告。
- 一些貌似正在实施敏捷的人。

阿捷把自己项目中遇到的问题,在论坛里发了帖子请教别人,却无人问津。没过两天帖子也就被别人用无聊的灌水淹没了,而期望的"敏捷圣贤"却一直没有出现。

阿捷满怀希望地问了很多人,可是没有人能够解决他的问题,也没有人知道如何找到敏捷圣贤,甚至许多人都没听说过论坛里有这么一个 ID(身份证明)!几经周折,阿捷终于在论坛早期的精华帖中找到了一个邮件地址 crystalagile@gmail.com,据帖子主人说,曾经有一个叫"敏捷圣贤"的朋友通过这个邮件地址和他讨论过软件工程方面的问题,由此促使他写下了这篇帖子。

阿捷用这个电子邮件地址试着给传说中的"敏捷圣贤"发了一份电子邮件。

敏捷圣贤:

你好!别人都这么称呼你!我也只好这么称呼你了。

我现在遇到一些很棘手的问题,我在论坛里发了很多帖子,但是没有人能够帮助我。有人告诉我,可能只有你才能帮助我!

我是 Agile 公司的一名项目经理,之前我们采用的传统软件开发模式已经不能满足现在的需要。我想采用敏捷的方式来帮助我们进行开发。

我看过《人月神话》,我知道对于目前的软件开发,还没有什么"银弹",但我还是希望从你那里获得帮助,能解决我的问题!

如果方便,可以回邮件或者加 MSN 吗?我的 MSN 是 agilejie@ hotmail. com。

盼复!极其盼复。

阿捷

时间一天天过去。白天上班，阿捷还要和大民阿朱他们一起为了项目早日发布而浴血奋战，晚上则依旧是一周两次和美国总部那边开电话会。在其他的时间里，阿捷如饥似渴地学着敏捷的知识。阿捷有一种预感，如果还有一种方法可以帮助他们按时发布Agile OSS 5.0 的 TD-SCDMA 产品，能够帮助中国的销售团队拿到中国移动的 TD 订单，那就只有"敏捷开发"。阿捷还有一种预感，那就是敏捷圣贤一定会给他回信。阿捷每天下班回到家，第一件事情就是去查自己的 MSN 上有没有新加入朋友的请求，而每次的结果都很失望。渐渐地，阿捷的心已经有点凉了，自己有时候也在找借口安慰自己："反正项目延误也不是 TD 一个项目组的事情，周晓晓和 Rob 他们两个组的进度更慢。"

又一个周五的晚上，时钟已经指到了凌晨两点，小黑早就已经回到自己的小窝里打起了小呼噜，而阿捷还在开着本周的电话会。情况不容乐观，不仅中国这三个组，美国那边的开发情况也不乐观，项目延误已经成为板上钉钉的事情了。版本经理甚至建议将开发计划延迟到 2008 年的 5 月份。在一阵悲观情绪之中，阿捷结束了这周的电话会。突然间，MSN 弹出一个让阿捷怦然心动的窗口，"Hi，阿捷，请加我。"这个人的签名居然是"敏捷圣贤"！

阿捷一阵激动，赶紧通过"敏捷圣贤"的请求！那边已经发过来了信息！

敏捷圣贤：你好，阿捷？

阿捷：圣贤你好！我是阿捷。

敏捷圣贤：你是怎么知道我的？

阿捷：嗯，是猴子告诉我的，我们上学的时候住一个宿舍！

敏捷圣贤：哪个猴子？抱歉，我已经没印象了。我知道你说的那个中文的敏捷论坛网站，不过我已经很久没有登录去看了，那里真正有价值的东西太少。

阿捷大致把现在他的项目背景、开发方式、项目管理的方法和工具，以及目前遇到的问题等一股脑讲给敏捷圣贤。他本以为敏捷圣贤会很惊讶于 Agile 公司系统的庞大和繁杂，却没想到敏捷圣贤对他说："你之前所说的问题，其实是当前大型软件公司的通病，我一点也不惊讶。既然你想用敏捷开发来改变现状，那么我想知道，关于敏捷软件开发，你又了解多少呢？"

阿捷：嗯，我知道 TDD，FDD，结对编程……

阿捷把这些天学来的敏捷开发词汇全都敲了出来。

敏捷圣贤：嗯！这都是一些具体的开发模式，对于提高你们的编程效率是有帮助的。但对于项目的整体改善，效果不大，你需要改善项目整体管理方式才行！

阿捷：奥！是什么样的管理方式？

敏捷圣贤：如果你想使用一个轻量级、能很快取得成效且流程简单，容易使用的东西，那就是 Scrum！

阿捷：Scrum？这是什么的缩写？

敏捷圣贤：Scrum 不是什么缩写，就是一个单词！你看过橄榄球吧？

阿捷：在电视里看过！橄榄球分为英式和美式，英式不穿防护服，不戴头盔；美式都要带，而且比较野蛮。其实橄榄球起源就在英国，美式橄榄球是后来由移民带到美洲后演变发展而来的。我觉得，共同点是将球送到对方的大门，本质区别是英式靠球技，美式靠团队。但橄榄球跟软件开发有什么关系？

喜欢体育的阿捷有机会都会在家里看美国超级碗的转播。

敏捷圣贤：有关系！你看电视比赛时，当比赛出现小的犯规或因为队员受伤等原因中断的时候，怎么处理的？

阿捷：争球！双方队员相互搂抱，半蹲着顶在一起。由裁判投球后，双方队员互相顶推，中间的队员抢球。抢到球的一方开始进攻，比赛继续进行。

敏捷圣贤：嗯！差不多！你知道在橄榄球中这个术语叫什么吗？

阿捷：国内都叫司克兰。

敏捷圣贤：嗯，英文就是 Scrum！意思是密集争球！实际上，我想说的 Scrum 这个敏捷项目管理方式，寓意就来自于"密集争球"（Scrum），意指整个团队攒足力量，为了一个共同的目标，一起向前快速推进！

阿捷没想到这软件开发还跟橄榄球扯上了，马上输入：这个比喻很贴切。

敏捷圣贤：根据我的实践，Scrum 是目前最符合敏捷开发模式的敏捷项目管理方式，能带来很多好处。

阿捷马上问道：最初是谁提出的这个思想？都有哪些公司在用？

敏捷圣贤：Scrum 是 90 年代初由施瓦伯和苏瑟兰（Ken Schwaber 和 Jeff Sutherland 博士）共同提出的，现在此方式已被众多大中小型企业使用，其中包括 Yahoo！（雅虎），Microsoft（微软），Google（谷歌），Lockheed Martin（洛克希德·马丁），

Motorola（摩托罗拉），SAP（思爱普），Cisco（思科），GE Medical（通用医疗）和CapitalOne（第一资本）。许多使用Scrum的团队都取得了重大的突破，其中更有个别在生产效率和团队职业素养方面得到了彻底的改善。

阿捷：这么多大公司都在用，看来不错。我们该怎么使用它？到底如何做才算是Scrum？

敏捷圣贤：Scrum其实仅仅定义了一个框架（Framework），具体的编程实践，完全取决于每个团队，并且完全基于经验进行管理的。首先，我们来看看Scrum是如何符合我们所熟知的敏捷开发原则的。

阿捷没有马上回答，等着敏捷圣贤把剩下的话说完。

敏捷圣贤：Scrum遵循的敏捷开发原则有以下几点。

1. 保持简单：Scrum本身就是简单轻量级的流程，一页纸就能说清楚，与传统模式相比，它能极大简化我们现有的开发流程。

2. 接受变化：Scrum鼓励将工作细分成小块。它关注的是一小段一小段时间，只有在这些时间段的中间，我们才可以重新调整工作的优先级。

3. 不断迭代：Scrum需要在小于30天的一次次迭代中构建应用程序。
   不断的反馈和改善 - 在每一次迭代的末尾，Scrum流程要求我们回顾以前是怎么做的，并且思考我们下次可以做哪些事情来改善流程。

4. 协作：Scrum鼓励团队成员的协作和沟通。如果没有这些，Scrum就一点用都没有。

5. 减少浪费：Scrum帮助我们识别做那些只对客户或者团队有价值的事情。

阿捷：嗯，这些原则真的很实用，的确跟《敏捷宣言》里面讲的一致。那具体的Scrum的流程又是什么样的呢？

敏捷圣贤：在讲流程之前，我先给你讲几个关键的定义。

1. "产品需求列表"（Product Backlog）：这是构建一个产品需要做的所有事情的一个高层次的列表，并按优先级排列，这样可以保证你总是工作在最重要的任务上。比如对于整个Agile OSS 5.0产品套件，你的TD-SCDMA就是其中的一个Product Backlog，而且是比较重要的Backlog，要是我，绝不会让这个Backlog整整两个月没有进展。

2. "冲刺"（Sprint）：一个Sprint就是一次为完成特定目标的迭代，一般是1～3

周。之所以叫冲刺 Sprint，而不是叫迭代，就是希望大家能够保持一种紧迫感，努力快速完成任务。

3. "冲刺需求列表"（Sprint Backlog）：这是 Sprint 的工作任务列表。一个"冲刺"需求列表包含产品需求列表上最高优先级的一些需求，以及产生的附加任务，每一个任务都应该有一个明确的"完成"（Done）的定义。对于你的 TD 项目组，就是对每一个开发的功能及对应的任务拆解后，定好验收标准。

4. "产品负责人"（Product Owner）：这个人负责维护产品需求列表内容和优先级，还有产品发布计划以及最终的验收。对了，他还要对 ROI（投资回报）负责。

5. "Scrum Master"：这个人负责执行这个框架流程，帮助大家消除工作障碍，保护团队不受外界打扰，这就像'牧羊犬'保护羊群一样；同时领导团队不断改进工作流程，这一点上，他应该是一个'变革发起者'的角色。

6. "开发团队"（Team）：这些就是真正完成具体开发工作的人，一般 5～9 人规模。对于一次冲刺 Sprint 中的任务做出承诺，尽最大努力完成。

阿捷：这些新名词还真的需要时间慢慢习惯才行。那流程到底是怎样的呢？

敏捷圣贤：作为一个轻量级的流程，简单讲是先建立一个产品"需求列表"，做一个短期"冲刺"计划，并执行这个计划，每天开会讨论计划中的问题和进展，冲刺完成后演示工作成果，再对该阶段的工作做回顾、反思，接着不断重复以上流程。

阿捷：就这样简单吗？有点太粗略了，你能不能讲得更细一些？

敏捷圣贤：我可以给你一些细的指导，可是时间不允许！我现在正在旧金山的机场，等着转机去东京呢！马上要登机了。你在北京？北京好像现在已经很晚了吧？

阿捷：啊？我这里凌晨 3 点了，别管我时间了。赶紧教教我在这个流程中的每一步都该做哪些事情好吗？

敏捷圣贤：嗯，那我简短些！

敏捷圣贤：当你构建产品需求列表时，要创建一个按优先级排列的所有功能的列表，把最重要的功能放在列表的最前面。

阿捷有点犯傻，心想：如果把所有的事情都放进去，不就和敏捷的简单原则相悖吗？

敏捷圣贤：最初的计划是非常高层次的，仅仅是我们对客户开始想要的那些功能的粗略认识。一旦认识发生变化，就要及时调整。所以我们不会把里面的东西全部细化，只对最高优先级的部分细化。下一步做 Sprint 计划。你要从产品需求列表中选出一些优先级最高的，制订一个 1～3 周的计划，决定如何完成这些任务。然后执行这个计划。

阿捷有点明白了问道："好的。那其他的呢？"

敏捷圣贤补充说道：每天开一次短会，检查 Sprint 中每个任务的进展状况，对未完成的任务，要求任务所有人给出新的剩余工作量的估算。

阿捷：啊？每天都开一次碰头会，那得浪费多少时间啊！

敏捷圣贤：所以你作为 Scrum Master 要让会议开得很短，对于你现在的 TD 项目组来说，5 个人，我觉得只要花 10 分钟就够了。在 Sprint 完成时，大家聚在一起，展示一下工作成果，这时候一定要让产品负责人知道已经完成了哪些工作，并让他验收。

阿捷：好的，然后再开一次回顾会议？我们以前项目做完后，都会搞一次的。

敏捷圣贤：对，一个 Sprint 结束后，做一次反省。从团队的角度来审视哪里做得好，并继续保持，找出不好的地方，寻求改善方法。

阿捷：这个流程真的很简单。不错。

敏捷圣贤：还有，在一个 Sprint 做完之后，你们要重新调整一次产品需求列表，尤其是需求的优先级，然后再做计划，开始下一个 Sprint。

阿捷：好的。听起来 Scrum 还不错。我想下周一就开始，我的项目团队做一个两周的 Sprint，看看效果如何。你觉得可以吗？

敏捷圣贤：呵呵，不会吧，阿捷，这么着急？你是我遇到的第一个刚听了 Scrum，马上就要实施的人！可是你真的准备好了吗？

阿捷很有信心：差不多吧！ Scrum 听你讲起来挺简单的！我在网上再找点资料。

敏捷圣贤：这么有信心！祝你成功！我得走了，已经开始通知旅客登机了！

阿捷：哈哈，好的。谢谢你！祝你旅途愉快！再见！

敏捷圣贤：再见！

阿捷突然又想到一件事情，赶紧和敏捷圣贤说："等一下，还有一个问题。我们原来实行的是 CMMI（Capability Maturity Model Integration，软件能力成熟度集成模型），后来又是六西格玛，现在是 ISO 9000，每周的开发都要和美国那边做汇报，现在大家都还在采用传统的瀑布开发模式，要是就我一个组采用 Scrum，能跟其他组融合吗？

会不会相互冲突？如果冲突怎么办？而我又该如何向我的 Manager（经理）解释这些呢？"

当阿捷敲完这长长的一串文字时，敏捷圣贤的头像已经变成灰色，下线了。阿捷有点发呆地看着电脑屏幕，看来这些问题只能依靠自己解决了。

一切来得是这么突然，去得又是这么快，仿佛像梦境一般。阿捷闭上眼睛，仔细地回顾着与敏捷圣贤的这段对话！敏捷圣贤的话像是在阿捷的心头点燃了一把火，阿捷感到整个身心都暖暖的。

8 本章知识要点

1. 相对于传统的开发模式来讲，敏捷是软件开发中用于应对快速变化的市场和需求，并作出快速反应的一种方式。

2. Scrum 坚持如下的敏捷开发原则：保持简单、接受变化、不断迭代、不断地反馈和改善、协作和减少浪费。

3. Scrum 是一种灵活的软件管理过程，它可以帮助你驾驭迭代、递增的软件开发过程。

4. Scrum 提供了一种经验方法，它使得团队成员能够独立、集中地在创造性的环境下工作。它发现了软件工程的社会意义。Scrum 一词来源于橄榄球运动，指"在橄榄球比赛中，双方队员站在一起，当球在他们之间投掷时奋力争球。"

5. Scrum 这一过程是迅速、有适应性、自组织的，它代表了从顺序开发过程以来的重大变化。

6. Scrum 的迭代过程称为 Sprint（冲刺），时间为 1 ～ 3 周。

7. Scrum 团队一般由 5 ～ 9 人组成，Scrum 团队不仅仅是一个程序员队伍，它还应该包括其他一些角色，如设计人员、测试人员和运维人员等，是一个跨职能、无角色的特性团队。

8. Scrum 包含三类角色：Scrum Master，Product Owner，Dev Team。

9. Scrum 是一个非常轻量级的流程。简单讲是先建立一个产品 Backlog（需求列表），做一个短期 Sprint（冲刺）计划，执行这个计划，每天开会讨论计划中的问题和进展，冲刺完成后演示工作成果，再对该阶段的工作做回顾、反思。然后继续重复以上流程。

冬哥有话说

敏捷开发的方法有很多，Scrum 只是其中一种；不同方法的形式不尽相同，但背后的原则是相对不变的，即敏捷宣言的 12 条原则。

Scrum、Kanban，SAFe、LeSS 等敏捷框架以及 DevOps，仔细探究，其原则都有相近之处，所以学习方法与实践，不要只得其形，不得其神；原则就是方法与实践的神，是根本；而具体的方法和实践，要在不同的场景下面适度调整，并非一成不变；背后相对稳定的，是它们所遵循的原则。

Scrum 遵循的敏捷开发原则，最重要的是"减少浪费"，来源于精益思想。在唐·雷勒特森（Don Reinertsen）的《产品开发流》（*Product Development Flow*）中，称之为经济视角。

采用经济视角来看待敏捷开发中的实践，我们会发现许多实践之间是相通的。例如"保持简单"，是因为变化是永恒的，要"拥抱变化"，在变化面前，过度的设计往往会变成了浪费；再比如阿捷提到的 TDD 测试驱动开发，就是先编写满足需求的测试用例，再编写能够通过测试的代码，"保持简单"的设计，同时可以持续"不断的获得反馈"。

关于一个 Sprint 的长度，从早先建议的 2 ～ 4 周，已经变成了 1 ～ 3 周，并且倾向于越短的迭代，目的是快速获取用户 / 客户反馈，借以调整产品需求列表（Product Backlog）的内容以及相关优先级。产品开发中最大的浪费，就是开发出用户不需要的功能。这也是"减少浪费"原则的一种体现。

很多人对敏捷开发有误解，认为短周期的交付，不经过传统瀑布模式中各类严格的评审阶段，交付出的产品质量会大打折扣。事实上并非如此。敏捷开发强调"内建质量"（Build Quality In），质量活动贯穿在敏捷的每一个过程中，并且通过例如持续集成、自动化测试、持续交付等活动，形成快速反馈闭环。此外，文中提到完成的定义 DoD

（Definition Of Done，完成定义），也是内建质量的一种体现，与 DoD 相对应的，还有 DoR（Definition Of Ready，就绪定义）。

📝 精华语录

第 04 章

兵不厌诈：我们的第一次冲刺

接下来的两天，阿捷不断地寻找并学习着有关 Scrum 的资料，充实着自己，阿捷感觉自己对 Scrum 越来越有信心了，Scrum 可真是一个好东西，以前怎么就没发现呢？

为了能够更好地实施 Scrum，阿捷决定周一先和大民谈谈，大民是这个团队中资历最老的成员，也是最早加入 Agile 中国研发中心的员工之一，当年还面试过阿捷。大民对整个公司、整个部门、整个项目了如指掌。在阿捷升为项目经理后，大民接替了阿捷负责 TD 项目的产品整体架构设计，袁朗提交给美国的 TD 设计文档就是阿捷和大民一起来完成的。对于是否能够在项目组里实施 Scrum，他的意见是非常重要的。

周一午饭时间，阿捷走到大民的格子间，大民正在用 UML(统一建模语言)画着用例图。

"Hi，大民，吃饭去。"

"哦，这么快啊！好，我存一下盘。"

两人在餐厅中找了一个靠窗户的座位，这里不仅人少，还能看到窗外的风景。

"大民，你觉得目前在咱们部门，咱们做的这些项目，最主要的问题是什么？"

"嗯……这个问题啊！我觉得吧，首先最主要的就是人祸！你看，咱们一开始推行 CMMI，前两年公司业绩不好，项目停了，QA 团队都给裁了。然后呢，又搞什么六西格玛，据说是因为看到人家通用和摩托搞得如火如荼，咱也想学学，这不明显是邯郸学步嘛！六西格玛这东西必须得从顶向下才行，只有上头重视了，都是黑带、绿带了，咱们下面的人才能落实。你看看咱们怎么搞的？从下往上，要求每个员工都必须通过白带，那得花多少力气啊，好容易员工都差不多是白带了，上面领导还什么带也不是呢，你说怎么搞？那会儿我就说咱们的六西格玛，没戏！"

"果然没几天，上面就闭口再也不提六西格玛了。"

"这不，去年，咱们部门又说自己搞什么 RUP（Rational Unified Process，统一软件开发过程），有老外通过 Webex（一种在线视频软件）视频，搞了一个远程培训后，又没有结果了！"

"总结下来，这几年净瞎折腾了。一朝天子一朝臣，研发的领导变来变去的，政策没有一个连续性，都只关注短期利益，没人愿意做长期投资，很难的！"

大民愤愤不平地说着，餐盘中的饭菜没见少，但热气已悄然散去。

"是啊！从我进到公司，咱们部门就一直朝着收支平衡的目标努力，更别说赚钱了！"阿捷附和着。

"另外呢！有些项目经理简直就是混事，专业技能太低，就知道天天瞎叫唤，我人手不够啊！缺乏资源啊！你看看周晓晓，前前后后，这几年也做了不下 6 个项目了，他参与或者领导的项目，哪一个不都是因为老外不满意，最终给移交回去了？往中国转移一个项目容易吗？那得花 Charles 多少精力啊？你看他手底下的老员工，走了多少了？那些走的人可真的是精英啊！别说老外不满意，我都看不过去！要我是老板，早就把这种人开了！"

"嘘！小点声。"阿捷赶紧看看四周，还好没什么人，稍微远点的，也没有人注意他们。

"哼！没关系！"

"抛开这个大环境不说，单就咱们 Team，你觉得问题在哪里？"阿捷赶紧打圆场，大民的直脾气可是部门有名的！

大民沉思了一下，说："其实吧，咱们这个 Team 处的位置真的挺尴尬的！首先，国外研发老大就不怎么重视咱们，因为咱们现在做的 TD 产品将来是直接面对中国客户的，除了中国以外，短时间内难以为公司赢得海外订单。同时呢，咱们项目的核心都是从国外转过来的。说好听点，是在做咱们 Agile 公司自己的东西，说直白点，其实就是外包！现在，咱们还得不到老外的信任，咱们做什么，人家老外都要评审好几遍，中间还要不断地检查。感觉就是有项目警察一样！这叫人怎么能有动力呢？"

"你做好了，是应该的，做不好，肯定要挨批！"

"同时呢，现在的客户吧，最麻烦……给你提需求的时候，一点儿不明确。你跟他确认吧，他又模模糊糊，还不断地变来变去，没法做。而公司内部呢，没有一个统一的流程来管理和控制需求，不但不好跟踪，而且出现争议的时候，没有一个决策团队按照决策流程，给出快速的决策。大家相互扯皮，许多项目时间就白白耽误了。"

"所以我觉得，如果真想做好这个项目，就得从需求入手，从源头上解决问题。"

"嗯，跟我想的差不多，你有什么建议？"

"其实，RUP 的思想还是挺适合咱们的，就是通过不断地迭代，不断地发布，迎合并接受变化，而不是拒绝变化，毕竟客户是第一位的！但是呢，RUP 有点儿太复杂，不太适合咱们的项目。"

"是啊。你觉得 Scrum 怎么样？"

"Scrum？没听说过。"

"嗯，Scrum 是一个敏捷软件开发框架，是一个非常轻量级的开发流程……"阿捷给大民简单明了地讲了一遍 Scrum。

"听起来不错，挺适合咱们的！"大民两眼放光地说。

"那我们也搞一搞？"

"行！我支持！咱们是该变变了，天天这个样子，被人揪小辫子过活的日子不舒服，怎么也该做出点事情来，让瞧不起咱们的人闭嘴！"大民非常夸张地用手做了一个掐脖子的动作，让旁边其他部门的同事看得莫名其妙。

"快一点了，赶紧吃饭吃饭，要不然餐厅来收咱们的餐具啦！"

两人三下五除二，吃完了剩下的东西，乘电梯回到楼上。

下午 3：00，阿捷把所有的人都召集到了"黑木崖"会议室。

"在正式讨论问题之前，我准备了一个游戏！"阿捷今天显得特别兴奋，而大家一听到做游戏，兴致立马高涨，燃了起来。

"好啊！做啥游戏？"小宝已经迫不及待了。

"很简单！游戏有两个角色，一个是'老板'，另一个是'员工'，所以我们首先需要两两组成一组，要做'老板'的举手。"

"哈哈！我做我做！"小宝第一个举手，"终于有机会做老板喽！"

接着是阿紫略显迟疑地举起了手。

"嗯，那看来阿朱、大民只能接着做员工了，这么好的机会就轻易放过了啊！"阿捷开玩笑说道。

阿朱微微笑了笑，未置可否，大民则笑着说："嗯，做员工多好啊，不用操那么多心。小宝啊，等你做上老板的位子，没准你就不想再做了。"

"哈哈！我才不怕呢，这次你做我的员工吧，反正你这么愿意做员工！"小宝对当老板还是非常向往的。

"那好！阿朱就只能做阿紫的员工了。"阿捷看了一下会议室，觉得人太少了，接着说，"这个游戏要是人多些才好玩，咱们现在只能凑出来两组。这样吧，我们再搞点障碍。大家先站起来，把身边的椅子都摆到过道上，堵住直行的道路。"

所有的人满腹狐疑地按照阿捷说的做完，不知道阿捷葫芦里面到底卖的什么药。

"好！那现在大民和小宝站在一起，阿朱和阿紫站在一起。这个游戏要求'员工'必须完全听从'老板'指挥才行，不允许做出相违背的动作。怎么样？两位老板分别跟自己的员工确认一下吧。"

"哈哈！老员工，没问题吧？"小宝对大民说。

"你就贫吧！没问题，这次让你一次过瘾过个够！"大民也不甘示弱。

阿捷看到阿朱阿紫那边也没有异议。"这个游戏要求在 1 分钟内，'员工'按照'老板'的指令，完成移动尽量多的步数，指令只有 5 个，即'向前一步，向后一步，停，向左一步，向右一步'。这 5 个指令可以随意组合。"

"这么简单！"阿紫脱口而出。

"嗯，听起来简单，一会儿我们看结果就知道了。对了，还需要注意一点，'老板'则不参与行动，只发出指令指挥'员工'的活动。另外，'老板'在整个过程中，一定要保护你的'员工'不能撞到其他'员工'或老板，也不能撞到桌子、椅子、还有墙。怎么样？大家都明白了吧？"

"明白了！"

"没问题！"

"赶快开始吧！"

大家对规则领悟得都很快，已经迫不及待了。

"那好！我计时，每组都要记住自己最终完成多少步移动任务！准备……开始！"

"向后一步……停，向左一步，向右一步……"，"黑木崖"里面响起了此起彼伏的指令声，两位员工按照各自老板的指令移动着。

"好！时间到！停！"1分钟很快就到了，阿捷准时发出停止的口令，"大民不能再动了！违反规则了，最后这步不算，扣掉一步，扣掉一步！"

"我要是不动的话，这次又得撞到椅子上了。这步是不算。"大民解释着自己的原因，"这之前，小宝已经让我撞了两次墙啦！"

"是啊！阿紫也让我撞到了一次桌子，一次椅子。我都撞到椅子上了，阿紫还一个劲给我指令'向前一步''向前一步'，幸好我没有再执行。疼死我了！"一直默不作声的阿朱摸了摸膝盖，假装做出痛苦状。

"一看就是装呢，你自己看到桌子在前面，还往前走啊！自己调整一下就行了！"阿紫反驳道。

"那怎么成，我是员工，你是老板，员工要完全听从老板的指挥。你说怎么做，我就是怎么做的。因为你给我的指令就是向前一步的。我可是一个好员工的，对吧阿捷？"阿朱做出委屈的样子向阿捷求助。

"嗯，阿朱做得没错。这次是阿紫没有照顾好自己的员工，没有尽到自己做老板的责任。不过，大民好像更惨，我已经看着他连着撞了两次墙！"

"是啊！一次是向前撞了一次，一次是向后撞了一次！向后那次可是实打实的，后头没有眼睛，哪知道有墙啊！我现在还疼呢！"大民跟着喊冤。

小宝挠了挠头，不好意思地笑着。

"怎么样？小宝，这个老板不好当吧？你们最终完成了多少步？"阿捷问。

"38 步，对吧，大民？"

"我都撞墙撞晕了，哪里记得住。不过没完成 60 步是肯定的！"

"嗯，阿紫，你们的结果如何？"

"噢，我们也没完成，不过比他们好点，是 45 步！我觉得是阿朱移动得有点慢，好几次还听错了口令。"

"嗯，是啊！小宝的声音太大了，我都听不清。"阿朱埋怨道。

"那我不管，我是为了我的员工利益着想呢。"小宝死活不想认错。

"现在结果出来了，看来我们两组都没有完成预定的任务而且无论是'员工'还是'老板'，都有不满和委屈。

那我们接着做下一个游戏。这次大家都做'员工'，没有'老板'再给'员工'发出指令。每个人独立、自主地移动，看看能完成多少步！时间还是 1 分钟。准备，开始！"

这次"黑木崖"里，不再有干扰大家的口令声，大家有条不紊地移动着，并依据自己的判断随时调整其步伐方向、快慢，以绕开椅子、桌子和其他人。

这次阿朱、大民完成了 65 步，阿紫、小宝完成了 70 步。

"大家谈谈感受吧！"

"我发现，等别人下指令自己再走，效率很低，因为除了需要仔细倾听外，还要再思考一遍，需要把指令转换成自己的动作才行。"大民第一个发言。

"自己可以根据实际情况，随时调整，这样就不会撞到墙上或者椅子上啦！"阿朱非常欣慰地说。

"我们做这个游戏到底有什么寓意呢？"小宝终于问出了大家的疑惑。

"嗯，这个游戏其实是想让大家理解一下两种工作方式的差异。一种是完全听从别人的指令，被动地进行工作；一种是自主决定、主动进行调整的工作方式。很明显，后者的效率更高，也更能被大家接受，对不？"

阿捷看到大家都点头表示赞同，"那好！小游戏就到这，我们进入正题。"

"今天主要是想跟大家讨论一下，如何改进我们项目的管理方式，或者说是我们的软件开发方式。一直以来，我们采用的都是瀑布模型。"阿捷顿了一下，"大家可以回想一下，我们以前包括现在做项目的时候，基本上是按照里程碑划分为这样几个阶段：需求分析、软件设计、程序编写、软件测试和对外发布等六个基本活动，按照自上而下、相互衔接的固定次序。虽然瀑布模型有它自己的优势，但对我们来讲，有以下不足：第一，在项目各个阶段之间少有反馈，主要依赖各种文档进行交接，缺乏协同；第二，只有在项目生命的后期才能看到结果；第三，虽然通过很多的强制完成日期和里程碑来跟踪项目阶段，但项目依然经常延误，而且延误会传导到下一个阶段；第四，不能有效地应对外界变化。"

"鉴于这些问题，我想或许我们可以试用一下敏捷模型中的 Scrum！Scrum 敏捷软件开发强调的是在一个固定的时间内，利用一切合理的开发资源，完成客户的一定需求。总体的项目是由一个一个小的冲刺（Sprint）组成的。每个小的冲刺（Sprint）都有很清晰明确的需求，而且也有明确的需求验收标准，从而能够把一个大的项目逐渐分解到小冲刺中，为按时保质地完成交付提供支持。"

"现在的工作虽然有些问题，但我们每次不也发布了吗？为什么要做这个改变呢？"阿朱委婉地提出担心。

"嗯，话虽如此，不过大家回想一下，我们刚才所做的两个游戏，二者的目标是完全一样的，但结果与过程却完全不一样。第一个游戏是听从他人指令、被动移动的方式，这就像传统的项目管理模式；而后一个游戏则是完全自主决定、基于经验、随时调整的移动方式，就像敏捷软件开发。通过刚才的游戏，大家应该已经充分领略了二者的优劣。"

"我们知道，苹果公司是一个非常注重创新的公司，苹果最近被评为'世界最受尊敬的公司'。他们的产品从 iMac 到 iPod，再到 iPhone，每一个产品都不断地刷新着人们的想象力。他们创新的源泉，除了聚集的一堆天才外，很重要的一点在于他们的理念，他们提出了著名的 Think Different（不同凡想）口号。他们当初提出这个口号，最直接的原因是这样的，"阿捷清了一下喉咙，"Because the people who are crazy enough to think they can change the world, are the ones who do.（那些疯狂到以为他们能够改变世界的人才能真正地改变世界）"阿捷在白板上写下了"Think Different Apple"。

"那么我们呢？很显然，我们目前的工作不允许我们做出这样的创新，因为我们不能改变我们工作的内容。但是，我觉得我们可以从另外一个角度出发，那就是 Do Different（做得与众不同），"阿捷在白板上用红笔写下"Do Different！"，还加了一个大大的感叹号，"我们可以在做事情的方式方法上，搞一个突破。有一句话是这么说的 Winners Don't Do Different Things，They Do Things Differently（赢家并不总是做不同的事情，他们还会做得与众不同）。"

"另外，我跟大民也讨论过，觉得我们现在需要做一次改变，让我们的工作有新的起色和新的亮点！现在想听听大家的意见！"

"我觉得可行，我喜欢 Do Different！"大民第一个表示支持。

阿朱有些不安地问道："会不会增加我们额外的负担啊？"

"我觉得不会，我们做的东西不会变，原来做什么，现在还是做什么！大的方向不变，变化的只是我们软件发布的方式，原来我们可能是一年或者半年，现在要 3 周左右就发布一次！发布次数多了。"

"老板知道吗？美国人呢？会不会对我们有看法？"阿紫还是很有政治敏感度的！

"这个，还没有跟他讲。或许我们可以自己试验一下，成再讲；不合适，我们还是要回到老的路子上的！这次是先试验一下。咱们先从下到上，等时机成熟了再从上到下。"

经过一番讨论，大家终于达成一致意见，决定从明天开始，先做一个为期两周的 Sprint 试试看。

晚上，阿捷决定不再想公司的事情，让自己放松一下，看看碟。阿捷打开电视柜，准备从收藏的 DVD 中找一个出来。《虎口脱险》《A 计划》《国家宝藏》《指环王》……《加里森敢死队》映入了眼帘！

"对啊，为什么不把《加里森敢死队》引入每个 Sprint 呢？如果把《加里森敢死队》每集的名字赋给每个 Sprint，这样一定更好玩！说不定可以更好地激发起大家的兴趣。"连阿捷自己也开始佩服起自己的这个突发奇想了。

第二天上午 10：00，阿捷站起来催促大家！

"走了走了！大家都到光明顶去，咱们讨论第一个 Sprint。"

阿捷首先发言："大家好！我们是不是可以为我们的每个 Sprint 起一个好玩的名字呢？

毕竟 Scrum 就是一个 Sprint 连着一个 Sprint，这样下去就是一个很好的系列了，我建议我们前面几个 Sprint 采用《加里森敢死队》的剧名！如何？"

"嗯，这样挺好玩儿的！"小宝第一个表示赞成！

《加里森敢死队》？还真的挺符合我们啊！在咱们部门，还没有人搞过 Scrum 的，咱们就是第一个吃螃蟹的，我觉得不错！"大民顿时也来了精神。

阿捷不免心里有些得意，能得到大家的共鸣是很愉快的事情。

阿紫在旁边嘟囔了一句：《加里森敢死队》我都没听说过，讲啥的？"这位 80 后，跟大家有着明显的代沟。

"代沟！"阿朱笑道。

"嗯，那我简单介绍一下吧。"阿捷说。

"电视台播放《加里森敢死队》的时候，我好像才上初中。"

"它讲的是一拨监狱里的囚犯，在一个美军'干部'的带领下，深入德军敌后搞破坏的故事。"

大民还没等阿捷说完，就接过话头，"是啊！当时，我们同学都看得特别 High（兴奋），每天都讨论这个。当时有报道，有少年模仿电视剧里情节练习飞刀，有盗贼模仿连环盗窃，有学生模仿吸烟，模仿喝酒，都是受了这部电视剧的影响。据说，中央台因为这个还停播了后面的几集。"

阿捷继续说："没错！我所以选择《加里森敢死队》，是因为我觉得这个团队里面有一个很好的带头人上尉加里森以及各有所长的成员：小偷、酋长、戏子、强盗，他们各自发挥所长，完成了很多难以想象的任务。这样的团队，对于软件开发团队来讲，太需要了！因为，每个人都是一专多能的 T 型人才！这样在其他人遇到困难的时候，才可以互相帮忙、补位！"

阿紫一脸的期待，"我建议，我们在每一个 Sprint 结束的时候，都找一集看看。"

"没问题！我家里就有光碟！现在回到今天的主题，那我们就给第一个 Sprint 起名叫兵不厌诈"（the Big Con！）。阿捷在白板上写下了"Sprint1：兵不厌诈（the Big Con！）"。

"其实这个也正好能说明咱们的现状呢！大家第一次采用 Scrum，对这个 Scrum 流程都很期待，同时呢，对于怎么做，如何用还很模糊，正所谓兵不厌诈。"

大家都舒心地笑了，会议的气氛顿时轻松了起来。

中午吃饭前，阿捷跟大家一起完成了第一个 Sprint 的计划，带领大家开始了他们的第一次冲刺！

8 本章知识要点

1. 瀑布模型的核心思想是按工序将问题简化，将功能的实现与设计分开，便于分工协作。将软件生命周期划分为制订计划、需求分析、软件设计、程序编写、软件测试和运行维护 6 个基本活动，并且规定了它们自上而下、相互衔接的固定次序，如同瀑布流水，逐级下落。

2. 瀑布模型有以下特点。

   - 为项目提供了按阶段划分的检查点。
   - 当前一阶段任务完成后，只需要去关注后续阶段。
   - 瀑布模型强调文档的作用，并要求每个阶段都要仔细检查。但是，这种模型的线性过程太理想化，其主要问题在于：
     ◦ 各个阶段的划分完全固定，阶段之间产生大量的文档，极大地增加了工作量。
     ◦ 由于开发模型是线性的，用户只有等到整个过程的末期才能见到开发成果，从而增加了开发的风险。
     ◦ 在瀑布开发模式下，早期的错误可能要等到开发后期的测试阶段才能发现，进而带来严重的后果。

3. 在做大的变革之前，积极听取其他成员的意见，努力理解其他成员的观点，获得团队主要成员的支持，是保证变革成功的重要一环。

4. 软件开发根本就没有什么灵丹妙药可言。虽然敏捷可以很快开发出优秀的应用软件，但不是说这项技术适合每个项目。在实施敏捷之前，一定对现有项目做好分析，对症下药。

5. 在 Scrum 开发模式下，为每个 Sprint 起一个名字，不但可以增加团队软件开发的乐趣，提高大家的参与度，还可以记录下 Scrum Team 当时的心情。

 冬哥有话说

敏捷的小批量交付

敏捷和瀑布研发模式，有不同的适用场景，一定不要一拥而上，全都转为敏捷开发模式。

瀑布模式，期望通过严格的过程检查点，来保证交付质量。这在客户业务场景明确，业务需求相对稳定的情况下，更加适用。但通常的现状是，客户不清楚自己想要什么，市场环境又不断变化，客户只有在看到产品那一刻，才知道自己想要的是什么不想要什么。

瀑布模式，就像行驶在封闭高速公路上的重型卡车，速度又慢，又难以调转方向，只能沿着封闭的车道走到下一个出口（产品交付），才能根据迟来的反馈缓慢进行调整。结果，往往已经浪费了大量的时间和人力、物力成本。

相形之下，Scrum 通过较短的冲刺，小批量，每次交付一个小的可运行增量；船小好调头，即使出错，沉没成本也低。通过小步冲刺，快速迭代的方式，"迎合并接受变化，而不是拒绝变化"。

集权式管理 vs 分布式

阿捷玩的"我说你做"的游戏，是典型的自上而下、命令式的集权式管理方式。源自近代管理学家泰勒"科学管理"的理论体系，是典型的还原论思想，严密的组织架构，管理者统一发号施令，员工只是组织这架机器上的一颗螺丝钉。

现实的 VUCA 时代，充满了复杂性、不确定性、模糊性、易变性，传统还原论的管理模式已经无法适应，需要的是打破部门之间与团队之间的竖井，打造"由灵活的小团队构建成的灵活的大团队"，详情可参考《赋能：打造应对不确定性的敏捷团队》一书。

以上两种模式，正如阿捷所说："一种是完全听从别人的指令，被动地进行工作；一种是自主决定、主动进行调整的工作方式。"

人人都爱玩游戏

比起简单的说教，游戏更具参与感，更容易吸引学员的注意力，寓教于乐。除了文中"我说你做"的游戏，经常玩的游戏还有翻硬币游戏，纸飞机游戏，披萨游戏，棉花糖游戏等，这些都不需要太复杂的道具，而且短则几分钟，长则半小时，就可以感受到敏捷的理念；而类似凤凰沙盘、多米诺骨牌沙盘和 GetKanban 沙盘游戏等，通过设计精良的沙盘，将敏捷、精益、Kanban、DevOps 等方法论，巧妙地穿插在沙盘设计中，现在已出现专门做这类沙盘游戏设计的公司，例如设计凤凰沙盘的 GamingWorks。

📝 精华语录

第 05 章

冲刺计划最为关键

时间过得很快，两周一晃就过去了。阿捷他们的第一个 Sprint 也结束了，但大家感觉并不怎么好。

在 Sprint 计划会议上，大家按照阿捷准备的一个 Product Backlog，从中选择了一些用户需求进行开发。虽然阿捷事先对这个 Product Backlog 做了一定的细化，并设定了优先级，但在选择的时候，大家并没有按照优先级来选，而是找了几个刚好可以在两周内做完的东西。会议上，大家大致讨论了一下，阿捷就按照先前的惯例，根据每个人过去的经验，对每个模块的熟悉程度，基本上是直接指定一个人做哪个任务了。对于每个任务，没有做详细的估算和任务划分，因为以前一直是这样做，把任务交给一个人后，由这个人一直负责，自己做估算、做设计、实现，然后交给测试人员测试，测出 Bug 再返工，直到完成为止。这个过程基本上就是一个黑盒，如果负责这个任务的人不说，别人也不知道具体做得如何，当前是什么状态。

Sprint 计划会议的第二天上午 10：30，阿捷召集所有的人在"光明顶"举行了第一次站立会议，因为这是首次举行站立会议，大家相互看着对方，觉得很好玩，兴致也很高。

阿捷首先把自己负责的任务讲了一下。包括自己将会如何设计、对不同的实现方式进行了比较，然后给出估算，觉得应该可以在一周内做完，然后交给测试人员进行测试。大民、小宝基本上都是同样的模式，也把自己的任务讲了一遍。小宝觉得自己那块有些复杂，可能要花上 8 个工作日才行，估计剩不了多少时间留给测试了。阿朱和阿紫因为要等着开发人员做完后，才能进行测试，所以也没开始具体做什么事情，讲起来自然简单，两个人总共花的时间还没有大民、阿捷一个人用的时间一半多。但即使如此，不知不觉的时间就到了 11：40，大家差不多站了一个小时，腿都酸了，刚好都到了吃饭时间，大家一哄而散，下楼吃饭。

在接下来的日子里，如果有会议室，大家就到会议室里开站立会议；如果没有，大家就聚到阿捷的格子间凑合一下。有时候是上午 10：00 开，有时候是 10：30，还有一次因为阿捷上午要开部门会议，大家的 Scrum 站立会议是在下午 3：00 开的。有时候大家会对一个技术问题展开激烈的讨论，有时候不知怎么的，大家就会扯到姚明、NBA、奥运会北京限行措施、抢购奥运门票的事情上去，偶尔还会聊聊公司的公积金政策、部门的人事变动等，反正每次的会议都挺长。有时候谁累了，就坐在椅子上或桌子上，听别人讲。当然还少不了阿紫、小宝这样的短信狂人，收到短信时所带来的噪音。有时候，阿捷也觉得这么做真的有点浪费时间，相信其他人也有同感，但即使如此，大家还是把站立会议坚持了下来，毕竟 Scrum 很重要的一点就是强调 Daily Standup Meeting（每日立会）的！

大民和阿捷所负责的任务基本上都按期完成了，阿朱、阿紫分别进行了测试，虽然发现了一些小问题，但大民、阿捷还是在 Sprint 结束前就修正完了。但小宝所负责的任务，就像他自己第一天所说的，真的遇到了麻烦。一个模块总是出现 Core Dump（系统崩溃的一种），无法运行，小宝换了好几种方法，甚至做了调试版本，进行单步跟踪，还是找不到问题。甚至在开站立会议时，大家等了他好几次，他才不情愿地从座位上站起来。在会议中间，还跑回去几次看看运行结果。因为小宝自己没有主动提出需要帮助，所以阿捷、大民也没好意思多问。直到 Sprint 结束前一天，小宝才兴奋地告诉大家，问题终于解决了。可留给阿朱的测试时间只有一天了，虽然阿朱早已准备好了测试用例，但对于这样一个复杂的特性，这点儿时间还是不够的。于是，在这个 Sprint 中，小宝负责的模块没有完成最终测试。这让阿朱很沮丧，因为这也导致她的工作没有完成。阿朱很委屈，自己的工作前松后紧，自己也想努力完成最初计划的事情，可是小宝的工作一直没完成，自己也只能是干着急，毫无办法。

对于这种现状，阿捷更着急。不仅仅是因为这个 Sprint 的原始计划没有完成，更重要的是团队的第一次冲刺就这么搞砸了。在 Sprint 结束后，阿捷组织大家进行了一次简单的回顾，谈谈大家对第一次冲刺的感受。在会上，阿捷虽然想了点破冰游戏，试图活跃一下气氛，但因为第一次冲刺的过程与结果都不令人满意，气氛还是很压抑。大家谈得不多，基本上觉得每天的状态报告会花了太多时间，其实应该把这个时间更好地用到项目本身才对；另外，因为 Scrum 本身只是一个框架，没有定义具体的编程实践，不如一些 XP 实践更具有可操作性，关键的还是大家都没看到这个 Scrum 流程的价值，这次冲刺让大家有点泄气。小宝和阿朱甚至说，干脆别搞 Scrum 了，似乎带来的问题更多。阿捷好说歹说，才使大家平静下来，最终达成的一致意见是暂时停下来，重新审视一下，看看是不是可以改善一下，在找到真正可行的办法或者操作实践后，再继续搞下一次冲刺。

这几天阿捷一直很苦恼，再加上 7 月的北京已经开始炎热起来，阿捷就有点着急上火，不仅仅睡觉不踏实，嘴边也起了大泡。从感觉上讲，Scrum 应该是一个很好的项目管理模式，否则像谷歌和微软等大公司也早就放弃了。可能只是自己实践的方式不对吧，但却又不知道到底该怎么去改善。看来还是要求教敏捷圣贤了。阿捷每天都上网，并待到很晚才下去，希望能碰到敏捷圣贤。

这天晚上，阿捷跟美国方面开完电话会后，发现敏捷圣贤上线了！阿捷高兴得跳了起来。

阿捷：你好！

敏捷圣贤：你好啊！

阿捷：现在有时间吗？我们遇到了麻烦。

敏捷圣贤：我果然猜对了！我是专门上来找你的！我想你们的第一次冲刺结束了吧？

阿捷：是的！我们遇到一些问题，大家的意见开始出现分歧了，有人甚至认为 Scrum 带来了更多的麻烦！

敏捷圣贤：这可不是一个好兆头。说说你的问题，让我看看，怎么解决，我想多数是你们使用的方法有偏差。

阿捷：我也觉得 Scrum 是一个很好的流程。

敏捷圣贤：对！只做了一个 Sprint，不要着急下结论说 Scrum 适合或不适合。Scrum 可以让你从另外一个角度来思考如何进行项目管理。找到窍门总是需要花些时间的。我建议你们小组坚持这个流程，至少做完 3 个 Sprint，然后再决定是否继续。第一次冲刺肯定会遇到问题的，你们可以回顾总结一下，把一些能操作的改进加到第 2 个 Sprint 中，逐步做出改善。这样，经过 3 个 Sprint，你们才会真正地了解 Scrum。

阿捷：好！我会劝说大家继续跑完 Sprint 2 和 Sprint 3 的。

敏捷圣贤：先给我讲一下你们是怎么做的？

阿捷：大概是这样做的。我事先完成了产品的 Backlog，然后大家一起做了一个执行计划。之后就是每天早上开"站立会议"，这个非常花时间，每次大概 40 ~ 50 分钟。在 Sprint 结束的时候，每个人做了几分钟的总结，并进行了回顾，会上大家都觉得 Scrum 问题不少。

敏捷圣贤：哦，你们的产品 Backlog 是怎么组织的？

阿捷：作为一个 Scrum Master，我用 Excel 做了个列表，把我们下几周需要做的东西放进去，还按照优先级排了一下序。

敏捷圣贤：等一下！你说，你做了一个 Product Backlog？

阿捷：是啊！有什么问题吗？

敏捷圣贤：也就是说，你们没有找到一个 Product Owner 这个角色？没有让这个人去完成并维护 Product Backlog？

阿捷：嗯，我们没有。

阿捷心想敏捷圣贤的脸色一定很难看，估计这个问题很严重！

敏捷圣贤：如果你们真的想实行 Scrum，那么就一定要遵循 Nokia 的敏捷标准，遵循诺基亚制定的"Scrum 规则"，这是诺基亚用了几年时间，对上百个 Scrum 团队进行了回顾后，才总结出来的建议，这可以帮助你们判断一个团队是否在真正实施 Scrum。

阿捷：那诺基亚怎么知道一个团队是否真的在实施 Scrum 呢？

敏捷圣贤：首先，他们要看是否采取了迭代开发的方式。多年来，业界一直使用迭代式的、增量式的开发，这似乎已经成为所有敏捷过程的基础元素了。

阿捷：这个应该比较好判断。那为什么团队是否"进行迭代开发"这么重要呢？

敏捷圣贤：如果不这样做，甚至都不能称为敏捷的软件开发过程。这是因为敏捷希望整个软件开发流程中的所有人都可以一起工作，大家都要对产品非常了解：无论是构建产品的人，测试产品的人，还是将会使用产品的用户。

阿捷： 大家是应该一起工作？

敏捷圣贤： 对，如果把过程分隔成"这里的这些人编写需求说明和规范，然后他们把文档交给负责构建软件的人，软件构建者再将软件转给测试人员，最后测试人员把软件提供给客户"。客户如果说那不是他们真正需要的东西，一切就要回到开头，再来一次。如此反复三遍的话，客户就会取消这个项目了。这就是为什么世界上有那么多项目被砍掉的原因。

阿捷： 嗯，那在诺基亚，接下来要问什么问题？

敏捷圣贤： 他们会接着问"你们有固定的迭代周期吗？你们的迭代是否以某个特定的时间开始并以某个固定的时间结束？"

阿捷： 是不是迭代周期也应该有限制？

敏捷圣贤： 对！在诺基亚，迭代周期必须少于 4 周。如果不是这样做的，那么就没有进行迭代开发。

阿捷： 如果人们的回答是肯定的呢？

敏捷圣贤： 那他们接下来会问"那好，在每个迭代结束的时候，你们有可以工作的软件吗？"这个问题会把很多人排除在外，因为如果不能给出可以工作的软件的话，那也就是没有进行敏捷开发。

阿捷： 嗯，如果回答还是肯定的呢？

敏捷圣贤： 他们继续说"好，你希望在结束时拥有可工作的软件，那么在可以开始迭代之前，你们的团队是不是必须要有一个细节完整的需求说明？"如果需要的话，那就不是敏捷开发。

阿捷： 哦，我有些明白你的意思了。接着呢？

敏捷圣贤： 最后他们会说"要在迭代结束时拥有可以工作的软件，将测试作为迭代增量开发的一部分是非常重要的。你们在开发过程中进行测试吗？"这个问题有可能将一半左右的 Scrum 团队排除在外，这时甚至还没有谈到有关 Scrum 的话题呢。

阿捷： 我明白了，那他们的"Scrum 规则"是什么？

敏捷圣贤： 嗯，对于应用 Scrum，他们有四个附加的规则。团队被询问的第一个问题是"你们是否有 Product Owner？是不是有人可以代表客户与你们一起工作？"

阿捷暗想，自己团队的 Scrum 还真没有啊，于是问道：Product Owner 的作用是什么？

敏捷圣贤：很简单，当团队在决定应该构建什么样的产品时，这个人就是他们要询问的对象，这个人代表着客户的需求与利益。这个人就像开车时，把握方向盘的人，决定着团队前进的方向，他要为产品的成功负责！

阿捷：如果对这个问题回答"是"呢？

敏捷圣贤：第二个问题是"如果有 Product Owner，他们是否拥有一个待开发功能的 Product Backlog？此 Backlog 是否根据业务价值排定了优先级？是否已经对其进行了估算？"。

阿捷：哦。

敏捷圣贤：这是一个 Product Owner 为一次版本发布构建路线图所需的依据。如果得到了肯定的回答，他们会继续询问"团队在开发过程中，有没有使用 Burndown Chat（燃尽图），来展示当前迭代中随着时间的推进，剩余工作量的变化，用以跟踪进度，并且能否基于燃尽图来推算团队的速度？"

阿捷：这个问题的意义在哪里呢？

敏捷圣贤：首先，Product Owner 可以根据团队整体速度来构建发布规划；同时团队可以根据它来改进流程。只有知道自己的速度如何，才有助于一个团队进行更好的估算，同时帮助他们在继续后续工作时提升速度。通过燃尽图，可以有效地预测团队是否能够按时完成当前 Sprint 计划的工作；如果不能，可以及时进行调整。

阿捷：嗯，这已经有三个规则了，最后一个是什么？

敏捷圣贤：Scrum 团队依赖自组织的过程，这就意味着团队负责挑选工作、职责分配，并要找出最快交付工作的途径。所以，诺基亚的最后一条规则是：在迭代中，项目经理不能干涉团队工作，因为这会停止自组织的过程，并且得到解决方案的过程将不再是最优化的了。

阿捷再次想起了 Product Owner 的问题，赶紧问：为什么非要专门的 Product Owner？我代替不可以吗？

敏捷圣贤：首先，Product Backlog 是 Scrum 的核心，从根本上说，它是一个需求或故事或特性组成的列表，并且按照重要性进行了排序，一定是客户想要的东西，并且用客户的语言进行描述。通常除了客户需求之外，还会包含技术性需求，譬如架构相关、性能相关的事情；还会包含 Bug；还有探针 Spike，这个属于探索性需求，是对未来的一个预研，不会真的发布给客户。此外，有的时候还需要把重构的事情也放进去，一起排序。

敏捷圣贤：其次，在维护产品 Backlog 的时候，Product Owner（就是那个能代表最终客户发言的人）必须参加，由他排列优先级。Product Owner 必须是离客户最近的人，你作为研发项目管理人员，不可能是离客户最近的人。如果没有这个角色，你们怎么知道哪个重要哪个不重要？和 Product Owner 交流，你们才可以得到一个有优先顺序的列表，把最重要的功能放在列表的前面。

阿捷：我知道了，看来我得找 Product Manager 来担任这个角色才行。那这个 Backlog 条目除了优先级外，还有其他什么要求？

敏捷圣贤：嗯，每一个条目应该有一个估算，这个并不需要很准确，只需要有一个大概的估算即可，这样才能够决定把多少工作放到一个 Sprint 里。

敏捷圣贤：另外，在你开 Sprint 计划会议之前，你的 Product Backlog 应该保持一种合适的格式。你可以是把它们都放在一个 Excel 中，也可以是一个 Word 文档，或者是某种 Scrum 工具中，采用哪种形式都可以，只要你们自己觉得方便就行。

阿捷：嗯，我用了 Excel。

敏捷圣贤：Sprint 计划会议除了你的团队成员和 Product Owner 外，还可以邀请更多的人参加。

阿捷：我还以为我一个人规划 Sprint 就可以了呢。

敏捷圣贤：那是旧的管理模式。在 Scrum 框架下，没有"个人"的概念，Scrum 依靠的是团队的力量。尽管 Scrum Master 在这个框架下的作用很重要，但这个人不是独裁者。做 Sprint 计划时，一定要让整个团队参加。

阿捷：那具体怎么做呢？大家一起做计划，岂不是很乱？

敏捷圣贤：首先，你们要先定下来 Sprint 的目标，即作为一个团队，你们要完成什么，然后再决定完成多少。

阿捷：我们当前没有任何历史参考数据，怎么知道完成多少呢？

敏捷圣贤：事先计算出在一个 Sprint 内，团队的可能工作时间。譬如，在未来三周内，一个 5 人小组，每人每周工作 40 小时，那么总的工作时间 $=5\times40\times3=600$ 小时。

阿捷：理想情况是这样的，但肯定会有人休假的。

敏捷圣贤：对，所以你要将总的工作时间扣除任何预期的非工作时间。譬如，有一个人要休一周的年假，还有人看牙，需要占用 3 天，这样算起来是 $600-5\times8-3\times8=536$ 小时。

阿捷：还有，即使每人每天工作 8 小时，但也不是会真的有 8 小时工作在项目上，还要参加各种会议、培训、沟通等活动。

敏捷圣贤：如果每天 8 小时，你们大概会有几小时工作在项目上？

阿捷：平均差不多 7 小时吧。

敏捷圣贤：你得把每天花在参加会议、谈话、处理邮件、上网等时间都除去。

阿捷：那估计 6 小时。

敏捷圣贤：我们把它用百分比表示，6/8，那么就是 75% 左右，然后用这个"负荷指标"（Load Factor）乘以总的工作时间小时数，你就得到了 536×0.75=402 小时。

阿捷：嗯，这种估算很实际。

敏捷圣贤：然后从产品 Backlog 中，按照优先级从高到低，选择出你们认为能在 402 小时内完成的条目，作为你们当前 Sprint 的 Backlog。注意：选择的 Sprint Backlog 条目一定要强内聚、松耦合，这样你们才能不受或者少受外界的干扰，目标明确。

阿捷：那个"负荷指标" 75% 应该是有变动的吧？我们刚上手一个项目，与过去的项目相比，肯定是不一样的。再譬如，当有新员工加入时，他的效率肯定是要比老员工低的。

敏捷圣贤：对。你已经很好地理解了负荷指标，你可以利用它把 Sprint 计划得很准确。当你遇到低的"负荷指标"时，要试着找出原因，这会使你们的 Sprint 更有效率。

阿捷：下一步是不是该做任务细化？进行估算？

敏捷圣贤：不完全对。任务细化之外，还有一个非常重要的部分：对于每个细化后的任务，都需要一个非常明确"完成"（Done）的定义。这一点非常重要，必须保证每一个人的理解是正确的、一致的。

阿捷：嗯，否则每个人的估算就会千差万别。

敏捷圣贤：对！

阿捷：还有什么值得注意的？

敏捷圣贤：做 Sprint 任务细化时，一个最佳实践就是把每个任务控制在 1～2 天内完成。任务太细，会涉及更多的微观管理；太粗，估算就会不准确。

阿捷：OK！在这一点上，Scrum 跟其他项目规划方法是一样的。

敏捷圣贤：下一步，就是让大家自己认领任务，而不是指派！这一点非常关键，一定要记住啊？

阿捷：为什么要认领？指派会更有效率，而且还能根据每个人的特长，让每个人做他擅长的事情。

敏捷圣贤：首先，每个人认领任务后，实际上就是对整个团队有了一个承诺，更能保证按计划完成。其次，让每个人选择自己愿意做的事情，这样才会更有主动性，毕竟"做自己有兴趣的事情，才会真的做好"。这样，不仅满足了个人发展的需要，还可以达到快速的知识共享、团队技能的整体提高。

阿捷：不错，以前是只对项目经理一个人的承诺，这样认领后，就成了对所有人的承诺。

敏捷圣贤：此外，跟任何其他会议一样，对于计划会议，确定好会议日程非常重要。因为 Sprint 计划会议一定要基于 Time-Boxed（时间盒），在规定的时间内，一定要结束，就像一个 Sprint 一样，同样要有紧迫感。

阿捷：嗯，我会仔细计划的。

敏捷圣贤：还有，Sprint 计划会议必须在一个完整天内开完。

阿捷：为什么？

敏捷圣贤：Sprint 计划会议开始的那一天，也就是 Sprint 开始的一天。如果 Sprint 计划会议跨越了两天，可不是什么好玩儿的事情，你的 Burndown Chart（燃尽图）就会像我们的这样很难看（见下图）。你会看到 Sprint 一开始，似乎我们的工作量只有 150，怎么第二天时工作量就快到了 190，出现了一个凸起。如果不了解内情的话，一定还以为 Sprint 出了问题呢。而实际上是因为我们曾经在前一天的下午开了 2 小时，第二天上午又开了 2 小时，对任务进行细化，结果任务估算增加。

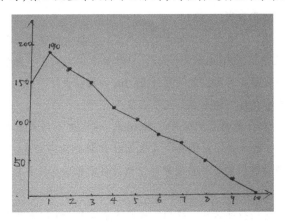

阿捷：嗯，还有其他的吗？

敏捷圣贤：有！可以采用 Delphi 方法进行任务工作量的估算。当进行任务细化的时候，每个人的估算是不一样的，如果最高估算值与最低估算值相差很多，二者就要沟通一下，看看为什么二者的理解相差这么多。沟通明白后，再重新估算。即使这样，还是会有分歧的，此时采用 Delphi 估算方法，简单讲就是进行一次加权平均。

阿捷：嗯，我们以前也用过 Delphi 方法。

敏捷圣贤：为了提高任务细化的效率，可以将团队分成两个小组分别进行。

阿捷：为什么还要分组？不是让大家一起做细化、做估算的吗？

敏捷圣贤：是这样的，我曾经带过一个团队，有 10 个人。最初，我都是打开投影仪，把 Product Backlog 投到屏幕上去，大家一边说，我一边记，我是挺忙活的，但是大家却不一定都能集中注意力。现在回头看看，这种方法真是有点蠢！当团队成员少的时候，在最初的几个 Sprint，大家的兴趣还比较高的时候，这种方法还行，当 Team 成员超过 6 个的时候，问题出现了，首先是当讨论某一个问题的时候，总会有人问，刚才你们说什么来着？很显然，他走神了。另外，人多的时候，对同一个任务的细化，即使采用 Delphi 方法，沟通成本也很高，很费时间。

阿捷：那你们具体怎么做的？

敏捷圣贤：后来我就把团队分成两个小组，分别对任务进行细化。细化时，不再用投影仪，而是把 Sprint Backlog 中的内容按大块张贴在墙上，大家站在墙前，拿着记事帖直接进行细化和估算。当两个小组都进行完后，互相检查对方对任务的细化，解决争议，澄清模糊的地方。这样一来，就把大家的积极性调动起来，参与程度非常高，效率也高。

阿捷：现在我们团队只有 5 个人，估计还用不上，但这个经验真的值得推广。

敏捷圣贤：产品负责人（Product Owner）一定要参加。实在不能参加的话，也要指定一个人授权代理。否则，就不要开 Sprint 计划会议。

阿捷：嗯，我一定会把他叫过来参加这个会议的。

敏捷圣贤：最后一点，虽然我们采用了 Scrum，但即使不再采用甘特图，但是传统的风险 / 依赖分析还是不要丢弃。在 Sprint 计划会议结束前，进行风险 / 依赖分析，还是会帮助我们发现一些问题的，然后再稍微调整任务的优先级，更能保证 Sprint 的成功。

阿捷：好的！有了这些指导原则，我相信我们的第二个 Sprint 会走得更好的。

敏捷圣贤发过来一个不断眨眼的笑脸，似乎提醒阿捷不要过于乐观。

阿捷：还有一个问题就是，我感觉这个 Scrum 好像只定义了一个项目管理框架，没有给出具体的编程实践指导，是你还没告诉我吗？

敏捷圣贤：嗯，不是的。Scrum 依靠的是经验管理，所以它没有涉及工程实践。这样才能很好地与不同的工程实践融合起来，譬如和 CMMI、ISO 9000、RUP，甚至 XP（极限编程）等都能很好地工作在一起。因为 Scrum 主要是解决项目管理和组织实践范畴的东西，更多的是关注在敏捷团队建设上，它的终极目标就是打造自我管理、自我组织的高效团队。作为一个敏捷框架，具体的编程实践，可以靠 XP 等去补充。这也是 Scrum 这个框架有很大适用域的原因，HR、销售、家庭教育等各个领域都可以应用它，而且也都取得过很好的效果！但我还是建议你们，最初先努力适应这个框架，待成熟后再考虑引入其他敏捷实践。

阿捷：好的！这次我不会冒进了。

敏捷圣贤：那就好！凡事预则立，不预则废。对形势做出良好的判断并提前做好准备还是非常有必要的。我要下了，有事咱们再联系吧。

阿捷：多谢。再见！

敏捷圣贤：再见！

今天的收获太大了，阿捷重拾起了 Scrum 的信心，准备带领 TD 团队再次冲刺。

本章知识要点

1. Scrum 注重的是管理和组织实践，XP 关注的是编程实践，分别着重解决不同领域的问题。可以组合使用，互相补充。

2. 一条可以实行的实践原则，会比长篇大论的理论有用许多，没有实践原则指导的方法论没有意义。Scrum 因为缺乏有效的编程实践，必须通过 XP 或其他方法来补充。

3. 使用 XP，可以使 Developer（开发人员）成为更好的 Developer，但 Scrum 方法能够迫使那些效率低的 Developer 变得更有效率。

4. 诺基亚的 Scrum 标准如下

   - Scrum 团队必须要有产品负责人（Product Owner），而且团队都清楚这个人是谁。

- 产品负责人必须要有产品的 Backlog，其中包括团队对它进行的估算。
- 团队应该要有燃尽图，通过它了解自己的生产率。
- 在一个 Sprint 中，外人不能干涉团队的工作。

5. Scrum 虽然强调文档、流程和管理的轻量化，但并不是意味着没有控制，没有计划，只是要做轻量的短期冲刺计划。强调的是每时每刻都要根据需求和开发情况对项目进行调整，从而达到提前交付

6. Scrum Master 与传统项目经理相比，必须从传统的控制者转变为引导者。

7. Scrum 中，对任务细分和时间估计，需要整个开发小组和 Product Owner 的参与。

8. Sprint 计划会议议程，根据迭代周期长短做调整。

- 充实并讲解 Product Backlog[Product Owner]（20 分钟）
- 重新调整 Product Backlog 条目优先级 [Product Owner]（5 分钟）
- 设定 Sprint 目标 [Scrum Team]（5 分钟）
- 选择 Product Backlog 条目组成 Sprint Backlog[Scrum Team]（40 分钟）
- 会间休息（10 分钟）
- 分成两个小组，进行任务细分，定义 DONE，给出任务估算。（40 分钟）
- 小组间互相评审，解决争议（20 分钟）
- 关键路径分析（10 分钟）
- 任务领取（10 分钟）
- 风险分析（10 分钟）
- 总结

冬哥有话说

那些年，我们一起踩过的坑

敏捷路上各种坑，没踩过坑，你都不好意思说自己是在做敏捷。平平安安、一帆风顺的就把敏捷落地了的，恐怕你做的是假敏捷。

阿捷他们第一个冲刺经历的那些坑，例如不按优先级选取需求、指派任务、不是集体做出估算、过程不可见等都很常见。单以站会为例，就有时间不固定、人员迟到缺席、

站会坐着开、不控制时间、讨论具体细节等诸多的坑。

历经踩过的坑，从坑里爬起来，分析总结持续改进的过程，是将敏捷固化，形成肌肉记忆的过程。

踩到的坑有大有小，有时甚至需要跨越鸿沟；转型的过程也并非一帆风顺，往往伴随一段时期的效率下降；要有心理预设，要给团队，甚至于给领导打预防针。如同跑步一样，习惯的养成需要时间，在此过程中，你会历经痛苦，会有疲劳期，但坚持过去，才会脱胎换骨。回首过往，你和团队会惊诧于自己的改变，以至于无法接受再回到以前的状态，此时你的敏捷才算是初见成效。

先僵化，后固化，再优化

诺基亚的 Scrum 标准，是一个很典型的 Checklist（检查清单）。每一个方法论，无论是 Scrum、Kanban 还是 XP，都有一套规则，这些规则之间彼此紧密关联，背后是对敏捷原则的遵从。初识敏捷，在对原则和实践没有深刻理解的时候，建议先以一种方法论框架为基础，先僵化地遵循规则，固化沉淀到团队日常工作行为甚至工具平台上；如同敏捷圣贤所说，真正跑过三个 Sprint 之后，对 Scrum 有了一定的理解之后，再考虑是否需要根据团队和项目的真实情况，进行适度的调整和优化。

需要注意的是，优化时始终要用敏捷原则进行检查，人是有惰性的，敏捷的很多实践在某种程度上是与人的天性相违背的；敏捷需要团队自律，甚至比传统的研发模式更强调纪律；因为惰性而偷工减料的，不是优化而是简化。

XP（极限编程）

我曾经坚持认为，XP 就只是工程实践，重读了肯特·贝克（Kent Beck）的《解析极限编程》才意识到，极限编程的 12 个实践（计划游戏、小版本、隐喻、简单设计、测试驱动、重构、结对编程、集体所有权、持续集成、每周工作 40 小时、现场客户、编码标准），事实上囊括了计划、迭代、设计、架构、开发、测试、集成等较为完整的研发过程；虽然名为极限编程，事实上已经不只是工程类的实践而已。肯特·贝克（Kent Beck）作为敏捷宣言排名第一（按字母排序的）的大师，果然名不虚传，XP 中测试驱动、持续集成、重构、集体所有权等实践，又进一步成为持续交付的核心内容，被捷兹·休伯（Jez Humble）在《持续交付》一书中继承。

要阅读经典，这是提升自己最直接的方式，是与大师精神相遇，思维碰撞的过程；而发现这些大师经典之间内在的关联，是真正理解方法论背后逻辑与模式的过程；梳理各方法论体系，尤其是彼此之间的差异与继承关系，是形成自己独立的方法论体系的过程。

精华语录

第 06 章

每日立会，不仅仅是站立

根据敏捷圣贤的建议，如果想真正做好 Scrum，就必须有专门的 Product Owner 负责维护 Product Backlog，这事得赶紧解决，否则，以后的 Sprint Planning 会议不仅开不好，而且每个 Sprint 肯定又问题多多。阿捷想了想，这事只有李沙最合适。李沙是负责 Agile 国内 OSS 产品的 Product Manager，阿捷决定请他出山担任 Product Owner。

李沙个子有 1.85 米高，四方脸，稍微有点瘦，是个典型的东北大汉，平时总是西装革履。因为同在公司篮球队里，大家经常一起打球，所以关系一直不错。

阿捷决定找他聊聊。

"Hi，忙着呢？"阿捷走到李沙的格子间，李沙正在看体育新闻，没注意到阿捷过来。

李沙转过身来，笑了笑："还行，你看这不火箭队又赢了，国内的这帮人把姚明给吹的，不就是一个两双嘛！当家中锋你就得这个数据才行！"

"胜者王侯败者寇！趁着赢球赶紧吹吹，也是有道理的。"

"嗯，对了。这周末的中智杯去不去？听说对手是双鹤药业。"

"去啊！没我哪成啊，你还不全靠我给你喂球呢。"

"好！打完球咱们涮肉去。对了！哥们儿，今天是不是有啥事？"

"有点小事儿。你现在不忙吧？"

"不忙，都周末了。说吧。"

"嗯，是这么回事"，阿捷把自己团队要搞 Scrum 的事情介绍了一下，然后引到请李沙出任 Product Owner 的事情上来。

"噢，听起来你们这个流程似乎比原来的要灵活很多。我很愿意做这个事情，这样我们也能更好更及时地合作。可问题是我该做些什么呢？"

"首先，你要帮我们维护一个叫 Product Backlog 的东西。是我们所需要做的所有事情的高层次的列表，按照优先级排列起来。"

"你的意思是说把用户需求文档中的东西换一个形式？"

"嗯，差不多。原来我们用的需求文档太复杂了，有几百页。我们现在讨论到的 Product Backlog 是一个需求列表，可以组织得非常简单，既包括已经定下来的需求，也要包括那些还不清晰的需求。具体你可以用 Excel，或者 Word 也行，看你用什么方便了！关键在于要方便修改、增删条目，以便于随时调整优先级。第一次，我可以帮你做一个初始版本。"

"那我们还是用 Excel 好了！"

"嗯，我也建议这样。我们现在计划每 3 周为一个 Sprint。那么你要根据实际情况随时修改这些内容：如增加新需求，修改已有需求，一定要实时，而且这些修改都要在下一次 Sprint 计划会议之前完成。这样，才能确保我们团队总是根据你排定的条目优先级，去处理最重要的需求。"

"没问题！"

"我们以后就将以这个文档跟你一起确认详细的需求。如果产生疑问，你得随时解释需求。如果我们做完了，你要帮我们把关，看看是不是你最初所要求的。"

"这些都是我本来就应该做的，除了维护这个 Product Backlog 外，流程上还需要我做什么？"

"参加两个会议：Sprint 计划会议和 Sprint 评审会议。Sprint 计划会议可能会占用很多时间，估计得大半天吧。Sprint 评审会议应该比较简单，估计半小时或者一小时就够了。"

李沙皱了皱眉头："哦？ Sprint 计划会议要这么久？我可不可以不参加？我保证开会之前把最新的 Product Backlog 给你。"

"那可不行！这个会议是我们最重要的会议，计划会开不好，接下来的三周都不会有好日子过的。你要是不能参加，我们这个会议就不能开，也就不能按照这个 Scrum 流程做事情了！"

"哈哈，这样我不成了你们团队的人了！"

"其实，这是最能展现你的个人魅力的时候了！你看，你说做什么，我们整个团队接下来就得做什么。具体做什么你完全说了算，还不好？外人要是不懂，还以为你是我们组的经理呢。"阿捷尽量把话题搞得轻松些。

李沙笑了笑，拍了拍阿捷的肩膀，"兄弟，你现在行啊！什么事情都能说得这么好听。你们这个 Sprint 计划会议到底做些什么？我去做什么？"

"简单讲，Sprint 计划会议的第一部分，你和我们共同过一遍 Product Backlog，陈述 Backlog 中各条目的目标和背景，并回答开发团队的问题，以便团队成员深入了解你的想法或需求。我们开发团队会从 Product Backlog 中挑选条目，并承诺在 Sprint 结束时完成。我们会从你给出的具有最高优先级的条目开始，并按列表顺序依次工作。也就是选择'What to Do'（做什么），所以你给出的优先级至关重要！在会议的第二部分，我们会针对选择出来的需求项，进行任务拆解及认领，决定如何做、谁去做。也就是 How to Do'（如何做）和'Who to DO'（谁来做）的过程。"

"这样看来，第一部分我参加还有一定的必要性，第二部分似乎意义不大！"

"不，也很重要！我们会详细讨论如何做，做到什么程度，如何演示等，也就是我们给出一个 DONE（完成）的标准，这样，在 Sprint 评审会议上，我们做演示时，你可以根据 DONE 的定义来评定我们是否真正完成了！而且，我们在细化任务时，还会和你澄清一些问题的！所以你最好要全程参加才行。"

"噢，可我的老板那么久看不到我，没准会有意见的。"

"嘿嘿，兄弟，谁不知道你现在直接汇报给老美呀！咱们上班，人家还没上班呢！再说了，计划会议三周才一次。而且，在会议上，我们没有问题的时候，你也可以上网、发邮件、写文档的！我们需要你一直陪着的目的，就是想一旦有问题，能随时找到你！"

"嗯"，李沙迟疑了一下，"那好吧，看在你的面子上，我克服一下。"

阿捷用力捶了李沙一下，"够哥们儿！不过，得跟你事先声明一下啊，如果我们确定下来一个 Sprint 中要做的事情后，在此 Sprint 期间，就不可以添加新的需求或者变更需求。你要想添加新要求，只能等下一个新的 Sprint，也就是三周后。"

"这没关系，以前几个月的事也都没变过，不怕！"李沙回答得非常干脆。

"好！那就这么定了！我下周一过来跟你一起搞出来第一版的 Product Backlog。"

"好，那周末篮球场见。"

晚上，阿捷登录 MSN，准备向敏捷圣贤咨询一下每日 Scrum 站立会议，因为阿捷他们在这个站立会议上花费了很多时间。不但效率不高，而且大家意见很多。可惜敏捷圣贤并不在线，阿捷只好到抓虾网看看自己订制的博客文章。

不知多久，突然觉得屏幕一震，一个 MSN 窗口弹了出来，敏捷圣贤上线了。

敏捷圣贤：Hi，阿捷。

阿捷：你好！圣贤。

敏捷圣贤：我们继续谈谈你们上一次 Sprint 的经历吧。我记得你说每日 Scrum "立会"平均要花 40 ～ 50 分钟，对吧？

阿捷：是的。在每日"立会"上，前几天大家还能按时来，注意力集中，并尽量更新足够多的相关内容。但后来说的事情会不着边际，而且时间太长。最后几天，大家因为忙，对这个立会的关注度和重视程度明显下降。

敏捷圣贤：没准儿你应该换一个思路。

阿捷眼睛一亮，马上回复道：是不是可以通过邮件来代替？

敏捷圣贤：绝对不可以！邮件不能取代每日 Scrum 会议。邮件只会增加沟通成本，而且不能提供细节信息或者给他人提问的机会，也不能帮助其他成员解决问题。

阿捷：可不可以不开立会？我们都觉得每天开会意义不大！

敏捷圣贤：这个"立会"不仅能要让每个人了解其他人在做什么，当前项目计划进展如何，还可以帮助大家解决那些阻碍，以及共享承诺。其实，这些都是非常有利于提高团队合作精神的。

阿捷：噢，可我们每天花这么长的时间开会，影响工作效率。有什么可以使会议保持紧凑有效的小窍门吗？

敏捷圣贤：窍门和经验有很多，我自己总结了 8 条，想听吗？

阿捷：好啊，等着你传授给我呢。

敏捷圣贤：第一指导原则：主题明确，不能掺杂其他无关的话题。要做到这一点很简单，只需要保证每个人只回答 3 个问题，就行了。

阿捷：都是什么问题？

敏捷圣贤："我们上次开会后你都干了什么？"，这可以让整个团队了解该成员在做什么，以及当前进展，但也不要过分详细，否则会使大部分人失去耐心。

阿捷：嗯，我们的立会上有人说"和上次一样"，也有人说"我正在改一个 bug"。看来也是不对的。

敏捷圣贤：是的，"细节决定成败"，这里一定要关注一下细节才行。有时会让大家更新一下是"你负责的、正在做的任务还剩下多少时间"。

阿捷：这个我们忽略了。

敏捷圣贤：有些团队的站立会议并不涉及这个话题，是因为他们用单独的工具软件跟踪剩余工作量。对于你们，如果没有让每个成员在会前主动更新你那个 Excel 表格的话，就需要在会议上给出最新估算。在 Scrum 下，每天重新做任务估算是非常重要的。这样，才会知道你们还有多少剩余工作量，在剩余的时间内能否完成。如果你们估计不足，觉得不能完成，那么就要及时调整计划。

阿捷：看来，如果我们坚持下去的话，也有必要采用一个专门的工具。你说的调整，是什么概念？是把完不成的任务拿出去吗？

敏捷圣贤：这是一个思路，另外就是坚决地结束当前 Sprint，重新开始下一个 Sprint。但无论如何，这事都要事先跟 Product Owner 打招呼，让他知道你们的最新决定。

阿捷：好的，第二个问题是什么？

敏捷圣贤："在我们下次开会之前你要做什么？"，当成员间的工作有依赖关系时，这会给其他成员一个很好的提醒。

阿捷： 就是自己给自己设定当天的目标。

敏捷圣贤： 嗯，最后一个问题是"你的开发被阻碍了吗？"这个问题最重要。阻碍一个人继续开发的问题，最终也会阻碍整个开发团队，所以一定要鼓励大家说出自己的问题。一旦有人提出来，作为 Scrum Master，你有义务帮助他尽可能地消除这些障碍。

阿捷： 啊？有些技术问题，如果开发人员都解决不了，我更不可能解决的。我可不是什么技术专家。

敏捷圣贤： 对于一个 Scrum Master 而言，并不一定要自己亲自去解决问题，更关键的是你要去协调、去调度资源。

阿捷： 嗯，这还差不多，吓死我了。对了，如果会议中间讨论起技术问题怎么办？上次我们也发生了这样的情况，大家争论了半天。

敏捷圣贤： 很简单，视情况而定。如果是几句话的讨论，就让它继续下去，不要刻意打断。这样解决问题的速度也快，效果会很好。如果有人说了太多的细节或者离题太远，你作为 Scrum Master，有责任打断他们，以保证会议正常进行。需要详细讨论的，记下来，会后单独安排一个会议，专门讨论，我通常把这个环节称为 After Meeting（会后环节）。

阿捷： OK。

敏捷圣贤： 还需要提一下，Daily Scrum（每日立会）的主要目的是让每个成员自己去发现进度中的障碍，从而达成自己的承诺。原来我们只是强调了"自己去发现进度中的障碍"，而忽略了"自己承诺要做什么"。之前计划会上，我一直强调要让每个成员自己认领任务。为什么要让每个成员自己认领呢，不是让团队负责人去安排呢？这个道理很简单。每个人对于自己认领的事情，一定会用心去负责完成。如果事情是别人安排的，而不是自愿承诺的，那可能在积极性主动性上会打一些折扣，就会影响事情完成的进度和质量。

阿捷： 绝对赞同！

敏捷圣贤： 第二指导原则：站立会议只允许"猪"说话，"鸡"不能讲话。

阿捷： 猪？鸡？怎么站立会议里还有猪和鸡？什么意思啊？

敏捷圣贤： 在 Scrum 中，Product Owner，Scrum Master 和团队被称为"Pigs，猪"，其他人员被称为"Chickens，鸡"，这些称谓源于这样一个笑话。

鸡说：嗨，猪！你看最近一直提"大众创业、万众创新"，咱们也创业吧！

猪说：好啊！但咱们干点啥呢？

鸡说：我想我们开一家餐厅咋样？

猪说：哦，我不知道我们卖什么？

鸡说：火腿夹鸡蛋……咋样？

猪说：算了，我不这么认为，我全心投入，你却只是参与！

鸡说：为啥呢？这点子是我想的，我咋就不全心投入了呢？

猪说：你看啊！火腿必须要我把自己的腿砍下来，才能做成。而鸡蛋呢，只是你的附
　　　属品，你没有任何损失。不是全心投入。

鸡说：……

猪说：……

阿捷：哈哈！有意思，没想到 Scrum 中的典故还挺多！

敏捷圣贤：第三指导原则：所有人站立围成一圈，不能围坐在一个桌子周围。"站立"
　　　就暗示大家这个会很短，强迫大家更专注和投入，还可以有效避免有人坐着收发
　　　邮件和做其他分心的事情。

阿捷：Got it（收到）。

敏捷圣贤：第四指导原则：确保整个团队都要参加每日站立会议。每个人，无论是开
　　　发、测试，还是文档撰写人员，只要属于"猪"，都要参加并且遵循会议规则。

阿捷：这个问题不大，我们的人都能保证参加的。

敏捷圣贤：第五指导原则：每日 Scrum 站立会议是团队交流会议，不是报告会议。
　　　每一与会者应该清楚，开发团队是在互相汇报和交流情况，并不是向 Product

Owner 或 Scrum Master 汇报。

阿捷： 虽然这个跟会议效率无关，但的确值得重视。

敏捷圣贤： 第六指导原则：每日 Scrum 站立会议应该控制在 15 分钟之内，你们如果可以在 8 分钟内搞定，那就立刻结束，不一定要用满 15 分钟，这才叫 Time-boxing（时间盒）。这个不需要多说。

敏捷圣贤： 第七指导原则：不要把每日 Scrum 站立会议作为一天的开始。

阿捷： 嗯？这是什么意思？

敏捷圣贤： 如果你这么做，有些成员在每日 Scrum 会议之前，不想做任何事情，这种懒惰实际上是对生产力的破坏。所以不要在上午太早时候开，避免有人从心理上把一天的开始跟这个会议联系在一起。当然，这个会议也不要太晚，一般 10：00 到 10：30 是比较适合的。

敏捷圣贤： 第八指导原则：Scrum 站立会议要在每日同一时间同一地点举行。这不仅可以给团队一种自己拥有站立会议的感觉，同时，任何对你们站立会议感兴趣的人，譬如其他项目经理或者部门经理、或者上下游团队内的任何人，都可以随时走过来听一听。

阿捷： 这就像宗教仪式一样。还有吗？

敏捷圣贤： 在会议结束后，Scrum Master 根据开发团队成员对其负责的 Sprint Backlog 中的项目所做剩余时间的更新，记录在燃尽图中。

阿捷： 燃尽图？你之前好像提到过。

敏捷圣贤： 英文是 Sprint Burndown Chart（冲刺燃尽图），给你看看我们以前用 Excel 自动绘制的一个燃尽图。

阿捷： 主要用来做什么？

敏捷圣贤： 用于显示每日直至开发团队完成全部任务的剩余工作量（以小时或天计算）。理想的情况下，该曲线应该在 Sprint 的最后一天接触零点，它体现了团队任务目标的实际进展情况。注意，并不是目前已经花费了多少时间，而是仍剩余多少工作量——开发团队距离完成任务还有多远。如果此曲线在 Sprint 末期不是趋于零，那么开发团队应该加快速度，或简化和削减其工作内容。

阿捷： 嗯，这个图表确实很管用，非常直观，对项目进展一目了然。你说这个图表也可以使用 Excel 表格管理？

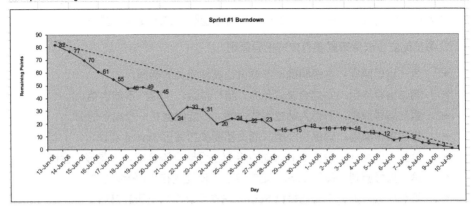

敏捷圣贤：是的，我可以给你提供一个模板，同时管理 Product Backlog、Sprint
　　　　　Backlog，并自动生成这个燃尽图。但许多团队认为在墙上用图纸标明更为简单
　　　　　有效，可以用笔随时更新；这个技术含量不高的做法比电子表格更快速、简易，
　　　　　更可见。我建议你们也这样。

阿捷：好的！我想这次站立会议应该讨论得很充分了吧。那您再给我讲一下产品演示
　　　和回顾？我可不想把它们也搞砸了。

敏捷圣贤：下次再跟你讲吧！这个可比每日"立会"要讲的东西多。

阿捷：那好吧！什么时候？不要太晚啊，我想把 Sprint 2 的产品演示和回顾做好！

敏捷圣贤：肯定是那之前。我也说不太好具体哪天！下个周末吧！我那会儿没那么忙。

阿捷：好！我随时在线等你！再见！

敏捷圣贤：再见！

本章知识要点

1. 每日立会上，每个人需要回答三个问题：昨天完成什么？今天打算做什么？有什
   么障碍？如果没有更新剩余工作量，在会上给出最新估算。

2. Scrum 团队强调自我管理，自我引导，这其实是管理的最高境界，如果团队里面
   的每个人都能够时刻关注公司或者部门的业务情况，那么整个公司的利益自然会

最大化，但是现实往往不是这样的。那么设立 Scrum Master 时，是不是可以让每个人在每个 Sprint 里都有这样的机会来带领团队，并感受这种责任。

3. 让每日站立会议保持紧凑有效的指导原则。

- 第一指导原则：主题明确，不要讨论其他无关的话题。
- 第二指导原则：站立会议只允许"猪"说话，"鸡"不能讲话。
- 第三指导原则：所有人站立围成一圈，不能围坐在一个桌子周围。
- 第四指导原则：确保整个团队成员都要参加每日 Scrum 会议。
- 第五指导原则：每日 Scrum 站立会议是团队交流会议，不是报告会议。
- 第六指导原则：每日 Scrum 站立会议应该控制在 15 分钟之内。
- 第七指导原则：不要把每日 Scrum 站立会议作为一天的开始。
- 第八指导原则：Scrum 站立会议要在每日同一时间、同一地点举行。

4. Scrum Master 要及时解决每日立会上提出的阻碍。这一点非常关键，否则会影响每个成员反应障碍的积极性。

5. 利用 Burndown Chart（燃尽图）跟踪细分任务的完成情况，在项目进程的任何时间点都能够看到项目进展状况，而不是每周或者项目完成之后，从而保证了开发进度处于可控制的状态。

冬哥有话说

仪式感

《小王子》中，狐狸对小王子说："你每天最好在相同的时间来……我们需要仪式。"

"仪式是什么？"小王子说。

"这也是经常被遗忘的事情，"狐狸说，"它使得某个日子区别于其他日子，某个时刻不同于其他时刻。"

"Scrum 站立会议要在每日同一时间同一地点举行"，也是仪式感的体现。心理学家荣格说：正常的身心需要一定的仪式感。仪式感体现的是我们的尊重和热爱，对生活如此，对团队如此，对敏捷也是如此。

在敏捷中，我们有很多表现仪式感的实践，例如庆祝迭代成功发布，给团队成员写感谢卡，团队建设等。

仪式感不仅表现在成功时，也应该表现在失败或出错时。例如即使是迭代失败，集体跑步 5 公里；站会迟到时，给团队小伙伴发红包；造成持续集成服务器失败时，做俯卧撑等。失败时，我们不是惩罚，而是用游戏的方式来让大家牢记于心。

此外，除了庆祝成功，对于失败，也需要庆祝；如果把成功或失败，看成是反馈与学习的机会，那么，失败时，也许是更好的学习机会。

每日站立会议

每日站立会议是整个 Scrum 框架里，非常重要的一环，站会的重要性，以及正确方式，却往往容易被忽视；

敏捷宣言强调个体交互重于过程和工具，敏捷原则里也建议面对面的沟通。区别于日报或邮件，每日站立会议是团队面对面沟通和彼此交互的体现。通过保持过程透明性让参与过程的所有人了解真实状况，并且通过燃尽图，随时检查 Sprint 进展并与干系人沟通，如有必要则及时进行调整。

每日立会是 Scrum 几个会议中，反馈周期最短的一个，站会是 Scrum 过程里每人每天为单位的 PDCA 环，由此形成团队的 PDCA 环，并最终得到一个 Sprint 的 PDCA 环；（考考你，敏捷中，比站会反馈周期更短的，有哪些实践？）

站会不是汇报会，团队是焦点，而不是某一个人。

站会是团队社交的一种方式，当然是针对项目内容，而不是八卦。

举行站会有很多小的技巧，例如为防止大家七嘴八舌影响讨论，可以用一个道具，如一个网球，拿到网球的才能发言；传球最好也不是顺序，而是随机，或者抛球，谁抢到谁发言，更容易活跃气氛而不是僵化的例行公事；例如早期可由 Scrum Master 适度引导，逐渐转为每个团员轮值，最后变成团队自组织自发进行的活动。

虽然电子看板有诸多优势，举行站会时，围绕着物理看板会更有仪式感，在物理看板上挪动卡片的感觉也会更加直接；如果将电子看板投射到有触摸屏的大电视，可以集电子看板与物理看板的优势与一身。

精华语录

第 07 章

敏捷回顾，只为更好地冲刺

周一阿捷跟李沙一起，用 Excel 整理了一份 Product Backlog，不仅列出了所有的用户故事，还让李沙对它们进行了优先级排序。阿捷按照敏捷圣贤的建议，提前把计划会议日程发给大家，让大家能有所准备。周二，阿捷召开了第二个 Sprint 计划会议，只用了三个小时。因为事先准备充分，效果好多了，大家的心气又给聚起来了！

在对每日站立会议进行了改进后，平均每天只花 10 分钟就能结束了！大家相互沟通了信息，问题得到了及时解决，会议效率提高了，大家都很满意。

周末的晚上，阿捷再次遇到敏捷圣贤，阿捷决定向他请教一下如何开好 Sprint 评审会议和回顾会议。

阿捷：嗨！你好！

敏捷圣贤：你好！心情不错！

阿捷：是啊！当前的这个 Sprint，我们的计划会议开得非常好，不仅请了 Product Owner，还让他起草了最新的 Product Backlog，而且对 Sprint 中的任务进行了细化，给出了大家一致认同的 DONE 的定义。同时，按照你的建议，我们对 Scrum 每日站立会议做了改进。现在，每个人都能总结性地回答四个问题，这样一般 10 分钟左右就能结束会议，效率比以前高多了！

敏捷圣贤：恭喜你们！

阿捷：谢谢！这次多亏了你的建议呢。我们上次说要讨论一下 Sprint 的演示与回顾，还记得吗？

敏捷圣贤：嗯，当然记得。作为 Scrum Master，回顾并总结一个刚结束的 Sprint 所做的工作，是非常有价值的，这就像镜子反射！

阿捷：镜子反射？

敏捷圣贤：对，每个人出门前都要照镜子，目的是什么？

阿捷：哦，我不照镜子的。

敏捷圣贤：别捣乱。目的有二：一是看看自己穿的衣服怎么样，化的妆怎么样，是不是得体；二是看看哪些方面还需要修整（如衣服的扣子扣得是否合适、穿的衣服是否合体，等等），以更利于展示自己最漂亮的一面。

阿捷暗想，这哥们儿真够逗的，还说化妆呢，难道还真的每天出门前照镜子？因为还不够熟悉，阿捷没表露出来，接着回复道：你的意思是作为一个团队，也应学会"照镜子"，要时时发扬自己的优点，找到自己的不足，及时加以改正。

敏捷圣贤：对！孺子可教也。

阿捷：不过，我有这样一个疑问！发生的已经发生了，都已经过去了！如果说一个团队，刚刚结束一次冲刺的话，每个人都很累，为什么非要揭开旧伤疤，让大家再次痛苦呢？

敏捷圣贤：暂时的痛苦可以让你在未来的日子里过得更好，避免犯同样的错误。让我们先来看看评审会。你是怎么理解的？

阿捷：我看了一些资料，在 Scrum 中，评审会是说在一个 Sprint 结束以后，进行 Sprint 评审，团队在此期间展示他们所完成的工作、可运行的软件。参加评审的应该有 Product Owner、开发团队、Scrum Master，加上客户、项目管理者、专家和高层人士等任何对此感兴趣的人。

敏捷圣贤：不错，还有吗？

阿捷：会议可以是 10 分钟，也可以持续两个小时。因为会议目的只是对所做工作结果的展示，并听取反馈。

敏捷圣贤：嗯，说得挺全面的。

阿捷：我还是不想让我的团队，在Sprint快结束的时候花很多时间到演示上，实际上，他们可以做很多真正有意义的事情。为什么我们要浪费力气演示我们刚刚做过的工作？我们的目标不就是一个可以随时交付的软件吗？我们的目标已经完成了，就摆在那里。谁感兴趣，看看我们的Sprint Backlog就可以了啊。

敏捷圣贤：这是一种常见的误解。其实呢，演示主要是出于这样几个目的：

演示可以让那些虽然不直接参与Sprint的利益相关者，获得你们这个团队工作的最新进展。这里提到了利益相关者，就意味着你可以随意邀请任何没有直接参与Sprint工作的人，只要相关。

演示可以让客户或者Product Owner对你们所做的工作提供最直接的反馈，这样可以让Scrum团队，根据反馈更新产品Backlog，在下一个Sprint中融入新的需求变化，并将这些反馈带到下一个Sprint的计划会议上。

同时，演示是一个很好的机会，可以让团队庆祝他们在过去的Sprint中所取得的成就，鼓舞团队的士气。

阿捷：嗯，听上去好处多多。但准备一个演示，是要花费很多时间的。

敏捷圣贤：其实，你们不需要准备一个非常华丽的演示，只需要展示你们刚刚完成的最新功能即可。不需要额外修饰，只要让人印象深刻，就已经足够了。总之，这不是一个产品发布会，你不需要制作一个非常炫目的演示。

阿捷：但是，如果某些小组成员的工作不能直接通过软件演示怎么办？譬如性能测试、架构或者代码的重构等等。

敏捷圣贤：不要仅仅从字面上理解"演示"这两个字，范畴可以更广一些。这里的"演示"，还可以是对下列事情的回顾：如一个新建的编辑页面、一个新写的小工具、一份说明文档或其他任何具体的、可以让该团队感觉到有价值的东西、或者是你们工作过程的截图等！

阿捷：嗯，这样就好办多了。我还担心如果涉及性能测试怎么办呢。看来我们只需要把我们做的性能测试对比结果展示给参加人员就可以了。

敏捷圣贤：非常正确，Just Show Proof（展示证据即可）！加十分！据我的经验，演示要安排在Sprint回顾会议之前。此外，更重要的是要让这个演示会议充满乐趣，不能搞成批斗会。

阿捷：我想我们可以准备一点小食品、饮料什么的，把它搞成一个庆祝会议，这应该是一个团队建设的好机会。

敏捷圣贤：非常好的想法。记得在每个人做完演示后，都让大家集体鼓掌庆祝。

阿捷：好的，我想我们会开好 Sprint 评审会议，做好演示的。那么回顾呢？它的主要价值是什么？

敏捷圣贤：嗯，先不着急！你听说过印第安人灵魂的故事吗？

阿捷：啊，印第安人？灵魂？是个什么样的故事？恐怖吗？

敏捷圣贤：又不是给你讲鬼故事，你怕什么？是这样的。有个古老的传说，讲的是印第安人在赶了 3 天路程后，都会停下来小憩一天，因为他要等着自己的灵魂跟上来。这跟敏捷开发在经历了一次迭代或者冲刺（Sprint）后，也需要休整是一个意思。我们也需要等待团队的“灵魂”跟上来，这一过程被称之为“敏捷回顾”（Agile Retro）。如果将项目开发比作是一次征途，那么在项目中期进行短期休整是很有必要的。

阿捷：我知道了！就是将团队成员集体拉出去腐败一次，或者 K 歌去，或者爬山、郊游去，目的是让大家放松一下。我们现在每个月都有一次这样的活动，大家都很期待的。

敏捷圣贤：这些是可以的，但不是必要的，因为这些都只能带来身体的休息与放松。

阿捷：这不是最重要的吗？那还有什么别的？

敏捷圣贤：你看拳击运动员在比赛间歇期，会有队医给他按摩，有人帮他擦汗，有人给他喝饮料解渴。这些重要吗？当然重要，这的确可以让他们放松疲惫的身体，保持充沛的体力，通过短暂休整获得能量。但更重要的是灵魂的“反刍”，需要教练员针对其在上一局比赛的表现，给出盘点，分析他及对手的优与劣，给出具体战术指导，帮助制定出针对后面比赛的对策，最终击败对手，赢得比赛。

阿捷：嗯。

敏捷圣贤：Sprint 回顾会议与平常我们经常提到的项目总结会议不同，它不是要对项目进行盖棺定论，而是通过及时回顾，总结上一次冲刺中的得与失，找到改善与提高的办法，从而让下一个 Sprint 走得更好。

阿捷：那该怎么做 Sprint 回顾呢？

敏捷圣贤：也很简单，关注两点就可以了。第一点是找出在上一个 Sprint 中做得好的地方，并继续保持。分析那些成功的流程是非常重要的，这样我们才能有意识地保持下去。只有团队中的每一个成员都清楚什么是最佳实践，才能有效地保持这些实践。除了鼓舞士气外，还可以避免把回顾会议变成消极的抱怨会议。第二点是找出上一个 Sprint 中需要改进的地方，以及对应的改进措施。回顾的目的是持续不断地改进，这也是敏捷开发的主要理念之一。让我们想一想如何才能在下一个 Sprint 中更加有效率，想一想如何做才能与上一个 Sprint 不同。收集任何可以量化的数据，以便于做定量分析，推动改善。

阿捷：还有其他一些什么事情是要特别注意的？

敏捷圣贤：首先，一定要明确这样一个指导原则。即"无论我们发现了什么，考虑到当时的已知情况、个人的技术水平和能力、可用的资源，以及现状，我们理解并坚信：每个人对自己的工作都已全力以赴"。

阿捷：啊哈！听起来，就是"和稀泥"的做法啊！这样的原则应该会让回顾会议的参与者都变成好好先生的。难道我们一定要善意地评价团队中的害群之马，对他们的过错视而不见，使其"逍遥法外"，并天真地以为我们的好心能够感化他们？难道我们要在项目开发中建立一个乌托邦式的大同世界，为了团队利益而抹杀团队成员之间的个体差异？

敏捷圣贤：对团队成员的绩效评估，当然不能采用这样的指导原则。我们现在谈论的是 Sprint 回顾，回顾的最终目的是学习，而不是审判。如果敏捷回顾没有坚守这样的"指导原则"，倡导团队成员首先要信任自己的伙伴，已经尽了最大努力，就会让回顾会议成为互相攻击、互相推诿的批斗大会，脱离了我们召开回顾会议的初衷。

阿捷：嗯。

敏捷圣贤："指导原则"就是为回顾会议竖立一个标杆，那就是在项目开发中没有破坏者，没有替罪羊，没有关键人物，只有整个团队的利益。虽然某个人或许在上一次迭代中出现了错误，但我们会善意地相信此人之所以犯下错误，并非有意为之或者消极怠工，而是囿于当时之识见、经验、技能。我们的回顾会议必须指明这些错误，并试图寻找到最佳实践以避免在下一次迭代中犯同样的错误，而"指导原则"则能够消除因为指出他人错误时给成员带来的负疚感，消除同事之间可能因此出现的隔阂与误解。换句话说，回顾会议提出的所有批评都应该"对事不对人"。

阿捷： 嗯，这一点的确很重要！我们以前开项目总结会议时，总被美国同事揪小辫子，搞得大家都很不舒服！谁会是真的想故意捣蛋呢？

敏捷圣贤： 是啊！人们总是容易犯常识性的错误。

阿捷： 有什么好的方法来组织这个回顾会议？你上次给了我如何开好 Daily Scrum（每日立会）的 8 个指导原则，对我帮助非常非常大！

敏捷圣贤： 其实，组织 Sprint 回顾最简单的方法是找个白板纸，在上面注明"哪些项工作顺利""哪些项工作不成功"或者"哪些项工作可以做得更好"，让与会者在每一类别下增加一些条目。当条目重复时，可以在该项旁边画正字累计，这样普遍出现的条目就一目了然了。最后团队成员共同讨论，找寻这些条目出现的根本原因，就如何在下一个 Sprint 中改进达成一致意见。

阿捷： 嗯，很简单很直观。

敏捷圣贤： 张瑞敏不是说"能够把简单的事情天天做好，就是不简单"吗？其实，敏捷回顾的主要目的就是明确目标、持续改进和处理问题。敏捷开发之所以采用迭代的方式，实际上是利用蚕食方式逐步完成开发任务。将一个宏伟的目标切割为一个个小目标，会给予团队成员更大的信心，并且能够更加清晰地明确目标。而每次迭代后的回顾，使得团队成员可以更加清晰地明确我们在这个征途中，已经走到了哪里，未来还有多远的路程，就像印第安人那样，等待自己的灵魂，否则就会不知身在何处了。当然，也可以用 ORID（Objective Reflective Interpretive Decisional，焦点呈现法，一种沟通引导方式），结合'心情曲线'、4F、4R 等玩法，要让你的回顾会多样化，避免形式上的千篇一律。另外，地点的选择也可以多样化，不一定总是在公司会议室开，可以去咖啡厅、水吧，甚至是公园的草坪，团队建设的饭桌上。关键就是要灵活多变。

阿捷： 嗯，我们一定会重视敏捷回顾会议的，我相信一定会从中得到意想不到的收获。

敏捷圣贤： 嘻嘻……我这个老师还不错吧？

阿捷： 那当然。你怎么发了个嘻嘻？怎么跟 MM 似的？

敏捷圣贤发过来一个鬼脸，外加一个再见，就下线了。阿捷寻思，这人真怪，说话怎么神神道道的，难道世外高人都这样？阿捷收回思绪地自言道："还是赶紧总结一下的好，能够跟高人过招并从中学习是多么宝贵的一次经历啊！"

本章知识要点

1. Sprint 评审会议不是让开发团队做成果"演讲"：会议上不一定要有 PPT，最好是直接做产品演示。会议通常不需要超过 30 分钟的准备时间，只是简单地展示工作结果，所有与会人员可以提出问题和建议。

2. 在 Sprint 评审之后，开发团队会进行 Sprint 回顾。有些开发团队会跳过此过程，这是不对的，因为它是 Scrum 成功的重要途径之一。这是提供给开发团队的非常好的机会，来讨论什么方法能起作用，而什么不起作用，就改进的方法达成一致。

3. Scrum 开发团队，Product Owner 和 Scrum Master 都将参加会议，会议可以由外部中立者主持；一个很好的方法是由 Scrum Master 互相主持对方的回顾会议，可以起到各团队间信息传播的作用。

4. 敏捷回顾不能是一场没有主题的讨论会，这样的形式对于项目进展没有任何帮助。

5. Scrum 回顾会议的参考议程。

    - 在白板上写上主要指导原则。
    - 在白板上画上一个至少三页纸连在一起长的时间轴。
    - 在第一页上写上"我们的成功经验是什么"。
    - 在第二页上写上"有什么能够改进"。
    - 在第三页上写上"谁负责"，然后分成两个区域，分别是"团队"和"公司"。

6. Scrum 回顾会议的指导原则。即"无论我们发现了什么，考虑到当时的已知情况、个人的技术水平和能力、可用的资源，以及现状，我们理解并坚信：每个人对自己的工作都已全力以赴"。

7. 在项目过程中，问题处理得越早，那么付出的代价与成本就越小。通过回顾会议，利用团队成员互相善意地"敲击"，或者反复"锤炼"开发过程与方法，就能够让每一位成员练就"火眼金睛"。

8. 进行 Scrum 回顾时，发现问题仅仅是第一步，我们还要在回顾会议中合理分析这些问题出现的原因、所属类别，并因此划定问题的"责任田"。我们要明确这些问题是团队内部的，还是由于外在因素导致的，也就是说要明确"责任田"的归属，指定责任人和处理时间，一定要 SMART。

9. 在每个 Sprint 开始的时候，我们都要明确，当 Sprint 结束的时候需要演示的是哪些东西。很多时候，如果一个 Scrum 开展得不是很顺利，在 Sprint 演示的时候我们常常会听到这样的理由，"因为某些原因，这个功能我没有办法展示给你，但是这个功能是有的，我只需要改动小小一点东西就可以了"，或者是"这个部分与另一个系统相关，我代码已经写好了，但我要一起改好了你才可以看到"。如果放任的话，这些理由到后期会泛滥成灾。我们所能做的，除拒绝通过这些相关的需求之外，在每个 Sprint 开始的时候还应该帮助团队了解到我们需要在 Sprint 演示会议上看到什么东西。强调我们重视的是可交付的软件版本，而不是一个口头上的功能实现。

10. 回顾会议要灵活多变，可以采用 ORID 技术，结合心情曲线、4F 和 4R 等玩法，一定要让你的回顾会多样化！

 ## 冬哥有话说

评审会议与回顾会议

评审会议的目的是获取相关人员的反馈，是迭代进度展示，同时给业务方，以及高层领导以信心（这点很重要，要想清楚谁是团队的投资人），是团队进行阶段成果展示以及进行庆祝的机会，"鸡类"角色与"猪类"角色都要参与。评审的目的是获取反馈，回顾的目的是学习改进。

演示并不是评审会议中最重要的一环，更重要的则是审视，调整计划以适应当前的情况。

两个会议都是仪式感的体现，是每个 Sprint 不可或缺的。两个会议纪要都应该有专人记录，并通过邮件公开发出，如果有可能，通过工具记录在本 Sprint 的信息中。

两个会议都是必要的，如果两者一定要比较，我认为回顾会议会更重要一些。评审会是针对业务层面的，面向结果的；回顾会是针对团队层面的，是面向过程的；磨刀不误砍柴工，从长期来讲，持续的学习和改进，最终对业务输出会产生根源的影响。科恩（Mike Cohn）说："有时，我以为衡量一个团队敏捷实施质量的最好标准是看他们对待回顾会议有多认真。"

另外的一个例证是，关于回顾会议，有专门的一本《敏捷回顾》来讲如何开回顾会议，而评审会议则没有专门的图书。

安全度检查

回顾会议中，最重要的是要能听到真话，要为团队成员创造一个敢于畅所欲言的氛围，即安全感。

安全度检查，是回顾会议中很容易被忽视的一个环节。安全度检查，是将安全性从"愿意畅所欲言"到"想保持低调"分成几个不同的等级。会议开始时，所有团队成员将其自身感觉所处的等级，匿名写在一张纸片上，折好交给会议组织者。由组织者统计安全度。如果等级都比较高，回顾会议可以继续开；如果有较低等级出现，哪怕是个别人，会议组织者需要考虑是否取消本次会议，或者采取一些措施，让大家放松下来，直到安全等级都比较高以后，再进行会议。

如同 Blameless Post Mortem（无指责的事后分析会议），关键是营造安全的氛围和文化。每个人都不用担心自己会承担风险，可以自由地表达意见，并提出不会被评判的问题。需要提供一种保护文化，使团队成员可以畅所欲言，大胆尝试。在这里，管理者起到至关重要的作用。

安全文化的营造，也与学习型组织和个人成长型思维等密不可分。

持续改进

回顾会议是 Scrum 中进行检视与调整的一个重要的环节。

会议应该面向未来，而不是简单的对过去进行回顾，回顾主要的目的还是为了改进。

改进不宜太过贪心，建议每个人针对每个方面，不超过三条，但不能一条不写。如果安全度较低，也可以尝试不记名的方式。针对提出的问题，可以用计点投票法，得票高的三个问题进入讨论环节。可以进行头脑风暴，进行五指表决法等；对回顾会议输出的改进点，可以统一维护到产品 Backlog，作为特殊类型的需求，与技术故事对应的技术债务一样，流程也存在债务，需要定期偿还；团队可以决定每个迭代固定做多少比例的流程改进故事，多少比例的技术故事。回顾与改进，应该变成团队承诺，每个迭代，都必须有所改进，积少成多，聚沙成塔。

此外，回顾会应该尽量保证会议聚焦，并且高效；但偶尔举行大团队的回顾会也是有益的，可以保证在更大范围内获取改进建议和经验分享；这类会议开销较大，通常以季度为周期即可。

回顾会议也有一些小的游戏环节，例如心情卡片，用一个词形容你现在的感受；或是感谢环节，每个人通过写卡片的形式感谢他人对自己的帮助，或是对团队做出的贡献。

📝 精华语录

第 08 章

燃尽图，进度与风险的指示器

这天上午，阿捷他们正在开 Scrum 站立会议，老板 Charles 走了过来，似乎有什么事情。但为了保证自己团队的站立会议不受外人的打扰，阿捷仅仅礼貌性地点了点头，示意大家继续。

阿捷暗想，根据 Scrum 规则，我们正在开会的这些人，都是真正参与到当前这个 Sprint 的人，都是有承诺的！换句话说，我们都是"猪"，而其他人只能是旁听者，充其量就是"鸡"了。所以即使是老板来，也不能破坏这个规则。作为一个团队的 Scrum Master，要真正承担起"牧羊犬"的角色，保护自己的团队不受外来打扰。没办法，即使是老板，在这会儿，也得遵守规则！

Charles 不仅没有打断大家，还饶有兴趣地站在一旁听起来。看到老板没有打断大家，阿捷悬着的心才放下了。

还好，今天的会议只花了 8 分钟，因为项目进行得很顺利，大家没有提出任何阻碍项目进展的问题。也就不需要在每人说完后，再单独开一个解决问题的短会了。

"你们现在是每天都开这个会议吗？"还未等阿捷开口，老板已经率先发问了。

"是的！这样我们能够随时随地沟通，及时地解决问题。"阿捷有点忐忑不安，不知道老板葫芦里面卖的什么药。

"这是你自己的感觉呢？还是大家的？"

"我们大家都这么认为的！"

"你们白板上画的图是干什么用的？"老板指着那个燃尽图问。

"这个叫 Burndown Chart，也叫燃尽图。是 Scrum 里面，用来跟踪每个 Sprint 剩余工作量及趋势的。"

"哦？也就是说，你们现在真的在搞 Scrum？"老板的话锋突然一转。

"是！"看来没有不透风的墙，自己是准备先斩后奏的，这还没奏呢，老板就主动来了。阿捷刚刚放下的心又给提起来了，不知道老板什么意图，没敢接话。

"尝试新东西，总是好的。但一定要有结果、有效果才行。"老板向来都是以结果为导向的。

"嗯"，阿捷唯唯诺诺，刚才开站立会议时，说啥也不搭理老板的那股子劲头早被抛到九霄云外了。

"好吧，我今天正好还有点儿时间，你就给我讲讲这个 Burndown Chart 吧！"

看到老板没有责备的味道，还对 Scrum 饶有兴趣，阿捷顿时来了精神头儿。"Burndown Chart，用来展示剩余待完成工作与时间关系的图形化表达方式。你看，未完成工作量标识在纵坐标轴上，时间标识在横坐标轴上。可以用它来预测所有的工作是否能够按时完成。"

"理想的情况下，曲线在 Sprint 的最后一天应该达到零点，有些时候会是这样，但是大多数情况不是这样。重要的是它体现了团队在相对于他们的目标的实际进展情况，这里体现的并不是目前花费了时间的多少，而是仍剩余多少工作量，开发团队距离完成还有多远。如果此曲线在 Sprint 末期不是趋于零，那么开发团队应该加快速度，或简化、削减其工作内容。此图表也可以使用 Excel 表格管理。我们认为在白板上画出来更为简单直观，并且可以用笔随时更新，比电子表格更快速、更可见。"

"嗯，你怎么知道每天剩余多少工作量？"

"每天下班前，我们每个人对自己负责的任务，给出一个还需要多长时间才能完成的估算。然后，把所有任务的最新估算值，累加起来，就是整体的剩余工作量了。譬如，截至今天，我们还需要170小时，那我们就在这个图上170左右的位置标注了一个点，用直线跟昨天的剩余多少工作量点连起来。时间一久，这个实际曲线就出来了。"

"我一开始还以为这里记录的是你们实际花了多少时间呢！"Charles自嘲道。

"不是，在Scrum中，不关心已开销的时间，不是做时间跟踪。从另外一个意义上讲，这体现的是一种信任，相信每一个人都会尽心尽力地做好自己的本职工作。如果我们跟踪到这么细的话，就会引入微观管理，不仅会花费更多的时间，而且还会降低团队的士气，反而得不偿失。"

"有一定道理！"Charles点头表示赞同。

"从这个燃尽图上，可以看出来很多问题。"阿捷准备好好给老板"推销"Scrum知识，拿出笔在白板上画了一个图。

"你看，如果这个燃尽图是这样的一根直线，有两种可能。"

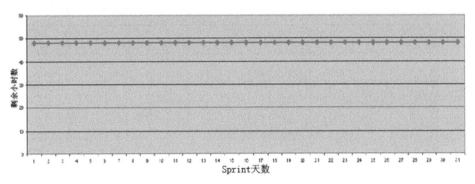

"第一种可能，在这个Sprint中，团队一直没有开始工作，在忙于其他事情；第二种可能，虽然已经开始工作，但大家没有给出剩余工作量，没有及时更新Sprint Backlog。"

"再来看这个图，这可能是三个原因造成的：第一，开发团队或者其中的几个人受到其他事情的干扰，没有真正工作于当前Sprint Backlog；第二，同样有人没有及时更新 Sprint Backlog；第三，当前 Sprint 中的任务太多、太难，无法完成。"

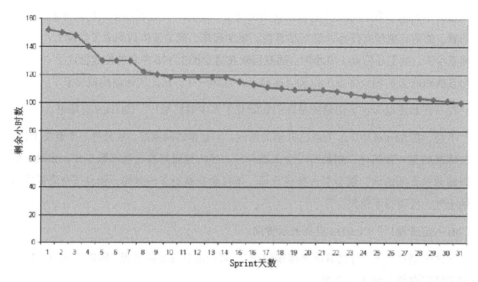

"还有这个图，这说明要么开发团队在加班工作，要么工作过于简单，才会提前结束。"

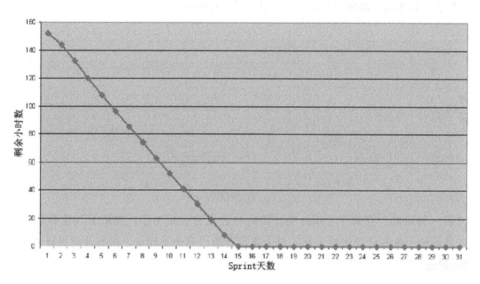

不知不觉中，已经过了午饭的时间。阿捷的肚子早就开始咕咕叫了。

"该吃中饭了吧！我们以后再聊，今天收获还是挺大的。"Charles 表现出从未有过的谦虚。

"嗯，对了，Charles，你今天找我是不是还有其他事情？"

"我找你，是想了解一下你们这个团队的情况。因为你接手这个团队也有几个月了，我想看看情况到底怎么样？这样吧，你什么时间安排一个会议，我跟大家一起座谈一下。"

"好的，你看这个周四下午 1∶30 到 3∶00，怎么样？我们那会儿是每周的例会。"

"你把这个时间段告诉秘书李文吧，让她给我 book 一下。"

"OK！"

周四下午 1∶30，黑木崖会议室。

阿捷先做了一个开场白。

"今天，Charles 来参加我们的会议，主要是想跟大家座谈一下，大家有什么想法、有什么问题都可以提出来，不要有包袱。Charles 平时比较忙，这样的机会不多。这之前，Charles 跟其他几个团队做过类似的座谈，主要是想收集一下大家的意见和建议。平时大家遇到的任何疑惑，我不能回答的，这次大家可以问问 Charles，他站的角度更高，得到的信息也会更充分。好，我们开始吧。"

Charles 清了清嗓子说："你们这个团队呢，过去的一段时间发生了一些变化，这些你们都是知道的，我也很想了解一下大家的想法。最近一直很忙，所以我也有一段时间没跟大家进行交流了。我的目标是至少每个季度抽出一段时间，跟每个团队做这样的一个交流。大家一定要放开！"

大家都低着头，各自盯着自己前面的桌子，默不作声。

"嗯，没人说啊，那我就点将了。"气氛有些紧，Charles 只好点名，"大民，你是老员工了，你先说吧！"

"哦，我其实也没什么可以问的。要不你给我们介绍介绍美国总部那边现在都有什么新动向吧。"

"为了降低研发成本，美国那边正在考虑把更多的项目拿到美国以外去做。这有可能是咱们北京、上海或者成都，也可能是印度的班加罗尔，这些都还未下定论，我们的优势是员工稳定，以及多年的技术积累；印度那边，据说流动性非常大，通常两年左右，做一个项目的人就基本上会换一遍。"

"那我们跟印度比，哪边的成本低呢？"大民接着问。

"这几个地方相比，北京的最高，上海次之，成都跟印度差不多。不过，相差也不是很大。我下月初就去美国参加一个会议，讨论海外项目的问题，到时候就该有结论了。所以呢，你们不用担心，肯定会有活干的。"Charles 提到去美国转移项目，就神采飞扬起来。

"作为一个普通员工，我们的职业发展路径会是什么样的呢？"阿朱提出了一个非常现实的问题。"现在好多老员工都达到了 C 级别，要到 B 级别，非常难。咱们北京目前还没有一个人是呢！"

"我们目前正跟 HR 的人探讨这个问题，一个方案就是在 C 和 B 之间增加一个级别，叫 C++。那以后，目前是 C 的人呢，可以先朝 C++ 发展。另外，我也在争取美国的批准，给咱这边增加几个 B 级的名额。我这次去也会讨论这个问题。此外，到了 C++ 级别的人，可以向两条道路发展，一个是管理道路，一个是技术路线。只有选择技术路线的人，才有可能进入 B 级别，一旦你选择了这条道路。那你就不能轻易地转向管理道路。我不是说没有这种可能，但可能性只有 5%。所以，做选择的时候一定要想好。"

"那一个新员工需要多长时间才能到 B 级别呢？"小宝非常关心这一点。

"你刚进来时肯定就是 D 了，如果你表现稳定，应该每两年就会升一个级别，还是很快的。"

"噢，还是很久的。"小宝接着小声嘀咕了一下，"来外企也得论资排辈！"

Charles 不知道是不是听到了，跟着加了一句："其实，这也不是一成不变的，如果表现突出，也会很快升级的。你看阿捷，现在已经干起了管理的工作。所以你们要定好自己的五年目标，五年之内只要你一直朝着这个目标努力，一定会上一个台阶的。"

阿捷尴尬得笑了笑。

"那我们该怎么发展呢？"小宝接着问。

"每年年初不是让大家都定义自己的个人发展计划和 MBO（目标管理）吗，那么你的发展目标就要按照这个来，当然了仅仅完成这些，只说明你达标了。还不能算是表现突出，要想出彩，你需要有延伸性目标才行。也就是要有额外的更高层次的目标！"

"其实，不仅你们要定一个目标，定一个发展计划。我也一样，我也要发展，我也要定这个目标。"Charles 接着说。

"我们这几年来，一直在朝着收支平衡的目标努力，不知道这个季度情况如何？"小宝提出了一个非常现实的问题。

"嗯，这个季度还差一个月，目前我们的订单已经完成了 60% 左右，应该还是可以完成目标的。所以，大家一定要有信心。"

"可是老板，中国大陆的通信行业，包括咱们公司，每到年底前的这个月，因为大多数客户都在做年终财务汇总，而下一年的预算还没有定下来，基本上不可能再有多少预算的，所以通常订单都会是非常弱的。我想您肯定比我们还清楚。所以我的问题是我们怎么可能在这样弱势的一个月的时间内完成剩余的 40% 的订单目标呢？"别看小宝加入 Agile 公司没多久，可是分析得入情入理，大家不禁点头称是。

"So what？（那又怎样？）"Charles 显然被激怒了！以前只有他挑战别人的，却从来没有一个员工当着这么多人的面挑战自己！"你们只需要做好自己的工作就行了，干吗关心这些？这跟你们每天要做的工作有关系吗？"

"可公司领导层不是一直提倡和鼓励我们底层员工要关心公司的发展和公司的状况吗？"小宝很少一根筋的，这时不知道怎么反而愈发来劲了。

一阵沉默，令人难以忍受的沉默。

"咚咚……咚咚……"有人敲门，"请问你们用完会议室了吗？从 3：00 到 5：00，我已经预订了！"

真是及时啊！所有的人都得到了解脱，大家飞速撤离黑木崖。

8 本章知识要点

1. 作为一个经理，宁讲错话，不讲假话。假话一旦揭穿，底层员工再也无法信任上层经理。因为信任一旦被打破，就再也建立不起来了。

2. 作为一个员工，一定要有自己清晰的职业规划，这是每个人自己的事情，不能依赖别人。公司作为一个商业体，能够考虑个人的成长固然好，能够将员工的个人发展与工作相结合，这样的公司一定是好公司。所以每个人都要充分利用业余时间，充实自己，人与人之间的差距，往往就是下班后的 1 ～ 2 个小时的时间决定的。

3. 每年回顾一下，如果你不觉得一年前的自己是个蠢货，那说明你这一年没学到什么东西。

 # 冬哥有话说

燃尽图

现代管理学之父彼得・德鲁克说过，如果你没有办法度量，你就无法管理；你无法改进那些你无法度量的东西。燃尽图是 Scrum 里最重要的一张图，一图抵千言，从图形中燃尽曲线的走向，能暴露很多问题。

燃尽图是对过去状态的展现，并借以预测未来的趋势；燃尽图显然无法做到精确的预测，事实上也没有任何一种方式能够做到；它最大的好处是简单并且实用，如同极限编程中的简单原则。

燃尽图可直观地暴露可能存在的问题，由燃尽图的异常，或者说与理想曲线的偏离，可以发现进度超前 / 滞后，任务过载 / 不饱和，需求颗粒度过大，任务估算不准确，需求变化，进度更新不及时等诸多问题。

燃尽图使用什么工具不重要，阿捷用了 Excel 以及物理白板，最关键的是可视化，可视化可以让所有人都能看到，并且醒目显眼，只有发现了问题，然后才是解决问题。

领导者至关重要

爱德华・戴明说："人们已经在做他们能够做到的最好，问题在于系统本身，只有管理者能够改变系统。"敏捷是一场转型，甚至是一场变革，决策领导层要引领变革，纯粹的自下而上的变革，最终会遇到重重阻碍。高层领导思维模式的转变至关重要。

本章中阿捷与 Charles 的第一次对话，成功地吸引了 Charles 对敏捷的兴趣，但随后的会议并不成功。作为敏捷转型的引领者，阿捷需要定期的、主动的、有意识、有技巧的与高层领导沟通，并努力将高层领导拉到转型的大船上来，获取高层领导的支持，这往往是敏捷转型过程中最重要，也是最难的却永远绕不开的关键所在。

阿捷在站会时明确的划分团队成员是"猪"的角色，Charles是"鸡"的角色；"猪"和"鸡"的角色划分，有助于了解，什么时间，需要什么角色，做什么事情；但需要注意的是，不要变成了我们和他们。

Charles 在面对质疑时，忍不住发火，管理层的愤怒和羞辱是会传染的。如果高级经理喜欢骂人，下级管理者也会这样做。

面对挑战，管理层如果以开放的心态去对待，兼听则明，不仅可以将其认为是对自身改进的一次机会，还可以将员工的积极性调动起来，将业务遇到的危机，转化为团队奋进的动力，这里 Charles 处理的方式有些欠妥。

如何开好一场会议

与 Charles 的会议效果并不好。如何开好一场会议呢？会议是否能够开的高效，是否达到了目的，实际上是组织文化的反映。

这场会议的主题，从一开始 Charles 说的了解团队和项目情况，到阿捷开场说 Charles 想了解大家的想法和问题，从大民说介绍一下美国那边的新动向，到阿朱问职业发展路径，小宝又抛出来收支平衡的目标，这是典型的会议目的不明确，跑题，过程缺乏控制、参与者思想不统一的表现。

要明确会议的目的。阿捷显然没有想好如何借助这次会议来达到自己和团队的目的，而简单把这次会议当成了 Charles 布置的任务。

不召开没有准备的会议。根据目标，设计预期的会议过程，进行相应的会前准备。会议召开之前，必须要精心策划，明确主题，确定日程安排，参与人员、以及每个不同人员的参与度和预期作用，会前明确告知每个人需要提前准备的内容。

会议的形式有务实和务虚两种。具体是哪种，关键在于主持人期望达到什么目标，文中的会议形式上是务虚的座谈，但实际走向变成了务实，是典型的没有统一所有与会人预期的问题。

会议要有目标，以及对应的产出物，正因为这次会议没有明确的目标，结果草草收场。

关于会议，可以学习亚马逊公司的开会模式、三星公司的开会法则以及《向会议要效益》系列丛书。

附：三星公司的开会法则有不同版本，这里列出一个较为流传的版本。

凡是会议，必有准备

凡是会议，必有主题

凡是会议，必有纪律

凡是会议，必有议程

凡是会议，必有结果

凡是会议，必有训练

凡是会议，必须守时

凡是会议，必有记录

📝 精华语录

第 09 章

团队工作协议，高效协同的秘诀

敏捷的方法是适应变化的一种方法，因时、因势、因事调整计划，它可以处理近期内即将发生或已经发生的变化，它不赞成去为未来的变化花费太多时间，变化会导致近期计划的调整，也使长期的计划难以预期。此外，敏捷最重要的是人和交流。如果不是一个很好的团队，或者说交流不通畅，敏捷和规范都会大打折扣。所以一定要先敏捷再规范，先做到再优化，先短期利益再长远利益，先实施再完备。

因为一步到位直接采用规范的方法，阻力比较大，效果难以预期，很可能事倍功半，敏捷方法以其短期内可以见效、对已有的开发过程调整幅度小等特点易于被开发人员接受，所以要先应用起来，然后再规范。否则，就容易出问题。

光阴似箭，转眼到了 2007 年的 8 月。阿捷的团队已经完成了三个 Sprint，而第四个 Sprint 也在进行中，一切看起来都很顺利，大家的心气也很高。阿捷打开项目日志，仔细回顾着每个 Sprint。为了增加趣味性，阿捷坚持为每个 Sprint 起一个名字，不仅可以体现阶段性目标，还可以记录团队当时的心情。

Sprint 1：兵不厌诈（the Big Con）

大家第一次采用 Scrum，对这个 Agile 流程都很期待，同时呢，对于怎么做，如何用，还很模糊。

Sprint 2：越狱记（Breakout）

经过了第一个 Sprint 后，大家干劲十足，士气高涨，认为我们可以在第二个 Sprint 取得重大突破（breakout）。

Sprint 3，虎口余生（Hours to doom day）

这个 Sprint 里面有很多技术难点需要突破，如果解决不了，后面的工作就无法进行，这是非常关键的一次攻坚战。

Sprint 4，大结局（The Big End）

这次计划会议，作为 Scrum Master，自己因为有事没有参加，汗！但大家认为阶段性工作基本可以做完了，起了个"大结局"的名字。

几个月以来，团队开始逐步地向自组织、自管理转变，虽然离 Scrum 的终极目标还有一段距离，但是进步明显。毕竟在阿捷他们的生活和工作经历中，受他人管理的习惯根深蒂固，从被管理到自我管理的转变是十分困难的。

有几次，阿捷因为部门的会议必须参加，而延误了回来参加每天的站立会议，等阿捷匆匆忙忙赶回来的时候，大家已经在自发地开会、交流，会后主动解决问题，防止自己的工作被阻塞，或者阻塞别人的工作，而没有等阿捷回来。现在，再遇到这种情形，阿捷已经不用担心每天的站立会议是否会按时召开，大家是否能够自发地沟通，自发地解决问题。同时，在生产力和工作愉悦度方面，大家反响颇高。

阿捷暗想，实践证明，当初在 Scrum 的选择上是非常正确的，必须坚持下去。但目前遇到的一些问题，要想办法解决，否则，以后可能就会因小失大。阿捷决定在 Sprint 4 的回顾会议上跟大家一起讨论一下，看看大家的意见和解决方法。毕竟现在走上了团队自我管理的道路，还是由团队来做这些决定好。

周五下午三点，桃花岛会议室，Sprint 4 的回顾会议已经快结束了。

"我们的每日站立会议，虽然时间短，但有时候仍然会有人迟到，这样大家总要等待 2～3 分钟，才能开始……当然，迟到的人可能有自己的理由，但对大家的时间还是一个浪费，大家觉得呢？"阿捷抛出了想好的第一个问题。

"我觉得问题不大。"阿朱不假思索地说："反正才2～3分钟嘛，我们人也不多。"

"以后要是人多了呢？"阿紫反问："其实有时候我们总共也才花不到10分钟的！"

"嗯，要不然来点儿惩罚措施？"小宝一脸的坏笑。

"小宝，说说，怎么个惩罚呢？"大民唯恐天下不乱。

"如果有人迟到呢，让他给大家唱一首歌，或者讲一个笑话，这个笑话必须保证每个人都笑的，才符合咱们DONE的标准。再或者让他请大家吃冰淇淋，法子多的是。"看起来小宝在这方面真的很有经验。

"我觉得不错。"阿紫很快赞同。

"我觉得唱歌不太适合，这里可是办公室，还有其他团队呢。"阿朱分析的总是很有道理："讲笑话，有可能更花时间，不就跟我们的初衷相违背了吗？"

"可也不能天天吃冰淇淋啊！"小宝补充道。

"要不然谁迟到，就让他交罚款吧，钱多了，我们可以在每次回顾的时候，买些瓜子、零食什么的。"大民的建议看似颇具有可行性。

在大家纷纷表示赞同的时候，阿紫又抛出来一个问题"我觉得，我们的计划会、评审会、回顾会，谁迟到，也都应该罚款。"阿紫是团队的CFO，负责每次团建的筹划和费用的计算，看来她想通过这个方式多收点钱！

"那有点太严格了吧？"经常迟到的小宝为了自己的钱袋子首先表示反对。

"要不这样吧，每日立会除外，其他会，迟到三分钟以上，再罚款，如何？"阿捷看这次大家没有异议，把这两条记到本子上。

"我还有个问题，是关于Product Backlog的。从Scrum的角度来讲，都是由Product Owner负责的，别人不应该干涉，不应该修改Product Backlog。我经常会有一些想法，是关于产品功能的，觉得应该加到Backlog中去，可又不能直接修改Backlog，我就只好记到别处，时间久了可能就忘记了。要是往Backlog中加吧，就得天天地打扰李沙，那他也烦啊！"大民提出了一个很关键的问题。

小宝马上表示赞同："是啊是啊！我也有同感！"

"我和阿朱也讨论过，要是我们也能随时添加就好了。"阿紫瞅着阿朱，阿朱点了点头。

"我们不是在每个 Sprint 中间，都跟 Product Owner 有一次会议来梳理 Backlog 吗？"
阿捷狐疑地问道。

"是有，但是不够及时，事情都等到那次会议，搞得会议也挺紧张的。"大民接着说。

"可要是我们每个人都能修改，都能添加的话，Product Owner 也受不了啊！"小宝
替李沙担心。

"嗯，是啊！咱们好不容易才劝说了李沙来当这个 Product Owner，没有他就没有人
维护 Backlog，咱们这个 Scrum 也就不能算是真正的 Scrum 了"！阿朱皱着眉头说。

"要不然这个事情放一放，哪天跟李沙一起讨论讨论，可能更好些。"阿捷提议道。

"嗯，也行，咱们自己也不能定。"大民一脸的无奈。

"还有一个就是 Code Review（代码评审）的问题。我发现我们的 Code Review 工作，
一直都不能按时完成，这在每日例会上，就能看出来。总有人说我的代码做完了，自
己也测试过了，但是还没有人给我评审意见，所以不能提交代码。"阿捷又提出一个
令大家尴尬的问题，有些人不好意思地低下了头。

"其实吧，有时候也不是大家不想做代码评审，现在不是讲究冲刺嘛，大家都挺忙的，
顾不上。" 小宝首先打破了沉默，替大家圆场，不过也是实话。

阿捷点了点头，"是啊！这是我们实施 Scrum 以来出现的一个新问题，以前有大块的
时间用于编码，所以评审也不会像现在这么急。现在，需要大家发表一下意见，看看
我们有没有什么好的办法。"

"在做 Sprint 计划的时候，针对每个需要评审的文档或者代码，给需要评审的人都预
留出来一定的评审时间，这样大家应该就不会紧张了。"小宝说道。

"让别人评审的时候，最好给出最迟答复时间，要不然别人也不知道紧迫性。"

"被邀请评审的人，如果不能及时评审，应该提前告诉对方。"

"最好是做一个邮件模板，把需要评审的内容，如文档或者代码的存储位置、修改原
因、最迟答复时间等，都放在里面，这样信息集中。"

大家七嘴八舌地提着建议，看来这个问题还是比较容易解决的。

"好，那我们就按照上面大家的意见试验一段时间。"阿捷总结道。

"还有一个非常关键的问题，就是关于燃尽图的。大家都知道，想让这个燃尽图反映出我们项目的真实状况，那我们每天对每个任务剩余工作量的估计，就应该准确及时。可我发现，总有人忘记更新，譬如在每日立会上说某个任务已经完成了，但看 Sprint Backlog，该任务的状态还是 In Progress（进行中），还有一定的剩余时间。"

"这好办，忘记更新的接着罚款。"阿紫这个 CFO 时时不忘增加收入。

"有时候也不是故意不更新的，一忙就忘记了。"小宝好像不更新的次数最多，赶紧出来解释。

"要不这么着吧，我们就保留三次免罚机会吧。"阿捷建议。

"每个人三次？总共才三周的 Sprint，这样下来还是不能反映实际状况。"大民立刻表示反对。

"就是就是！"阿朱表示赞同大民的意见，"要不然，咱们就给整个团队保留三次免罚机会，如何？"

"这个方法可以，跟 100 米赛跑的规则差不多，虽然不太公平，但可行。"大民表示赞同，小宝、阿紫等人也都没有异议。

"好！这个问题也有解决方案了。看看大家，谁还有啥建议？或者还有哪里需要改进？"

大家一片沉默，看来已没有什么话题了。

"好！我们今天的成果还是挺丰富的，我下去整理一下，把我们今天讨论的这些东西跟以前的总结到一起，形成咱们自己的 Scrum 规则！那今天就到这！"

大家边走边聊，陆陆续续走出桃花岛。

阿紫说："大家觉得我们下次团建去哪里玩比较好？"

"我提议去打真人 CS，非周末的时候，平均每人 100 多些。"阿捷这个 CS 迷，本性不改。

"我觉得去爬爬香山也不错，好久没去了！"阿朱提议。

"去后海吧！先划船，然后泡吧！"大民这个腐败分子，每次的提议都很奢侈。

小宝插了一句："去打高尔夫，或者去大连找伯薇玩帆船吧，我都建议好几次了！"

"好啊！好啊……你请客，我们就去！"阿紫开始起哄。

大家吵吵呼呼地回到格子间，引来其他团队的一阵侧目。阿捷这个团队的传统一直就是这样，人不多，但每次开会都能听到他们的笑声。

回来的路上，阿捷顺路到产品经理李沙那里，讨论了一下关于 Product Backlog 条目更改的问题。让阿捷没有想到的是，李沙认为这个问题根本不是问题，只要大家添加新条目的时候，利用 ScrumWorks（一种敏捷项目管理软件）工具软件里面的主题功能，对每个新条目施加一个"Not Reviewed"【未评审】的主题即可，这样李沙就知道这些是新条目了。但是，李沙还是重复强调，对于其他已经存在的 Backlog 条目，一定不能修改，特别是先后顺序。

阿捷把重新整理的团队工作协议（Working Agreement），打印出来，贴在了办公室的墙上。

1. 每日站立例会迟到，罚款 5 元。
2. 对于未及时更新任务状态和剩余工作量的，整个 Team 保留三次免罚机会，以后再有人违反，罚款 5 元。
3. 对于 Sprint 计划会议、演示会议和回顾会议，迟到超过 3 分钟，罚款 5 元。
4. 进行任务细分时，每个任务估算最大不能超过两个工作日。
5. 对于每个需求，在进入迭代之前要满足 DoR（Definition Of Ready/ 就绪定义）；对于进入迭代的需求要有 DoD（Definition Of Done/ 完成定义）。
6. 对于复杂任务的估算和分解，采用 DELPHI 方法。
7. 每个人都可以添加新的 Product Backlog 条目，但必须标示为"Not Reviewed"【未评审】，以方便 Product Owner 审议。
8. 为提高 Sprint 回顾会议的效率，在 Sprint 回顾会议之前，每个人应该提前思考"我们做得好的地方、需要改进的地方"。
9. 在 Sprint 计划会议上，预留 10% 的估算时间作为缓冲，以应对突发事件。
10. 在 Sprint 计划会议上，进行关键路径、风险、外部依赖的分析。
11. 对于代码评审，发出评审的人必须给出截止日期；参与评审的人，必须在截止日期前给出答复。
12. 团队对于架构讨论等技术决策发生冲突时，由架构师拍板。
13. 每个 Sprint 外出团建一次。

本章知识要点

1. 采用敏捷的方法并不意味着没有规矩，没有文档、没有计划，没有跟踪与控制并不意味着就是敏捷。

2. Scrum 把迭代称之为 "Sprint"（冲刺）的一个理由，就是希望所有人尽最大努力把事情做好，但团队不可能无休止地冲刺。每次冲刺需要回顾总结，持续改进。

3. 没有规矩，不成方圆。由团队共同制定出来的 Scrum 团队规则，是整个团队的工作协议（Working Agreement），可以更好地保证 Scrum 的顺利实施。

冬哥有话说

"个体和互动胜于流程和工具"，人们往往对敏捷宣言的这句话存在误解，认为敏捷是不需要流程与制度的。事实上，敏捷要做好，各种规矩必不可少。例如 Scrum 里面各类角色的定义与职责，各种会议的形式与目的，再比如对 DoR 与 DoD 的要求。

敏捷中的规矩，目的在于 Build Quality In（内建质量），一切有利于高效的产出高质量产品的过程与规范，都应该恪守。所以从这个层面上讲，敏捷的纪律更多的是自律；而自律更应该是团队与团员自发的，而不是自上而下传达的。团队工作协议，就是最好的体现。

团队工作协议，是由团队成员共同协商、所达成的一致遵守的一组规则、纪律和流程，目的是让团队持续保持高效和成功。

站会迟到，是团队最常见的问题。迟到虽然不是个大事，但会直接影响到团队站会的效率。对于其他的会议也是如此。会议需要有仪式感，在固定的时间，甚至固定的地点发生。团员的迟到行为，往往往以并非故意为借口，偶尔一次可以理解，但如果今天你迟到，明天他迟到，长此以往，没有人会去恪守开会的时间。由此引发的，不只是简单的浪费几分钟而已，而是让团队成员之间产生摩擦，严重的甚至会失去对彼此的信任。

每个团队都需要有适合自己的工作协议。工作协议一定要让大家每天看到，固化习惯。工作协议一定是可执行的，并且共同监督的，否则就容易成为一纸空文。

纪律应该强调，但不建议太过强硬。基本的原则是让团队自发产生规约，无法完全达成一致的，可以投票决定，这样达成的共识，是团队共同产出的，更容易被遵守。团队自己达成的规则，表达了团队的自愿；只有自愿地承诺，才有动力坚持。

"种一棵树，最好的时间是十年前，其次是现在。"团队工作协议的制定，当然是越早越好。敏捷团队组建的一开始，是建立工作协议的最好时候。团队就共同需要遵守的流程、纪律达成共识，可以有效地避免团队中的个体以各自不同的工作方式来协作。

往往团队无法在组建初期就意识到需要这样的工作协议，即使是有经验的 Scrum Master 或者敏捷教练提出这样的要求，团队成员也未必可以意识到工作协议的重要性。那么次优的建立时间，是在发生问题时，在迭代的回顾会议上针对问题，提出解决方案并由此引出规约，逐渐形成团队工作协议。

"可工作的协议胜于面面俱到的规定"。工作协议的描述要足够简洁，应该扼要的讲明做什么，不做什么。工作协议应该是可视化，贴在所有人都能看到的地方，例如物理看板上。所以就更需要用几个字来讲清楚，而不是长篇大论的详述。

"响应变化胜于遵循计划"。流程和规则是演进式与时俱进的，随着项目和团队的需要而涌现出来的；工作协议不是一成不变的，在每个迭代的回顾会议上，针对所发现的问题，讨论是否需要对工作协议进行补充、修改；同时在回顾会议上，团队也应该有意识的回顾工作协议遵守的情况，以及工作协议是否依然有效；工作协议无须面面俱到，已然固化到团队行为中的，我们视为常识，不再需要强调，就可以从工作协议中剔除；当然也可以另行维护一份团队价值观或者守则的文档，作为团队文化建设与传承，这个的目的与团队工作守则就有所区别了。

📝 精华语录

第 10 章

持续集成，降低集成的痛苦

Agile 作为美国最大的通信公司之一，采用的是目标管理（MBO）体系。目标管理（MBO）的概念是管理专家彼得·德鲁克（Peter Drucker）1954 年在其名著《管理实践》中最先提出的，其后他又提出"目标管理和自我控制"的主张。德鲁克认为，并不是有了工作才有目标，而是相反，有了目标才能确定每个人的工作。所以"企业的使命和任务，必须转化为目标"。如果一个领域没有目标，这个领域的工作必然被忽视。因此，管理者应该通过目标对员工进行管理，当组织最高层管理者确定了组织目标后，必须对其进行有效分解，转变成各个部门及每个人的分目标，管理者根据分目标的完成情况对下级进行考核、评价和奖惩。

目标管理提出时，时值第二次世界大战后西方经济由复苏转向迅速发展的时期，企业急需采用新的方法调动员工积极性以提高竞争能力，目标管理的出现可谓应运而生，遂被美国企业界广泛应用，并很快为日本、西欧国家的企业所仿效，在世界管理界大行其道。

目标管理指导思想上是以 Y 理论为基础的，即认为在目标明确的条件下，人们能够对自己负责。它与传统管理方式相比有鲜明的特点，可概括如下。

1. 重视人的因素

目标管理是一种参与的、民主的、自我控制的管理制度，也是一种把个人需求与组织目标结合起来的管理制度。在这一制度下，上级与下级的关系是平等、尊重、依赖、支持的，下级在承诺目标和被授权之后是自觉、自主和自治的。

2. 建立目标锁链与目标体系

目标管理通过专门设计的过程，将组织的整体目标逐级分解，转换为各单位、各员工的分目标。从组织目标、经营单位目标，再到部门目标，最后到个人目标。在目标分解过程中，权、责、利三者已经明确，而且相互对称。这些目标方向一致，环环相扣，相互配合，形成协调统一的目标体系。只有每个个人完成了自己的目标，整个企业的总目标才有完成的希望。

3. 重视成果

目标管理以制定目标为起点，以目标完成情况的考核为终结。工作成果是评定目标完成程度的标准，也是人事考核和奖评的依据，成为评价管理工作绩效的唯一标志。至于完成目标的具体过程、途径和方法，上级并不过多干预。所以，在目标管理制度下，监督的成分很少，而控制目标实现的能力却很强。

阿捷觉得 MBO 跟 Scrum 在思想上是相通的，所以对这个管理方法具有好感。与此同时，他也了解到，在英特尔和谷歌等公司，已经把 MBO 延伸成了 OKR。MBO 更多的是从上往下，而 OKR 则是提倡员工自我驱动，属于由下向上，符合组织扁平化、阿米巴化的趋势。无论哪个方法的 O（目标），如果想要很好的落地，都要遵循如下的三个原则，而谷歌在这方面的尝试值得借鉴。

1. 可量化的 O

O 应该是可量化的，要符合 SMART 原则，比如不能说"使 Gmail 达到成功"而是"在 9 月上线 Gmail 并在 11 月有 100 万用户"。在谷歌，最多 5 个 O，每个 O 最多 4 个 KR（关键成果）。

2. 有挑战的 O

O 应该是有野心的，有一些挑战的，有些让你不舒服的（按照谷歌的说法，完成挑战性目标的 65% 要比 100% 完成普通目标要好）。正常完成时，以 0 ～ 1.0 分值计分，分数 0.6 ～ 0.7 是比较合适（这被称为 sweet spot，最有效击球点）；如果分数低于 0.4，你就该思考，这个项目究竟是否需要继续进行下去。要注意，0.4 以下并不意味着失败，而是明确什么东西不重要及发现问题的方式。这与 KPI 要求"跳一跳够得着"类似。

3. 透明化的 O

O 及 Key Results（关键成功）需要公开、透明、可视化的管理，每个人都可以了解到其他人的目标，当你能够看到同级、上级或者老板的目标时，你才可以校检你的方向是不是跑偏。

在 Agile 公司，目标管理有固定的一套程序或过程，它要求组织中的上级和下级一起协商，根据组织的使命确定一定时期内组织的总目标，由此决定上、下级的责任和分目标，并把这些目标作为组织经营、评估和奖励每个单位和个人贡献的标准。为了更好地检查目标完成情况，上级和下级要定期会晤，讨论进展和问题。在 Agile 公司，这种定期会晤称为 One to One Meeting（1 对 1 会议），是经理跟员工一对一地进行。

阿捷自从接管 TD 这个团队后，与员工制定并讨论 MBO，已成了他每个季度的必修课。阿捷发现，MBO/OKR 关注的是组织与个人目标和价值的管理，Scrum 关注的是价值驱动的交付，关注的是目标实现。OKR 和 Scrum 结合能够更好地保证目标实现。如果把 KR 转换为 Scrum 的 Backlog，正好可以分阶段、分迭代实现。当然，MBO/OKR 不是 KPI，不是用来做考绩效核的，重点是能够让团队关注目标、关注重要的事情，而不只是围着考核相关的数字、公式转。通过 OKR 的透明化管理，把公司的目标、每个人的目标公开化、可视化呈现出来，相互监督，共同努力实现目标。在这样的高度透明的环境下，谁的表现如何自然很清楚，这样为团队的相互评审提供了良好的基础。这样的做法和 Scrum 的透明性是完全一致的。

因为团队正在实施 Scrum，阿捷跟阿朱一起设定的目标之一就是"如何做到测试的敏捷化"。

> Objective 目标：如何做到测试的敏捷化
>
> KRs：做全新的版本，需要的回归测试时间从 3 天降到 1 天。

　　KRs：每次构建打包的时间，从 3 小时降到 1 小时。

　　KRs：自动化测试的比率，从 50% 提升到 70%。

　　KRs：保证当前迭代内的功能，完成 100% 的测试。

阿捷率先开头:"我们之前也做过几轮的 1 对 1 了,你对这个事情本身有什么建议吗？"

"嗯，"阿朱略微沉思了一下，"反馈要及时，目标设定要随时调整。其实，我对以年为跨度的目标设定和绩效评估的最大困惑就在于两者的严重脱节。"

"哦？"阿捷示意阿朱继续。

"实际上，这样长跨度的目标设定，更倾向于一个职业发展计划而不是目标计划。而拿一个职业发展计划作为年终绩效评估的依据，似乎不怎么合理。"

"嗯"，其实阿捷也有同感，之前几年，袁朗跟阿捷 1 对 1 的沟通，最终多数沦为了形式，阿捷也准备做些改变。不过阿捷还是鼓励阿朱说下去，"你觉得怎么改更好？"

"我是这么想的，我们实施敏捷开发有一段时间了，一个 Sprint 的周期基本是 3 周左右，那么我们每人的短期目标完全可以跟每个 Sprint 结合起来。因为每个 Sprint 的目标都很明确，再落实到每个人头上就会非常实际。但这样，就得加强沟通的频率，及时调整目标。"

"你的意思是说我们把每个季度一次的 1 对 1 沟通，改成每个 Sprint 一次？"

"对！"

"嗯，你说得非常有道理，我也有同感。可以把每年的目标设定，作为员工个人的发展计划。怎么样？"

"不知道别的员工怎么想，我觉得这样做会更有价值。只不过，你就得多花些时间在这上面了。"阿朱笑着说。

"这倒没关系！关心并帮助每个队员的职业发展，本来就是我的责任。我会再做一个调查，了解一下其他人的看法。你今天提出来，非常好！"

阿捷抬头看了一下墙上的表，还有半个小时的时间，得赶紧讨论这次的主题了。"接下来，看看我们上次提到的敏捷测试，你有什么最新进展吗？"

"我这几天思考了一下，我觉得我们的项目有必要采用 XP（极限编程）的持续集成。"

阿朱针对自己的"敏捷测试"目标，提出了自己的想法。

"为什么要持续集成？"阿捷问。

"你看，我们现在的开发模式是项目一开始就划分好了模块，等所有的代码都开发完成之后再集成到一起进行测试。随着需求越来越复杂，咱们已经不能简单地通过划分模块的方式来开发，需要项目内部互相合作，划分模块这种传统的模式的弊端也越来越明显，由于很多 Bug 在代码写完时就存在了，到最后集成测试的时候才会发现问题。我们测试人员需要在最后的测试阶段帮助开发人员寻找 Bug 的根源，因为间隔时间久，改动代码累加，花费时间就更久，再加上咱们系统的复杂性，问题的根源很难定位，甚至出现不得不调整底层架构的情况！"

"是啊，所以好多团队在这个阶段的除虫会议（Bug Meeting）特别多，会议的内容基本上都是讨论 Bug 是怎么产生的，最后往往发展为不同模块的负责人互相推诿责任，开发测试不断打架。"

"通过持续集成，可以有效地解决这个问题。"

"具体该怎么做呢？"阿捷拿起笔，准备记录。

"你看我们的开发、测试流程，当任何一个人修改代码后，首先运行单元测试；通过后，提交代码；构建产品；把它放在模拟的产品运行环境下，进行测试；遇到问题，进行修正并重复上述过程。现在我们需要做的，是让上述过程自动化。"

"嗯，这样肯定可以大幅提高开发测试效率。"阿捷表示赞同，并示意她继续讲下去。

"我觉得需要做这样几件事情：编译自动化、单元测试自动化，再加上自动化打包、自动部署到测试环境，然后自动进行功能测试、性能测试！"

"我觉得还有必要加上一条，自动统计测试结果，并通过邮件发送给相关的人。有了这样的一个框架，你们测试人员就可以从一些烦琐的手工劳动中解放出来，做真正有意义的事情了。"阿捷补充了一句。

"嗯，有道理。"

"看来关键是如何实现完全的自动化，从读取源代码、编译、链接、测试，整个构建过程都应该自动完成。对于一次成功的构建，我们要做到在这个自动化过程中的每一步都不能出错。"

"这么一来，也就不需要专人做 Build Manager（构建经理）了！我总算解放了。"阿朱对这个想法的实施，肯定已经神往已久了。

"嗯，具体的工作是不需要你亲自动手了，但是策略性的东西，还得你把关。譬如软件配置管理（SCM）、分支 / 合并策略、软件发布通知（Release Notes）等。"

"这些工作不需要经常做的。我会搞好的。"阿朱笑着说。

"不过，上面所说的持续集成过程，实际上要求开发过程也要有对应的改变，譬如自动单元测试那块，应该由开发人员负责。"

"对，因为这不再是传统的编译那么简单，属于自测的范畴。自测的代码是开发人员提交源码的时候同时提交的，是针对源码的单元测试，将所有的这些自测代码整合到一起形成测试集，在所有的最新的源码通过编译和链接之后，还必须通过这个测试集的测试，才能算是一次成功的构建。"

"这好像就是麦康奈尔（McConnell）提出的'冒烟测试'吧。"阿捷突然想起了曾经看过的一篇文章。

"对！这种测试的主要目的是为了验证构建的正确性。在持续集成里面，这叫构建验证测试（Build Verify Test，简称 BVT）。我们测试人员按理不会感受到 BVT 的存在，我们只针对成功的构建进行测试，如功能测试。"

"嗯，这些我会跟大民和小宝他们说，让他们去实现。"

"那我和阿紫负责其他部分的自动化功能测试框架。"

"我还有一个问题，持续集成和每日构建有什么关系？二者是不是一个东西？"阿捷绝对不会放过任何一个学习的机会。

"有些不同。持续集成强调的是集成频率。和每日构建相比，持续集成显得更加频繁，目前业界的极致实践是每一次提交代码就集成一次。持续集成强调及时反馈。每日构建的目的是每天可以得到一个可供使用的发布版本，而持续集成强调的是集成失败之后向开发人员提供快速的反馈，当然成功构建的结果也就是得到可用的版本。每日构建并没有强调开发人员提交源码的频率，而持续集成鼓励并支持开发人员频繁提交对源码的修改并得到尽快的反馈。"

"噢，重点就是'频率'和'反馈'两个方面。"阿捷若有所思。

"对！持续集成有一个与直觉相悖的基本要点，那就是'经常性的集成比偶尔集成要好'。对于持续集成来说，集成越频繁，效果越好，如果集成不是经常进行的，比如少于每天一次，那么再集成就是一件痛苦的事情，也就是我们过去及现在一直遇到的问题。"

"我想，创建一个持续集成的环境，技术上是比较复杂的，也需要一定的时间，但长期回报肯定是巨大的。"阿捷带着询问的眼光瞅着阿朱。

"没错！只要我们能够让持续集成'及时'抓到足够多的 Bug，从根本上消除传统模式的弊端，这就已经很值得为它所花费的开销了。"阿朱非常期望这项工作马上开工："那我们需要赶紧开一个会议，大家统一一下认识，做一个分工，然后分步实施。"

"嗯！这个任务我就交给你了，怎么样？"

"没问题！"

阿捷预感到，持续集成这个想法如果得到实施，那将是开发效率的一次巨大突破。

在他人眼里，像阿捷这样高学历、高薪水、出入高档写字楼的"三高"白领单身人士，身边一定会有很多女孩子。其实阿捷的生活完全不是别人想象的那样。虽然不知道自己还能有多久告别单身生活，可是阿捷并不着急。因为他一直崇尚这样一句话，"宁愿高傲地发霉，也不要委屈地谈恋爱"，忘记这是谁的 QQ 留言了，但享受生活的阿Q 精神是必不可少的，要在平淡的生活中用自己的生活方式来享受人生，去品尝大千美食，去饱览世间万象。因而，阿捷的业余生活非常丰富，不仅经常去北师大踢踢球，顺路饱饱眼福，他还是"绿野"的会员，从"香巴拉"拉练到灵山黄草梁穿越，北京周边都留下了阿捷的足迹。

周末，对于阿捷这种光光人士来说，既好过，又不好过。好过的是孤家寡人，想做什么就做什么，非常自由；不好过的是偶尔感觉到一点孤独，特别当自己的狐朋狗友抛开自己，跟女朋友出去约会的时候，只有忠实的小黑安静地趴在自己的腿边，陪着阿捷打 CS 游戏。

自从接触了敏捷开发，阿捷的周末生活已经慢慢有了些变化，从原来的遛完小黑就开始无聊地打 CS，到每天都泡在网上如饥似渴地学习 Scrum。而敏捷圣贤的出现，则让阿捷多了一份期待。那种似师似友的感觉很奇妙，敏捷圣贤常常在全球各地旅行，更让喜爱旅行的阿捷羡慕不已。这天在网上，阿捷又遇见正在德国做咨询的敏捷圣贤。

阿捷: Hi, 你好! 圣贤, 德国玩得怎么样? 现在在哪儿呢?

敏捷圣贤: 嘿, 哪有你说得那么轻松, 我这可是工作的一部分。我现在在慕尼黑。

阿捷: 不错! 我喜欢那个城市, 因为有德甲最伟大的球队, 拜仁慕尼黑。

敏捷圣贤: 你喜欢哪个球星?

阿捷: 当然是小猪了!

敏捷圣贤: 施魏因斯泰格? 我可以帮你带一件他签名的球衣!

阿捷: 真的?

敏捷圣贤: 真的!

阿捷: 我都不知道怎么感谢你好了!

敏捷圣贤: 不用这么客气呀, 举手之劳的。

阿捷: 嗯, 对你可能是, 但对我却不是……无论如何, 我要好好感谢你才对, 不仅在这件事情上, 你在项目管理上对我的帮助, 也使我受益匪浅。

敏捷圣贤: 其实, 我从你们的实践中也获得了很多值得思考的东西。对了, 最近你们怎么样? 有没有试验一下其他敏捷实践?

阿捷: 持续集成 (CI, Continuous Integration)。

敏捷圣贤: 这是一个非常好非常有用的 XP 实践! 它可以有效地降低风险, 但是它对与开发相关的日常活动提出了很高的要求。你们现在做到什么程度了?

阿捷: 才刚刚开始! 有什么需要注意的吗?

敏捷圣贤: 哦, 我以前的团队实行持续集成时, 遇到过很多问题。在后来, 我遇到保罗·达瓦尔 (Paul Duvall) 博士, 才知道我们错误地采用了一些持续集成的反模式 (anti-pattern)。

阿捷: 保罗·达瓦尔? 反模式?

敏捷圣贤: 他是 Stelligent Incorporated 的 CTO, 该公司是一家咨询公司, 在帮助开发团队优化 Agile 软件产品方面被认为是同行中的翘楚。反模式这个词, 表示在特定环境中不应该采用的做法。反模式最终可能产生严重影响。

阿捷: 看来是一位大师啊! 都有哪些做法是反模式? 这对于我们这样一个缺少持续集成经验的团队, 应该是非常有帮助的。

敏捷圣贤: 他主要讲到了六个反模式: 第一个是代码提交不够频繁, 导致集成延迟。也就是说, 如果代码长期滞留在开发人员自己手中, 没有及时提交, 如果其他人对系统的其他部分做出修改，而修改可能会相互影响的话，集成就会延迟；延迟越长，消除其影响就越困难。

阿捷：看来必须要求开发人员每天至少提交一次。

敏捷圣贤：对。把任务划分得越小，越容易完成，开发人员才能越容易地经常性提交。第二个反模式是经常性构建失败，使团队无法进行其他任务。

阿捷：嗯，这个问题对我们影响比较小！我们在将代码提交到存储库之前，先在存储库中更新代码，再运行私有构建（Private Build），保证构建成功后，才能提交。万一构建失败，就要指定专门开发人员并以最高优先级尽快修复。

敏捷圣贤：你们做得不错！第三个反模式是构建反馈太少或太迟，使开发人员不能及时采取纠正措施。我想你们也应该问题不大。

阿捷：对，我们对每次构建结果都会发送邮件给全体人员。

敏捷圣贤：嗯，第四个反模式是垃圾构建反馈太多，使得开发人员忽视反馈消息。这一点跟前一点是相对应的。我觉得你们应该改进一下。

阿捷：哦？

敏捷圣贤：你们现在每个人都会接到反馈的电子邮件。邮件一多，大家很快就将持续集成反馈看作垃圾邮件，进而忽略它们。你们需要指定一个人专门负责检查关于构建的邮件。只有构建失败时，才把邮件发给引起失败的人，这样大家才会重视。

阿捷：嗯，有道理，值得改进。

敏捷圣贤：第五个反模式是用于进行构建的机器性能太低，导致构建时间太长，严重影响频繁地执行集成。

阿捷：我们有 5 台超强的 HP-UX 服务器，可以实现自动负载分担，并行构建！再加上我们的优化，每次构建不会超过半小时。

（一说到这些，阿捷还是很自豪的，Agile 公司财大气粗，硬件环境绝对一流。）

敏捷圣贤：嗯，真羡慕你们公司！最后一个反模式是膨胀的构建，导致反馈延迟。

阿捷：膨胀的构建？

敏捷圣贤：譬如，把太多的任务添加到提交构建过程中，比如运行各种代码自动检查、统计工具或运行性能测试，从而导致反馈被延迟。

阿捷：噢，这个我们倒是应该引起足够的警惕。

敏捷圣贤：其实，还有其他一些反模式的，这些持续集成 CI 反模式会妨碍团队从持续集成实践中获得最大的收益，所以一定要想办法限制这些反模式发生的频率。

阿捷： 是啊！对我们没有多少持续集成经验的团队来说，持续集成像一块吊得很高的目标，看得见却摸不着。要做好持续集成并不容易，但我们可以使用持续集成的思路，来接近持续集成的目标。

敏捷圣贤： 嗯，加油！我有点事情，先下去了。再见！

阿捷： 再见！

8 本章知识要点

1. 持续集成最大的优点之一是可以避免传统模式在集成阶段的除虫会议。持续集成强调项目的开发人员频繁地将他们对源码的修改提交到一个单一的源码库，并验证这些改变是否给项目带来了破坏，持续集成包括以下几大特点。

   - 访问单一源码库。将所有的源代码保存在单一的地点（源码控制系统），让所有人都能从这里获取最新的源代码（及以前的版本）。
   - 支持自动化创建脚本。创建过程完全自动化，任何人只需要输入一条命令即可完成系统的创建。
   - 测试完全自动化。要求开发人员提供自测试的代码，让任何人都可以通过一条命令就运行一套完整的系统测试。
   - 提倡开发人员频繁地提交修改过的代码，一天至少一次。

2. 项目 Bug 的增加和时间并不是线性增长的关系，而是和时间的平方成正比。两次集成间隔的时间越长，Bug 增加的数量越多，解决 Bug 付出的工作量也越大；你越觉得付出的工作量大，越想推迟集成，企图最后一次性解决问题，结果 Bug 更多，导致下一次集成的工作量更大；你越感觉到集成的痛苦，就越将集成的时间推后，最后形成恶性循环。

3. 有效限制持续集成（Continuous Integration）反模式如下建议。

   - 频繁提交代码，可以防止集成变得复杂。
   - 在提交源代码之前运行私有构建，可以避免许多失败的构建。
   - 使用各种反馈机制避免开发人员忽视构建状态信息。
   - 有针对性地向相关人员发送反馈，这是将构建问题通知团队成员的好方法。

- 购买更强大的构建机器，优化构建过程，从而加快向团队成员提供反馈的
速度。
- 避免构建膨胀。

冬哥有话说

痛苦的事情反复做

开发中最痛苦的事情是什么？集成、测试、部署和发布。极限编程以及持续交付的理念，就是提前并频繁做让你觉得痛苦的事情。

从某种程度上讲，持续集成是反人类天性的。由于集成很痛苦，人们便会本能地抗拒和拖延。如同锻炼身体一样，过程会很痛苦，但对身体健康是有益的。持续集成也是一样，开始的过程会痛苦，坚持下来，对研发的健康度有极大帮助。

敏捷开发强调节奏，Sprint 的迭代以几周为单位，每日站立会议是以天为单位，而持续集成则是以小时和分钟为单位的，它是敏捷开发以及 DevOps 的心跳。

持续集成

"如果集成测试重要，那么我们将在一天中多次集成并测试"，这是极限编程中的建议。集成的目的是测试，测试的目的是反馈，反馈的目的是给开发者信心。

如前所述，推迟集成，会造成恶性循环；而持续集成实践，可以有效抑制缺陷蔓延。缺陷发现越晚，成本越是会几何倍数增长；我们都知道切换的成本，让开发人员从一个任务中抽离，切换思维去回忆几周甚至数月前修改的代码引入的缺陷，是极其低效的。

马丁·福勒（Martin Fowler）在他的博客（http://martinfowler.com/articles/continuous Integration.html）上描述了对持续集成的建议：

- 只维护一个源码仓库
- 自动化 build
- 让你的 build 自行测试
- 每人每天都要向 mainline 提交代码
- 每次提交都应在集成计算机上重新构建 mainline
- 保持快速 build

- 在类生产环境中进行测试
- 让每个人都能轻易获得最新的可执行文件
- 每个人都能看到进度
- 自动化部署

而 Jez Humble 在其所著的《持续交付》一书中，推荐了在使用持续集成时必不可少的实践：

- 构建失败之后不要提交新代码
- 提交前在本地，或持续集成服务器，运行所有测试
- 提交测试通过后再继续工作
- 回家之前，构建必须处于成功状态
- 时刻准备着回滚到前一个版本
- 在回滚之前要规定一个修复时间
- 不要将失败的测试注释掉
- 为自己导致的问题负责
- 测试驱动的开发

Scrum 与 MBO/OKR

阿捷独创地将 Scrum 和 MBO/OKR 进行关联的做法，非常有意思。将团队和个人的目标，与 Scrum 的目标与产出有机结合，并通过 Scrum 过程监控，可视化进行有效追踪，随时反馈并调整。如果 OKR 中的 Object 是 Epic（史诗），那么 KRs 就是 Feature（特性），进一步可以拆分成一个迭代可以完成的 Story（故事）以及 Task（任务）进行实现。

需求有业务类的，有技术类的，目标也是一样，同一个 Sprint 迭代中，应该设置一定比例的技术类需求，持续对技术债务进行清理。

爱德华·戴明认为绩效考核、绩效排名以及年度考核是管理上七大顽疾之一。考评应该偏重团队而不是个人，就像球队一样，团队应该为了统一的目标而努力。频度上应该以季度甚至更短，个人和团队的目标及绩效应该设置阶段检查点，并随时根据结果进行沟通，而不是到年度绩效出来以后，再告诉员工绩效结果。绩效考评的目的是为了员工的成长和改进，而不仅仅是监督与批评，更不是开除员工的借口；考评即要面向结果，也要面向过程，避免为短期结果而牺牲长期利益而走捷径的方式。

OKR 最早起源于英特尔，因约翰·杜尔在谷歌的建议推广而闻名天下。OKR 的实施，

应该是自上而下来制定，并同时保持自下而上的沟通；自上而下，公司的目标逐层拆解到个人目标；自下而上，个人目标要不断地与公司目标对齐，更容易调动员工的个人积极性。好的目标 Object，应该是使劲跳能够到，要有一定的挑战性，100% 都能完成的只能表明目标平庸。OKR 不是 KPI，不要与绩效进行挂钩。

📝 精华语录

第 11 章

结对编程，你开车，我导航

阿朱与阿捷讨论过持续集成后，第二天就召集所有的人开会，把自己的想法跟大家讲了一下，大家纷纷说好，并当即进行了分工。阿朱和阿紫负责产品自动安装和验收测试中的自动化，大民、小宝负责自动编译、自动 UT（单元测试）和自动打包部分，最后再由阿朱进行集成。因为 TD 的 OSS 5.0 产品庞大，再加上历史积累下来的回归测试用例很多，大家决定先将持续集成、自动测试的频率设为每天进行一次。大家还为整个过程起了一个很好听的名字 AutoVerify，意指自动进行产品的验证。同时，大家还讨论了一些实现细节。

每天下班前，大家把签出的代码签入到代码库中，AutoVerify 程序会在每晚 8：00 从代码库中提取最新的代码，自动进行编译，编译成功后同时启动两个任务：一个进程运行自动 UT，另外一个进程进行打包并自动部署到测试环境中。这是因为 UT 的时间较长，需要两个小时左右才能完成全部的 868 个测试用例。这样二者并行进行，可以节省时间，多运行一些回归测试用例。虽然也有可能 UT 测试用例失败，但应该是不影响产品在测试环境下运行的，可以打包并安装。安装成功后，开始自动回归测试。

因为历史遗留的测试用例太多，一个晚上不可能做完所有的测试用例，应该先运行一些核心的、重要的测试用例，这个筛选工作由阿紫负责。只有在周末的时候，才把所有的测试用例全部运行一遍。AutoVerify 需要自动收集统计信息，比如运行了多少个测试用例，通过率是多少等，把这些结果汇总下来。第二天早上 9：00，AutoVerify 自动把晚上自动验证的结果通过邮件发给阿朱和阿捷，由阿朱负责检查。为了减少垃圾邮件，只有当任何一个环节出现问题的时候，AutoVerify 才会把邮件发给大家。此时，阿朱负责把出错日志转给相应的人，收到该邮件的人要第一时间解决。

在讨论完 AutoVerify 后，大民利用剩余的时间，把 XP 提上了议事日程。

这次，"我们一次性地用到了 XP 的两个重要实践：持续集成和自动化测试。其实，XP 还有其他一些很好的实践，有些已经通过 Scrum 这个框架体现出来，譬如小发行版（Small Releases）等，XP 还有一些编程实践也是值得我们尝试的。"

"嗯，我赞同这个观点。Scrum 本身没有规定具体的编程实践，我们正好可以用 XP 来补充！大民，你接着说说适合我们自己团队的 XP 实践吧！"阿捷说。

"第一个应该是结对编程，其次是编码标准、简单增量设计、重构和测试驱动开发等，还有代码集体所有权。"

小宝插了一句："关于代码集体所有权，其实咱们已经做得很不错了。大家看，咱们因为模块多，代码多，一直也没有也不太可能规定具体哪块的代码归谁拥有，而是任何一个人都有权修改任何一段代码。谁破坏了某个模块，谁要负责进行修补。"

"嗯，这点我赞同。不过我想强调一下，我们应该继续保持这个优良传统！同时因为代码归集体所有，所以大家就都要遵循统一的编码标准才行。"

"没错，这个项目遗留下来的代码太多太杂，这里面既有美国老哥写的，还有印度兄弟写的，苏格兰兄弟写的，再加上咱们自己写的。真够百花齐放的！"

"是啊！短时间内，我们是不可能把所有的代码都统一起来。虽然也有一些类似 aStyle 等自动化代码美化工具，可以一次性地把所有代码整合成符合统一编码标准的形式，但这样做的风险实在太大！万一出了问题，所有的代码都被改动了，反而没办法跟踪，不容易解决。"大民显然仔细分析过这个问题。

小宝点了点头："我想我们可以一步一步来，只有当我们需要改动哪个文件时，才对该文件按照编码标准进行一次优化。不过话又说回来，我们现在的编码标准有点乱，也有点过时了，需要重新整理一下才行。"

"要不这个任务就交给你？"阿捷问。

"行啊！其实我已经整理一半了。"小宝的积极主动性还是挺高的，"我们原来有一个基础版本，但有些东西已经过时了，另外还要加些新的规则进来。"

大民接过话头："关于增量设计和重构这块我们做得还不够，当然，这也是有历史原因的。咱们以前一直都是瀑布式开发，而瀑布式开发非常重视设计。仅仅针对设计，咱们以前的流程就会产生概要设计文档、外部接口文档、详细设计文档、测试策略、测试计划等，从敏捷的角度来讲，我们应该做一些简化。"

"嗯，是有必要精简，但应该精简到什么程度呢？"阿朱问道。

"我觉得……"大民稍微顿了一下，似乎是故意为了强调，"够用就可以了！就是说不应该太多，但也不能没有。我们需要找出对我们真正有用的文档，真正值得花精力的文档，然后做增量设计。"

"话虽如此！问题是咱们在大流程上还必须按照公司的产品生命周期走，这中间会涉及很多的里程碑，而每个里程碑都要求有完备的文档，才能通过检查，进入下一阶段。"阿朱接着说。

"那我们先来看一下公司的 PLC（Product Life Cycle）好了。"阿捷边说边在白板上画出公司的产品生命周期。

"虽然整个周期很长，但咱们必须通过的检查点只有 DEV（开发）和 SHIP（交付）。咱们团队目前自己实施敏捷开发，也就是在 DEV 到 SHIP 之间。其实，这也正是敏捷软件开发与 CMMI/ISO 9000 等流程相互补充的最有效方式。其间的 SQ 虽然很重要，但不是必需的，公司强制的并不严。所以咱们只要在 DEV 和 SHIP 这两个检查点上提供完备的文档就可以了。"

"DEV 在我们开发的启动之初，可以周旋的余地不多，这个念头就不用想了，该准备的文档还要准备好。不过，这个检查点更多的是针对市场部、产品规划部等除研发以外部门的，对于我们研发部门来讲，只需要给出一个项目计划文档和一个软件总体架构文档即可，所以问题不大。而 SHIP 是在后期，可操作的余地比较大。"

"这样的话，我们是完全可以按照尽量简化、增量设计的思路来做的！在每一个 Sprint，我们都只做简单设计，产生对于当前 Sprint 所必需的文档，而没必要一次性给出大而全的设计方案，一次写出非常完备的文档来。这样也不现实，因为最终还是要不断地修改的。可以通过后继的 Sprint，不断完善，不断重构，直至产品发布前，给出最终版本。当然，每次的设计都应该是可以扩充的，而不是走入死胡同，无法重构。大家觉得如何？"

"应该是可以做到的。关键还是度的问题。设计要适度，文档要适度，不能成为我们工作的累赘，又要做到出现争议的时候有据可查。我觉得有些文档还是一开始就要有的。"大民回应道。

"可哪些文档是必须要有的呢？"小宝还是很关心具体的东西。

"在我看来，至少有两份文档是必需的：产品定义文档 PRD 和概要设计。PRD 的目的是告诉大家，我们开发的软件要做成什么样子、要实现哪些功能，这份文档应该是经常更新的，记录开发过程中最新达成的结论。而且这个还必须跟 Product Backlog 对应起来。概要设计是确保大家在 XP 的过程中不会脱离轨道，天马行空。"

"嗯，那我们就先按照这个思路实行一段时间。可以通过每次的 Sprint 回顾会议进行调整。那我们再来看看 TDD？"阿捷把头转向大民。

"好！从它的英文 Test-Driven Development 即可以看出是测试驱动的。也就是说是在开发功能代码之前，先编写单元测试用例代码，由测试代码确定需要编写什么产品代码。这一点与我们大多数人日常的实践是不同的。我们虽然也有 UT（单元测试），数量也很多，但这些 UT 用例基本都是在编写完功能代码之后，才编写的。"

"我觉得区别不大啊！最终都是为了验证功能的正确性。"小宝说。

"不一样！事后的单元测试较 TDD 会失去大半的意义。我们先来看看通用的测试驱动开发基本过程。"大民边说边把每一步列在白板上。

1. 明确当前要完成的功能。可以记录成一个 TO DO（待办）列表。
2. 快速完成针对一个功能的测试用例编写。
3. 测试代码编译通过，但测试用例通不过。
4. 编写对应的功能代码。
5. 测试通过。
6. 对代码进行重构，并保证测试通过。
7. 循环完成所有功能的开发。

大民转过头来，指着刚刚写完的 7 条说："乍一看，似乎也没什么。但深奥之处就在于第一步的明确上。如何明确？通常由业务、测试、开发进行一次讨论，就要完成的功能的验收条件达成一致并形成记录，然后测试人员设计并编写验收测试用例，开发人员编写单元测试和并实现功能代码。这样，测试人员早期介入，从而可以避免开发人员与测试人员理解不一致，产生争执并阻塞等待业务分析人员或者行政主管的仲裁。"

"嗯，测试就是应该越早介入越好！是吧，阿紫？"阿朱征求阿紫的支持，阿紫很快点头回应。

"对于开发人员来讲，可以强迫他从测试的角度来考虑设计，考虑代码，这样才能写出适合于测试的代码。"大民接着讲。

"从另外一个角度上说，坚持测试优先的实践，可以让开发人员从一个外部接口和客户端的角度来考虑问题，从而保证软件系统各个模块之间能够较好地连接在一起；而开发人员的思考方式，也会逐步地从单纯的考虑实现，转移到对软件结构的思考上来。这才是测试优先的真正思路。"

"另外，大家看第 6 步，这里提到了重构。重构是 XP 里面非常重要的一个实践，只有不断地重构，才能改善代码质量、提高代码复用，它跟 TDD/ 简单增量设计是相辅相成的，谁都离不开谁。那究竟什么时候该重构，什么情况下应该重构呢？”大民把问题抛给大家。

“有新功能的时候重构。”

“需要复用代码的时候重构。”

“该重构时重构。”

“写不下去的时候重构。”

“下一次迭代时重构。”

大家七嘴八舌地回答。

大民看到大家差不多说完了，清了清喉咙：“这些想法基本都对。在 TDD 中，除去编写测试用例和实现测试用例之外的所有工作都是重构。所以，没有重构，任何设计都不能实现。至于什么时候重构嘛，还要分开看，我的经验是，实现测试用例时重构代码，完成某个特性时重构设计，产品的重构完成后还要记得重构一下测试用例。”

“我刚毕业时，加入了一家铁路部门的信息中心。我很清楚地记得，带我的老师给我的第一句忠告就是‘如果一段代码还能工作，没有出现问题，就不要动它’，因为我们做的是铁路调度实时运维系统，不能出一点差错。”阿捷喝了口水，接着说，“我觉得非常有道理，一直也是奉行这个‘金科玉律’的。你觉得呢，大民？”

大民没有马上回答，沉思了一下：“或许在你们的那个环境那种条件下，这样做是最稳妥的。我想，你们之前肯定因为修改过代码而导致重大错误，从此以后一朝被蛇咬，十年怕井绳，对代码产生了恐惧感，最终无法掌控代码。我是这样认为的，如果一个系统一直没有新的需求，使用的情形一直不变，这样做是可以的。但对于 95% 的产品而言，是需要不断变化的。如果一些冗余代码、拙劣的代码，存在糟糕的结构和投机性设计，虽然能够正常运行，但这样的软件，常常会带来更大的潜在问题。对于一个负责任的程序员来讲，是不能容忍的。一定要重构，重新优化，夺回对代码的控制权，千万不能滋生得过且过的思想！”

阿捷带头鼓起掌来，大家纷纷响应。大民不好意思地咧着嘴笑了。

等大家静下来，大民接着说：“重构不可避免地会带来一些问题，我们需要建立一个很好的机制保障重构的正确性。其中很重要的一个实践就是单元测试。虽然一些简单的重构可以在没有单元测试的情形下进行，重构工具与编译器自身也提供有一定的安全保障，但如果只采用传统方式对代码进行测试，例如使用调试器或执行功能测试，这种测试方法不仅效率低下，而且是乏味的、不值得信赖的。重构时，代码较以前对修改更为敏感与脆弱。若要避免不必要的问题，则应添加单元测试到项目中。这样可以确保每一小步的重构，都能够及时发现错误。"

"这么看，似乎通过 TDD 就可以发现很多 Bug 了？因为开发人员跟我们测试人员是按照同样的功能验收条件设计测试用例的。我说的没错吧？大民？"阿紫问道。

"还不能这样说！按照 TDD 的方式进行的软件开发可以有效地预防 Bug，但不可能通过 TDD 找到 Bug。因为 TDD 里有一个很重要的概念是'完工时完工'。意思是说，当开发人员写完功能代码，通过测试了，工作也就做完了。你想啊，当开发人员的代码完成的时候，即使所有的测试用例都亮了绿灯，这时隐藏在代码中的 Bug 一个都不会露出马脚来。即使之前没通过测试，那也不叫 Bug，因为工作还没做完。"

"嗯，我明白了！所以还需要我们测试人员同步设计功能测试用例，进行功能验收测试才行。那个阶段，发现的问题才能真正称为 Bug。"

大民点了点头，以示认同。

"我有一个问题，我该为一个功能特性编写测试用例还是为一个类编写测试用例？"小宝问道，"因为从我们的代码中，我看到 UT 测试用例都是类和方法。"

"这个问题很好！我以前也有过这样的困惑。关于 TDD 的文章大多都说应该为一个功能特性编写相应的 Test Case（测试用例）。后来看了一篇博客文章，才明白是怎么回事。他们在开发一个新特性时，先针对特性编写测试用例，如果发现这个特性无法用测试用例表达，那么将这个特性细分，直至可以为手上的特性写出测试用例为止。然后不断地重构代码，不断地重构测试用例，不断地依据 TDD 的思想往下做，最后当产品伴随测试用例集一起发布的时候，他们发现经过重构以后的测试用例，就已经和产品中的类 / 方法一一对应啦！"

"哦，是这样。"小宝看上去还是半信半疑。

"我感觉从功能特性开始是最安全稳妥的方式，这样不会导致任何设计上重大的失误，也符合简单增量设计、不断重构的 XP 原则。"大民加上一句，进一步澄清着小宝的迷惑。

"那么 TDD 到底该做到什么程度，才算结束了呢？重构总是无止境的。是通过所有的 UT 测试用例吗？"小宝问道。

"很简单！Clean Code That Works。"大民抛出来一句英文，看来真的想把大家绕晕才甘心。

"那到底啥意思啊？你还是说中文吧，听不懂你说的 Chinglish。"阿紫打趣道。

"这句话是 TDD 的目标，Work 是指代码奏效，也就是必须通过所有的 UT 测试用例，而 Clean 是指代码整洁。前者是把事情做对，后者是把事情做好。"

"关于 TDD 还有什么疑问吗？"阿捷用目光扫了一遍，见没人响应，接着说，"那我们再来讨论一下结对编程吧。上次我们做 Scrum 发布计划的时候，曾经提到我们缺少一个人，看看能不能从部门内部临时借调一个人过来。现在告诉大家的好消息就是，Charles 已经正式批准章浩加入我们团队，进行 TD 的研发！"阿捷非常兴奋。

还没等阿捷说完，大民就插了一句："太好了！章浩跟我是前后脚加入 Agile 的，开发经验很丰富，又熟悉 Agile OSS 的整个开发环境。嘿嘿，小宝，他来了你再有问题就可以直接向他请教了。章浩人很耐撕（nice）的。"

"是啊！自从 Charles 那回听过咱们的站立会议之后，对 Scrum 很有好感。再加上咱们前几个 Sprint 确实做得还行，所以这次 Charles 听完我和李沙关于 TD 项目开发任务的汇报后，咱们不是在资源一栏写着缺少开发人手吗？他看了之后就问我想要谁。我的第一个念头就是章浩！"

"当时说出来还怕 Charles 不答应，因为章浩毕竟是周晓晓团队的技术带头人。Charles 当时可没答应我，只是跟我讲他会去和周晓晓谈谈！谁知道今天早上，Charles 就告诉我章浩从下周起暂时借调到咱们团队，做完咱们规划的 3 个 Sprint 之后，再看情况是否需要回周晓晓的团队。"阿捷笑着和大家讲述着事情的经过，只是阿捷并没有讲，在和 Charles 提完借调章浩后，曾经独自找章浩聊过一个晚上。

"哈哈，我说昨天中午在食堂跟章浩一起吃完饭往台球室走，中途遇见周晓晓，周晓晓连看都不看我跟章浩一眼，原来是因为这个啊。下周章浩过来刚好可以赶上咱们的下一个 Sprint！"大民兴奋地讲着。

"嗯，是啊。虽然章浩非常有经验，可能他也需要对咱们正在用敏捷方式做的 TD 项目熟悉一段时间。咱们最好想个办法，让章浩迅速融合到咱们的开发进程中。大民，你还记得刚才你提到的结对编程吗？如果项目组有新人加入，或者由于某种原因进行换岗，你说可以通过结对的方式来提高整个团队的开发效率。今天再给我们大家讲讲吧。"阿捷看着大民。

大民高兴地说："好啊，阿捷！我老早就想说这个了，只不过咱们组一直都没有进过新人。说到结对，通常咱们大家都会立即想到编程结对，其实在 XP 中，这个概念可以更宽泛一些，还可以是设计结对、评审结对、单元测试结对！"

"设计结对是在对某个模块开始编码之前，两人共同完成该模块的设计，这种设计通常不会花费很长时间，不会产生设计文档，更多的是讨论交流，主要考虑是否符合总体架构，是否足够灵活，易于重构等。"

"单元测试结对通常是说一个人编写测试代码，另外一个人编写代码来满足测试。这样，任何一个人对设计理解有误，代码都无法通过单元测试，从而避免由同一个人编写单元测试代码和程序代码带来的黑洞，往往可以发现更多的问题或缺陷。"

"听起来是把一个人的 TDD，变成了两个人的 TDD！"阿捷总结道。

"对！这样效果会很不错！评审结对是在编码活动完成、通过单元测试后进行的。一般采用一个人讲述代码组织和编程思路，一个人倾听、提问的形式。这种评审模式更多地强调了相互交流，这会比一个人单独评审，独立撰写总结评审意见的模式效率要高得多，文档、邮件也减少了。也许有人说，这么做就会没有文档化的评审记录。可谁会关心这个呢？良好的代码应该说明了一切。"

小宝一直听得很仔细，插了一句："其实，如果两人编程结对了，编程的过程其实也就是复审的过程，完全可以省略评审。"

"对！"大民非常赞同小宝的观点，"设计结对、评审结对、单元测试结对这三种方式是对结对编程实践的有效补充，操作简单，收益却很大。而对真正意义上的编程结对，我其实并不怎么看好！"

"啊？为什么？"大家对大民抛出的这个结论都很震惊。

"编程结对，在任一时刻都只是一个程序员在编程，效率到底有多高呢？ 1+1>1 是肯定了，但是否 1+1>2 呢？"大民留了一点时间给大家思考。

"现在还没有肯定的答案！国外也有很多关于结对编程的研究，基本都是建立在结对的两人组和一个人之间的对比，结论基本上是结对编程不能始终保证开发质量和效率始终高于单人编程。如果是结对的两人组和两个单人开发组进行对比，结果更是未必。所以，我也不认为结对编程一定能始终提高效率。"

"但是，我觉得，他应该能够在某一个阶段，或者说项目进行的某一个阶段内提高效率提高质量。"小宝满怀疑问地说。

"这也是对的！所以我前面也提到了'始终'这个词！这是因为只有两个经验相等的人结对才有可能真正提高编码效率。而现实中，经常是一个有经验的人坐在旁边，另一个经验不太丰富的人进行编程，还会有一个老手轮询多个新手进行开发的方式，在国内公司尤其普遍，这样就更难做到1+1>2。"

"通常支持结对编程的人认为，当两个人合作三个月以后，效率才有可能超过两个人单独编程的效率！这里有一个时间前提，三个月以后。三个月这个时间未必是真实确凿的时间分界线，它只是一个模糊的、大概的时间范畴，如果两个人配合得好，也许只需要两个多月，如果配合不好，也许是四、五个月或者更长的时间，不确定性很大。"

"许多时候，如果仅仅只是想减少缺陷的数量，我认为还是设计结对、评审结对、单元测试结对这三种方式更为有效一些。此外，结对编程始终是两个人的合作行为，其效果会受到多种因素影响。譬如，两个人的性格、个人关系、沟通能力、技术是否互补等都会影响最终的结果。究竟1+1大于2还是小于2真的是一个很难说的事情。只能靠团队自己不断地组合，找出合适的配对人选。"

大家纷纷点头，觉得大民说得很有道理！

"那我们就不实践编程结对了？"阿捷问道。

"其实不仅仅编程结对，其他结对实践，也要视人、视项目、视环境而定。至少两个极端情形下，结对毫无益处：第一，需要静心思考的问题。这时完全可以分头行动，等各自有了理解或解决方案再来讨论；第二，琐碎毫无技术含量的工作，不得不手工完成的。这种工作考验的只是耐心，不妨分头行动，效率肯定比结对要高。"

"在有些时候还是可以采用的，特别是对于新加入一个团队的成员而言，可以让他迅速成长，融入团队！因为结对编程的内涵是一种技术、经验、知识的共享，通过共同商讨、解决问题，来降低误解和疏远。但即使是这样的结对，一天中最好也不要超过 3 小时。"

"嗯，看来我们可以考虑让你跟章浩来一次结对编程！一次 Agile 老员工的强强联手！哈哈，你跟章浩两个进入 Agile 的时间加一起超过 10 年了吧？正邪双修啊。"阿捷很少有这样取笑大民。

"少来这一套，你这家伙，小心下回我修理你。"

在一片笑声中，结束了本次关于 XP 的讨论。同时也到了下班时间。大家纷纷道别，走出办公室。阿捷并没有马上走，而是独自走回座位，写下了今天的敏捷日记，毕竟今天的讨论太精彩了。

8 本章知识要点

1. TDD 以可验证的方式迫使开发人员将质量内建在思维中，长期的测试先行将历练开发人员思维的质量，而事后的单元测试只是惶恐的跟随者。

2. 重构不是一种构建软件的工具，不是一种设计软件的模式，也不是一个软件开发过程中的环节，正确理解重构的人应该把重构看成书写代码的方式或习惯，重构时时刻刻有可能发生。

3. 软件构建学问中总有一些理论很美好，但是一经使用就可能面目全非，比如传统的瀑布模型。敏捷里有很多被称之为思想的东西，恰恰没有太高深的理论，但都是一些实践的艺术，强调动手做而不是用理论论证。TDD 就是这样一种东西，单纯去研究它的理论，分析它的优点和缺点没有任何意义，因为它本身就是一个很单纯的东西，再对其抽象也得不出像"相对论"那样深奥的理论。实践会给出正确的答案。

4. 结对编程不是一种形式化的组合，在实际的 XP 小组中，结对的双方应该是根据需要不断变换的，应该保证双方都是对这部分工作感兴趣的人，而不是强行指定。

5. 结对编程不是结队编程，是两个人，不是更多。可以扩展到结对设计、结对测试、结对评审。

6. 就像 Scrum 一样，并不是所有的团队都有能力实行 XP，也不是所有的团队都适合实行 XP，视实际情况而定。

7. XP 中，多数实践方法是互相加强甚至是互相保证的，不能单单拿出某一个实践来单独实施，譬如结对编程，缺乏 TDD/ 重构 / 简单递增设计等实践的有效补充，结对编程的效果可能会大打折扣。

冬哥有话说

每日构建与持续集成

阿捷团队目前的实践，还是处于每日构建的状态，每日构建有诸多好处，相比传统滞后的集成，已经是前进了一大步。阿捷的团队从每日构建开始，是很明智的选择，下一步就是持续集成。

上一章中提到，每日构建与持续集成的区别在于"频率和反馈两个方面"；每日构建的问题在于，第一天晚上的构建如果失败，第二天还要提交新的代码，然后再等到晚上进行构建，到第三天才能知道结果。如果构建的状态总是失败，团队会习惯于这样失败的状态，长此以往，很容易就恢复到之前的延迟集成的状态。

此外，根据 Jez Humble《持续交付》一书中的建议，"下班之前，构建必须处于可工作状态"，这个是有别于每日构建的。有几个原因，第一，持续集成强调的是及时反馈，如果提交代码，构建失败，等到第二天回来再进行修复，记忆已经没有那么清晰了；第二，今日事今日毕，敏捷强调节奏和可工作的软件；第三，如果存在跨时区的团队，一旦构建出现问题，且相关人员已经下班，则对方团队的正常工作就会受到影响。

提交代码触发持续集成，应该留出可能的修复时间。但预留多少时间好呢？太短可能不够修复的，太长又浪费。《持续交付》书中的另外两条规则"时刻准备着回滚到上一个版本"与"在回退之前要规定一个修复时间"，就是针对这种情况。规定一个修复时间，在此时间之前如果还未能恢复持续集成服务器的正常，就进行版本回退，然后进行一次构建和冒烟测试，通过以后才可以下班回家。

持续集成的理念是：如果经常对代码库进行集成对我们有好处，为什么不随时做集成呢？随时的意思是每当有人提交代码到版本库时。

测试驱动开发 TDD

Kent Beck 说："当遇到 TDD 的问题，从来都不是 TDD 的问题"，是设计的问题，是测试的目标太大。TDD 是工程师治愈焦虑的一种方式，分解问题，试验并获得反馈的一种方式。

测试也是一个学习的方式和过程。测试是反馈，因此，测试速度要快，TDD 是一个非常漂亮的短循环。

TDD 也是一种教育的方式。TDD 可以帮助新人快速通过试错取得成长，是一个开发人员积累经验的过程。

代码评审

Kent Beck 说："有 Code Review 比没有 Code Review 好，但是没有 Code Review 比有 Code Review 好"；这样类似绕口令的一段话，也很有意思。代码评审会造成等待、延迟以及工作切换，阿捷他们正面临这样的问题；但有代码评审总比没有好，虽然你不能指望代码评审发掘太多问题。比代码评审更好的，是通过协作的方式来保障质量，比如结对编程，此时，Code Review 的作用就没有那么明显。

也有人说，Code Review 的重要性在于社会性意义，当你知道有人会检查你的代码时，你会更认真。对此，我也认同。但是，当知道有人会检查你的代码，可能产生两种心态，一种是正面的，你会更具责任心，一种是负面的，你可能会产生依赖心理。

测试人员对于开发质量也是如此，当知道有专职的测试时，自己少做一个测试，也总会有人在后面把关。

在脸书，所有代码都在公司范围公开，由不同的人维护，每个人都有修改权限，可以 push（推送）到不同的代码主干和分支上，并可以部署到生产环境。一个修改，几亿人会使用，成就感极大，压力感会更大，由此转化成了责任感。当开发人员全权负责，没有测试会帮你检查，没有其他人可以依赖，权力越大责任越大，最终的结果却很好。因为这种自由信任的氛围，因为鼓励尝试，允许失败的文化。

关于代码风格等评审，工程师不应该过多地关注编程风格的事情，这些可以使用工具来帮助，这类的小错让机器来解决。工程师应该把精力投入到软件设计和实现这些重要的事情上，允许人来犯更大的错误（做更勇敢的尝试）。

结对编程，是信息沟通与知识传递的过程；两个人的水平，无论是高高，还是高低的搭配，搭配 1～2 个月，两个人的水平都会提高；此外，如大民所说，虽然结对编程两个人的输出，不会比两个人分别做更高；但是质量会大幅提升，因此带来的整体成本下降；结对是关键，所以未必是编程，大民也提到结对的设计、测试和评审，最关键的是两人互补做出决策，类似于"四眼"原则；结对的角色不必相同，事实上不同角色的结对，更有利于全栈工程师的培养，以及技术的共享；除了设计、开发、测试，建议结对的范围，把运维也拉进来，这样就真正地实现了 DevOps 里讲的开发与运维的协作。

📝 精华语录

第 12 章

背水一战，客户为先

日子过得很快。阿捷团队通过结对编程，让章浩迅速地融合到 TD-SCDMA 的项目开发中，而章浩在 Agile 公司丰富的经验和严谨的工作态度也让阿紫、小宝这些新手们，感受到了老程序员的精神。整个团队通过采用统一的编码标准，不仅多次在 Sprint 中运用代码重构，而且还逐步采用了大民主导的测试驱动开发（TDD），效果非常好，在上一个 Sprint 中成果尤其明显，大家开始真正地接受 TDD，接受 XP。阿朱负责的持续集成自动测试工具 AutoVerify，居然得到了 Charles 的高度表扬，并且承诺一定会在今年 Agile 全球创新大奖中推荐一下 AutoVerify。

还有 3 周就是阿捷盼望已久的十一假期了。阿捷早已想好在这个 Sprint 结束之后放松一下，计划着去尼泊尔的雪山湖泊旅行一次。大民、阿朱他们的想法也和阿捷差不多，毕竟，项目进展实实在在地摆着呢，TD-SCDMA 项目组是 Charles 手下 3 个项目组里进展最快，项目完成情况最好的一个组。如果真是按现在这个进度做下去，TD 项目组甚至有可能比原计划提早完成 Agile OSS 5.0 项目的开发工作。

这天早上，经历了漫长堵车的阿捷快 10 点了才赶到自己的座位上。刚刚坐下，就看见老板 Charles 和 Rich 王从黑木崖会议室里出来。对于主管 Agile 中国公司大区销售的 VP Rich，阿捷早有耳闻。但是，作为 Agile 中国研发中心的普通员工，平时很少会有机会和 Agile 大中国区的销售打交道。

同其他跨国公司在中国的设置一样，Agile 中国公司也分为了 Agile 中国销售公司和 Agile 中国研发中心。Agile 中国销售公司作为 Agile 亚太区的一部分，承担着 Agile 在大陆、香港、台湾等地的销售任务，平时和阿捷他们被美国研发总部直接管辖的 Agile 中国研发中心接触很少。

相比阿捷的老板 Charles，Rich 的职位还要高出两级，两个人之间也都没有什么汇报关系。

阿捷正奇怪 Rich 找 Charles 会有什么事情呢，桌子上的电话响起，一看来电号码，正是老板 Charles。阿捷接起电话。

"Hi，阿捷，我是 Charles，方便到我这边的小会议室来一下吗？"

"好的。"

2 分钟后，阿捷发现不仅仅是自己，Rob 和周晓晓也都出现在缥缈峰会议室。Charles 看见手下三员大将都已到齐，像往常一样直奔主题。

"大家都知道我们这个部门今年还没有达到收支平衡吧，现在有一个非常好的机会。今天早上销售部门的老总 Rich 亲自找了我。"说到这里，Charles 用眼睛扫了一下阿捷，阿捷赶紧打开笔记本做记录状。

Charles 接着讲："上次的月度部门会议上，我提到过 Agile 中国的销售部门正在备战中国移动的奥运会项目，昨天，Rich 从客户那边得到一个消息，Agile 公司的硬件产品已经初步入围明年奥运的 3G 平台，但是关于 TD-SCDMA 还有些软件技术上没有澄清。本来他们寄托于 Agile OSS 5.0 产品能够按时发布，但是，现在投标要求能够明确地给出对 TD-SCDMA 的支持和相关的软件功能。"

周晓晓插了一句："那让他们去找美国研发总部要相关文档吧。"

Charles 瞪了周晓晓一眼："美国总部已经让我全力支持 Rich，帮助他们把奥运这个单子拿下来。这个单子不仅仅能够帮助我们达到收支平衡，还可以在奥运这个特殊的阶段体现 Agile 公司的价值。所以，我希望阿捷能够帮助 Rich 下面的销售和售前工程师一起拿下这个单子。Rob 和周晓晓要全力支援。特事特办！"

接下来的一周里，阿捷已经没有时间计划自己去尼泊尔的行程了，阿捷甚至都不知道自己还有没有十一假期。如果真把这个标拿下来，将不仅仅是阿捷自己没有了十一假期，大民、阿朱、章浩和小宝他们也将没有这个假期。关于这个项目，中国区的 VP Rich 已经和美国总部通过气了，希望能够得到中国研发中心的全力配合。阿捷也把标书里的技术细节反映给负责 Agile OSS 5.0 的版本经理。经过大家协商，决定在 Agile OSS 5.0 GA 基础版的基础上发布一个奥运特别版，其主要功能将由 Agile OSS 5.0 GA 基础版中文化后，再单独开发针对北京 2008 奥运的 TD-SCDMA 的运营支持模块，大致的工作量为 80% 由 Agile OSS 5.0 的 GA 基础版出，20% 需要阿捷的 Team 额外开发。

Jimmy 是 Rich 手下负责奥运这个项目的销售经理，跟阿捷岁数差不多，以前在 Agile 公司组织的篮球活动中见过，所以还算熟悉。Jimmy 对阿捷的加入特别高兴，因为目前配给他打这个大单的售前人员都没有研发背景，而这个单子对于技术标部分要求非常细，正需要阿捷这样熟悉到 Agile 软件每一个细节的高手支持。

"都不是外人。"Jimmy 坦然跟阿捷讲。别看公司上上下下对奥运这个标非常重视，而且 Agile 公司的产品质量、公司资质和其他背景都比竞争对手高出不少，但是，劣势也是尽人皆知的：软件价格太高，开发进度慢，客户响应慢。

Agile 公司一直推行的软件策略是高价高质，从开发投入到每个版本的推出，层层把关的同时，也让开发速度受了不少的影响。Jimmy 对阿捷讲，Agile 中国这次在奥运这个单子上势在必得，Rich 希望借中国奥运年让他的大中国区在 Agile 全球好好露露脸，所以在产品价格上已经给了最低的折扣。即使这样，Agile 的软件价格还是要比其他对手高一点点。现在最核心的就是能否从技术上得以突破，让 Agile 公司软件技术分比其他竞争对手高出很多。

阿捷知道，Agile 产品开发速度慢是尽人皆知的事情，就像 Agile OSS 4.5 这个产品居然用了整整两年时间，结果弄得推出来就有很多技术过时了，没多久就需要重新开发 5.0 产品来覆盖新的功能，比如对 TD-SCDMA 的支持。而客户响应慢，则是由整个研发体制决定的。比如中国移动的客户遇到问题，首先反映到中国区的技术支持那里，如果这个问题是软件研发本身产生的，中国区技术支持无法自己解决，要提交到美国技术支持总部；美国技术支持总部再将问题汇总派送到美国研发中心，最后由美国研发中心根据问题所在模块、问题的优先级、客户的排名等因素制定一个修复时间表。如此漫长的一个流程下来，即使一个很小的问题，如果没有一、两个星期也是根本不可能解决的。况且，Agile 公司还有一个所谓的 Top 10 优先计划，就是率先响应全球 Agile 公司前十位的客户。要知道，即使强势如中国移动，把相应的合同数目折合成美元，也不过刚刚挤进 Top 10，和 AT&T，T-Mobile，甚至 O2 是没法相比的。

对此，Jimmy 也很苦恼，他对阿捷说：“客户总问我买了产品之后的支持怎么样，我总不能跟他们讲，对不起，您的这个单子太小，没有在我们全球 Top10 的客户列表里，所以售后支持反应时间会有些慢的。”听得阿捷哈哈大笑，心想，做销售的其实也是一肚子苦水，研发和销售，真是各有各的愁啊。

笑归笑，阿捷也仔细想过关于奥运这个项目的技术事情。如果按美国研发总部的意思，要等到 Agile OSS 5.0 GA 发布之后，再动手完成 Agile OSS 5.0 奥运特别版的发布工作。但是从现在 5.0 的 GA 延误的状态看，别说想在标书中有技术突破了，就是完成和其他竞争对手差不多的功能，对于现在 Agile 公司的开发状态来说也是很困难的。

阿捷把技术上的问题大致和 Jimmy 讲了，虽然技术细节 Jimmy 听得一头雾水，但是他也听出了情况并不乐观。Jimmy 就像抓住最后一根救命稻草，认准了阿捷肯定有办法在技术上有所突破，天天泡在阿捷的工位前捷兄长捷兄短的。Rich 为此也专门找过 Charles，说这次是第一次和中国研发中心合作打这么大的单子，希望大家都能够精诚合作，订单下来大家一起分，大家都可以收支平衡了。收支平衡这话正说到了 Charles 的心窝里，弄得 Charles 也三天两头要听阿捷做项目汇报，而且阿捷要什么资源就给什么资源。

其实，阿捷也知道这个单子的重要性，可是关键是如何出奇制胜呢？阿捷对 Agile 公司的产品和技术实力是有充分信心的，中国研发中心经过这几年的技术沉淀，已经完全有实力独自完成大部分 OSS 模块的设计、开发、测试和发布工作了。只是传统上还一直由美国总公司那边来控制。阿捷有一个大胆的想法：那就是利用敏捷开发的方法，让中国团队第一次独立完成从需求调研、系统分析、模块设计、编码实现、系统测试、客户安装发布这一整套流程。这样，整个 Agile OSS 5.0 奥运特别版将整体由中国研发中心来控制和发布。

这是一个极其大胆的想法。大到了当阿捷把这些想法跟大民和阿朱讲完之后，他们两个都有些发蒙，直问阿捷是不是发烧了？阿捷能够理解，这将颠覆长久以来以美国为中心的传统开发模式。如果成功，不仅仅改变了 Agile 中国研发中心一直作为美国研发总部外包作坊的地位，还将对整个 Agile 公司的产品研发模式产生巨大的影响。

当阿捷和 Charles 谈到这些的时候，Charles 沉默了许久，慢慢地抬起头看着阿捷说："你知道如果我容许你这样做，我将承担多大的风险吗？你知道如果失败了将不仅仅是你这个项目经理不用再做的问题吗？"

阿捷心里也非常复杂，他懂 Charles 话语里的意思，但是他更渴望用自己的激情来点燃 Agile 中国研发中心的热火，而不是像朽木一样安逸地在 Agile 养老。阿捷将这样做的种种好处一一和 Charles 讲明：首先，这样做可以保证 Agile 公司在奥运项目投标上的技术优势要比其他竞争对手高很多；其次，要完成标书中规定的技术，用美国传统的开发模式几乎是无法完成的；还有，如果按自己提议的模式，中国客户的响应速度和售后支持将得到一个质的提高。

Charles 最后点了点头，异常凝重地说了八个字："只准成功，不准失败。"

投标工作异常顺利。在唱标的时候，Agile 公司强大的技术实力让其他竞争对手大为吃惊，纷纷惊奇于 Agile 中国这次竟然能够如此迅速地做出反应，并承诺在明年春节前就完成产品的预安装，以及在"好运北京"测试赛上的现场调试。Agile 中国公司大获全胜，从硬件到软件，全部拿下这次奥运会 OSS 产品，并将作为奥运运行支持单位，协助北京奥组委的技术部门工作。

胜局已定，阿捷走出会议室，发现 Jimmy 正在兴高采烈地打着电话，很明显，他一定是打给 Rich 的，相信消息即将通过电话和电子邮件，迅速传到 Agile 在全球的每个分公司，而各种祝贺邮件也会像雪花一样从世界各地传到中国，传给 Rich，传给 Charles，直到把他们的邮箱塞满。阿捷掏出手机，接通了 Charles 的电话，告知 Charles 已经拿下了 TD 的奥运大单，Charles 表现得异常平静。因为他跟阿捷一样，知道当 Rich、Jimmy 和美国总部那帮大佬们都在热烈庆祝胜利的时候，对于他们研发团队来说，一切才刚刚开始。

本章知识要点

1. 《敏捷宣言》12 条原则的第 1 条，我们最重要的目标是通过持续不断的及早交付有价值的软件使客户满意，这里的核心是提倡"客户为先"。

2. 《敏捷宣言》12 条原则的第 4 条，业务人员和开发人员必须互相合作，项目中的每一天都不例外。所以，"业务参与"才能真的做好敏捷，如果只是研发侧敏捷，没有业务的积极参与，那多半是自嗨。

3. 《敏捷宣言》12 条原则的第 3 条，经常地交付可工作的软件，相隔几个星期或一两个月，倾向于较短的周期。这里提倡的是"短迭代交付"，小米七字诀"专注、极致、口碑、快"也强调了快速交付，快速响应市场需求。

4. 从业务视角看敏捷，就是要打造一个组织，具备"更快的交付客户价值"和"灵活的应对变化"的能力。

5. 在产品开发中，我们的问题几乎从来不是停滞的资源（工程师），而是停滞的产品需求（客户价值）。

6. "如果我们 18 个月后卖出和今天相同的产品，就只能得到和今天相比一半的价值。"谷歌 VP 埃里克·施密特如是说。

7. "最大的浪费是构建没人在乎的东西，一定要做一个能卖出去的产品。"《精益创业》作者埃里克·莱斯如是说。

冬哥有话说

敏捷的目标

敏捷原本就是想要解决业务与开发之间的鸿沟。通过敏捷宣言中强调的个体和互动、可工作的软件、客户合作、响应变化以及 12 条原则中的尽早地以及连续地高价值交付、自组织团队、小批量交付、团队节奏、可改善可持续的流程、保持沟通等，再加上包括 Scrum、Kanban、XP 在内的众多管理和工程实践，来实现开发与业务之间的频繁沟通，快速响应变化。

敏捷的核心在于"快速并且高质量的交付价值",交付价值前面有两个定语"快速"和"高质量",如果要再加一个定语,我认为是"可持续的"。

敏捷的快速响应,加速反馈与学习改进是核心。所以敏捷不是单纯的快,不是百米冲刺,在我看来,更像是街跑,集敏锐、迅捷、灵动、应变于一体。

方法也好,实践也好,其价值应该由客户价值来体现。对客户而言,需要解决的问题,是端到端的,要全局而不是局部优化;开发跑 Scrum 再快,持续集成得再快,缺乏市场价值体现,也只能是自嗨。

所以,敏捷是什么,什么是敏捷都不重要;什么能解决问题,能多快解决问题才最重要。具体叫敏捷也好,精益也罢,还是 DevOps,客户不会因为你说自己在搞什么研发模式而给你单子,客户要的是 Talk is Cheap,Show me the Value(说起来容易,给我看价值)。

反摩尔定律

摩尔定律广为人知,即每 18 个月,电子芯片的性能会是今天的两倍,而价格会是今天的一半。与此类似,谷歌的前 CEO 埃里克·施密特说过:"如果我们 18 个月后卖出和今天相同的产品,就只能得到和今天相比一半的价值。"这被称为"反摩尔定律"。Agile OSS 4.5 这个产品的开发居然花费了整整两年时间,结果推出来的产品就有很多技术过时了,就是反摩尔定律的体现。天下武功,唯快不破,在市场竞争如此激烈的今天,如果还是按部就班的遵循厚重的研发流程,这真像一头行走的大象,笨重而缓慢。

面对 Agile 这样的庞然大物,新型的做法通常有两个:其一是以快打慢,侧翼攻击;其二是聚焦,面对竞争对手的速度与聚焦,Agile 公司(以及其他的传统企业)应该学会像对手一样思考,像迅猛龙而不是大象一样移动,如同文中的 Agile 公司拿下奥运大单。

当大象开始跳舞之后,蚂蚁都将离开舞台。

📝 精华语录

第 13 章

计划扑克、相对估算与发布规划

不知道从什么时候开始，阿捷每天登录 MSN 后的第一个习惯，就是去看看敏捷圣贤在不在线。这种感觉很奇妙，阿捷和亦师亦友的敏捷圣贤前前后后认识了快 4 个月了，别说照片，阿捷连敏捷圣贤的声音都没听到过。但是阿捷却相信敏捷圣贤绝对是一个可以信赖的朋友。

当 TD 单子拿下来之后，阿捷首先想到的就是去找敏捷圣贤，找他讨论如何才能在合同期限内完成 Agile OSS 5.0 奥运特别版的开发。从阿捷制定的 Agile 标书中技术标的细节上看，以 Agile 现有的开发节奏几乎不可能在明年春节之前完成相关的开发工作，更别提奥运测试赛时的先发版了。

阿捷希望得到敏捷圣贤帮助，找出一个切实可行的方案，好对 OSS 5.0 奥运特别版发布计划进行团队评估。虽然着急，可是，平时这个时间常常在线的敏捷圣贤偏偏没有在线。

阿捷急得没头绪的时候，敏捷圣贤灰色头像左侧那个黄色的小花提醒了阿捷。对啊，进到个人空间看看能不能找到其他的联系方式。果然，阿捷看到了一个区号是＋1 650 的不知道是手机还是固定电话的号码。阿捷尝试着打了过去。

铃铃几声之后，一个清脆的女声："Hello，morning！"

……

阿捷怔了好长一会儿，才说道："Hello，may I speak to..." 阿捷都不知道说哪个名字好，又顿了半晌，才磕磕巴巴地说："May I speak to Agile Wise Man？ I'm A Jie，from Beijing，China.（我可以跟敏捷圣贤讲话吗？我是阿捷，来自中国北京的阿捷）"

"原来是你啊，阿捷。我就是敏捷圣贤。怎么？有什么事这么早就打电话把我吵起来了？"那个清脆的女声用稍微带有点川味儿的普通话说。

"你就是敏捷圣贤？"阿捷脱口而出，自己都感觉到自己的头皮在慢慢发麻，从头顶一直麻到耳根，从耳根一直麻到舌根，快要丧失说话功能了。从来没有想到过敏捷圣贤居然会是女生，更没有想过从声音上听还是一位年龄不大的女生。阿捷完全呆了，几乎忘记自己是因为什么要打电话给敏捷圣贤。

"是啊，你从哪里找到我的电话？这么早找我有什么事吗？喂～喂～，说话啊。嗯？在吗？"女孩在电话另一头催着。

阿捷这才回过神来，机械地说着自己事先准备好的问题。阿捷差不多花了 10 分钟才将这次参与 Agile 公司 TD 项目奥运投标的前因后果讲完，最后还是心怀疑虑地补充一句："你真的就是敏捷圣贤吗？我这回可真是背水一战了，我把自己的身家性命都压上了。如果失败了，可就不仅仅是我一个人在 Agile 待不下去的问题了。而且，明天上午我就准备召开发布计划的团队评估会议了，所以才这么着急打电话给你想向你请教。可是，你真的就是敏捷圣贤吗？"对敏捷圣贤的身份，阿捷的脑袋还是有点懵。

阿捷反反复复对敏捷圣贤身份的质疑把女孩逗乐了。女孩说道："我真的就是敏捷圣贤啊，你怎么就不信呢？要不要把咱们聊天的记录发给你看？你还没到山穷水尽的时候呢，你做得已经非常不错了，能够成功把这么大的单子拿下。到时候项目做好了，搞几张奥运门票，我回北京找你看奥运啊。"

阿捷这时才慢慢平静下来，说道："奥运门票没问题，但是你首先得帮我想想刚才的那些问题。关键是项目发布时间很紧，我们需要尽早做出合理的发布计划。"

"呃，其实对于你来说有很多有利的因素。第一点，你和你的开发团队已经对敏捷开发有了一定的了解，并且都对敏捷开发充满信心，对不对？"

"是啊，就像我当初在做标书时想的那样，如果只有一种办法完成项目，那就只能是敏捷了。"阿捷充满信心地讲。

"是的。信心对于每一个开发人员来说都是非常重要的。我接着讲，第二点，就像你跟我讲的那样，这次你们的 OSS 5.0 奥运特别版 80% 由 Agile OSS 5.0 的 GA 基础版出，20% 需要你的团队额外开发。GA 版本的开发通过你们组不是已经基本完成了吗？总体 GA 版本也由美国那边来做，你只要让美国研发老大狠狠地敦促确保 GA 能够按时交工即可。其实对于你来说，真正的任务量在于对那剩余的 20% 做计划，并留出足够的时间和 GA 做整合，把你的团队之前用到的测试驱动开发、设计结对、评审结对、单元测试结对等落实下来，你是有办法按时发布 OSS 5.0 奥运特别版的。"

进行了一番讨论后，阿捷对明年春天正式发布 Agile OSS 5.0 奥运特别版有了信心，也慢慢对敏捷圣贤有了另外一种看法。讨论完最后一个问题，阿捷突然问了一个与技术毫无关系的问题："嗯、嗯……圣贤，真没有想到你会是一个女孩子，为什么之前没有告诉过我呢？害得我最开始还以为打错了电话。"

"怎么会赖我没告诉过你呢？是你从来没有问过我吧？你自己好好想想。"女孩在那边说着。

阿捷想想，好像确实也是啊，自从在论坛上得到敏捷圣贤的联系方式，就一直自定义敏捷圣贤是一位 40 岁以上的中年男子。

"那你今年多大了？怎么会知道这么多东西呢？"阿捷话问出口就知道自己错了。前一句话是和女孩子打交道的大忌，后一句话有着明显质疑敏捷圣贤的意味。

"女孩子的年龄是不能随便问的，这个最基本的常识你都不知道吗？我的知识来源于我的实践和经历。你先把自己眼前所遇到的问题处理好吧。好了，我要出门去办公室了。再聊吧。拜拜。"阿捷明显感觉出敏捷圣贤不高兴了。

唉，真是笨死了。每次阿捷和女孩子说话，如果不聊技术，不出三句总有一句会得罪人。这是从上大学起就屡试不爽的经验教训啊。要不然，马上就 30 岁的阿捷怎么还找不到女朋友呢。

阿捷心里骂了几句自己是笨驴的话，便根据敏捷圣贤的建议对软件发布计划做了一个细致的规划。

第二天下午 1：30，在光明顶，阿捷召开了对发布计划进行团队评估的会议。由于这将是 Agile 中国软件研发中心第一次独立地发布印有 Agile Logo 的软件产品，除了自己团队的人外，阿捷还邀请了 Product Owner 李沙，市场的相应人员作为与会者。考虑到这次会议的重要性，而且也是 Agile 中国开发中心第一次做敏捷发布计划，在安排会议的时间时，阿捷定了 4 个小时，以便大家有比较充分的时间进行讨论和评估。

会议开始，李沙和阿捷根据最新的 TD 订单要求，将所有需要在春节前发布的 20 个用户故事列了出来，阿捷希望能够在 3 个月完成这些工作。按照三周一个 Sprint 的计划，大约是 4 个 Sprint。大家请李沙对每个故事做一个比较详细的解释，并随时提出了自己的疑问，李沙也非常耐心地给大家做了解答。整个过程还是比较顺利的。会议至此也进行了差不多 2 个小时，大家都有些倦意，阿捷建议休息 15 分钟。

休息回来之后，大家发现阿捷和李沙正招呼着楼下食堂的服务生，帮忙摆果盘和刚做出来的小点心。大民走过去拍着阿捷的肩膀说："你行啊，单子签下来了，我们开会也都有下午茶吃了。"

阿捷笑了笑，边招呼大家坐下取水果和点心吃，边取出事先准备好的卡片，给在场的每个人发了 13 张。

卡片上分别写着：0，1，2，3，5，8，13，20，30，50，100，BIG，？，还有一张画了一个咖啡杯。

看着大家疑惑的表情，阿捷说道："刚才开会大家都累了吧。没关系，咱们边吃点下午茶边来做点小游戏。大家手中的 13 张卡片就是传说中的计划扑克，今天我们将用它对咱们刚刚讨论过的 OSS 5.0 奥运版中的每个用户故事进行估算。"

"在正式估算之前，我先说一下计划扑克的使用规则。如果你认为'某个故事已经完成了'或者'这个故事只需要几分钟就能搞定'，那就亮纸牌 0；如果你对需求还不清晰，或者对这个故事的估算没有一点概念，请亮纸牌'？'；每次只能出一张牌，不能两张牌累加；大家要同时亮牌，不能提前让别人看到你手里的牌。每轮出完之后，大家把自己的牌拿回来，下次还要继续用。我们不是玩跑得快，大家都明白了吧？"

阿捷注意到小宝边嚼着威化饼干边傻傻地看着自己，一脸迷惑的样子。阿捷笑了笑，接着说："我们对每个故事的估算将采用相对估算的概念。我们一起做一个练习，大家就知道该怎么用了。接下来我们先估算一下 12 生肖的凶猛程度。在开始估算之前，我们先设定一个参照物，譬如老鼠的凶猛程度，我们可以给他一个值，譬如 5，接下来，我们开始估算牛的凶猛程度。"

"谁对牛的凶猛程度有疑问，可以提出来，我们先一起讨论！如果没有的话，就抽取一张牌作为估算。把你的纸牌扣在桌上，直到我让你们亮出来，才能翻开，明白吗？这样可以避免你的判断影响其他人的估算。这个规则以后也适用于我们对 Product Backlog 条目的真正估算。"

"好！我看大家都已经准备好了！那么请亮牌！"

大家纷纷举起自己的纸牌，阿捷逐个念着"3，5，13，5，8，8，5。好！分歧出来了，阿紫你说说你为什么要给出 3 这个估算呢？"

"我是这样认为的。牛还是很温顺的，我家的黄牛还让我骑呢！！"阿紫解释了自己的理由。

"那大民你为啥要给 13 呢？"

"我看《动物世界》里面的野牛真发起疯来啊，连狮子都没办法。"

大家七嘴八舌地讨论着……

"经过刚才的讨论，咱们这次限定一下范围，这牛呢，属于成年牛，既不是小牛犊，也不是野牛，只是家养的大黄牛，这回大家再估算一次"

"5，8，8，5，8，8，8！"

"好！少数服从多数，那咱们就定为 8 吧。"阿捷说。

"可是如果我们正好 4：4 呢？譬如 4 个 5，4 个 8，不能少数服从多数呢？"

"那就取大！因为我们通常容易低估。"阿捷按照敏捷圣贤的提醒，把答案告诉给了大伙。"接下来，我们将采用类似的方法对咱们即将要做的 OSS 5.0 奥运版的 **Product Backlog** 中的每一个故事进行估算。在这个过程中，如果大家意见分歧大的话，咱们都要请给出最大估算的那个人解释一下，没准他思考的比较细，有些内容其他人给忽略了。同时呢，给出最小估算值的那位也要解释一下，没准他有更好的解决方案，可以更快地完成。然后我们再进行一轮"

大民、阿朱、章浩和小宝等人都表示赞同。

阿捷继续说："另外，我们采用的计量单位不再是小时了，我们采用'点'这个虚拟的概念，不要简单映射成人小时或人天。具体是什么计量单位不重要，因为我们采用的是相对的概念。"

"我有一个问题，我们该从哪一个故事开始呢？第一个吗？这个好像太复杂了。"阿朱举手问道。

"嗯！这是一个非常好的问题。在我们开始估算前，我们先选出一个故事来，看看有没有哪个故事，大家非常清楚需要做什么，怎么做，相对简单的，我们把它定为 2 点，以这个故事作为基准，然后大家再开始进行相对估算。"

小宝看上去有新的发现，他问道："那就是说，我们其实也可以找一个故事是 13 点的，以此为基准，进行估算，对不对？"

"这个问题问得很好！"阿捷会心一笑。昨天晚上阿捷也问了敏捷圣贤同样的问题。"理论上讲是可以这样做的，但实际操作会有问题，那样估算的误差就会比较大。譬如说，让你比较两个山头的大小，和让你比较两堆沙子的大小，哪个误差会更小呢？很显然，是后者。"

"那我们具体该如何确定一个 2 点的故事？我还是觉得挺抽象的。"小宝还是不知如何下手。

"OK，其实，并没有一个特别标准的做法，每个团队都可能不同，即使针对同一个项目，也可能有不同的选择。既然我们刚开始，也许可以借鉴一下别人的做法，我知道有的团队定义一个 2 点故事，大概就是一个工程师可以在 2 个工作日内完成的故事，你们觉得这样可以吗？"

"也有问题，章浩 2 天的产出，可能我需要 3 天！这样的估算就不一样了呀"小宝迷惑地看着阿捷。

"这也就是为啥我们要用相对估算的缘故。同样一个需求，我们假设它就是 2 点，章浩需要 2 天完成，小宝需要 3 天完成，这个存在个体差异是没有任何问题的！接下来，再以此 2 点的故事为参照物，估算另外一个需求时，章浩估算是 5 点，那意味着章浩大概需要 5 天完成，而小宝完成的完成时间可能是七八天，但是小宝同样也可以认同是 5 点！因为这是相对于 2 点而言的。"

"这样好像就比较清楚了，让我们看看这些故事吧。"大家终于觉得可以进行估算了，阿捷也暗自舒了一口气。

"我觉得这些故事没有一个可以是 2 点的，因为没有哪个可以在两三天内完成。最少的也要一周以上。"大民作为最资深的开发人员，提出了疑问。

阿捷感觉有必要解释一下。"我们今天的目标是要做一个发布计划出来，这需要对未来要做的内容有一个整体的评估，让所有人了解一下整个项目的范围和规模，给出一个粗略的估算就可以了。当然，如果有的故事太大，不容易估算的话，我们还要李沙帮助，把这样的故事做进一步的细分。"

一直默不作声的李沙接过话头："既然大多数故事都大于 2 点，大民你觉得有没有一个是 5 点的？如果没有，那我们就要把某些故事细分一下，最终找一个 2 点的出来。"

"第五个最小，我觉得大概也要 8 点左右。"大民说。

阿捷看了看其他人，好像没什么意见。

"那么这样吧，我们就找个故事拆分一下，拆分出来一个 2 点的。如何？"阿捷问所有的人。

"应该可以。"大家都表示赞成，并迅速行动，从第一个故事中拆出来一个 2 点的来。

"好，那我们就以这个故事作为基准，顺序地对其他的故事进行估算。"阿捷总算松了口气。

一个半小时后，大家利用计划扑克，顺利完成了对所有故事的估算。其间也出现了几次估算上的分歧，但经过大家的讨论和李沙的澄清，最终还是达成了一致。对于几个特别大的故事，又进行了一次拆分，这样最大的一个故事的点数是 20。总共有 58 个故事，累计 586 点。这和之前李沙预估计的 30 个故事差了不少，主要是因为原来有些故事的想简单了，导致其中几个故事过大，在实施的时候必须进行拆分。

临近下班的时间了，大家都有点累，阿捷决定今天的会议就开到这里。等明天上午继续。

第二天上午 10：00，所有人都按时来到了光明顶会议室。

"开始吧。在我们开始做出发布计划之前，我们先来看看可以采用的最常用的两种发布模型。"阿捷边说边把打印好的几张纸发给大家。

多个Sprint一次发布

每个Sprint结束发布一次

"在上面的模型中，是经过多个 Sprint 的开发后，才最终有一个正式发布的，发布周期比较长，适合大中型软件的发布；而下面的模型，是在每个 Sprint 结束后，都会有一个正式发布。这对每个 Sprint 的质量要求非常高，而且软件整体规模不大，功能相对简单，比较适合小型软件或者基于 Web 的应用。像雅虎通和谷歌广告等都是采用这个模式的，最近特别火的 Web 2.0 网站，如脸书和领英等，更是对这个发布模式青睐有加。当然也有更厉害的，好像能够在一个迭代内做多次发布，将发布与迭代分离，叫'按节奏开发，按需要发布'，不过咱们不需要这么做。"

"我终于明白为什么那么多 VC 喜欢 Scrum 了。采用这个发布模式，可以让一个项目或想法提前经受检验，获得反馈。从而让好的项目脱颖而出，坏的项目死得更快！对吧？"小宝的反应速度很快。

"没错！我现在做网络游戏的同学猴子，证实过这一点。"阿捷补充道。

"看来我们的项目比较适合上面那个模型。"李沙若有所思，"可我总觉得还少点什么，但又说不上来。"

"嗯，你的直觉是对的。对于上面的发布模型，通常的做法是这样的。"阿捷又从桌子上拿起几张纸，递给大家。

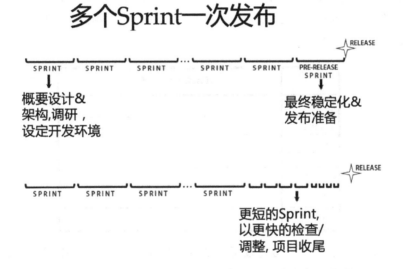

"大家可以看到，这两种方案的共同点是在正式的发布之前，都安排了 Pre-Release Sprint，除了要让产品更稳定外，还要做一些扫尾性的工作，譬如完善文档和修复 Bug 等。第一种方案，安排了一个正常长度的 Sprint，第二个方案，安排的是更短一些的 Sprint，临近结束时，Sprint 的长度甚至只有一周一次。"

阿捷顿了顿，想给大家一些消化的时间。"根据我们的产品特性，以及这次发布的紧迫性，我建议采用第二个方案！不知道大家意见如何？"

阿捷环视了一圈，有几个人明确地表示点头，有几个人还在比较和思考。

阿捷等了一下，直到所有人都确认没有意见后，才接着说："看来对这个方案没有人提出异议。明年的春节是 2 月 7 号，我们计划在春节放假之前完成软件发布任务，从现在开始算还有不到 4 个半月的时间，有 58 个故事、586 点在等着我们，除去国庆假期，按照我们每 3 周一个 Sprint 来算，我们还可以做 5 个开发的 Sprint，外加 2 个短的 Sprint，为真正的 Release 做准备。"

"能把我所要求的功能都完成吗？"李沙非常关切地问。

阿捷笑了笑，然后说："不一定。我们需要计算一下团队生产力，或者 Sprint 速度。"

"大家看，在过去我们做过的 Sprint 里面，除去最初一个 Sprint 外，到目前为止，已经完成了三个 Sprint。最早的一个 Sprint 属于我们的一次试验，只有两周，参考价值不大，不把它计算在内。这是我对 Sprint 1 ～ 5 的统计。"阿捷把一张 Excel 表格通过投影仪打到幕墙上。

	已完成的用户故事（点）
Sprint 1	87
Sprint 2	105
Sprint 3	93
Sprint 4	122
Sprint 5	118
合计	525
平均	525/5 = 105

"真没想到，我们的平均速度是 105 点呢！6 个人，3 周，按理说最多只有 $6 \times 3 \times 5 = 90$ 呢！"一直默默无声的阿紫发现了新大陆！

"是啊！大家鼓掌！"阿捷立即倡议并率先鼓掌，大家纷纷响应，欢快的氛围充满了整个会议室！

"好，根据昨天的最新估算，我们现有 Product Backlog 中的内容共计 586 点。很显然，再有 5 个 Sprint，我们才能完成 105 × 5=525 点。如果预留一定的缓冲，再除去 10%，那就是 525 × 90%=472。所以这样粗略估算，还不能完成全部 586 点的内容。"

"哦，这样啊。"李沙很失望，"这 586 点的内容可都是当初和客户签合同时白纸黑字写到里面的，完不成可麻烦啦！"

"嗯，看来我们十一要加班喽！我还想去九寨沟玩呢。"阿朱无奈地说。

"是啊！这个 TD 大单对于咱们 Agile 中国研发中心来讲，具有非常特殊的意义，不仅仅咱们自己重视，现在连美国总部那边也很重视！当然，也有可能我们在未来提高每个 Sprint 的开发速度，比如通过持续集成，还能多完成一些故事的。不过，我还是建议李沙同学随时调整好 Product Backlog 条目的优先级，这样才能保证我们至少可以完成最重要的功能，也就是前面 472 点的内容。"

"嗯，我会仔细考虑的。不过我觉得，我们现在做的估算里面肯定有些水分，比如说已经完成的故事，会对尚未开工的故事产生影响，一般会使相应工作量的降低。所以，我们需要定时对尚未完成的故事，重新估算才行，至少每个 Sprint 结束时应该进行一遍。"

"没错，那我们就在每个 Sprint 的中间阶段，用 1 到 2 小时的时间，一起过一遍 Product Backlog，根据已经完成的故事，重新做一个估算。这就是对 PBL 进行梳理的过程，同时也能细化、澄清一些需求，定义出来验收标准（AC），为下一个迭代做好准备工作。这个会议，咱们以后就叫 PBL 梳理会吧！"阿捷非常赞同这个想法。

"我感觉，这个调整肯定是有必要的！这样，我们的预测才会更准确，但即使这样能够去掉一些水分，也不能完成所有故事啊！"大民仍在担忧。

很久没有说话的小宝建议道："既然这个项目这么重要，没准儿我们可以再招人进来啊，这种名额，总部那边肯定会批的。"

"不可行！首先，在咱们公司，招一个新人，从申请，批复，再到收集简历，面试，乃至这个新员工入职，最快最快也要 3 个月吧。哪里来得及。"阿捷也曾经动过这个想法，但很快就否决了。"此外，即使现在给咱们一个新人，一时半会儿也发挥不了作用。首先，新人进来要时间办理各种入职手续，参加公司组织的新员工培训，这之后，咱们团队还得有专人出来给他做产品和开发流程的培训，这个时间会超过一个月。其间，大家的精力也要被占用一部分。这么一算，不仅仅短期内不能提高生产力，反而是一种消耗。"

章浩马上表示认可："是啊！这一点我非常赞同！在《人月神话》里面谈到的布鲁克斯定律大家都很熟悉了，向进度落后的项目中投入更多的人手往往使进度更加落后。这一方面是由于新人进来后的培训成本时间，一方面是沟通不畅引起的时间消耗。给团队配置两倍的人，并不能得到两倍的生产力。人越多，交流的成本越大，效率就越低。有人说，如果希望靠增加人员来提高软件团队的生产力，无疑是南辕北辙！"

凭借多年的开发经验，章浩在这一点上还是很有发言权的："在咱们部门，就有这样的反面教材。有的项目经理忽略了软件开发管理的这些常识性问题，而侥幸地认为靠人海战术就能完成软件的开发。这几年来，大家都看到了，结果就是：他的项目拼命加人也未见时间的缩短或质量的提高。"

章浩虽然没有说这个项目经理是谁，但大家心里都明白，这个人肯定就是周晓晓了！

"不过，也许可以这样尝试一下，只是……"章浩欲言又止的样子让大家都很着急。

阿捷赶紧接过来："没关系，有什么想法就说出来，咱们一起讨论。"

"如果能够从咱们部门的其他团队再借调一个有经验的开发人员过来，或许是可行的。虽然最初的两周也要熟悉一下，但问题不大。我刚过来那段时间咱们不就是通过结对编程和 TDD 开发等方式迅速融入队伍的吗？"。

大民接过话茬："你以为咱们部门还能有几个资历有你老，能力比你高的员工吗？你再给我克隆一个章浩吧。"

"少恭维我了，其实王烨挺不错的，我原来带过他。能吃苦，人也挺机灵的，他是社招进来的，开发经验也不少。"章浩也顾不得之前的遮遮掩掩，直接把自己想挖周晓晓墙角的想法说了出来。

"嗯。王烨我觉得还行，是挺不错的一个程序员。这样吧，我先跟 Charles 说一下，既然 Charles 都说过 TD 这个项目的优先级最高，资源和政策都会向我们倾斜，那挖个墙角算什么？再说，之前又不是没挖过。"阿捷对章浩挤了挤眼睛。

最高兴的是李沙，说道："太好了，如果真能补充一个人的话，我们就应该可以补上原来的计划缺口 586-472=114 点。"

"嗯！今天的会我总结一下。我们需要做 5 个开发的 Sprint，外加 2 个短的 Sprint，但这只能完成前 472 点的用户故事。如果想完成全部 586 点故事，需要从其他团队借人过来。内部借调的事情由我来协调，在没有正式公布消息之前，大家先暂时保守一下秘密啊。"阿捷顿了一下，"大家还有什么问题吗？"

阿捷环顾了一下，见大家都摇头："那好，今天的计划会议就开到这里！谢谢大家！"

在大家走出会议室的时候，阿捷拉住了李沙："李沙，你跟我一起去找 Charles 吧，打铁要趁热，如何？"

"没问题！咱们这就去。"

🎱 本章知识要点

1. 对 Prodcut Backlog 中的用户故事做估算时，如果某项太大太空难以确切估算，应及时对它拆解和细化。

2. 使用计划扑克可以提高估算速度。一次估算中，如果任何两个人的估算值相差过大，一定要停下来澄清后，再重新估算。

3. 团队速度是指每个 Sprint 总共被 PO 接受的故事点数，团队速度可以用昨日天气法，也就是上一个 Sprint 完成的点数来计算；也可以用历史平均法，及历史上若干个 Sprint 的平均值来计算。

4. 计划扑克的通常使用流程：

   • 选一个适宜大小的条目作为参照，把它视为 2 或者 3；
   • 每个人每次出一张牌；
   • 如果分歧过大，多讨论再出牌赋值；
   • 如果相差不大，使用较高的那个数；
   • 逐个估计每个条目的相对大小。

5. 给团队配置两倍的人，并不能得到两倍的生产力。人多，沟通协作的成本越大。

6. 用户故事或者需求的拆解要参照"吃汉堡包原则"，可以从 8 个维度进行：用户、接口、数据、动作、约束、环境、质量属性及风险。

冬哥有话说

按节奏开发，按需要发布（Develop on Cadence，Release on Demand ）

"时代抛弃你时，不会说抱歉"。文中谷歌和脸书等互联网公司可以做到每天多次的发布，真正将开发与发布分离，将技术决策与业务决策分离。Etsy（易集）的技术VP 约翰·沃斯帕（John Allspaw）说："我不知道，在过去 5 年里的每一天，发生过多少次部署……我根本就不在乎，黑启动已经让每个人的信心强大到几乎对它冷漠的程度。"

敏捷应该是端到端的从业务敏捷到开发敏捷到发布的敏捷。目前 Agile 公司的模式，被称为 Water-Scrum-Fall，目前开发与业务的鸿沟，算是部分打通了，但是业务需求梳理的过程，还是偏重。最需要改善的，是发布的过程。

核心在于，将开发与发布解耦，让上帝的归上帝，凯撒的归凯撒。需要将开发和发布解耦，开发和发布是不同的动作。开发是一个技术行为，而发布更多是业务决策。是否能够发布给客户，业务听到的总是"由于技术原因，我们无法随时发布"，这是业务经常对表示开发不满的原因。

Agile 公司的业务模式，也是偏传统的产品交付模式，产品的交付和发布过程，需要很重的交接成本（Transaction Cost），如何将这一过程敏捷化，是阿捷将要面临的挑战。

精华语录

第 14 章

精益软件开发的精髓

由于奥运这个项目的特殊性，所以当阿捷拉着李沙带着那 5 个 Sprint，586 个故事点的敏捷发布计划跑到 Charles 这里要资源的时候，Charles 很痛快地就答应了借调王烨的事情。

可是没想到，一贯忍气吞声的周晓晓这回居然和 Charles 闹起来了，还说出了一定要向美国总部那边好好反映的话。Charles 只好耐着性子，先列举了阿捷他们组 TD 奥运版开发项目的重要性，又许诺明年的校招给周晓晓两个做开发的名额，总算是软硬兼施地把这件事抹平了。

王烨的加入，让阿捷的 TD-SCDMA 奥运版开发计划有了人员上的保障，大家都有信心在春节前完成 5 个 Sprint 的 586 个点。尽管这个十一长假大家只休息了 3 天就赶过来加班，谁也没有能够在金秋时节去户外游玩，但是大家都很开心，包括最新加入的王烨，大家已经开始享受每一次的冲刺。在每次 Sprint 之间，项目开发的演示、回顾和反思以及 Sprint 中间对需求的梳理，都能让大家有新的发现，并在下一个 Sprint 里有所提高。

时间过得飞快，转眼就到了 12 月，阿捷和他的团队已经快完成为 Agile OSS 5.0 奥运版定制的第三个 Sprint 了。自从上次和敏捷圣贤尴尬的电话结束后，阿捷再也没有在 MSN 上看见过敏捷圣贤的身影，只有一次在梦里出现企图篡改上回和敏捷圣贤打电话的结尾部分情景。

一个周六的早上，阿捷像平时那样 8 点准时起床，盘算着是去公司加班，还是休息一天充充电。随手拉开窗帘，窗外白茫茫的一片，北京下雪了！阿捷才反应过来。是啊，自从阿捷接任项目经理后，春天踏青，夏天骑马，秋天登山，冬天滑雪，这样的日子就离阿捷越来越远了。当阿捷完全清醒后，迅速从自己床下抽出沾满灰尘的板包，穿上厚厚的雪服雪裤，扛起板包就出了家门。

北京的冬季天黑得很早。5 点刚过没多久，太阳就已经跑到了最西头的山边，密云南山滑雪场还没来得及堆出猫跳包的高级道就已经被单板推得只剩下冰了。阿捷和其他几个板友最后一次登上开往高级道山顶的缆车时，阿捷的手机突然响了。阿捷掏出黑莓，是一封电子邮件，居然还是敏捷圣贤的电子邮件。

> Hi，阿捷：
>
> 你好！
>
> 我现在在斯德哥尔摩，今天参加了一个世界敏捷大会。在大会上，我结识了 Bruce 博士，他现在是硅谷一家软件公司的 CTO，这之前曾经在微软和谷歌工作。他提到了一个非常新颖的敏捷方法，精益软件开发方法，我们就此聊了很多，我觉得这个思想跟 Scrum 结合起来，会非常好！
>
> 我会找个时间跟你专门讨论的！
>
> 祝你一切顺利！
>
> 圣贤

阿捷赶紧脱下厚厚的滑雪手套，用黑莓手机马上回复道：

> 圣贤：
>
> 能收到你的邮件真开心，还以为你消失了。上回电话里问你年龄真对不起，而且我也没有想质疑你的意思。我现在在北京南山滑雪场的山顶呢，刚刚在

缆车上收到你的邮件。你 3 个小时后会在线吗？我大概在北京时间晚上 8 点
半赶回家。咱们 MSN 上见吧。

阿捷

回复完邮件，阿捷心里一下子感到有种说不出的畅快，望着远处山边渐渐落下的夕阳，阿捷呼啸着一跃而下，居然第一次从高级道安安稳稳地没摔跤就滑了下来。3 个小时后，阿捷准时登上 MSN，敏捷圣贤的 MSN 小图标果然是绿色的，阿捷的眼睛顿时一亮。

"嗨！阿捷，滑雪玩得还好吗？"还没等阿捷说什么，敏捷圣贤的消息已经发了过来。

"还行，你没生我气吧？"

"你想什么呢？有什么好生气的。我这几个月一直都被公司派在欧洲出差，帮助 VISA（维萨）集团欧洲分部做一个咨询项目。特别忙，没时间上 MSN。"

"那就好，还以为我得罪了圣贤了呢，在古代，得罪圣贤可是死路一条啊。你在欧洲？向往欧洲的阿尔卑斯啊。你喜欢滑雪吗？"

"当然了，滑雪、骑马和帆船是我的最爱。"

"那好啊，下回有机会来了北京一起滑雪吧，我请你，虽然比不上国外的滑雪，但是北京周围还是有一些可以玩的，咱们滑完泡温泉去。"阿捷回道。

"滑雪可以和你一起，温泉我可不和你一起。"

"啊？那为什么？你帮了我这么多忙，理应我好好谢谢你才对。"阿捷又开始犯傻找女孩子抽了。

"先不聊这些了。我后来发给你的那篇关于精益的文章看了吗？感觉如何？"

阿捷道："刚刚大致扫了一遍，怎么感觉精益这个思想是针对生产线管理的，跟我们软件开发关系不大啊？"

"前半句对，后半句错！在敏捷软件业界中已经使用了很多的精益思想，比如准时制生产，看板管理，TQM（全面质量管理），零缺陷等。"

阿捷有点明白了："嗯？原来是这样，那是我孤陋寡闻了。阿捷愿闻其详。"

等了许久，阿捷知道敏捷圣贤正在地球的另一头敲打着键盘。果然，在敏捷圣贤的窗口里出现了一大段的话："今天我听 Bruce 博士讲，其实精益也不是什么新概念了。

有关精益概念的历史最远可以追溯到 20 世纪 50 年代发展起来的精益制造和丰田生产系统 TPS。这个系统和它蕴含的思想，为日本制造业，尤其是丰田公司，赢得了广泛的信誉。在基于精益制造和丰田生产系统的工作方法中，精益已经开始作为一个涵盖性的术语在使用了，包括精益建造，精益实验室以及精益软件开发。"

"又是日本的东西。"阿捷插嘴道。

"少来当愤青了，知道什么叫师夷长技以制夷吗？你乖乖听我讲。实际上，敏捷软件开发与精益软件开发的某些思想是一致的。许多对敏捷贡献良多的人都受到过精益生产及其所蕴含的思想的影响，在精益和敏捷上，我们是可以看到他们的很多共性的。"

阿捷有点怀疑地问："真的吗？"

"是的！精益软件开发所体现出来的主导思想和原理，无论对工程实践还是生产管理，最终目标是高效的产品开发或生产，无论这个产品是一辆轿车，还是一套软件。"

"这估计又有一套复杂的理论了吧？关于敏捷的方法论都已经多的让人头痛了！"现在想起当初学习敏捷时充斥在各种论坛里杂七杂八、形而上学的敏捷方法论，阿捷就感到头大。

"嗯，精益开发没你想得那么恐怖。你别紧张。精益软件开发与敏捷软件开发完全是相得益彰的。精益关注的是快速流动、高效的开发产品，同时为客户创造尽可能多的价值。Bruce 博士总结的精益实践理解起来还是很容易的。"

"那就好。大概给我讲讲吧。"阿捷从来不怕新东西。

"Bruce 博士总结，精益开发共有七大原则。第一个就是消除浪费。例如减少每周工作天数。"敏捷圣贤如数家珍地给阿捷讲来。

阿捷有点不解了，问道："消除什么浪费和减少工作天数有关系呢？不是很明白。不过，我还是很喜欢每周只工作 4 天的。这样工作效率更高。"

敏捷圣贤告诉阿捷："消除浪费不仅仅是说消除物质资源上的浪费，更是消除人力资源上的浪费。根据权威调查，在绝大多数情况下，没有精益开发经验的软件项目经理，在软件的设计开发阶段所做的工作都会或多或少地存在人力资源浪费。譬如，软件的架构师和产品经理设计了很多额外的功能，并为此浪费了大量时间来编写文档，而软件开发人员又依照这样的设计文档，开发了许多额外的功能，但是客户根本不用或者很少用到，这就是 80/20 原则，即 20% 的功能可以满足客户 80% 的需求。在精益开发的理论看来，任何不能够为最终产品增加用户认可价值的东西都是浪费。无用的需求是浪费，无用的设计是浪费，超出了功能范围，不能够被马上利用的代码也是浪费，而由此投入的人力资源则是最大的浪费。"

"太对了！这点我非常赞同！我们公司里面的垃圾文档太多了，搞得真正有用的东西反而找不到。而人力资源浪费更严重。最早，我的项目组里连我只有 5 个技术人员，而有一个项目经理手里有 20 个开发人员，却还不能按时完成开发任务，总喊着缺人缺资源，向老板要架构师要程序员的。"阿捷的脑海里浮现出周晓晓的样子。

"嗯，有可能是因为这个项目经理没有合理使用人员，也有可能存在过多的资源浪费。我相信 Agile 公司员工的个人实力都不会差。具体情况具体分析吧。下面我来讲讲精益开发的第二个原则：强化学习，鼓励改进。软件开发是一个不断发现问题，解决问题的过程。而学习能力的强化，能够令软件开发工作不断地获得改进。"

阿捷回应着："嗯，这和敏捷开发有点相似啊。之前你不是就告诉过我，敏捷软件开发的原则之一就是：通过短期迭代的方式，来达到持续改善的目的吗？"

"是啊，小伙子记得还挺清楚的。精益开发的第三点与敏捷开发也有异曲同工之处，那就是注重质量。"敏捷圣贤接着讲道。

阿捷脑子反应很快："从一开始就注重质量，绝对是从敏捷软件开发里引申出来的概念啊，这点我敢肯定！而且从消除浪费—持续改进—注重质量这么来看，这个精益开发的概念和六西格玛中的很多精神也很类似啊。"

"你说得很对。我想对于六西格玛，你应该比我更熟。你可是 Agile 公司的项目经理啊，应该认识不少六西格玛的黑带高手吧。关于质量驱动的开发实践，我想你和你团队已经了解得很多了。譬如你们已经尝试过的测试驱动开发 TDD、测试自动化、持续集成等实践，而且这些你们已经开始用在日常的工作中了，对吧？这些实践都是内建质量（Build-in Quality）的典范！质量就是要从需求、从每一行代码做起。我接着讲 Bruce 博士说的精益开发的第四个原则，那就是推迟承诺（defer commitment）。"

阿捷刚才听了敏捷圣贤对自己提的六西格玛与精益开发比较的评价之后很高兴，有点得意忘形了，说道："这个推迟承诺我喜欢，我们部门向来都是'过度承诺'的受害者，到头来只能通过长时间加班来赶工，不仅软件质量容易出问题，一线的开发人员也非常累。嗯，这个推迟承诺的概念，好像用在交往女朋友上还不错的。"阿捷又有点无厘头起来。

敏捷圣贤驳斥道："少来了，和恋人交往最重要的就是严守承诺，你还敢玩什么推迟承诺，怪不得你现在还没交到女朋友！活该吧，你。"

阿捷心里一乐，能够想象出敏捷圣贤在 MSN 的那头被他搞得恼怒的样子，但居然还有心调侃着敏捷圣贤，说道："那是她们不识货，我可是一块大钻石啊！"

敏捷圣贤永远都是那么理智，不上阿捷的当，继续打压着阿捷嚣张的气息，"你就臭美吧，你！无论如何，我给你的忠告是，永远不要把推迟承诺用到跟女朋友的交往上。言归正传，为什么精益开发会说推迟承诺适合于软件开发呢？是因为今天绝大多数的软件开发都工作在一个不确定的环境中，而环境的变化会对软件开发本身造成致命的伤害。推迟决策，并不是鼓励你优柔寡断，而是说推迟到当环境变得足够清晰后，让你有充足的信息和理由来进行最正确的决策。对于一套大型软件的架构设计来说，如何构建一个可拥抱变化的系统架构是至关重要的问题。我来举一个之前在 Cingular（美国头号无线运营商辛格乐）公司工作时的例子吧。"

阿捷听到这里忍不住插嘴道："原来你还在 Cingular 工作过啊？怪不得你对我说的电信业术语那么熟悉。"

"喂喂，想不想听下面的故事了？"

看来敏捷圣贤真是一个川妹子，直脾气，阿捷边想着边在 MSN 上打着："对不起，阿捷知错了，圣贤姐姐请讲。"

听到被阿捷称为姐姐，敏捷圣贤显然没有想到，继续说着："这还差不多。我在 Cingular 工作的时候遇到过一个非常紧急而且庞大的合同制项目。当时，我还只是一个普通的软件工程师，而我的项目经理则是一个从老 AT&T（美国最大的本地和长途电话公司）时代过来的非常资深的架构师。那会儿虽然还没有流行什么敏捷开发或者精益开发，但是我的项目经理却用他丰富的经验选择了在正确的时间去做系统架构的决定。当时我们都问他：'既然项目交付的时间都已经定死了，为什么不尽早开始架构设计呢？'项目经理告诉我们，现在还不是正确的时机，环境还在变化，还没有最后确定下来，而对于 AT&T 这么大的公司来说，一套可支持变化的系统架构设计是需要在环境能够给出足够信息之后才可以做出的。果然没过多久，由于硬件厂商的一些变更，导致我们当时开发的系统需要支撑更多的硬件平台，并被要求留出足够多的接口，供需要与 Cingular 公司相连的其他公司来调用。在这个时候，项目经理才最终选定了底层协议栈用标准 C/C++ 来编写，上层应用包括对外调用的接口采用当时还算比较新鲜的 Java 完成，中间通过 CORBA 的架构完成整个系统的连接。直到若干年后，当接触到了敏捷开发，听过了精益开发的思想之后，我才理解到，虽然对于系统设计来说，那个老项目经理延迟了系统设计的承诺日期，但是对于整个项目来说，他不仅实现了整套系统的按时交付，而且通过一个良好支持变化的架构，让我们在后续的开发中几乎不用改变整体的架构设计，就可以完成模块更新和添加工作，并且通过支持越来越流行的 Java 和 CORBA 技术，让 Cingular 产品采用的对外调用接口成为当时的默认标准接口，许多第三方的厂商纷纷效仿，为 Cingular 公司赚了个盆满钵满。我想，这才是推迟承诺（Defer Commitment）真正的精髓所在。"

阿捷听得津津有味，对敏捷圣贤讲道："我开始理解推迟承诺的真正含义了。推迟承诺并不是我们对不能按时完成项目所找的借口，反而是让我们学会如何在正确的时间段做出正确的判断。就像我的团队所承担的这个 Agile OSS 5.0 奥运特别版项目，对于我的 TD-SCDMA 项目组来说有太多依赖，例如其他协议模块和中间件如果不能及时交付，就会给我们 TD 项目组带来 N 多的麻烦，这是很大的风险。"

"真聪明。你们在做发布计划的时候，有没有考虑加入足够的时间进行缓冲，来避免此类事情的发生呢？"敏捷圣贤很高兴阿捷能够这么迅速地理解她讲的意思。

"还好，我留出了两个短 Sprint 的时间，大概有 4 周的时间来做发布工作，其中就包括了考虑到其他可能会发生的因素，这个时间够吗？"阿捷现在想想当初开"制定软件发布计划"的会议时，有人曾经说 58 个故事、586 点的 5 个长 Sprint 做开发，用一个短 Sprint 做发布就应该足够了，自己还是谨慎地制定了最后的方案：38 个故事、586 点的 5 个长度为 3 周的 Sprint 做开发，两个长度为 2 周的短 Sprint 做发布。

"嗯，应该还好了。我们还需要拥抱变化，注意了！这也是敏捷开发的一个原则。因为我们不能指望客户能够在一开始就给我们一个完全清晰并且一成不变的需求。在我们真正发布某个功能之前，不能定死用户需求，就像我们之前谈到精益开发原则里讲的那样，大量前期的用户需求分析是一种资源浪费，而且后期的更改代价会更高。"

阿捷不禁回想起当初在 Agile OSS 5.0 的需求分析时，和周晓晓他们相互扯皮的事情，回复道："嗯，说得太对了。我明天一定把这些经验和我的同事们好好讲讲。那下一个原则是什么呢？"

"下一个原则是'尽快交付'。我们都看到了，自从互联网应用以来，发布速度已成为商业中的至关重要的因素，甚至有人说 Web 2.0 上的软件永远处于 Beta 版。软件阶段性交付的周期越短，软件的风险就越容易识别，用户的需求就越清晰，软件的质量就越高。"

"延期是精益软件开发里面最深恶痛绝的浪费。我们可以尽可能快地以小功能的形式交付软件，以减少延期，这需要减少组织内的开销。譬如测试不会因为等待开发人员编码结束而停下来；我们不会同时做多个项目，避免不断切换情境和混乱，相反，我们一次只做一个项目，对 DONE 有非常明确的定义。"敏捷圣贤一口气说完。

阿捷听得非常高兴。因为一次只做一个项目，对 DONE 有明确定义都是阿捷现在正在实施的，阿捷开心地说道："嗯，对你说的我举双手双脚赞成！下一个原则是什么呢？"

"少贫了你！下一个原则就是'尊重员工'。尊重员工实际上是要对团队授权，让团队自己做决定，很显然，信任是基石。实际上，这一点和 Scrum 里面提到的自管理、自组织是一致的。我想，这一点每一个欧美企业在各自的企业文化里都有体现，相比较而言，日韩的公司的企业文化就不都是这样了。"

阿捷点头道："嗯，确实是这样，我有一个同学原来在日本公司做游戏开发，他们的那个日本开发科长，一旦发生项目延期，从来不会自身找问题，就会说队员笨。"

敏捷圣贤笑道："并不是所有日本公司都这样吧，这也跟个人的素养有一定关系，咱们不讨论这些。还剩最后一个原则了，就是优化整体（optimize the whole）。

要想缩短整个开发周期，需要采用系统化的解决方法。找出系统中的瓶颈，评估它，找到解决方法，然后重新开始。如果你只优化系统中的一个部分，或许其他地方会出现问题，效果就会大打折扣。"

阿捷想起了高德拉特博士《仍然不足够》一书中的内容，回复道："嗯，这个观点我从前也听到过，跟 TOC（约束理论）里提到的很相像。"

这回轮到敏捷圣贤提问了："嗯？什么叫 TOC 呢？"

阿捷很高兴居然还有敏捷圣贤不知道的东西，开心地先打了个笑脸，然后努力回忆着自己所知道的 TOC 理论："TOC 是 Theory of Constraints 的简称，约束理论的意思。是由以色列的一位物理学家艾利·高德拉特（Eliyahu M. Goldratt）博士所创立的。TOC 认为，任何系统至少存在着一个约束，否则它就可能有无限地产出。因此要提高一个系统（任何企业或组织均可视为一个系统）的产出，必须要打破系统的约束。任何系统可以想象成是由一连串的环所构成的，环环相扣。一个系统的强度就取决于其最弱的一环，而不是其最强的一环。TOC 可以应用到生产管理中。有一种著名的生产排程的方法叫鼓 - 缓冲器 - 绳（Drum-Buffer-Rope，DBR）。TOC 也应用到分销、供应链及项目管理等其他领域，且获得了很好的成效。"

敏捷圣贤听得津津有味："真的很有意思！这个理论应该是从最早做生产销售的工业和制造业而来的吧？那在 IT 软件的项目管理领域，这个 TOC 理论是怎么用的呢？"

阿捷很佩服敏捷圣贤一眼就看出了 TOC 理论的根源，也很高兴敏捷圣贤对这个 TOC 感兴趣，回道："你说得很对。高德拉特博士最开始就是在处理工业领域出现的问题时而提出的 TOC，现在也将 TOC 用到了软件开发领域，他认为，在软件开发的每个项目团队里面，也都应该存在瓶颈资源，对吧？如果一个团队说没有出现过瓶颈，则说明要么是专业化分工不够，要么是每个团队成员都是多面手，但这种可能性并不大，并且如果真是没有瓶颈资源，那大部分开发工作的效率应该不会太高。"

敏捷圣贤对阿捷的观点表示赞同："嗯，确实是这样。只有专业化分工才能够带来高质量和高效率。"

阿捷继续讲着："如果团队里面的瓶颈出现在成本消耗最低的资源上面，譬如对技术要求不高的工作环节的人力资源。此时，根据 TOC 约束理论之一，需要迅速增加该瓶颈资源的人力投入，避免耗费高成本的人力资源做这些附加值不高的工作和劳动。反之，则不能简单地增加该瓶颈资源，需要慎重地进行系统思考。TOC 的另外一个理论是考虑如何通过不仅仅是简单地增加资源来改善瓶颈的效能，另外就是如何让其他资源具备部分瓶颈资源才有的能力。"

"有些道理，那 TOC 理论里面是如何进行系统的改善的？"敏捷圣贤继续自己更为深入的提问。

"在 TOC 约束理论里，通过一个最弱环节法则，即链条的强度取决于最弱的一环。

给出了持续改善的几个步骤。

0. 理清系统的目标（定义制约与问题）

1. 识别系统制约因素（最弱环节）

2. 决定如何充分利用制约资源

3. 所有其他环节迁就上述决定。

4. 为制约因素松绑。

5. 如果通过上述步骤，制约因素得到解决，回头从第 1 步开始"。

敏捷圣贤插了一句："嗯，我的理解是，先识别项目管理中的关键路径，再考虑资源约束和资源平衡，对不对？"

阿捷在电脑的这边不禁点头道："嗯，可以这么说，你提的这是一个思路。不过在高德拉特博士写的《关键链》的一书中，提出了围绕关键的瓶颈资源来安排计划的。其中，关键的一点就是如何有效地设置和利用缓冲，解决了项目管理中的帕金森效应（工作总会把时间撑满）和学生症候群（不到临考不会学习）。"

"听起来真不错！！那你有用过 TOC 理论的真实例子吗？具体的实践有 TOC 理论里描述得那么好吗？都是用在哪些软件开发上呢？"敏捷圣贤情不自禁地问了一长串问题。

"看来你真是个技术狂人，一听见有新的理论就会兴奋。我这里有他写的 TOC 系列管理小说，你要是喜欢，等你回国我拿给你，好吧？现在你还是把精益开发讲完吧。刚才你说的 7 个原则都是一些理论性的东西，有什么具体的实践可以借鉴吗？我们的 TD 项目都已经做了一大半了。"

敏捷圣贤说道："精益开发现在已经有了很多实践了，我没有让你上来就看到实践性的东西，是想让你对理论和原则有一个初步的理解，然后的实践才会有意义，才不会跑调。"

阿捷很高兴能够听见真正的精益实践，说道："咱们两个谁跑调了，刚才有人聊 TOC 聊得忘了自己在哪儿了。赶紧告诉我你的精益开发的具体实践吧，我也好来个照葫芦画瓢。"

估计敏捷圣贤的脸被阿捷说得有点红，她辩解道："懂不懂得尊重女生啊？你别老这么着急的，做男生，还是稳重一点好，我给你发几个参考案例，相信你肯定会知道怎么做的！如果有问题咱们再讨论，好吗？"

"多谢圣贤教诲。下回再教教我如何不得罪女孩子吧。"

敏捷圣贤打了一个小鬼脸出来，就没有反应了。

几分钟后，阿捷从敏捷圣贤那里收到了几个关于精益软件开发的文档。阿捷迫不及待地研究起精益软件开发来。现在，任何跟敏捷软件方法相关的东西，对阿捷都有着无尽的吸引力。

过了一个小时，阿捷才看完了敏捷圣贤发给他的那几个文档，在 MSN 上振了敏捷圣贤一下，问道："还在吗？"

半响，敏捷圣贤才回振了阿捷一下，"干嘛振我啊，臭小子。我正参加另外一个在线研讨会上呢。"

阿捷有点不好意思了，说道："对不起。我刚才大致看了一下你发的案例，觉得看板的重要作用就是把传统的推动式生产转变为拉动生产，通过按需生产来减少浪费。对于看板，一方面需要控制在制品数量，一方面是要考虑整个看板工序形成的流动速率。我觉得在敏捷软件开发中，可以把原始的用户需求或者故事，当成卡片，作为信息载体，采用拉动的方式组织开发。"

敏捷圣贤很高兴阿捷能在这么短的时间内就把自己发的几个案例都看完，说道："看来傻小子没少动脑子想啊。"

阿捷接着敏捷圣贤的话说："嗯，有了拉动，我们就可以看到敏捷故事卡在整个看板上的流动。在你给的精益开发案例中，对于每一个工序都存在（ToDo，Doing，Done）三种状态，每一个用户场景在当前工序一完成后就会在看板上面进行移动，从上一个工序的 Done 移动到下一个工序的 ToDo。在敏捷软件开发中，可以把当前 Sprint 要做的每个任务，通过这种可视化看板管理起来，每个任务只能处于这三个状态，当所有的任务都移动到了 Done 状态时，这个 Sprint 才能结束。这样应该更能让所有人清楚当前的项目状态，以及当前的项目瓶颈出现在哪个任务上。这样，就可以避免燃尽图所带来的假象了。在我们以前的 Sprint 中，燃尽图看上去一直很好，一直处于航空线下，突然有一天，就上去了，并且连续两天是平的！当时，大家也隐约觉得有问题，但没意识到问题的严重性。通过这个看板，就可以提前预知了。你给的案例真是太好了。"

"嗯。理解得很深刻！这种方式可以避免人力或者其他瓶颈资源的等待问题，减少了浪费。其实你也可以多划分几个状态，譬如设计、开发、测试、部署、UAT、发布等，而不仅仅是 To/Doing/Doing 三个大状态。对了，软件开发中最大的浪费往往源自 Defect/Bug Fixing（缺陷修复）。对于这个问题可以通过引入迭代和持续集成的机制，加以预防，这也是与精益开发里面减少浪费的思想相通的。如果每一次迭代都给出可以向用户独立交付的产品，那么你们的敏捷软件开发中也可以讲：

准时化开发 = 迭代开发 + 持续集成 + 多次交付。

零库存 = 每次迭代都给出可以发布的版本。"

阿捷第一次看到这样的公式，说道："这个公式真有意思。零库存不就是 TOC 里提到的吗？"

"嗯，我也借花献佛现买现卖了。等我回国，有机会借我几本 TOC 方面的书吧。最近太忙了，每周都飞来飞去，已经很久没有时间静下来好好读读书了。"

"好啊，没问题。你先参加在线研讨会吧。很晚了，我下去睡觉了。保重啊，圣贤！"阿捷回复着。

"嗯，你也保重，滑雪的时候小心别受伤啊。晚安了。再见。"

阿捷 MSN 下了线，一看表，已近深夜里 1 点了。用凉水洗了把脸，按照自己这几个月养成的"今日事，今日毕"习惯，记录下今天新学到的理论和自己的体会。

几天后，新一轮冲刺又开始了。在开完 Sprint 计划会议的第二天，大家惊奇地发现，今天的白板有了非常显著的变化！以前那就是一个燃尽图，而今天的白板，布满了各种颜色的记事帖，变成了一个任务看板图。任务看板图上显示出在本次迭代中要完成的所有任务的当前状态、遇到的问题、非预期的其他问题或任务，可以帮助 Scrum 团队理解当前做得如何，以及下一步要做什么。每个任务用一个用记事帖来代表，不同的颜色代表了不同性质的任务，譬如设计、开发、测试、构建、安装等。状态则由板上分别标有 ToDo（未做）、Doing（正做）和 Done（做完）的三个区域来代表。右上角则是 Sprint 目标和燃尽图，展示当前 Sprint 任务总体完成情况及趋势；接下来的 Issue（问题）板块用来跟踪遇到的 Issue 或者外部 Dependence（依赖）；Unexpected（非预期）板块用来记录 Scrum 团队为完成 Sprint 目标新增加的任务，或者其他可能影响 Scrum 团队工作重点的非预期任务。

🎱 本章知识要点

1. 精益软件开发的七大原则：

- 消除浪费（Eleminate Waste）；
- 强化学习，鼓励改进（Focus on Learning）；
- 注重质量（Build Quality In）；
- 推迟承诺（Defer Commitment）；
- 尽快交付（Deliver Fast）；
- 尊重员工（Respect People）；
- 优化整体（Optimize the Whole）。

2. 准时化开发＝迭代开发＋持续集成＋多次交付。

3. 零库存＝每次迭代都给出可以发布的版本。

🧑 冬哥有话说

消除浪费

精益软件开发一词，源于波彭迪克夫妇（Mary Poppendieck 和 Tom Poppendieck）在 2003 年写的《精益软件开发》一书。书中介绍了 7 大原则以及 22 个实践工具。

消除浪费（或者叫 Muda）原则，最初是由大野耐一（丰田生产方式之父）的理念所产生的。

对于践行精益软件开发的企业和团队而言，消除浪费的第一步，是鉴别什么是浪费，如何识别并感知到，这种对浪费的认识和感知的能力，是精益软件开发能否成功的关键。第二步是指出浪费的根源并消灭它。丰田生产系统 TPS，欧美车企从 80 年代就开始学习，可刚刚学出一点门道，发现人家又精进了。所以丰田最核心的能力不是在 TPS 或者精益本身，而是称之为 KATA（套路练习）的持续识别浪费并加以消除并改善的文化。

大野耐一认为，任何不能为客户创造价值的事务都是一种浪费，生产过剩、库存、移动、运输、等待、额外工序、缺陷等都是浪费；波彭迪克夫妇将这些浪费对应到软件开发中，包括部分完成的工作、额外特性、额外过程、任务调换、等待、移动、缺陷等。其中，额外的特性，交付不需要的功能，是产品开发中最大的浪费。我们要做一个能卖出去的产品，而不是反过来。

在精益软件开发的七个原则中，消除浪费是最重要的一个，是其他原则的基础，也是其他原则的目的所在。

举一个推迟承诺例子。传统开发模式中，在项目早期，信息最少的时候，我们要做出一个涉及最多决策的计划，这不是矛盾么；而这些决策往往并不准确，在未来需要调整，那么前期投入的时间就是浪费；此外，如果我们在前期花了大量时间做计划并进行决策，未来进行调整的时候，沉没成本会影响我们调整的决心和勇气。

因为软件开发通常具有一定的不确定性，尽可能地延迟决策，直到能够基于事实而不是不确定的假定和预测来做出决定。系统越复杂，那么这个系统容纳变化的能力就应该越强，使其能够具备推迟重要以及关键的决策的能力。

📝 精华语录

第 15 章

拥抱变化，但不是随意变化

星期三的上班路上，阿捷又被堵在东便门桥上，还好，今天上午没有安排会议，要不然肯定要迟到的，阿捷一边想着，一边探出头，向窗外望去。堵车的队伍长达四五公里，放眼望去根本看不到尽头。私家车、公交车上的人焦急地向窗外探望，阿捷索性关闭了发动机，无聊地听起 1039 交通台的《一路畅通》。

上午 10：40，阿捷终于冲破了重重阻碍，到了办公室。刚进门，阿捷就看到大民和李沙两个人正在面红耳赤地争论着什么，僵持不下。

二人看到阿捷走过来，似乎看到了救星，停了下来。

"看来问题不小啊！我们找个会议室吧。"阿捷想先把气氛缓和一下，"今天早上大堵车！你们肯定没遇到过这么堵车的，从整个东南二环到机场高速都歇了！"

"忘记具体是哪年冬天了，北京下大雪，正好赶上下班时间，道路基本瘫痪，只有地铁还在跑。我回家用了 4 个半小时，到夜里 11：00 才到家，早知道我就不回去了。"大民接了一句。

"有一年夏天那次大暴雨也挺厉害的，几个环路的立交桥全淹了，环线地铁好几个站也没幸免。我正赶上要去见客户，也只好取消了。"李沙也回忆起了一次交通瘫痪。

一说到北京的交通，大家都有很多话说，对于北京的堵车，大家都深有体会。三个人边走边谈，来到黑木崖时，气氛已经缓和下来。

"嗯，李沙先说吧，是什么问题？你肯定是无事不登三宝殿的！"阿捷等大家都坐下，首先问李沙。

"我昨天接到客户那边的电话，是关于咱们 TD 单子的，他们更改了原来的一项需求。我知道，都这会儿了，还变来变去的，肯定不利于你们开发团队。但也没办法啊！谁叫人家是甲方呢？"

"变化大吗？"阿捷非常关切地问，因为这关系到他们的团队能否承受。

大民沉思了一下，说道："说大不大，说小不小，不过幸好咱们还没有做呢。"

"噢，那应该好办啊。"阿捷有点疑惑起来，"我们实施 Scrum 的一大初衷也是为了应对变化、接受变化。"

"问题不在这！这个需求做起来并不难，对已经完成的工作影响也不大。关键就是李沙要求我们现在就要做！"大民分辩道。

"是这样吗？李沙？"

"客户非常重视这个需求，说对保障 TD 正常运行至关重要，昨天多次强调一定要把它做好，而其他的都可以放一放。所以我觉得，我们应该马上就动手才对！你没来的时候，我找到大民，可大民说他们的时间已经排满了，不能做这个。"李沙显得也很委屈。

"大民说得没错，李沙，你也是知道的，我们现在是每三周做一个 Sprint，每个 Sprint 里面，大民他们的工作都是满满的！所以他们现在的确没有时间马上做你说的需求。"阿捷略微顿了一下，"李沙你说这个需求非常非常重要，对吧？"

"对！我已把它设定为最高优先级！"

阿捷听到这里，心里已经有了自己的算盘，对着李沙讲道："嗯，那我们现在有两个办法可以解决这个问题。"

"第一个办法是要等我们结束当前这个 Sprint 后，在下一个 Sprint 里面首先做你说的这个需求。因为现在这个 Sprint 到下周，也就是圣诞节的这个周末就结束了，按照原计划，让大家稍微缓几天，调整一下状态，下一个 Sprint 会在元旦回来就开工，就是说你还要再等几天。"

阿捷看到李沙期望的眼睛，接着说："第二个办法是立刻结束当前的 Sprint，重新计划下一个 Sprint，然后马上开工，把你认为需要修改的这个功能放在首位去做。但以我的经验来看，第二个办法会带来很多潜在的问题，例如，一旦结束当前的 Sprint，那我们在这个 Sprint 中已经做的一些工作就半途而废了，白白浪费了很多时间；而更重要的是，大家的士气会受到打击，工作效率肯定会受到影响！而这是无法估算的。李沙，你应该明白现在对于我们来说，士气的重要性。"

说到这里，阿捷停了下来看了一眼李沙，继续说道："情况就是这样，你可以考虑一下，看看我们到底该采取哪个办法。"

李沙沉思了差不多一分钟，最终咬了咬牙说："我看还是等这个 Sprint 结束吧！反正也没有几天了，客户那边我来搞定吧。"

"好！那我们就这么决定了！"阿捷说完扫了大民一眼，看到大民终于长长地松了一口气。是啊，这段时间大家都像上紧了发条的机器。

晚上回到家里，筋疲力尽的阿捷倒头就趴在了床上，没有马上去遛小黑，刚想迷糊一会，就听见电脑上响起了 MSN 的消息声。"不会是她吧？"自从上回家和敏捷圣贤聊了很久的那个愉快的晚上后，敏捷圣贤就再也没有出现，阿捷边想着边跑到电脑前一看，敏捷圣贤的头像已由灰变亮。阿捷不相信自己的眼睛，使劲揉了又揉，确定没看错之后，点开敏捷圣贤的头像就振了一下。

"嗨，干嘛啊，人家刚上来就振。你反应真快啊。我刚上线。"果然是敏捷圣贤。

"谁让你这么多天都不出来的，想振你都振不到。这些天你都在忙什么呢？"

敏捷圣贤回复道："还在法国呢。你不知道最近我都快忙疯了。下周二就是圣诞节了，事情特别多，都要赶在圣诞前做完。下周四我还要去东京开会，然后就可以直接回美国了。你呢？都在忙什么？"

阿捷说道："我还是老样子，我把上回你给我讲的任务看板方法用在了我们项目的白板中，效果特别好。你们圣诞放假吗？你都怎么安排呢？"

"我还没时间想呢，现在看应该会放的。我这边的事情基本做完了。你呢？圣诞准备怎么过呢？别告诉我你又要加班。"

阿捷突然有一种冲动，那就是邀请敏捷圣贤来北京过圣诞。不过他对敏捷圣贤能不能来并没有把握。阿捷试探地问道："要不你来北京过圣诞吧，我请你去滑雪，温泉。反正北京飞东京很近的，你可以先从巴黎到北京，过完圣诞从北京去东京忙你的。"阿捷一口气把自己这个无比冲动的想法说出来。

"法国也有滑雪和温泉啊。还有什么可以吸引我来的呢？"敏捷圣贤好像并没有完全拒绝的样子。

阿捷脑袋里灵光一现，赶紧接着说："当然还有好多好吃的啊，北京小吃你喜欢吗？正宗烤鸭，香辣烤翅，麻辣烤鱼。"阿捷听过敏捷圣贤的口音带着点川味儿，就专拣香辣的说。

"嗯。听起来真不错。好久好久没回国了。本来计划的是今年春节回家看看老爸老妈。要是圣诞只去北京玩不回家，会不会被说啊？"

听到这里阿捷知道敏捷圣贤已经快被说动了，继续趁热打铁道："你家在哪里呢？要是离北京不远你也可以回去看看啊，要是远，反正圣诞节在国内都是年轻人过的，你不回家他们也都不会怪你的。你说呢？"

"我家在四川，要是圣诞回来就这么几天，回家肯定是来不及的。这样吧，我考虑一下，晚些时候发邮件给你。好吗？我现在要去开会了。再见。"说完就下线了。

阿捷知道自己能做的都做了，下面的就只能是"听天命"了。虽然已经很晚了，但是阿捷却兴奋地睡不着，拿起电话打给了猴子。

当猴子听完阿捷前前后后的讲述之后，嘴巴都快合不拢了，"什么？敏捷圣贤原来是个小妞？还是个在国外的四川小妞。行啊你小子，能量够大啊，连这样的美眉都想追，不愧是咱们宿舍老大，没给咱宿舍丢人。不过你就不怕见光死吗？"

阿捷没理睬猴子的戏弄，很平静地说道："嗯。我想过了，其实谈不上追，只是凭着她帮助我那么多，我只是想和她交个朋友。再说长得好看难看又怎么了？人最重要的还是内在的东西，我跟她聊得很开心，这就足够了。"

第二天一早，阿捷起来，果然收到了敏捷圣贤的邮件，信很短，甚至连抬头都没有来得及打，只是草草写着：

> "我23下午从巴黎前往北京，24日下午2：00抵京，准备在26日上午离京。
> 请告诉我你的手机号码。谢谢。"

阿捷心中一阵狂喜，一声大笑，把刚刚摇着尾巴跑过来的小黑吓了一大跳，夹着尾巴转身跑回去好几步后，才又蹲坐在地上，瞪着两个圆圆的大眼睛，瞅着阿捷，似乎在说："大清早的，搞什么搞？吓死我了。"

本章知识要点

1. 对一个项目开发来说，一定要拥抱外部变化。但对一个 Sprint/ 冲刺，却要有条件的拥抱变化，只为更好地提高效率。

2. Scrum Master 需要对团队做出承诺，让团队感受到有人全心全意关注其工作，在任何情况下提供保护和援助，使团队在 Sprint 过程中免受打扰。

3. Product Owner 要思考如何实现投资回报最大化，以及如何利用 Scrum 达成目标，不要轻易打破团队开发节奏。

4. 在影响 Scrum 正常实施的众多因素中，在 Sprint 过程中加入新需求，是 Scrum 的第一杀手。

5. 在一个 Sprint 执行过程中，如果遇到一些问题导致 Sprint 的原始目标不能实现，此时需要及时地调整目标。如果不愿意调整目标，任意延长 Sprint 的时间，就违反了 Sprint 的 Time-Box 特性，那么，Sprint 冲刺的意义也就不存在了。

6. 反之，如果急于看到结果而压缩 Sprint 的时间，可能得到一定的效果，但总体上会消耗更多的资源，让团队疲惫不堪，生产力低下。

🧑 冬哥有话说

拥抱变化

敏捷宣言说，响应变化（Embrace the change）高于遵循计划；敏捷原则说，欢迎对需求提出变更，即使在项目开发后期；要善于利用需求变更，帮助客户获得竞争优势。

无论是多么明智，多么正确的决定，也有可能发生改变。因此，团队要充分理解我们的利益干系人（Stakeholder）和客户代表为什么经常提出新的需求和设计要求，牢记"唯一不变的是变化这个真理"。团队更要信任利益干系人做出的每次决定和需求的调整，都是将产品开发推向更正确的发展方向，新变化将进一步降低风险，实现团队最大化利益，理解这是适应市场变化的必然行为。而在接受变化的同时，我们应该积极地向利益干系人和客户代表反映实现活动中暴露出来的可能的设计缺陷和错误。在实际工作中，团队成员应该用优先级制度来划分事情和目标先后顺序，在迭代周期内对于还没有最终决定的设计方案不要急着实现，不要急于投入资源展开全面的开发、测试活动。这样一来，开发测试团队也将更加适应，真正拥抱变化。

敏捷宣言还说：个体和互动高于流程和工具；客户合作高于合同谈判。

敏捷团队 Sprint 的规则，是事先与 PO 约定好的，等同于合约。如果阿捷只是固守规则，拿合约与李沙谈判，坚持拒绝 Sprint 内的变更，于情于理都说得过去，却容易将李沙推到团队的对立面。这是很多理工男容易犯的毛病。

保持与客户、包括内部客户的互动与沟通，而不是僵化地利用流程规则，一味地拒绝变化。文中阿捷与李沙的沟通过程是一个经典案例，开诚布公，以拥抱变化的态度，站在李沙的角度，摆事实讲道理，说明两种方案的优势利弊，最终将决策权交给李沙。

📝 精华语录

第 16 章

提升团队生产力的公式

接下来的时间过得飞快，终于在周日中午，阿捷终于收到了敏捷圣贤的电话。

"嗨，阿捷，我现在已经在巴黎戴高乐机场了，马上就要上飞机了。明天下午 2 点能来机场接我吗？酒店我已经通过公司的代理订好了，是长城饭店。"

阿捷赶紧说："没问题，我周一到周三的假都请好了，就等着你呢。嗯，好，明天见。"

第二天一起床，阿捷站在衣柜前开始琢磨穿什么好，小黑摇着尾巴跟着阿捷转来转去。阿捷折腾了大半天也没选好要穿什么，最后，还是小黑帮阿捷在一堆衣服里面叼出一件黑色外套，阿捷自己配了件黄色衬衣，再套上条牛仔裤，开着自己那辆老捷达去了机场。

因为临近圣诞，机场里人来人往，好不热闹。阿捷怕自己找不到敏捷圣贤，已把自己的照片发给了敏捷圣贤。眼看着时间近 3 点，阿捷还在伸着脖子在国际航班出口处东张西望。这时，一个女孩儿拍了下阿捷的肩头，用那熟悉的川味普通话问道："嗨，你是阿捷吗？"

阿捷转过身来，一个白白净净面目清秀的女孩穿着一件样式考究的黑色大衣，拉着一个硕大的箱子站在自己面前，居然比自己想象的年纪还要小。阿捷怔了一会才问道：“你就是敏捷圣贤？”

“是啊，我中文名叫赵敏，怎么样，没让你久等吧？”

“没，没。走吧，圣贤。我帮你拿箱子。”阿捷回过神来伸手拉过箱子。

在车上，阿捷和赵敏随意聊着，从飞机上难吃的快餐到巴黎的天气再到北京的堵车，两个人聊得十分开心，完全不像是头一次见面。只是阿捷一口一个圣贤地叫着，让赵敏听着总觉怪怪的，几次提出让阿捷叫她赵敏，却怎么扳都扳不过来。

2007 年的平安夜，阿捷带着赵敏去了后海，漫步在烟袋斜街的小店中，两个人一手拿着糖葫芦，一手捧着一小碗刚炸好的臭豆腐，边聊边走感受着北京城里圣诞的气氛。赵敏给阿捷讲着巴黎塞纳河左岸的咖啡馆，阿捷则把这么多年在北京生活的好玩事情一一讲给赵敏，听得她开心大笑。晚上 12 点，阿捷才把赵敏送回宾馆，相约了第二天一早，在三元桥石金龙滑雪场的大巴上车处见面。

阿捷开车回到家，小黑照例过来闻了又闻，仿佛闻到了女孩儿的味道。是啊，阿捷都已经忘记上次和女孩约会是什么时候了。反正是在 3 年前的事了，那里还没小黑呢，现在，小黑都快 3 岁了，已经变成大黑了。看着周围的同学、朋友纷纷发喜糖摆喜酒，有的甚至都抱上了儿子，阿捷却一直被工作缠身，忙忙碌碌、不知疲倦地加班工作，阿捷自己不知道，这是不是在为自己找的一个借口罢了。其实，阿捷一直都很渴望能有一个温暖的家。

和敏捷圣贤的见面，让阿捷久已沉睡的那种感觉在心里慢慢醒来，但是阿捷感觉自己和赵敏之间的差距太大了。今天阿捷才知道，赵敏其实比自己还大两岁，只不过看起来要比阿捷还年轻。赵敏老家在四川都江堰，在那里读完小学和中学。高中毕业时，由于品学兼优，成为那年四川省唯一一名考入美国斯坦福大学的高中生，毕业后就一直留在美国工作。感受到差距，阿捷刚刚萌动的心又慢慢地冷了。

第二天一早，阿捷和赵敏都准时出现在雪场大巴的集合处。经过一晚的休息，赵敏的精神很好，在车上饶有兴趣地和阿捷讨论起这次欧洲之行做咨询的一些收获，阿捷也听得津津有味。

阿捷也正想借这个机会，当面请教赵敏有什么办法可以让自己团队的生产力大幅提高，毕竟最近工作的压力挺大的。阿捷递给赵敏一瓶水，问道："圣贤，有没有什么方法可以提高生产力？"

赵敏接过水说，边喝边说道："你想大幅提高生产力？打鸡血啊。你这要求如同让开发团队从石头中挤水！搞不好，会适得其反的。"

阿捷挠了挠头，不好意思地说："其实，我也知道这不太可能。不过，看到我们的现状：有限的发布日期、有限的资源、大量的工作，就会着急。一旦我们不能按期发布，我们这些人没准儿都得换工作。"

"我没有什么特别有效的措施，但是，我之前曾经收集过几个关于生产力方面的试验，可能会让你少走弯路！"

阿捷眼睛一亮，顿时来了精神："好啊！前车之鉴，后事之师。"

"嗯，先问你一个问题吧。你是怎么衡量生产力的？"

阿捷不假思索地回答："按照完成工作的多少。"

赵敏笑了笑，说道："这是人们最常用的一种方式，但也是最差的！"

"啊？"阿捷差点把刚喝的半口水吐出来。

赵敏被阿捷的表情逗乐了，呵呵道："不要这么惊讶啊，真理往往掌握在少数人手里！你看，我们往往轻易地提交了大量的代码和设计决策，但又不得不在后期以更高的代价修正 Bug 和重新设计。如果我们仅仅衡量已经完成了多少工作，一个团队的生产力可能很高，但却可能一直没有可以发布的产品。"

"这倒是。那该怎么衡量呢？"

"最理想的标准是通过'交到用户手中的可以工作的有价值的代码量'衡量，这个才是 Outcome（结果），而你们之前度量的一直都是 Output（产出），有 Output 但是不一定是 Outcome 的！"

阿捷仔细品味着赵敏的这个论断："这种度量好像很难操作的。"

"没错！所以我采用这样的公式，"赵敏把手中的印有雪场介绍的那张纸翻过来，在背面上写：

生产力 = 已经完成的工作量 – 用于修正 Bug 的工作量 – 用于修正错误设计的工作量

阿捷边看边说："我明白了。通过这种计算方式，如果大家提交的错误的东西超过正确的东西，完全有可能算出来一个负值！对吧？"

赵敏点了点头："对，这才是隐藏在水面下的真正的事实。"

"根据这个公式，我想，通过加班肯定是可以提高生产力的。"阿捷以前经常通过加班来解决问题。

赵敏差点笑出声来："错啦错啦！我就知道你肯定会这么想的！这是一个人们最常用的提高生产力的策略，但是极其错误的！福特公司为此曾经用 12 年的时间进行了几十项试验，根据最终结果，福特公司及其行业工会最终通过了每周工作 40 小时的法案。"

"不会吧？每周工作 40 个小时是这么来的？资本家还如此人性化啊！"

"那倒不是因为福特仁慈，作为企业主，他们想到了挣更多的钱的最有效方式。一般人都会认为这是一次劳动力解放，实际不过是经过实验证明的最佳工作时间而已。"

"哇！！原来如此，试验是怎么说的？"

"主要有三点：每周工作小于 40 小时，工人的工作量会不饱满；每周工作超过 60 小时，初期生产力会有小幅提高；提高通常不超过三到四周，随后生产力会迅速降低、变负。看看这个图，会更一目了然。"赵敏在刚才那张写有生产力计算公式的纸上又大致画了一个图表，递给阿捷。

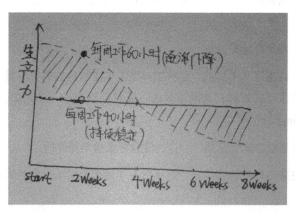

阿捷把手中的图表递还给赵敏："嗯。这个统计数据大概有多久了？现在的情况是否

会有一些变化，毕竟我们这些 IT 民工的工作方式和福特的工人还是有些不一样的地方。"

"嗯。你说得很对。福特的这个统计数据是 1909 年做的。我再给你简单画一个对比图。"赵敏边说边在纸上又画了一个图表，然后递给阿捷。

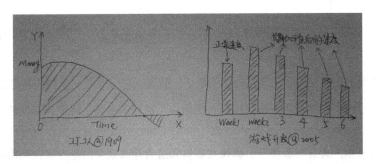

"你看，查普曼（Chapman） 使用生产出的产品价值作为衡量生产力的标准，海姆尼斯（Highmoonis）使用了理想的时间作为衡量标准，而且他们采用的是敏捷迭代开发方法。这两个图表都表明生产力在短期提高后，迅速降低并开始负增长。"

阿捷仔细看了看这两个公司的结果，一个是 1909 年的生产工厂，一个是 2005 年的游戏软件开发公司。"嗯，看来过度加班真的是杀鸡取卵！那可不可以利用短期加班所带来的突发性生产力提高呢？譬如我们让员工在一周工作超过 40 小时，但小于 60 小时，然后在紧接下来的一周里恢复到工作 40 小时。或者有没有其他什么模式可以让工作安排更有效率？"阿捷目前是这样安排 TD 项目组的加班时间的。

赵敏笑了一下，没有直接回答。又在纸上画了另外一张图表，递过来说道："那让我们再来看第二个试验。"

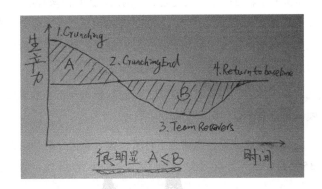

阿捷边看赵敏边解释着："这里的 Crunch 意指加班。这个实验表明任何这种尝试，最终都是要付出代价的。任何时候，工作超过 40 小时，都需要恢复期，无论你怎么调整；一周 35 ～ 40 小时可以这样安排：每天工作 10 小时，持续四天，然后休息三天；这种'压缩工作周'，不仅可以减少缺勤，在某些情况下，甚至还可能提高生产力 10% ～ 70%！"

"哇！四天工作制，太棒了！我打赌 80% 的人都会喜欢的！"阿捷不知不觉地提高了声音！

坐在阿捷他们前排的一个男孩被阿捷吵醒了，转过头来，看了一眼阿捷和赵敏。

"嘘！小点声！"赵敏用手按住嘴唇，做出一个静音的手势，降低声音说道："根据美国几个研究机构所做的调查，1/3 以上的员工和经理认为灵活工作制度或者四天工作制，能使生产力有显著提升。你现在应该知道为什么欧美的企业喜欢采用灵活工作时间制度了吧。其实完全不是我们误解的以为是为了体现自由，而是灵活工作制度确实能够发挥出人的创造性和生产力。"

"我还以为就是为了员工好，体现人性化管理呢。看来我们是被资本家剥削并快乐着！"阿捷自我解嘲道。

"这个试验结合我们的敏捷开发，可以得到这样的结论：第一，短期，不超过 3 周的加班冲刺会临时提高生产力；第二，团队有策略的加班可以完成最近的最后期限；第三，加班后，生产力会有同等程度的降低，应该根据这个因素马上调整计划；第四，考虑四天工作制。"

"嗯，等我做了老板，就实行 4 天工作制。"阿捷兴奋地说着。

"那你要当心，知识工作者与产业工人还是有区别的。让我们来看第三个试验的结果，是关于知识工作者的绩效的。研究表明，与手工劳动相比，人在疲劳状态下，创造力和解决问题的能力会显著降低，平均而言，长时间钻研问题，往往给出更低劣的解决方案，特别是当人缺乏睡眠时，这一点尤其明显！"

"嗯，这一点我有深刻体会。加班时间长了，我的判断力和思考效率显著下降，这两年尤其明显。唉，真是老了！"阿捷又喝了一口水。

"你少装老了，还没我大就敢说自己精力不行了？你只要记住这个结论：知识工作者每周最好工作 35 小时，而不是 40 小时。"赵敏说时故意把 35 这个数字加重了一下，以示强调。

"啊？差距这么大！"阿捷没有想到这个结论不只是说不要加班，而且还要减少脑力劳动者的工作时间。

"没错，一旦超过 35 小时，他们就会疲惫，进而做出愚蠢的决定。而后他们又要为自己的错误加班进行修改和解决。周而复始，进入一个恶性循环。"

阿捷若有所思地点了点头，说道："确实是这样。这个结果一定会让 90 年前的福特难受的！根据他们的试验，少于 40 小时，工人就在偷懒啦，毕竟他们的公司里面也会有一些知识工作者。"阿捷不知不觉地又提高了音量。

赵敏用腿碰了碰阿捷，阿捷赶紧伸出舌头做了个鬼脸。

赵敏没理会阿捷，接着说，"或许吧。这个试验给我们三个启示：第一，加班会毁灭创造力；第二，如果在某个问题上卡壳，要么回家，要么找个地方休息休息；第三，保持充足睡眠。睡眠会从根本上提高你解决问题的能力！"

"可是我们公司里面有些人，特别是单身年轻人，总是宣称他们加班做了比别人更多的工作，会不会有例外的超人？或超人团队呢？"

对这个问题，赵敏非常肯定地回答道："没有，绝对没有！曾经有很多人做过这样的实验：设置两个基本一致的团队 A 和 B，A 加班，B 不加班。A 团队通常认为他们做了比 B 团队更多的事情，管理者也会有这种印象，因为他们在座位旁扔了更多的烟头。而实际结果却是 B 团队创造出了更好的产品！最终交付的价值，才能算是 Outcome（结果），否则只能是 Output（产出）。"

赵敏翻了翻手中的纸，在空白处又画了个草图："看看这个图表。"

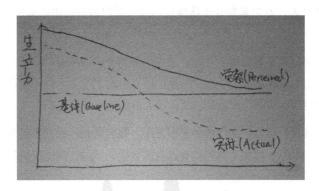

阿捷接过来，看了看，一头雾水，瞅着赵敏等她解释。

"长期加班的团队也会认为他们的生产力会降低，但从来没想过停止加班，因为他们相信，无论如何也比每周 40 小时高，但实际情况却并非如此！"

"不可思议！如果是这样的话？为什么还会有那么多的管理者或者开发团队迷恋加班呢？"阿捷有些迷惑了。

"很简单！这是因为人们通常会忽略总体开销，再加上固有的一点偏见。首先，就像开头咱们已经提到过的，人们没有衡量程序缺陷所带来的开销、错误设计所带来的开销及机会成本。其次，错误的线性假设。人们一旦看到加班带来的突发性生产力提高，就会假设他们一直做下去，会有同样的效果。第三，因为有些人习惯加班，而正常工作时间的效率却很低。第四，错误的导向。管理者注重基于行为的奖励，而不是基于结果，从而加班的人往往得到更快的提升。"

"嗯，加班会让聪明人变蠢的。我再见到有人持续加班，一定强制他们回家休息去，特别是小宝这小子。"

"一定要记住自己说过的话啊？千万别因为上面的压力就让你的团队加班！"赵敏打趣道，没给阿捷表态的机会，接着说，"下面来看第五个实验，是关于团队大小对生产力影响的。"

"好啊！Scrum 里面也有关于最佳团队大小的建议，不知道是否一致。"

"基本一致，这个试验证明由 4 ～ 8 个人组成的团队生产力最高，比超过 10 人的团队高出 30% ～ 50%，因为超过 10 人的团队沟通成本急剧增加；但小于 4 人的团队缺乏足够的应对能力，不能很好地解决范围更广的问题。"

"我们团队 7 个人，看来是高效团队啊！不过，部门内其他团队都超过 12 个人，看来他们重新划分一下。"

"你可以建议部门领导这么做：首先，按照项目划分成跨职能的小团队；其次，对于大的项目，利用 Scrum-Of-Scrums（一种扩展 Scrum 的方式）把小团队联系在一起；最后制订出创建团队、划分大团队、团队间人员流动的流程 / 规则。"

"嗯，不错的建议！可我们部门的情况很复杂，很多时候，问题不仅仅是技术上的，更多的是人为因素"，后面的话阿捷有点自言自语，不过，阿捷很快就意识到了这一点，赶紧说："不好意思，还有什么？"

"还有，就是工作环境。我们来看一下什么是最具生产力的物理工作环境吧。"

"我看过一本书叫《人件》，也讲过这方面的东西。"阿捷补充道。

"对，二者的出发点是一致的。这项研究表明，把属于同一团队的人安排坐在一个专属于该团队的房间里，是最能提高生产力的，可以带来 100% 的提高！坐在一起意味着更快速地沟通、更高效地解决问题，而更少的来自外部的干扰，也会提高生产力。"

阿捷问道："专属于该团队的房间？"

"对，最好是有墙隔断的房间。每人至少 6 平方米，太少也会降低生产力。敏捷开发强调的办公环境都需要为高效沟通服务，集中办公，办公位之间最好没有阻隔板等。墙面用来做看板和状态管理，有一两个专门的小会议室，方便两三个人随时进行小范围的问题讨论和评审，或用于私人谈话、电话及与外部团队的会议等。目标只有一个，就是尽量减少对团队的干扰。很多公司因为不能为团队提供这样的办公空间，他们就会挤占一个会议室封闭开发，搞一个作战室（War-room）出来。效率也会大大提升。"

"嗯，那么团队该怎么组织呢？是只有设计人员的团队？只有开发人员的团队？只有测试人员的团队？或者是一个像我们这样的混合团队？"阿捷越问越详细。

"你们是对的！混合团队的绩效要比单一职能的团队高很多，他们能够提出更具突破性的解决方案。此外，团队成员一定要专职，任何一个兼职人员，他的工作效率都会降低 15% 左右的。"

"但有些时候兼职人员也是不可避免的，像 IT 人员、DBA 等。他们对项目的开发也非常重要啊。"阿捷想起了 Agile 公司帮助 TD-SCDMA 项目组搭建实验室的 IT 同事们。

赵敏点了点头，说道："是这样，所以你就需要合理安排好兼职人员的时间和工作量。最后一个是针对团队工作量安排的。这个你一定更感兴趣，这是开迭代计划会时必须考虑的一个因素。"

阿捷点了一下头："我们按照每人每天 8 小时计算，实际安排 6 小时的工作量。另外两小时让成员自主安排，如处理邮件、参加各种会议等。"

"听起来不错！试验结果表明，安排 80% 的工作量往往会生产出更好的产品。当给员工安排 100% 的工作时，实际上剥夺了他们进行思考的空间。我们应该留下 20% 的时间让员工进行创新性的思考以及过程改进。此外，还应强调的一点是，创造出 20 个伟大的功能，会比创造出 100 个平庸的功能，更能盈利！"

"你难道建议一个正在实施 Scrum 的团队把自己的开发速度降低 20%？"阿捷有些听傻了。

"对！创新是团队活力的源泉，每个管理人员都应该想办法鼓励团队去创新，留时间让团队去思考如何创新。"赵敏说得非常坚决，"好了！我要讲的都说完了。提高生产力，是一个持续的过程，不是一朝一夕就能达到的，你需要根据你的团队、团队里面每个人及外部环境做适当的调整。"

"噢，就这些了吗？"阿捷还有些意犹未尽。

"哎，你总是不知足！最后点点你，像团队授权、测试驱动开发、每周与客户交流一次、适时团建等，凡是能让团队自组织和自管理的方法，你也都可以尝试一下。"

"嗯，多谢多谢！对了，我可以借用你今天讲的这些东西吗？"阿捷想把这些写到他的敏捷博客中去。

"当然可以。你还可以把他们写入论文或者小说，只要你愿意。"

阿捷顿了一下，"小说？这可真是一个好主意。没准，我真的会写一本关于敏捷开发的小说呢。"

"真的吗？哈哈，我要做第一个读者！"

不知不觉中，滑雪场到了！到了！

一条白龙从山顶穿梭而下，在远处绿褐色山峦的映衬下，白色的雪道越发显得夺目。虽说是圣诞，但毕竟不是周末，所以，滑雪场的雪具大厅里并没有多少游客，阿捷他们刚一进来，就被几个穿着滑雪教练服的工作人员围着问要不要教练指导，阿捷和赵敏相视而笑，婉言谢绝了。

石金龙滑雪场是阿捷比较喜欢的一个雪场，因为它的雪道是在阳面，天气好的时候阳光充足，很是舒服。缆车上，赵敏和阿捷开心地聊着滑雪中的各种趣闻。赵敏告诉阿捷，在欧洲的滑雪场，雪道是按照难易程度分为 Beginner（初学者）、Green（绿道）、Blue（蓝道）、Black Diamond（黑道）和 Double Black Diamond（双黑道）等级别的，每条雪道都会有专门的指示牌，提示该雪道的难度和总长度，这样能方便滑雪者进行选择。

到了山顶，赵敏熟练地下了缆车，阿捷紧随其后，两个人轻盈地从山顶鱼贯而下，在雪道上留下了两条美丽的弧线。中午吃过饭，阿捷和赵敏在雪场旁的小屋里晒足了太阳，暖洋洋地又上了缆车。刚滑到高级道和中级道交汇的地方，阿捷突然发现从中级道上面冲下来一个明显还不会拐弯的男孩，只见他夹着双杖用力叫喊着"闪开！！闪开！！"冲了下来，而按照那个男孩的滑行轨迹看，赵敏将被他撞上。阿捷大声叫着赵敏的名字，可是赵敏一边听着 iPod 一边悠然自得地滑着小回转。时间容不得阿捷细想，几个加速绕到赵敏的身后，"嘭"的一声，阿捷和那个男孩在赵敏右后方不远处摔倒在一起，巨大的撞击声让赵敏惊恐地摘下了耳机，回过头发现了倒在地上的阿捷和男孩，那个男孩儿的雪杖飞出了老远，阿捷则痛苦地趴在雪道上呻吟。

雪场的工作人员赶到现场，检查了两个人的伤势。那个男孩儿只是左手戳了一下，而阿捷的右小腿外侧被男孩的雪板撞伤，异常疼痛。工作人员一边数落着那个男孩儿为什么不去初级道，一边和守在阿捷身边的赵敏说："还好你男朋友挡在你身后，要不被撞到的就是你了。"听到这话后，阿捷和赵敏的脸一下子都红了。

两个小时后，赵敏搀扶着阿捷从医院里出来。拍过 CT，阿捷的骨头没事，就是普通的皮外伤，休息两天就好了。医生给阿捷开了点正骨水和跌打丸之类外敷内服的药品，嘱咐赵敏帮助阿捷擦药。赵敏听了这话对阿捷吐了吐舌头，阿捷则假装没看见。

出了医院，赵敏执意要送阿捷回家。阿捷调侃道："你还真准备按照医嘱每天给我的腿上药啊？你确信要送我回家吗？我家里可特别乱，还有条大黑狗，你可一定要有心理准备啊！小心我到时候关门放狗。"

赵敏"嘻嘻"笑道："你这臭小子少和我贫了，都这样了你还有能力关门放狗？你不知道，我还是很有狗缘的？看在你今天护驾有功的份上，晚饭我请了吧。想吃什么告诉我。"

阿捷道："哎，其实还是我不好，非要拉你去滑雪，不然，大过节的也不至于让你陪着我在医院受苦。而且明天上午，也不能开车去机场送你了。"

"没关系呀。反正我就一个箱子。自己去机场也不麻烦的。你要是愿意，晚上咱们点点必胜客的外卖在你家里吃吧。"

打开家门，小黑像往常一样不知道从什么地方窜了出来，来蹭阿捷，然后围着赵敏闻来闻去，居然一点不陌生。

"啊，原来你养了一只拉布拉多啊。叫什么名字？真可爱。"

"什么叫拉布拉多？！他就叫小黑。挺乖的，不咬人，很听话。"阿捷从前没有听过拉布拉多的叫法。

"晕，他可一点都不小啊。就是咱们国内说的拉布拉多，来自加拿大纽芬兰岛，早年被当地渔民训练拉网和搬运工作。我在美国的时候也养过一条黄色的拉布拉多，可是后来工作太忙又总出差，就只能送给朋友了。来，小黑，坐下。"赵敏显然非常喜欢小黑。

小黑很乖地摇着自己的大尾巴坐下，逗得赵敏忍不住伸手抚摸它的大黑脑袋。

这天晚上阿捷和赵敏都很开心，两个人一边吃着必胜客，一边天南地北地聊着，晚上10点，阿捷一瘸一拐地把赵敏送到门口，小黑也依依不舍地围着赵敏转。

阿捷边低着头假装招呼小黑边说："这次来也没能好好招待你，还麻烦了你这么多，真不好意思了。也不知道下次见你会是什么时候。"

"少来了。这次应该谢谢你才对。好久没这么开心地过圣诞了。放心吧，我回中国的机会多着呢。这不马上又要过年了吗？到时候咱们再看时间安排吧。你自己也多保重。别老加班了。记得我讲过的 4 天工作制和那些如何提高生产力的理论啊。"赵敏微笑着对阿捷说。

阿捷是不会忘记的，因为这两天的一切，都已经深深印在脑海中了。

🎱 本章知识要点

1. 结果（Outcome）远比产出（Output）重要，因为很多产出不一定有价值，没有价值的东西就是浪费。

2. 正确衡量生产力的公式：生产力 = 已经完成的工作量 – 用于修正 Bug 的工作量 – 用于修正错误设计的工作量。

3. 任何想在短期内迅速提高生产力的想法都是杀鸡取卵的自杀式行为。

4. 任何时候，工作超过 40 小时，都需要恢复期，无论你怎么调整。一周 35 ~ 40 小时也可以这样安排：每天工作 10 小时，持续四天，然后休息三天。上述"压缩工作周"，不仅可以减少缺勤，在某些情况下，可以提高生产力 10% ～ 70%。

5. 每周四天工作制会比五天工作制效率更高。

6. 短期不超过 3 周的加班冲刺会临时提高生产力，团队可以有策略地选择加班，用以完成最后的冲刺工作；加班后，生产力会有一定程度的降低，应该马上调整计划。

7. 按照项目划分成跨功能的小团队；对于大的项目，利用 Scrum-Of-Scrums 把小团队联系在一起；制订关于创建团队、划分大团队、团队间人员流动的流程 / 规则。

8. 混合跨职能团队比单一职能团队效率高。

9. 关注闲置工作，而不是关注闲置个人。

10. 好的管理者应鼓励团队创新，选择预留一定时间让团队去思考如何创新，而不能只关注人员的利用效率。

冬哥有话说

Outcome over Output

要聚焦于 全局结果（Outcome），而不是局部工作产出（Output）。

精益软件开发的原则是聚焦全局，而不是进行局部的改进。管理大师彼得·德鲁克说，没有度量就无法管理，没有度量就没有改进。但是我们度量中，往往有一些的误区：喜欢度量工作产出，而不是全局的结果；喜欢局部的数字，而不是全局的结果；喜欢针对个人，而不是面向团队。常见的度量项，例如代码行数、缺陷发现数量（针对测试人员）、缺陷产生数量（针对开发人员）、资源利用率、迭代故事点数等，都是上述误区的体现。

代码行数是越多越好，还是越少越好呢？两个开发人员之间，我们应该用产出的代码行数进行比对吗？甚至同一个开发人员，这个月的代码产出，与下个月的产出，有可比性吗？代码行数多，就意味着产出的价值多么？还是会产生更臃肿，更难维护，更高的复杂度呢？代码行数少，是产出的价值少吗？还是代码效率高？

理想的状态是，用最有效的代码去解决业务问题。结合结对编程，让多于一个开发人员同时理解代码逻辑；结合 TDD 测试驱动开发，用恰好能够通过测试用例的代码去完成实现，并不断根据需要进行重构；甚至现在"流行"的小黄鸭测试法，此概念参照于一个来自《程序员修炼之道》书中的一个故事。传说中程序大师随身携带一只小黄鸭，在调试代码的时候会在桌上放上这只小黄鸭，然后详细地向鸭子解释每行代码，都是有效的实践。

关于资源利用率，排队理论告诉我们，100% 资源占用时，前置时间接近无限大。前面的章节也提到，我们最大的问题，永远都不是空闲的资源，而是流动不畅的价值。

约束理论也告诉我们，一切在非瓶颈点进行的优化，都是无效的，要提高瓶颈点的使用率，进行全局优化，而不是局部改善。

在高利用率之下，我们失去了应对非计划工作的空间。一旦有失败／故障出现，找到问题的根因和恢复服务是非常困难的。更糟糕的是，还会在整个系统里引发一连串其他的故障，全面恢复这些次生故障需要的时间更是惊人的。在飞轮效应的影响下，恶性事件会带来更大的恶性循环。是时候引入减速机制，是时候对高负荷的工作强度叫停，是时候勇敢的踩刹车了。

时间都去哪儿了？

我们经常发现，还没好好干活，项目就延期了，时间都去哪儿了呢？

《2018 DevOps 全球状态报告》指出，即使精英和高效能组织，真正花在工作，即产生价值的工作上的时间，不超过 50%，其他时间都花费在计划外工作和返工、修补安全问题、处理缺陷以及客户支持工作上。

敏捷圣贤给出的"生产力 = 已经完成的工作量 − 用于修正 Bug 的工作量 − 用于修正错误设计的工作量"公式，清晰地展示了生产力不等于工作量。我们常常把工作量当成了产能，其实，修改缺陷不是工作量，而是浪费；客户支持工作也不是工作量，它往往是产品设计问题！

我们往往喜欢基于行为进行奖励，而不是基于结果，这是一个误区。

赋能领导力

管理者（Manager）和领导者（Leader）是两个我们容易搞混的名词。我们带领的是知识工作者，要做一个领导者，而不是管理者；要将协同力和领导力结合，将使命、行动与结果协同起来，给员工思考、探索、沟通和做事的空间。

杰克·韦尔奇说过："Before you are a leader，success is all about growing yourself；When you become a leader，success is all about growing others（在你成为领导者之前，成功都同自己的成长有关；在你成为领导者之后，成功都同别人的成长有关）"。效能归根到底是"团队"的事，需要人组建成团队。

作为一个领导者，应该坚持不懈地提升自己团队的能力，指导和帮助团员树立自信心，发挥创造力；深入团队中间，向他们传递积极的动力和乐观精神；以坦诚、透明度和声望，建立起别人对自己的信赖感；有勇气保护团队，敢于做出不受欢迎的决定，说得出得罪别人的话，无论是对团队之外的阻碍，还是团队之内的阻力；鼓励下属发表大胆的、反直觉的或者挑战假定条件的言论，表扬他们的勇气，责备压制别人发表反对意见的人；勇于承担风险，勤奋学习，成为表率。

领导者要懂得放权，赋能，要收回管理者的权力，放手让员工去做；给人以信任和自主权；放弃一些控制权，就可以为团队创造一次提升的机会，也给自己节省出更多时间应对新的挑战。

📝 精华语录

第 17 章

有策略的测试自动化才会更高效

赵敏走了快一周了，阿捷的腿也恢复得很快。尽管阿捷和赵敏只接触了短短两天，但是阿捷一直无法忘记这一段短暂的时光，一起在后海泡吧，一起滑雪，一起讨论技术……阿捷从来没有想过可以和一个女孩子玩得这么开心。元旦放假的时候，阿捷只休息了一天，2 号就跑回办公室加班，以弥补自己因请假耽误的工作，毕竟离软件现场安装调试的日子越来越近了，而 Agile OSS 5.0 奥运版的开发工作也越来越紧了。

总体来说，这次 Agile OSS 5.0 奥运版的开发工作进展还是挺顺利的。有大民、阿朱、章浩三员大将的鼎力相助，小宝、阿紫、王烨三员小将的激情参与和全力奉献，Charles 的资源保障和李沙的协助，再加上其他模块相关的项目经理通过不停地调整项目安排来保障开发进度，阿捷估计元旦过后的第 3 周，他们就可以发布第一个可供安装的 Agile OSS 5.0 奥运版本了。

元旦过后，又一个新的季度开始了，也到了公司要求的一线经理与本组员工 1 对 1 的交流时间。虽然大家都知道团队目前的情况，但是规矩总是规矩，不可以随意修改。

这天上午，阿捷已经先后和小宝、王烨、章浩沟通过了，下面一个就是大民了。作为搭档及好朋友，阿捷和大民总是无话不谈，无论是个人发展的问题，还是关于整个项目进度、团队建设、人员安排等，都会成为两人的话题。这不，进行到最关键时期的项目，成为这次 1∶1 沟通的主题。作为老程序员，阿捷和大民都知道，项目越进行到最后，测试的任务要求越重。两人的话题自然而然地引到这上面来。

大民打开记录项目 Bug 数量的本子，看了看后对阿捷说道："不是针对哪个人，但是说实话，我对我们的测试队伍还是有点失望。他们总是在产品后期发现不了 Bug，我觉得应该给他们施加点压力才行。你看最近咱们在实验室里模拟现场时遇到的问题，按理说应该可以通过阿朱阿紫的系统测试发现的。"

阿捷暗暗吃了一惊，没想到大民会提出这个问题。其实，阿捷对阿朱、阿紫的工作还是非常有信心的，于是回道："我觉得阿朱、阿紫做得已经不错了。她们真的非常聪明、非常努力。你看，现在咱们的发版时间这么紧，阿朱、阿紫她们还是能按时完成相应的测试任务，还记得阿朱弄的那个 AutoVerify 系统吗？真的很不错。这跟她们的努力是分不开的。虽然这次实验室实测出了一点岔子，但是总体来看，对咱们按时发版影响并不大。你说呢？"

"嗯，AutoVerify 确实挺好用的，我也知道阿朱、阿紫都非常努力。但是对于测试工作，我是这么认为的。你看，越是到了发布后期，咱们的测试人员发现的 Bug 越少，大部分 Bug 要么是由开发团队在实验室实测时直接提出的，要么是由使用我们产品的内部客户发现的。你知道的，同样一个人员名额，公司给测试人员和开发人员的工资是一样的，照现在咱们这样项目来看，测试人员发现的问题还不如开发人员多，那咱们在申请人员的时候，还不如都按开发人员来申请，到时候让部分开发人员兼职做测试就完了。反正现在来看，如果要以阿朱、阿紫她们发现的 Bug 数量作为绩效考核标准，年终的时候，她们两个人的考核结果肯定都不及格，总不能拿 AutoVerify 的维护工作，作为测试人员的主要工作吧。现在离最终的发布没有几天了，还有好多测试工作没有做，比如性能测试、可靠性测试、Purify 测试等。按照现在的测试进度，在发布之前是根本完不成测试的！测试已经成了我们的瓶颈了。"耿直的大民总是会把问题一针见血地点出来。这的确是 TD 项目组里的测试人员无法回避的问题。

阿捷知道大民从来都是对事不对人的，而且大民说得确实有他的道理。阿捷想了想，说道："这样吧，我们先不讨论为什么阿朱、阿紫她们没有发现过多的 Bug，咱们先讨论一下你刚才提到的对测试人员的绩效考核标准。"

"嗯。我觉得衡量测试人员的最佳方式就是每个测试人员发现的 Bug 数目。因为你可以从 Bug 数据库中直观地得到这些数据,这也会使你更容易、更客观地对每个人做出评估。"大民觉得自己对这个问题的理解应该没有问题。

阿捷很坚定地对大民说道:"我觉得完全通过这个方式来衡量是非常不公平的!"

"为什么?"大民对阿捷的态度很惊讶。

"无论一个测试人员有没有发现 Bug,都不能说明他有没有好好工作。测试人员的职责更多的应该是'保证质量'(quality assurance),而不是'控制质量'(quality control)。一个好的测试人员应该是在问题出现之前,防止其成为 Bug。"阿捷从测试的最根本目的谈起。

"哦?她们怎么能预防呢?开发人员把做好的代码给她们,就是期望她们能够发现问题啊。"大民开始跟着阿捷的思路走了。

"如果是传统的瀑布模型,可能是这样。但我们现在已经是一个敏捷团队了,测试人员已经从项目一开始就参与进来了。你看,阿朱、阿紫她们需要参与功能说明评审,描述用户使用情形,评审设计,有时也会评审代码,最终才进行测试,此外,阿朱还设计了 AutoVerify 系统,并且帮助咱们统计代码覆盖率等。从这个意义上来讲,她们的职责已经不单单是测试本身了。一个好的测试人员可以发现开发过程中的各种问题,帮助改善团队流程,帮助提升开发质量。如果整个过程运行良好的话,测试人员在代码提交后,应该不会或很少再发现 Bug,因为他们从一开始就跟大家协作,预防了 Bug。因此,对于一个敏捷团队而言,再单纯以其发现的 Bug 数量,作为衡量其绩效的唯一标准,是非常没有意义的。"

大民若有所思:"嗯,那按照你的说法,一个好的测试人员跟差的测试人员相比,最终可能会发现更少的 Bug,对不对?"

"对!我们再回到原来的话题,你刚才说阿朱、阿紫没有能够发现实验环境实测的那几个问题,为什么呢?"

大民放下手中的笔,略微想了想,说:"我们上次做 RCA(Root Cause Analysis,根因分析)的时候,阿朱提过这个事情。她们一直在集中精力完善测试自动化框架,以保证完全自动化，让我们的每日持续集成、自动测试进行得更完美。但她们现在用的底层自动化测试框架非常不稳定，经常出问题。阿朱她们一直试图让整个自动测试更加稳定，覆盖面更广，为了达到这个目标，她们需要解决很多问题，占用了大量的时间，而忽略了一些与质量相关的工作，譬如参加评审或者测试产品。"

阿捷笑了笑："嗯，这一点我也注意到了。你说得对，可能她们过于关注测试自动化了！测试自动化本身是非常好的，是值得做的一件事情。可以让我们在不需要人工干预的情况下，自动完成测试。没有自动的回归测试做保证，我们每次对产品的改动，所需的测试如果全由手工来做，根本完不成的。"

大民对阿捷的话十分赞同，说："是啊，我也这么认为。其实，单元测试也是一种形式的自动化测试，这应该是每一个开发人员都必须做的事情！单元测试用例越多，覆盖的代码越多，效果越好。这种测试肯定应该是越多越好的。"

"单元测试越多越好，这点没错，但更多的基于用户使用情形的自动化测试，并不总是好的。如果有一个核心测试集，能够覆盖用户使用一个产品的常用情形，会更有价值，没有必要对所有用户的使用情形都做自动化测试。"

"为什么呢？"大民总是想把问题弄清楚。

"很简单，一个自动化测试用例，无论如何也不可能模仿真实的用户行为，即使你在测试中引入了一些随机因素。过度依赖自动化测试，会造成一些测试黑洞，有些问题只有在产品发布后才能发现。"

"嗯，这一点我倒是赞同。"大民不断点头。

阿捷接着说："如果自动化测试的基础架构非常脆弱、不稳定，产品的每次更改，都需要对自动化测试本身做很多的修改．测试人员花太多的时间去保证自动化本身的正常工作，而忽略了对产品进行真正的测试，那就南辕北辙了。过度关注自动化，最终会让测试人员落后于开发人员。如果开发人员所做的设计是具备可测性的，那不会有什么问题的，测试人员可以很快地据此开发出自动化测试用例来；反之，如果开发人员已经在做下一个产品特性了，而测试人员还没有开始测试，根据咱们 Scrum 流程的定义，这个特性是属于'未完成'的。当测试人员发现 Bug 的时候，开发人没有切换回来，重新修改代码，甚至设计，如果间隔太久，这个修复效率就会很低，毕竟开发人员需要重新思考当时的设计是如何做的，代码逻辑是怎么写的。"

阿捷顿了顿，继续说道："此外，你看咱们当前产品所需的构建环境。在下一个版本中，我们需要从 HP-UX 迁移到 Linux 平台上，如果这需要重写整个自动化测试。那我们需要考虑是否有必要花大量时间再搭建自动化测试框架呢？"

大民拿起杯子，喝了一口咖啡："嗯！看来过度关注测试自动化，也会适得其反。"

"我会找个时间跟阿朱讨论一下，以保证我们把精力集中在更有价值的事情上。现在测试已经要成为瓶颈了，我们必须放弃一些自动化的维护和优化工作，这样我们才可以按时发布新版本。"阿捷抬头看了一眼挂钟，"我得参加部门的早会，要是赶不回来的话，你主持一下今天的站立会议。"阿捷边说边站起来。

"没问题。"大民爽快地答应着，跟阿捷一起走出会议室。

第二天上午，阿捷按计划分别和阿紫、阿朱进行了 1 对 1 交流，重点谈到了测试已成为整个发布的瓶颈问题，最终阿捷与两人达成一致：暂时放弃 AutoVerify 部分为实现脚本稳定性的优化工作，把工作重心放到未完成的测试工作上来。阿朱、阿紫决定分头行动，阿朱负责系统的性能测试，阿紫负责系统的 Purify 测试。

转眼间，又一周过去了。按照最新调整的计划，阿紫已经开始在做 Agile OSS 5.0 奥运版的 Purify 测试。Purify 是主要针对开发阶段的白盒测试，是综合性检测运行时查的错的工具，并且可以与其他复合应用程序（包括多线程和多进程程序）一起工作。Purify 检查每一个内存操作，定位错误发生的地点并提供尽可能详细的信息，用以帮助程序员分析错误发生的原因。

早上 9：30，阿紫哼着周董的《青花瓷》，给自己打了一杯咖啡后，坐在自己的格子间里，打开屏幕，准备检查昨晚"跑"的 Purify 结果。"哇！大家快来看！怎么这么多的内存泄漏！"阿紫惊慌地大声喊道！

大家闻讯跑来，盯着阿紫的屏幕。

阿紫指着屏幕上 Purify 观察器的界面说："看！共有 18 个错误，23308 字节内存泄漏，还有潜在的 65921 字节的内存泄漏！天啊，我以前可没有碰到过这么多！"

"我看看！我看看！"大民的座位有点远，被堵在了外面，大家让开一道缝，大民才得以挤了进来。

	类别	数量
必须修复的泄漏	ABR：Array Bounds Read	32
	ABW：Array Bounds Write	13
	ABWL：Late Detect Array Bounds Write	18
	BSR：Beyond Stack Read	5
	BSW：Beyond Stack Write	2
	EXU：Unhandled Exception	19
	FFM：Freeing Freed Memory	21
	FIM：Freeing Invalid Memory	13
	FMM：Freeing Mismatched Memory	8
	FMR：Free Memory Read	31
	FMW：Free Memory Write	12
	FMWL：Late Detect Free Memory Write	4
	IPR：Invalid Pointer Read	25
	IPW：Invalid Pointer Write	16
	NPR：Null Pointer Read	11
	NPW：Null Pointer Write	8
有待确认的潜在泄漏	COM：COM API/Interface Failure	2
	HAN：Invalid Handle	7
	ILK：COM Interface Leak	4
	MLK：Memory Leak	56
	PAR：Bad Parameter	33
	UMC：Uninitialized Memory Copy	26
	UMR：Uninitialized Memory Read	12
	MPK：Potential Memory Leak	78
可以忽略的潜在泄漏	HIU：Handle In Use	41
	MAF：Memory Allocation Failure	68
	MIU：Memory In Use	27

大民坐在阿紫的椅子上，熟练地操作着 Purify 观察器。"嗯，这几个错误必须得解决，有 3 个错误很明显，应该比较好解决。可剩下的 15 个，从表面上看，似乎是不应该发生的。其他的内存泄漏嘛，还得仔细看看，有时候 Purify 虽然报内存泄漏，但并不一定是真的内存泄漏。这样吧，大家先回去忙自己的，我跟阿紫仔细核对一下。"

大家怀着忐忑的心情，回到自己的座位。大家都很清楚，为了这个 Agile OSS 5.0 奥运版，最近一段时间以来，增加、修改、删除的代码行数应该有十几万了，可一直没有做过 Purify 测试，系统里面存在内存泄漏是很肯定的，但一下有这么多，可就不妙了！阿捷更是担心。本来也想跟大民、阿紫一起看看，毕竟离发布时间不到一个月了，要是代码还要大改动的话，就真的来不及了！可为了让大民他们能专心研究结果，阿捷还是耐住性子，回到了自己的座位。

11：00，是大家约好的站立会议时间。在站立会议上，大民把打印的 Purify 总结结果拿给大家看。正如大家所预料的，后果真的很严重！

阿捷倒吸了一口冷气，真是越怕啥越来啥，墨菲定律真不可忽视啊！不过，阿捷表面上还是装得很镇静。

等大家惊呼声差不多过去的时候，阿捷提高声音说："嗯！看来问题还真不小啊！不过俗话说得好，没有爬不过的山，没有过不去的河，只要我们努力，这些问题一定是可以解决的。同时呢，这也是一个很好的契机，给了我们更多的锻炼机会。我们先讨论一下，具体应该怎么分工。大民，你先把你的想法跟大家说说。"

"关于必须修复的泄漏部分，我粗略看了一下相关的代码，类似 ABR/ABW/FMR/FMW/NPR/NPW 等泄漏问题比较直接，相对而言比较容易修正，而 FFM/FIM/FMWL 等剩下的定位比较困难，修复需要更多的时间；关于有待确认的潜在泄漏，不确定性最大，没有一天半天的时间，是根本看不出来的；剩下的一些，譬如 HIU/MAF/MIU 等，根据时间安排，可以暂时忽略，不要管它。"

"嗯，要不这样。大民接着看那些有待确认的潜在泄漏，章浩负责 FFM/ FIM/FMWL 等必须修复但还没有定位的泄漏，找出具体位置和修复办法，王烨和小宝先把那些泄漏问题比较直接、已经定位的部分修复一下。争取今天做出来一个 Hot Fix（紧急修复版本），今天晚上再跑，明天上午我们再碰头，看看结果如何？"

"好的！"

"没问题！"

大家纷纷响应，这种时候是不需要任何动员的，大家都知道问题的严重性。

"散会！大家回去抓紧吧！"

当天晚上，几乎所有的人都在加班。阿捷帮大家点了外卖，看着大家一边吃比萨，一边忙着敲键盘的样子，阿捷知道这样虽然可以短期提高生产力，但绝对不能持续，否则，对长期的生产力将会有很大的伤害。还没到晚上 9：30，阿捷就开始把在加班的每一个人往家里赶，并要求大家第二天 10：00 后再来公司。阿紫是最后一个离开的，她要把刚刚完成的 Hotfix（热修复）安装到 Lab 中，启动 ATE，利用晚上的时间跑一遍 Purify。阿捷回家时开车稍微绕了一下，把阿紫送回家。

第二天早上，9：30 前，大家都已经到了公司，阿捷更是没有沉住气，8：30 就到了。大家相互打趣着，不是说好要 10：00 以后才来的，来这么早做什么，回去回去。虽然大家都感觉到了压力，但还是努力维持着一种轻松的工作氛围。昨天大家的努力还是非常有效果的，从今天的 Purify 结果看，已经解决掉了 62% 的内存泄漏，这令大家非常振奋。不过，阿捷明白，越是后面，肯定越难。

连续几天下来，解决的内存泄漏比例从 79% 和 91%，逐步上升到了 96%。剩下的 6 处，大民和章浩一起攻关了一个下午，也没什么效果。阿捷跟他们做了一次风险分析后，决定暂时放弃对这几处的更改，因为这几处都跟动态链接库加载相关，泄漏的字节数都很固定，也不多，且只发生一次，没必要、更没时间再花的力气去解决这几个泄漏了。这样一来，关于 Purify 测试发现的内存泄漏问题总算解决了，大家也都松了一口气！

可一波刚平，一波又起！上午才算是解决了 Purify 发现的内存泄漏问题，下午阿朱就打电话把阿捷和大民叫进了实验室，而且还表现得非常急，搞得阿捷和大民都丈二和尚摸不着头脑。

"啥好事啊？还用电话通知，是不是公司要加薪了？"大民刚迈进实验室，就跟阿朱开了个玩笑。

"什么呀！想得美，今年不扣你奖金就算烧高香了，出了那么多的内存泄漏，还美呢！"阿朱反击道。

"没事，今天上午我们就都解决了！不信，你可以去看阿紫的最新 Purify 测试结果。"

"哼，我才不管呢！那是你们开发人员应该做的，代码写得好，就不应该出现内存泄漏。"

阿捷知道手下的两员干将经常这样相互开玩笑的，这是他们自己的特殊的一种团队语言。阿捷还是打断了二人，要不然来来回回不知有多少故事呢。

"阿朱，还是说说你为啥叫我们过来吧。"

"好！"阿朱瞪了一眼大民，意思是这次先记着。"这次的问题可比内存泄漏严重得多！我刚刚完成性能测试，从性能测试结果看，非常非常不理想！"

"啊？"阿捷和大民相互看了一眼，没有说话，等阿朱继续。

"你们知道吗？我们的性能下降了20%！"阿朱把这次性能测试的详细过程说了一遍。

原来，阿紫在做 Purify 测试的同时，阿朱一直在准备 Agile OSS 5.0 奥运版的性能测试。这次的性能测试不仅仅要给出系统在正常、峰值及异常负载条件下的各项性能指标，更关键的是要判定系统是否还能够处理期望的用户负载，以预测系统的未来性能。通过发现系统的性能瓶颈，找到提高办法。为此，阿朱将性能测试分为三个方面：应用在客户端性能的测试、应用在网络上性能的测试和应用在服务器端性能测试。将这三个方面有效、合理地结合，就可以达到对系统性能全面的分析和瓶颈的预测。

对任何一个奥运场馆而言，比赛时刻将是人群高度集中、移动网络使用最频繁的时刻，这时候对 TD-SCDMA 网络和 Agile OSS 5.0 的冲击最大。一个用户看起来简单的一个操作，如打电话或发送短信，演绎为成千上万的终端同时执行这样的操作，情况就大不一样了。如此众多的操作同时发生，对应用程序本身、操作系统、中心数据库服务器、中间件服务器、网络设备的承受力都是一个严峻的考验。为此，阿朱专门设计了并发性能测试、疲劳强度测试、大数据量测试和速度测试等，并设并发性能测试为重点。

并发性能测试的过程是一个负载测试和压力测试的过程，即逐渐增加负载，直到出现系统的瓶颈或者不能接收的性能点，通过综合分析交易执行指标和资源监控指标来确定系统并发性能的过程。负载测试（Load Testing）确定在不同工作负载下系统的性能，目标是测试当负载逐渐增加时，系统组成部分的相应输出项，例如通过量、响应时间、CPU 负载、内存使用等来决定系统的性能。负载测试是一个分析软件应用程序和支撑架构、模拟真实环境的使用，从而来确定能够接受的性能过程。压力测试（Stress Testing）是通过确定一个系统的瓶颈或者不能接收的性能点，来获得系统所能提供的最大服务级别的测试。

为了做好并发性能测试，阿朱以真实的业务为依据，选择有代表性的、关键的业务操作设计测试案例，以评价系统的当前性能。测试的基本策略是自动负载测试，通过在几台高性能 PC 上模拟成千上万的虚拟用户同时执行业务的情景，对应用程序进行测试，同时记录下每一个事务处理的时间、中间件服务器峰值数据、数据库状态等。通过可重复的、真实的测试以度量应用的可扩展性和性能，确定问题所在及如何优化系统性能，通过了解系统的承受能力，为客户规划整个运行环境的配置提供依据。

阿朱曾做过这样的性能测试，对一些关键数据特别敏感，所以当阿朱看到屏幕上出现的性能测试结果时，就知道出了问题。

看到这个结果，阿捷再也沉不住气了。这个结果怎么能拿出去安装啊，不仅没法跟客户交代，就是跟公司市场部这关也过不去。因为在之前的标书上，给出的性能指标可是在奥运版之前的基础上，又多提了 20% 的。这样上下一差，离目标差了近 40%！

"是不是测试环境不对？或者用的服务器 CPU 不行？内存不够？测试前，你的服务器重装了吗？会不会有些垃圾进程影响了性能？还是网络带宽不够……"阿捷问了一连串的问题，最后，连阿捷自己也意识到这些情形肯定不会发生的，因为阿朱做事非常严谨，不会出现这些纰漏的。

果然，阿朱苦笑了一下，摇了摇头，"你问的这些我都仔细核对过了，跟以前做性能测试的环境相比，不能说 100% 一致，但我敢保证 95% 一致。所以，为什么性能下降得这么厉害，还要拜托我们旁边这位编程大牛了。"阿朱故意把最后这句意味深长的话抛给了大民。

大民挠了挠头，清了一下喉咙。"嗯！这个问题嘛……估计比较麻烦，我一时半会儿也想不通，给我点时间，让我仔细想想再说？"

"嗯，不要有压力！反正差的也不是一点半点，慢慢来。你把章浩也叫上，一起讨论讨论，他在这方面应该也有经验！"

"好！我这就去。"大民可是真的有点着急，转身就跑出去了。

接下来的两天，大民、章浩、阿朱和阿捷组成了一个临时四人组，为了减少对其他人的干扰，占据了一个小会议室，专门讨论 Agile OSS 5.0 的性能提高问题。第一天进展不大，只是定位到造成性能下降的根本原因是由于增加对 TD-SCDMA 网络的支持后，Agile OSS 5.0 需要提取和交换的数据量激增，而针对这个特性的实现方案在性能上已经不错了，提高的余地不大。而这个特性是必须支持的，也没有办法裁减，大家只能从其他方面着手。

第二天还是非常有成果的。阿朱和阿捷对服务器的内核、网络、虚拟存储等设置进行了优化后，系统性能已经恢复到了 95%。章浩则准备升级新编译器，据 HP 方面的专家说，这种新编译器可以使软件在 HP-UX 11i v3 上运行时的性能提高 25% ～ 30%。虽然能否提高这么多还有待检验，但无论如何，肯定会有提高的。大民则从系统架构着手，建议采用一种更灵活的负载分担技术，这种技术在原有方案的基础上，不需要花费多少时间就能实现，这样就可以把负载从一台服务器动态分配给其他机群，解决主服务器的瓶颈问题。

第三天中午吃饭前，章浩已经升级完了新编译器，通过不断尝试修改编译选项，终于把原有的代码编译通过了；而大民那边，也已经完成了对新的负载分担策略的改动，提交到代码库里。等阿朱启动了 AutoVerify，配置好自动构建、自动打包、自动部署安装模块后，四个人才一起下楼吃饭！今天的饭菜其实不错，不过大家的心思都不在饭菜上，很快就吃完了。阿捷看时间尚早，建议大家到公司外面走走，放松一下心情。

他们四个人回到办公室时，已经是下午 1：30 了。这时，AutoVerify 已经完成了实验室的自动部署安装，阿朱立刻开工，其他几个人在旁边焦急地等待着结果。

"快来看！快来看！"阿朱兴奋的喊声传了过来！

三人赶紧聚拢到阿朱身边，顺着阿朱的手指看向屏幕显示。

"看到了吗？我们的性能跟非奥运版相比，提高了 40%！也就是说比咱们投标的性能指标还高了 20%！"

"耶！耶！"四个人禁不住击掌欢呼！

∞ 本章知识要点

1. 无论测试人员有没有发现 Bug，都不能说明他没有好好工作。测试人员的职责更多的应该是"保证质量"（Quality Assurance），而不是"控制质量"（Quality Control）。一个好的测试人员应该在问题出现之前，防止其成为 Bug。

2. 对于一个敏捷团队而言，再单纯以测试人员发现的 Bug 数量作为衡量其绩效的唯一标准，是非常没有意义的。

3. 如果有一个核心测试集，能够覆盖用户使用一个产品的常用情形，会更有价值。对所有用户使用情形都做自动化测试是没有必要的。

4. 如果想提高测试效率，让测试敏捷起来，一定要参照科恩（Mike Cohn）提出的"测试金字塔"。

- 测试越往下面测试的效率越高，测试质量保障程度越高
- 测试越往下面测试的成本越低。

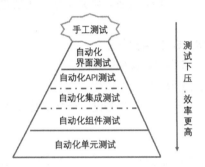

冬哥有话说

关于测试的几个问题

1. 如何对测试人员进行考评？

"衡量测试人员的最佳方式就是每个测试人员发现的 Bug 数"，大多数人以及大多数企业还是以产出（Output），而不是结果（Outcome）来进行度量。

应该针对团队进行衡量，而不是个人；正如文中所说，"一个好的测试人员跟差的测试人员相比，最终可能会发现更少的 Bug，但是产品质量整体上升"；我们看的是团队整体的结果，而不是单独一个测试人员的输出。

测试人员的职责是质量保证，而不是发现错误；测试往往会成为项目的瓶颈。基于团队质量保证的前提，他们最应该做的是赋能开发人员，AutoVerify 这样的工具平台，

就是测试赋能开发的最好体现。将测试服务化，将测试人员虚拟化，测试的活动无处不在；应该在项目的更早阶段发现问题，而不是项目后期由测试来统一发现问题；要统计分析测试的逃逸率，包括逃逸到测试侧以及客户侧的缺陷。

2. 什么是有效的质量控制？

- 如果有唯一一条对测试的建议，就是快速获取反馈，最好是几分钟就能得到质量反馈；
- 让听得到炮声的人做出决策，而不是远离一线的指挥官；
- 内建质量，所有人都对质量负责，质量不是 QA 部门的专属工作；
- 结对编程，结对测试，结对设计，结对上线，让结对无处不在，让知识更顺畅地流动起来；
- 要关注非功能性需求，并且提前考虑；
- 测试与架构相关，包括技术架构以及组织架构；
- 测试的过程，是从失败中学习的过程；
- 尽可能地自动化一切该自动化的测试，但又不要过度追求自动化。

3. 什么是测试金字塔？

测试金字塔的核心是从关注测试的数量，转而向关注测试的质量，尤其是在持续集成下，测试执行时间要求是快速闭环的。金字塔越往下层，隔离性越高，定位问题就越准确，反馈也会越快，应该投入更多的精力，自动化程度应该越高；金字塔越往上层，反馈周期越长，运行效率越低，修复和维护的成本就越高，复杂性也随之升高，应该做的频度越少，自动化程度不宜过高。

事实上，对于能够接触到生产环境的企业，我们还有双层的金字塔结构；在传统金字塔之上，是针对线上环境的测试，自下而上包括：性能和安全测试，Chaos Monkey（混乱猴子）测试，以及 A/B、灰度等在线测试。

4. 测试要向左走，还是向右走？

有人说测试应该前移，要投入更多的短周期的活动；也有人说，测试要延展到生产环境，覆盖发布和线上的运行阶段。听谁的？测试到底应该向左前移，还是向右后移？

事实上，测试应该向两端延展。测试活动应该是贯穿在整个产品生命周期的。从这点上来讲，测试人员还有必要恐慌么。

5. （自动化）测试是越多越好吗？

测试当然不是越多越好，由 Kent Beck 对产品研发模式的 3X 模型的启示，借鉴模型中产品在不同阶段的不同策略，把它映射到测试上也一样奏效。处于探索阶段的产品，不确定性极高，此时投入过多精力去搞测试，一味地追求测试覆盖率指标，最后发现市场方向不对，要推翻重做，那么前面投入的测试就是浪费。此时应该以手工测试为主；当发现市场正确，快速投入人力和物力，此刻需要的是产品的快速增长，需要开始引入关键的自动化测试来保障效率和质量；到产品稳定阶段，自动化测试的目的是回归，保障质量的稳定。

6. 测试能防范所有的问题吗？

当然不能，有两种安全策略，一种是试图发现尽可能多的问题，甚至是消除错误的部分，达到绝对的安全，这过于理想，不可实现；所以我们推荐的是第二种，弹性安全。弹性安全适用于当今快速变化的场景，即便是发生了错误，我们也要具备快速恢复的能力，即我们说的构筑反脆弱的能力。

📝 精华语录

第 18 章

DoD，真正把事做完

阿捷至今很难表述自己第一次走进鸟巢时的感受。

2008 年 1 月下旬的一天，销售 Jimmy、产品经理李沙、阿捷、大民带着安装有 Agile OSS 5.0 奥运特别版的服务器和一大堆设备仪器，来到了位于北京北四环的奥运主场馆区。在经过层层安检之后，阿捷、李沙和 Jimmy 进入了北京奥运会主场馆区。第一次近距离接触鸟巢和水立方的阿捷，立刻被它们的气势所震动。阿捷眼前的鸟巢外部最具特征的巨型钢架结构已经完成，而蓝色的水立方，则安静地坐在鸟巢西侧，再往北，就是阿捷他们要去的北京数码大厦。

当阿捷走进作为奥运技术支持中心的北京数码大厦时，发现整个楼的水泥墙都暴露在外，身边的 Jimmy 还和接待他们的客户主管打趣："这个楼是不是还没完成内部装修呢？"

主管半开玩笑地数落 Jimmy："老土了不是？咱们这次奥运的主题是'绿色奥运，科技奥运，人文奥运'，这个楼就体现了这三个主题。咱们看到的这个墙壁，都是用清水混凝土来做的，刚才楼外面的 FRP 格栅，还有大厅里的 FRP 装饰，都是为了减少环境污染。科技奥运不就是要你们这些厂商来帮着我们一起搞的吗？"

"就是就是。大家要一起努力。"Jimmy 接着客户的话应承着。

阿捷还记得 2001 年那个夏天，当北京申办奥运成功的消息传到北京时，阿捷和一帮兄弟们正在远离北京市区的昌平某度假村进行封闭开发，那会儿阿捷觉得奥运离自己还很远很远。可是今天，自己竟然已经在为奥运会做事情了，像做梦一样。

想着往事，阿捷已经跟随着 Jimmy 他们走到了机房。阿捷带着大民和其他几个硬件工程师开始了架设测试环境的工作。

Agile OSS 5.0 北京奥运 Beta 版本在北京数码大厦机房里初次安装联调，且效果不错的消息让 Charles 非常高兴。第二天，阿捷刚到办公室，就被 Charles 叫过去狠狠表扬了一顿，这让坐在 Charles 不远处的周晓晓很不舒服，心想，"不就是个敏捷开发吗？有什么了不起的啊，我们组没用敏捷，不也一样按时完成了中间件的开发工作吗？虽然说加班是多了一些，多放点人有啥搞不动的！"

阿捷并没有留意到周晓晓充满敌意的眼神，在 Charles 表扬他的时候，阿捷想的更多的是 Agile OSS 5.0 北京奥运 GA 版的工作。离最初制定的 GA 版发布计划，只剩下 3 周。

虽然在过去的几个月中，大家都非常努力地在每个 Sprint 的结束时给出一个可以发布的版本，但最终发现了一堆的 Bug 需要修复。否则，整个产品的性能和稳定性将大打折扣。幸亏阿捷在做计划的时候，预留了三周的时间作为缓冲。阿捷和他的团队在结束了当前的 Sprint 后，下周就将开始准备最后一轮的冲刺，直至春节前的最终正式发布。

这天晚上回到家，遛过小黑，阿捷就坐在电脑前等赵敏上线。自从赵敏上次来了北京，两个人的关系变得特殊起来。阿捷听从赵敏的建议，每天不仅按时下班，还利用有限的时间做一些运动，工作效率也提高了不少。而赵敏也养成了每天上班前先打开电脑和阿捷聊一会儿天再去公司的习惯。两个人都在不经意间改变着对方的生活习惯。

晚上 8 点，赵敏像往常一样准时出现在阿捷的 MSN 中，"晚上好啊！阿捷，今天的工作忙得怎么样？"

"还不错。我们按照计划，今天结束了发布前的最后一个 Sprint，正准备利用最后的一点时间，专攻 Bug。"

"是啊，这是软件开发中的必要一环，虽然 90% 的程序员都不喜欢这样的工作。你们每日 Scrum 站立会议的气氛如何？"赵敏关心阿捷的项目。

阿捷不解地回道："嗯？现在还要开每日 Scrum 的站立会议吗？我觉得应该可以告一个段落了吧。我们正在忙着做集成和修正 Bug。我从网上的一些文章看到说，专门修正 Bug 的 Sprint 是一种反 Scrum 模式。不是你也赞同 Scrum 仅适合于新功能的开发吗？所以我们原来计划的两个短的 Sprint，就不准备再开每日 Scrum 的站立会议了，而只是套用短 Sprint 的模式来完成我们修改 Bug 的工作。"

"嗯？要么是你从别人那里听到的这句话，要么是你误解了我的原意。首先，我部分同意关于修复 Bug 的 Sprint 是一种反 Scrum 模式的说法。实际上，大多数的 Scrum 爱好者也会赞同这一点的。但是过去的经验和软件开发的现实告诉我，对一个实施敏捷的系统相对比较大的复杂产品，专门修正 Bug 的 Sprint 是相当必要的。"赵敏又开始充当起"敏捷圣贤"的角色了。

"为什么？"

赵敏一条一条地解释道：Scrum 最重要的概念之一，就是对每个 Sprint Backlog 条目要有非常明确的 Done 的定义。譬如，对一个典型的编码任务而言，对其 Done 的定义应该涉及如下几个方面。

- 设计文档必须经过评审。
- 功能应该完全实现（包括错误处理、性能、可靠性、安全性、可维护性及其他质量标准）。
- 代码符合编码标准。
- 有 UT 并测试通过。
- UT 的代码覆盖率（Code coverage）> 80%。
- 至少有一个人做过代码评审（Code review）。
- 代码已经提交。

阿捷听了有些头大，说道："这也太细了吧？真的有必要吗？我们现在并没有做到这个地步。而且留给我们的时间也不多了。"

赵敏很肯定地说："很有必要。只有这样，我们才容易对如下两个事情达成共识：其一，如何做才算完成一项编码工作？其二，shippable quality（可交付的质量标准）到底意味着什么？如果这些定义不清晰，以后你会花更多的时间和精力，并且修正会更难。

通过敏捷，我们期望在较早的阶段就给出高质量的交付，而不是依赖于最终阶段的长期'稳定'，如果我们在前期就尽一切努力预防 Bug，长远来看，我们会更省时间，发布得更早。对每一个任务都明确定义 Done 是非常关键的。"

"哦？"阿捷还是有些糊涂。

赵敏接着说："如果一切遵循计划，并能对每个组件持续集成，那么，专门的 Sprint 用来做 Bug 修复将是某种意义的反模式。但是我们应该面对现实，大型软件项目通常都需要复杂的集成，存在后期发现的未知因素。对于一个几千行代码的小项目，您可以不需要专门的错误修复阶段。据我以前的经验，对大型项目却不可避免，都需要一个所谓的 Quality Sprint（质量冲刺），集中在修复 Bug 上。在这个 Sprint，要继续沿用敏捷方法，在产品发布之前不再开发任何新功能，直到 ZBB。"

"嗯？什么是 ZBB？"阿捷问道。

赵敏说道："ZBB 就是 Zero Bug Bounce（零缺陷反弹）的缩写。是产品不再有 Bug 的一个时间点。在这个点，开发团队可以声称他们的产品质量达到最高，从此以后，才可以开发新功能。对了，你之前提到的 Beta 版达到这个要求了吗？"

"哎，没戏。对于我们来说，这个要求太苛刻了！不仅是我们，我估计整个 Agile 公司至少有 90% 的团队都达不到。我感到很绝望。:-("阿捷打出来一个哭脸。

赵敏呵呵笑道："是的！不过你别着急。所以有一些团队做了一个折中，那就是对 Bug 进行分级，比如分成 Critical（关键）、Major（重要）和 Minor（次要）等级别，然后要求能够发版的软件必须是 Zero Critical，no more than 5 Majors.（零关键缺陷，不超过 5 个重要缺陷）。"

阿捷点头道："嗯，我能理解你说的这个方法。你把它称为 Quality Sprint（质量冲刺），但我更倾向于称它为 Integration Sprint（集成冲刺），因为我觉得我们集成的工作更多一些。"

赵敏回道："嗯，叫什么不重要，完全取决于你们的工作内容。在你现在修复 Bug 的阶段，你是可以不采用 Scrum 的实践，但是以我的经验看，如果你采用，会更有价值。你看，你们的发布周期很长，历史积累下来的 Bug 一定不少，对每个 Bug 根据其重要性设定优先级，并放到 Sprint Backlog 后，开发人员和测试人员可以协同工作，确保修复较高优先级的 Bug。"

"真的有必要吗？Agile 公司有对应的 Bug 数据库列表，为什么还要额外复制一份呢？"

赵敏耐心地给阿捷解释道："我通常不认为 Scrum 是一种'额外开销'，Scrum 本身是一个轻量级的框架过程，尽管我承认任何过程都会带来某种程度的'额外开销'。单就修复 Bug，并仍采用 Scrum 而言，可以带来几个好处：第一，每天站立会议可以确保更好的交流与合作。第二，收集 Bug 修复统计数据，有利于在未来做出更好的计划（如平均每个 Bug 的修复时间，用到未来的 Bug 修复时间估算）。第三，经常回顾，让团队不断提高。第四，团队可以在 Sprint 内部根据情形，自主调整优先级。第五，团队继续把注意力放在重点事情上，并且可从 Scrum Master 处获得帮助。"

阿捷渐渐明白了赵敏的意思："嗯。有道理！我现在懂了你的意思。这样吧，我会按照你的建议在最后一个 Sprint 中实践一下，看看效果如何。说实话，过去我们经常会对某个人正在修正的 Bug 的进展情况不明，每天的站立会议一定会有帮助的。"

"嗯，我是理论派，你是实践派。就是喜欢你这种想到了就做的性格。好了，我要去办公室了，回头聊吧。"

阿捷打了一个笑脸，说道："加油啊，再过两周就可以回来过春节了。拜拜。"

今天是 2008 年的 2 月 2 号，农历腊月二十六。因为调休，尽管这天是周六，阿捷他们也都要上班。阿捷把今天选择为最后一个 Sprint 的最后一天，按照计划，Agile OSS 5.0 北京奥运 GA 版将在今天发布。

路上的车因为临近过年而变得稀少，今天阿捷只用了 25 分钟就从家里到了公司，早晨 8：30，阿捷就出现在办公室了。不光是他，大民、阿朱、章浩、阿紫，甚至平时最爱迟到的小宝，都已经来到了办公室。大家仿佛知道今天将是一个大日子，都在有条不紊地工作着。

确实，昨天下午大民就已经将所有的代码提交到代码库中，并且在 Agile OSS 5.0 的分支上打好了 GA 的标签。章浩、小宝、王烨他们也都将各自负责的模块查了又查，测了又测，就等着今天阿朱打包、刻录 Agile OSS 5.0 北京奥运 GA 版的光盘了。

阿捷走了一圈，看到大家都按部就班地进行着最后的发布工作，一切都按照计划正常进行，没有什么需要自己亲力亲为的，就回到自己的位子上，泡了杯茶，回想着以前软件发布的情形。

在阿捷的印象中，还没有采用 Scrum 的时候，软件版本发布都是一个手忙脚乱的阶段，大家总需要加班加点才行,忙着处理各种各样的突发性问题,尤其是修复不断涌出来的 Bug。在去年的这个时候,阿捷记得阿朱为了 Agile OSS 4.4 的测试,整整干了一个通宵,等到第二天早上阿捷、大民他们来到办公室的时候,阿朱才黑着两个大眼圈从实验室里摇摇晃晃地走出来。而阿捷和大民也曾经为此连续加班一周,甚至连轴转地工作过 15 ~ 16 个小时,就为了能够赶上发布。那时,每当软件发布后,阿捷回到家里,倒头就会睡上一整天,什么电话都叫不起,体力极度透支。

可是今天,阿捷却感觉格外轻松。这一切都应该归功于之前大家的努力工作。事实上,阿捷按照赵敏的建议,让团队充分利用了发布前的剩余时间,计划了两个专门修复 Bug 和集成测试的短 Sprint。这两个 Sprint 跟以前的任何一个 Sprint 都不一样,首先,时间只有两周,其次,没有任何新功能的开发。现在,第一个 Sprint 已经结束,第二个 Sprint 的工作也已基本完成。一切都准备就绪,Bug 修改也到了尾声。代码已经冻结,不仅仅做到了零关键性 Bug,零重要性 Bug,而且其他所有 Bug 也不超过三个,这三个其实属于可做可不做的小的 Enhancement(改进);整个系统集成得非常好,不仅安装 / 卸载没有任何问题,而且能跟以前的版本无缝切换。此外,从中英文的安装手册到使用说明,连发布通知也都评审了两遍。

看着别人都在忙碌着,阿捷给自己找了点事儿做,打开了 Excel,准备根据每个 Sprint 实际完成的点数和需求范围(Scope Change)的变化,更新一下 Agile OSS 5.0 产品的发布燃尽图(Release Burndown Chart)。

Sprint	Rest Point	Scope Change
0	596	0
1	506	9
2	386	302
3	586	27
4	430	22
5	298	15
6	155	9
7	35	7

从拿下 2008 北京奥运会 TD-SCDMA OSS 的大单后,阿捷召集 Product Owner 李沙和全体开发人员一起做了一次发布预测,当时估算的总任务量是 586 点。而之前大家的 Sprint 工作速度平均是 105 点,按照 105 点 /Sprint 的速度,每 3 周一个 Sprint 来算,

从计划会议开始到春节前发布，只可以做 5 个开发的 Sprint，外加 2 个短的为真正的发版做准备的 Sprint，是不能完成全部 586 点的任务量的！

阿捷和大民、李沙等人通过集体讨论，及时调整策略，经 Charles 协调，从周晓晓的团队中借过来了王烨，再加上大家凭借拿下单子的那股冲劲儿，干劲十足地在计划会议后的第一个 Sprint，一下完成了 156 点，真是不可思议！这样一次冲刺后的后果马上显现出来了，团队有些疲劳，在 Sprint 2 中，就只完成了 132 点。虽然在接下来的 Sprint 3 中，大家又完成了 144 点，但这个 Sprint 跟之前的 156 点相比，还是有水分在内的，因为有近 15 点的功能跟之前的实现有重复，如果去除这 15 点的话，实际工作完成的点数是 129 点。跟前面一个 Sprint 的 132 点还是比较接近的。在接下来的 Sprint 4 中，再次证明了这一点，因为大家只完成了 120 点；Sprint 5 则再完成了 129 点。最后留下来差不多 40 点左右的修复 bug 和集成测试。平均算起来的话，从 Sprint 4 到 Sprint 7 的 Sprint 平均速度是：

$$（156+132+129+120+129）/ 5 = 133 （point/Sprint）$$

很明显，王烨的加入将团队的工作速度从 105 提高到了 133 point/Sprint，从而保证了这次顺利的发布，证明当初团队的集体决策还是非常正确的，而下面的发布燃尽图（Release Burndown Chart）也再次证明了这点。

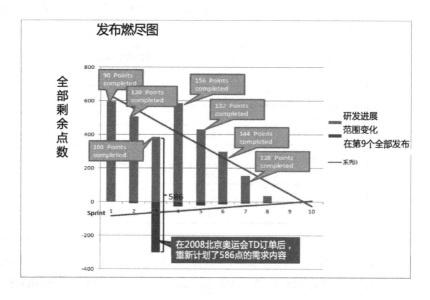

看到这些，阿捷禁不住笑了。从国庆前拿下 TD-SCDMA 北京奥运会这个大单后，阿捷就没有真正放松过，现在终于可以轻松一下了，这多半要归功于合理的计划和控制。其实，想想应用敏捷开发之前，最终期限并不是合理规划出来的。事实上，大多数情况下，对于要做什么，以及这些工作的工作量究竟有多大，不能很好地估计，所以，往往就是指定一个发布的日期，剩下的就靠人了，其结果就是为了赶上发布日期，拼命地加班加点，那种透支需要很长一段时间才能恢复过来。而现在做项目，计划都是经过市场团队和开发团队一起做出来的。特别是经过这个 Agile OSS 5.0 奥运版产品的开发后，大家对于敏捷软件开发的实质认识得更加清楚了。在这个过程中，没有为了短期生产力的提高，而做一些杀鸡取卵的事情。一切回归自然，按照事物本身的发展规律去做：开发团队也不会为了追赶进度，而牺牲软件的内在质量；市场团队也会重新认识客户需求的价值所在，做好优先级排序，而不会不明就里地要求全部完成。这样的开发过程才是合理的，才是软件开发的本质。而这一切，没有敏捷圣贤的帮助，阿捷是绝对不可能完成的。

想到这里，阿捷不禁又想起赵敏了。其实今天不光是 Agile OSS 5.0 Beijing Olympic GA 版产品发布的日子，也是赵敏回国的日子。上周末，赵敏就打电话告诉阿捷她订了 2 月 2 号飞北京的机票，然后再从首都机场转机去成都，回都江堰过年。阿捷当时听到后第一反应就是："那我来机场接你吧。"赵敏呵呵一笑，对阿捷说："难道你们的软件不是 2 号发版吗？没关系，反正我只是转机，待不了多久就要走的。等我从四川回美国的时候，在北京停下找你玩儿。"阿捷想到这里，出神地看着窗外飘下的雪花，"我的圣贤啊，你现在在哪呢？"

阿捷站起来到阿朱的座位看看打包发版工作做得怎么样。其实阿朱做事阿捷非常放心，看着阿朱在实验室和座位之间忙碌的身影，阿捷想到，等忙完这阵子真应该找 Charles 好好谈谈，TD 项目组 Test Leader（测试带头人）的职务已经空了很久了。

吃过中午饭，阿朱已经完成了打包发版工作，并且把阿捷、李沙评审过的 Release Notes(发版通知)发了出来。看到自己这几个月的辛勤劳动终成正果，大家都非常高兴，拉着阿捷跑到一层食堂的小卖部给大家买冰淇淋吃。阿捷很高兴可以和大伙一起分享项目发版的快乐，抱着一大箱卷筒冰淇淋分给大家。突然，手机就响起了，阿捷边让小宝帮着自己发冰淇淋，边接起手机。

"嗨,傻小子,软件发布做得怎么样呢?"阿捷朝思暮想的这个声音出现在手机听筒里。

阿捷压住自己的兴奋,一边朝远离大家的地方走一边说道:"多谢圣贤惦念。软件包都已经做好了,Release Notes（发版通知）也已经发出去了。你到北京了吗?"

"嗯。晚上 5 点国航北京飞成都,已经换完登机牌,把行李托运完,抽空给你打个电话。嘻嘻,咱们两个现在终于在同一个时区了。"赵敏显得很高兴。

"嗯,那就好。还怕你飞机会晚点呢。你看见北京飘着的雪花了吗?听说南方下大雪了,不知四川会不会被大雪影响呢。"

赵敏显然没有想到这个问题:"啊,这样啊,我刚刚也看见飘雪花了,但是既然北京能落地,就应该可以起飞吧。我还没来得及给家里打电话呢,我先给他们打个电话报平安,然后问问情况吧。"

互道了拜拜。接到赵敏的电话,阿捷的心里甜滋滋的,但是南方的大雪又让阿捷的心里感觉到一丝担忧。阿捷马上在网上查询了成都双流机场和北京首都机场进出港航班的信息。虽然首都机场的进港航班并没有受到多少影响,但是部分飞往南方的航班由于目的地降雪的原因而推迟起飞,这其中就包括成都双流机场。阿捷更为赵敏能否按时起飞担心起来。

果然,下午 4 点半,赵敏又给阿捷打了个电话,飞机因为天气原因推迟了。阿捷告诉赵敏,不光是成都,中国南方大部分地区都在降雪。5 点的时候,阿捷看到新闻说大多数飞往南方的旅客都滞留在机场大厅,新浪网还贴上了一张旅客席地而坐的照片。阿捷再也忍不住了。5 点半刚过,阿捷谢绝了大民和章浩等人说下班一起去饭店庆贺发布的提议,开车直奔首都机场。

当阿捷在首都机场的大厅找到赵敏的时候,她正坐在地上背靠着机场大厅的墙壁看书。四周的人有的正气急败坏地打电话抱怨着,有的则唉声叹气地苦着个脸,只有赵敏,安安静静地坐在地上,一头黑黑的秀发中露出两条白白的 iPod 耳机线,全然没有注意到阿捷已经走到她身旁。

"嗨嗨嗨,我的大小姐。还真有你的,怎么就坐在地上了?不怕受凉啊。"阿捷蹲下来,一手就把赵敏的耳机摘了下来。

"你这臭小子干嘛摘我耳机啊。你怎么来了?你没看见那边椅子上都是老弱病残吗,我怎么好意思去占他们的位子呢？"赵敏显然没有想到阿捷会跑到机场上来，刚想站起来，可能是坐得太久腿麻的关系，还没起身就又坐了下去。

阿捷赶紧一把拉起赵敏，一边把粘在赵敏大衣上的报纸撕下来，一边取笑说："你站都快站不起来，还说什么别人老弱病残，我看你就是了。都饿了吧？这里人多，先跟我去停车场我车里休息会儿吧。我已经要了国航这边的电话了，如果飞机能够起飞，他们会随时通知咱们的。"

赵敏嘟了嘟嘴，跟在阿捷后面向停车场走去。上了车，阿捷像变戏法一样从背包里拿出五香牛肉、辣鸭脖、酱鸭翅、烧鸡、面包、香蕉，还有赵敏最爱吃的成都豆干，最后居然还夸张地拿出来一瓶大香槟。看得赵敏在边上一个劲地笑，说你这哪儿是到机场接人啊，整个儿一个郊游野餐会。其实赵敏并不知道阿捷背着这么一大堆吃的在首都机场转了差不多半个小时，才从茫茫人海中找到她。

阿捷一笑，说道："我后备箱里还有帐篷睡袋呢，要不我在停车场里给您搭个帐篷铺个床？绝对能上北京晚报头条，题目就叫'大雪封了回家路，归国女白领搭帐篷夜宿首都机场'。"

"免了吧。先给我点水喝，都渴死我了。"赵敏边吃着辣豆干边管阿捷要水喝。两个人边聊着边坐在车里吃着这简易而又丰盛的晚餐。

入夜，阿捷从后备箱里拿出一条羽绒睡袋，帮赵敏在捷达车的后排座上铺好。看着赵敏呼呼睡去的样子，阿捷轻轻叹了口气，转身走回机场大厅，去守望航班的消息。

清晨6点，广播里终于通知飞往成都的旅客登机的消息。阿捷赶紧回到停车场把赵敏叫醒。经过长途飞行的赵敏显然还没有缓过劲来，迷迷糊糊地问阿捷自己在哪儿，美人初醒似水双眸满是轻雾的样子让阿捷一时都忘了回答，以至于当阿捷送走了赵敏，开着车从机场回公司的路上，脑海里一直都是赵敏初醒的可爱模样。

🎱 本章知识要点

1. 为Sprint中任务给出明确的Done定义是非常重要的。不过即使遵循这个最佳实践，但最终仍然会有集成问题，会存在Bug，还有后期的需求变更。所以，对于大型复杂产品，在正式发布前，单独计划 1 ～ 2 个 Sprint，专门做 Bug 修复，也是合理的。

2. 关于完成 /DoD 的例子，通常需要从以下几个维度考虑。

- 需求 / 用户故事 DoD
  ○ 用户故事的描述及拆解符合 INVEST。
  ○ 用户故事有验收标准 AC（Acceptance Criteria）
- 开发任务 DoD
  ○ 代码已经提交到代码库
  ○ 代码通过单元测试
  ○ 代码经过 Code Review
  ○ 代码通过集成测试
- 迭代 DoD
  ○ 所有代码通过静态检测，严重问题都已修改
  ○ 所有新增代码都经过 Code Review
  ○ 所有完成的用户故事都通过测试
  ○ 所有完成的用户故事得到 Product Owner 的验证
- 发布 DoD
  ○ 完成发布规划所要求的必须具备的需求
  ○ 至少完成一次全量回归测试
  ○ 符合质量标准（Quality Gate），所有等级为 1、2 的缺陷均已修复；3、4 级缺陷不超过 10 个
  ○ 有发布通知（Release Notes）
  ○ 有用户手册
  ○ 产品相关文档已全部更新
  ○ 代码已部署到发布服务器上，并冒烟通过
  ○ 原始需求提交人完成 UAT
  ○ 对运维、市场、客服的新功能培训已完成

3. 完成的定义（DoD）及团队工作协议 必须是团队共同讨论出来的，团队愿意共同遵守的原则，一旦确定，团队就应共同遵守。

冬哥有话说

DoR 与 DoD

除了文中提到的"完成的定义"（Definition of Done，DoD），还有"就绪的定义"（Definition of Ready，DoR），两者有什么区别呢？

DoR 是一个是否能够被团队接受的待办（backlog），认为可以作为开发候选所需要达到的最小要求，是团队针对 PO 的要求。具体如下。

- Clear（清晰），用户故事描述清晰。
- Feasible（可行），用户故事可以放入一个迭代。
- Testable（可测试），验收条件得到定义。

需要注意的是，DoR 只需要针对产品待办列表 PBL 中高优先级的需求进行，通常是准备能够满足两个迭代的即可。PBL 中，越是近期会做的，需求越应该清晰，越是要符合 INVEST（写好用户故事的一种标准）标准；暂时不用做的，则不需要花太多精力去澄清和拆解。

DoD 则相反，是 PO 针对团队产出进行验收的最低验收标准，文中已经给出了样例。

最初 DoD 只有一级，即研发迭代完成，用户故事可以被视为完成的标准。逐渐出现了多级的 DoD，针对每一个研发阶段，有了这一阶段的 DoD 标准，例如从亨里克·克里伯格（Henrik Kniberg）的看板启动示例（Kanban kick-start example）图中可以看到，有分析阶段的 DoD，开发阶段的 DoD，验收测试阶段的 DoD 等；典型的 Kanban 是拉动的过程，后一阶段拉取上一阶段完成（Done）的工作时，会检查相应的 DoD 是否完成，因此上一阶段的 DoD 事实上就是下一阶段的 DoR。越往前的 DoD 越偏业务，然后是偏技术实现，越往后的越要加入运维和非功能性要求。

无论是用物理看板，还是电子看板，建议将定义清晰的 DoD，显式地张贴出来，便于所有人统一想法，并且在板子上进行挪动时，无论是挪到 Done 的状态，还是拉到下一个状态，都可以随时看到 DoD 的标准，提醒所有人遵守并检查。保证每个人对一件工作是否完成有一个统一的认识，交付和接纳时也保持清晰的交接界面。

📝 精华语录

_____

_____

_____

_____

_____

_____

_____

第 19 章

跨团队协作的 SOS 模式

2008 年的春节阿捷过得很充实。按照惯例，大年三十，阿捷带着小黑回到了西四环附近父母的家。每次回家，小黑表现得都比阿捷还高兴，先不说有那么多好吃的，阿捷父母家的花花草草都够让小黑兴奋一阵子的了。小黑最开心的事情就是吃饱喝足之后，趴在阳台上边晒太阳边盯着透明鱼缸里的鱼儿发呆。

阿捷有一个姐姐，早就出嫁了，姐夫也是做软件的。按照阿捷姐姐的话说，如果一个家里有两个男人是做软件的，那么这个家里肯定三句话离不开程序。过了春节，阿捷就要进入而立之年了，春节期间少不了又要被长辈们关心一下个人问题。每次被问及阿捷总是嘴上说着"不急，不急，先忙完工作再说"，而心里却想着远在千里之外的赵敏。

此时，赵敏已经回到了都江堰的家中。作为家里的独生女，赵敏非常珍惜能够守在父母身边的时间。每天要么陪着父母去茶楼喝喝茶聊聊天，要么就是陪他们打打麻将。看着老人们"血战到底"开心的样子，赵敏心里盘算着是不是真的应该考虑从国外回来的问题了。赵敏知道，其实这也并不仅仅为了父母，还有那个让她心动的男人。

这么多年漂泊在外，赵敏见过了太多形形色色的人，之间也有过几次失败的感情。工作的忙碌虽说能够麻醉感情的创伤，但随着时间的推移，赵敏越来越感觉到工作上成绩并没有让她的感情生活得到满足。每天下班回到冰冷的公寓，赵敏也希望能有一个人为她温暖房间。阿捷的出现是赵敏从未想到的。从不经意间留下的 MSN 到"敏捷圣贤"的角色，从 Scrum 开发到第一个电话，从圣诞节的滑雪到被困首都机场，阿捷的直率、真诚、负责和对待问题永不放弃的那股劲儿，让赵敏渐渐喜欢上了这个比自己小两岁的男人。

由于地域、年龄和背景的差异，赵敏起初并没有想太多，只是觉得和阿捷聊天很开心，能够帮助阿捷从对敏捷开发一知半解到成功完成软件发布，自己也很有成就感。渐渐地，每天忙完自己的工作，晚上回到家里给阿捷发个邮件，询问阿捷的项目进展，看看是不是又遇到了什么难题，成为赵敏生活的一部分。这次转机回家被困机场，赵敏又看到了阿捷细致体贴的一面，这让她感动不已。

7 天的长假转眼过去了。初八早上 8 点刚过，阿捷就出现在 Agile 中国研发中心的办公室里。除了保洁的阿姨还在打扫卫生，四处空空荡荡的，阿捷准备处理一下春节期间积攒下来的电子邮件。一贯早来的老板 Charles 走了过来，笑眯眯地对阿捷说："春节过得如何？怎么这么早就到办公室了？"

阿捷赶快从椅子上起来，汇报似的回答道："节过得挺好的。这不奥运版刚刚做出来，阿朱在春节临放假前又'跑'了几天的自动化回归测试，所以今天想早点过来看看都有什么结果。嗯，您找我有事吗？"

Charles 对阿捷的回答很满意，说道："嗯，你现在有空吗？咱们找个会议室吧。"

走进并不常来的缥缈峰会议室，阿捷忐忑不安地坐了下来，阿捷知道，作为 Agile 中国研发中心电信事业部老大的 Charles 向来都是无事不登三宝殿的。

"恭喜你们 TD 团队！" Charles 把一份打印出来的电子邮件递给阿捷，然后说："这是从美国发过来的，你看一下。"

阿捷大致扫了一下，上面写的是关于这次 Agile 中国研发中心成功完成 Agile OSS 5.0 北京奥运 GA 版发布工作的内容，对这次参与北京奥运项目的所有同事给予表扬和嘉奖。阿捷心里一阵激动，毕竟这可是北京研发团队第一次得到美国总部的嘉奖啊！！

"这次，美国方面对你们所做的工作非常赞赏。我已经把这封信转给咱们北京整个部门了。从你管理 TD-SCDMA 研发团队以来，能够看出你给 TD-SCDMA 研发团队带来了非常好的变化，从交付结果来看，也是这几年以来，我看到过的最好的结果！"Charles 实事求是地说。

"你觉得你们最大的改变是什么？"Charles 问得非常诚恳，这很少见。在平时，特别是开会的时候，Charles 从来都是一副不易亲近的老大样子。

"自组织，自管理！"阿捷不假思索地回答。

"怎样的自组织和自管理呢？你可以详细讲一讲吗？"Charles 李继续问着。

阿捷回答道："其实很简单，这里很重要的一个前提就是信任。要相信每一个员工都会尽自己的最大努力，为团队做出自己的贡献！"

阿捷看了看 Charles 的反应，又继续说着："在现在的 TD Team，大多数决定，譬如该采用什么工具、采用什么开发方法等，都是经过大家的讨论、权衡后才做出的，这样大家的参与感强，而且执行起来也不会打折扣，因为这是自己的决定。当然，有些关键性的问题，可能还是需要上层管理团队来定。遇到一些相互依赖或阻塞的事情时，每个人都会主动尝试自己解决，自己解决不了的提出来，大家会一起想办法，看看如何解决。"

"另外，我们已经不再采用任务指派的方式，而是自己认领，每个人从需要做的任务列表中选择自己想做的任务。这样不仅提高了大家的兴趣，更重要的是有了承诺。这个承诺不再是对项目经理一个人，而是对整个团队做出的。从而，任务延误或者做不完的情形，基本上不会出现。而作为项目管理人员，不再需要跟踪每个人的任务进展状况，也就不再需要微观管理。"阿捷侃侃而谈。

"认领任务？任务列表自己选择？这些都是你上次给我讲到的 Scrum 所带来的吗？"Charles 李显然对敏捷开发中的一些术语还不太熟悉。

"对！就是这个 Scrum，敏捷开发让我们工作的方式有了根本性的改变。"阿捷肯定地说道。

"嗯。很好。我今天找你来，就是想和你讨论一下如何在咱们整个部门内推广 Scrum 的问题。从你们的实践，以及我从外部得到的信息来看，中国研发中心的电信事业部现有的开发方式确实到了一个需要变革的时候，而你们所采用的敏捷开发方法，从 TD 项目的实施效果上来看，确实不错，值得推广。你可以帮我来做这个 Scrum 方法的推广吗？"Charles 李终于抛出了自己真正的目的。

"有领导支持，自上而下来推广，我觉得问题不大。不过我想提个建议，推广不要搞成行政命令似的，硬性要求所有的项目、所有的团队都要上。您看可不可以是建议性的推广，让感兴趣的团队试验上 2 ～ 3 个 Sprint，然后再做做调研，由这个团队自己决定是否继续采用 Scrum。这也符合我之前提到的'自组织，自管理'的原则"。阿捷直接把自己真实的看法说了出来，"如果他们觉得好，自然会坚持下去。如果感觉不好，而迫于压力被动实施，反而起不到 Scrum 的效果，意义也不大，毕竟'强扭的瓜不甜'，您觉得呢？"

"嗯，这个建议不错。"Charles 赞许地点了点头。"那如果 Rob 和周晓晓的开发团队都实施 Scrum，再加上你的 Team，我应该怎么管理呢？"Charles 问的问题都很实际。

"可以用 Scrum of Scrums！"

"Scrum of Scrums 是什么？"

阿捷站起身，从笔筒里选了几种颜色的白板笔，在白板上画了一个关于 Scrum of Scrums 的图。

Scrum of Scrums

每周2 ～ 3次，
重点是沟通、协同、解决团队间依赖及阻塞问题

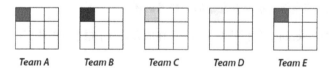

| Team A | Team B | Team C | Team D | Team E |

"简单讲，这是组织架构图，就是由每个团队的代表组成一个虚拟的 Scrum 团队，这个团队可以叫 SOS（Scrum of Scrums）团队。每周增加一个会议，让所有的 SOS 人员聚到一起交流。会期可以根据项目的实际情形，采用每日开会，或者每周开 2 ～ 3 次会，这是非常灵活的。"

Charles 显然对这个 Scrum of Scrums 很感兴趣，继续问道："电信事业部在北京现在有三个产品，你负责 TD-SCDMA 产品，周晓晓负责中间件产品。你们这两个团队人员都不超过 10 个，按照你的方式，你们两个组可以组成单独两个 Scrum 团队。但 Rob 负责的通信协议产品下面有个 25 个人，按照 Scrum 建议的 5 ～ 8 人的团队规模，Rob 手下的团队肯定是要组成三个或更多的 Scrum 团队了，这样又该如何组织你刚才说的 Scrum of Scrums？"

阿捷发现 Charles 显然是做过功课的，对阿捷之前讲过的 Scrum 分组还记在心里。对于这种情况如何进行 Scrum of Scrums，阿捷刚好和赵敏讨论过这个问题。当时阿捷问赵敏，如果要把 Scrum 推广到整个 Agile 中国研发中心的电信事业部，更高层次的管理者该如何组织好 Scrums。看来，未雨绸缪总是有好处的。

"我们可以组织两个层次的 Scrum of Scrums。一个是'产品层次'的 Scrum of Scrums，例如通信协议组，可以由 Rob 负责的通信协议产品中的所有团队组成，另外一个是'团队层次'的 Scrum of Scrums，按照所有的产品来组织。"

"嗯，你说的这个'团队层次的 Scrum of Scrums'，感觉跟我们现在的部门管理者的会议差不多。"Charles 李不愧是老道的职业经理人，一针见血地点出来。

"是的。只是形式做一个改变就可以了。"阿捷坦白地说道。

"Scrum of Scrums 每次讨论的议题也跟小 Scrum 团队每天的 Daily Standup Meeting 一样吗？"Charles 李想起了阿捷早先开 Scrum 站立会议时的事情。

"基本上是大同小异的。首先还是由每个团队的代表描述一下上次开会以来各自的团队做了什么事情，下次开会前计划完成什么事情，目前遇到了什么障碍。除了这些常规话题外，还应该交流一下跨团队协作的相关问题，例如集成问题，团队间依赖、协作问题。"阿捷细致地讲着。

"根据我开部门例会的经验，好像 15 分钟是完不成的。这个由每个 Scrum 团队的代表参加的 Scrum of Scrums 可不可以延长？"

"我觉得问题不大，反正也不是天天开。因为天天开的话，意义也不大，毕竟团队间需要天天交流的东西并不多。所以时间长短不用硬性规定，我们自己掌握就行。"阿捷根据经验给出自己的判断。

"嗯，我们可以慢慢来，逐步调整，肯定能找到最佳的方式。"Charles 接着问道："如果电信事业部要全面实施 Scrum 的话，除了你谈到的这些，还有什么准备的吗？"

"我觉得培训是必需的，要慢慢改变咱们开发人员的思维方式，真正做到'自组织，自管理'。"

Charles 听得很高兴，拍了拍阿捷的肩膀，说道："那你辛苦一下，有关敏捷开发的培训你来给大家做。对了，除了介绍 Scrum 外，也重点讲讲你们团队是如何应用 Scrum 的，还有是如何采用其他 XP 实践的。"

阿捷没有想到会以这样的一种形式得到 Charles 的赞许和认可，整整一天都非常兴奋，真想马上把这种心情跟赵敏一起分享。可惜，赵敏这会儿已经在飞回美国的飞机上了。阿捷回顾了一下自己的"敏捷软件开发随笔"，发现自己没有记录关于 Scrum of Scrums 的内容，赶紧补上。

几天后，阿捷在全部门做了一次关于 Scrum 的基础培训，同时介绍了自己的团队实施 Scrum 以来所取得的成果，以及经验教训。在介绍会上，大家对 Scrum 的开发模式都非常感兴趣，提出的问题也五花八门，有些还非常尖锐，最后阿捷算是勉强应付下来了。毕竟将近一年的 Scrum 实践和理论积累让阿捷已经成长为一个合格的 Scrum Master。

在回答同事们提出的问题时，阿捷想起当初自己刚接触 Scrum 时每晚守候在网上等着敏捷圣贤的日子来。阿捷知道，对于大家的问题，如果赵敏在，给出的答案一定会比自己的要好，更有说服力，更能提高大家的信心。

阿捷回到家里，打开电脑，就看见赵敏出现在 MSN 上。

"嗨，还好吗？"过完年，赵敏本来想在北京转机去美国时在北京停留一天，和阿捷聚聚，结果因为公司派她去参加一个美国军方的软件咨询项目，临时被征调赶回了美国，之后已经好久没有出现在 MSN 上了。

"挺好的。我们的 Agile OSS 5.0 产品已经安装到奥组委的数据中心了，这两天在鸟巢和水立方举行的'好运北京'奥运测试赛上正用着呢。现在正在收集客户对我们产品的反馈意见，看看还需不需要做最后的修改和完善。不过我们奥运肯定是要留人 7×24 小时进行值班了。对了，老板决定要在全部门内推广 Scrum 方法呢，今天我还在全部门做了一天的 Scrum 培训。可惜你不在，要不你讲得肯定比我好多了。"

"恭喜恭喜啊，阿捷你什么时候嘴巴这么甜了，现在你可是 Scrum Master 了。你刚才提到你们准备大规模推广 Scrum 了吗？"

"是啊！我们准备按照上次你给我讲的，分产品层次和团队层次做 Scrum of Scrums。"

"嗯，团队层次会比较好组织一些，产品层次通常会比较难一些，因为这样的产品通常比较复杂。"

"没错，我们部门有一个很重要的产品，是从美国那边移交过来的项目，有 25 个人，项目经理是一个美国人。今天我介绍 Scrum，这个老外就过来跟我探讨如何组织他的 Scrum 团队，我觉得真的很复杂。"阿捷想起白天 Rob 的种种问题。

"嗯。你说说看，是怎样的一个情况呢？"赵敏显然对这个很感兴趣。

"他们这个产品，分为三个层次：底层是平台，有 7 个人负责；中间层是内容层，有 8 个人负责；最上层用户接口，有 6 个人负责。另外还有一个 Learning Product（产品教育），负责编写用户手册，有一个 Product Planner（产品规划），我觉得如果实施 Scrum，这个人适合担当 Scrum 里面的 Product Owner。还有一个架构师，负责整个产品的架构。"阿捷尝试着在不违反 Agile 公司标准商业行为准则的情况下尽量把他遇到的情况描述清楚。

"我可以认为三层就是三个不同的组件吗？"赵敏问着。

"可以，这个产品的架构非常清晰，三层之间的耦合非常小。"

"这个产品是刚开始开发，还是已经进行了一段时间？"赵敏问得很细。

"已经初具雏形了。这有关系吗？"阿捷不解地问。

"有！如果是刚刚开始开发，那比较简单，完全可以按照三个产品组织 Scrum Team，这是基于产品的 Scrum Team 模式。让每个团队把精力集中在自己的产品层上，这在项目初期还是非常适合的。因为每个产品组件跟其他产品组件的交互都相当少，都能独立完整交付。"

"这种情形下，那 Product Owner 该维护几个 Product Backlog？"阿捷很关心细节。

"理想的情况是 1 个，让所有 Scrum 团队工作在一个 Product Backlog 上。"

"嗯，可惜他们现在不是这个情形。"阿捷插了一句。

"没关系，Scrum 可以很好地适应不同的项目、不同的团队组织。你可以推荐他们采用跨产品组件的特性团队组织结构，即团队的职责不要束缚在任何特定的组件上。如果大多数 Product Backlog 条目都涉及多个组件，那这种特性团队划分方式的效果就很好。每个团队都可以自己实现包括三个层次的完整故事。"

阿捷渐渐领悟了赵敏的意思，继续问："这样的话，还是三个 Product Backlog 吗？到底有没有什么具体的策略？"

"通常有这样三种策略。策略 1：一个产品负责人，一个 Backlog；策略 2：一个产品负责人，多个 Backlog；策略 3：多个产品负责人，多个 Backlog。对于你所描述的团队，我建议采用策略 1。"

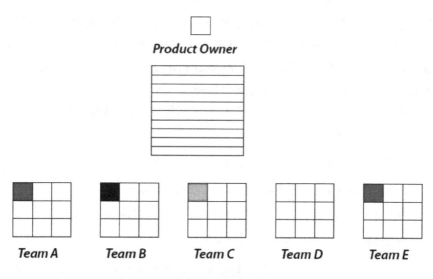

策略 1：一个产品负责人，一个 Backlog

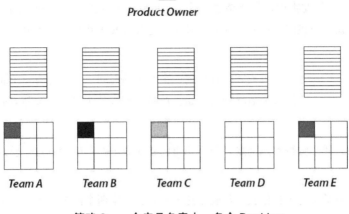

策略 2：一个产品负责人，多个 Backlog

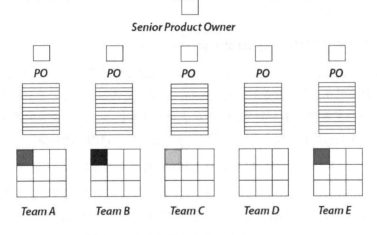

策略 3：多个产品负责人，多个 Backlog

"这跟我的直觉是一致的。：）"阿捷高兴地说。

"相信你的直觉！这是管理中的一个非常重要的原则。因为管理涉及心、肠胃、灵魂和鼻子。因此，要用心去感知，构建团队的灵魂，训练一个能嗅出谎言的鼻子。"

"哈！真有你的！！不过，话说回来，该怎么开计划会议？ 我猜想是三个团队顺序开吧，第一个团队在第一天从 Product Backlog 选择一些条目，进入自己的 Sprint Backlog；然后依此类推，需要整整三天。"Rob 白天问阿捷的第一个问题就是如果召开计划会议，应该怎么样做。阿捷当时就是这么和 Rob 讲的，其实阿捷的底气不是很足。

赵敏解释道："这也是一种模式。在任何一个给定的时间点上，都有一个正在进行的 Sprint 接近结束，而新的 Sprint 即将开始。产品负责人的工作负担会随着时间的推移逐步摊开。"

"这样的话，我总觉得有点问题，但不知道问题在哪里？"阿捷对这个模式有一种不安的感觉。

"这次你的直觉又对了！依我的经验，这种模式会带来两个问题：第一，交叉覆盖的 Sprint 带来了更多的 Sprint 计划会议、演示和发布；第二，要想重新组织团队，就必须打断至少一个团队的 Sprint 进程。最佳实践就是把多个 Sprint 同步起来，让它们在同样的时间启动和停止。"

"你以前是如何组织这样的 Sprint 计划会议的？"阿捷问道。

"在会议开始之前，你可以建议 Product Owner 指定一面墙壁用做'Product Backlog 墙'，把故事贴在上面，按相对优先级排序。不断往上面加贴故事，直到贴满为止。通常贴上去的东西都要比一个 Sprint 中所能完成的条目多。每个 Scrum 团队各自选择墙上的一块空白区域，贴上自己团队的名字，那就是所谓的'团队墙'。"

"嗯，这种方式我原来也采用过。"阿捷想起自己在之前的冲刺中采用过这样的方法。

"对！这种方式简单而直观！虽然过程显得嘈杂混乱，但效果很好，很有趣，也是个社会交往的过程。结束时，所有团队通常都会得到足够的信息来启动他们的 Sprint。"

"回顾也要把所有几个团队放在一起吗？那样人就太多了。"阿捷接着问道。

"不需要都放到一起，每个 Scrum 团队进行自己的回顾就可以了。只是在下一次 Sprint 计划会议的时候，让每个团队出一个代表，进行不超过 5 分钟的总结发言。然后，大家再来个 20 分钟的讨论，就可以了。啊，对不起，阿捷，我这里有事了，咱们回头再聊，好吗？"

"好。多保重。嗯，今天收获真多！"阿捷和赵敏告别后，阿捷又在网上查看了一些关于团队划分原则的文章。

又是一个星期一的早晨，周晓晓来到阿捷的座位上。阿捷虽然不喜欢这个人，但还不能不应付。

仗着自己资历比阿捷老，周晓晓上来就毫不客气地说："在 Scrum 里面，Scrum Master 到底做些什么呢？我上次没参加你的培训。"

阿捷虽然心想着"培训那天你干啥去了？"，嘴上还是耐心说："简单来讲，组织 Sprint 计划会议，组织 Sprint 演示和回顾，以及每日立会。"

"就这些啊，好像也没太多的事情，那我们不用这个角色也行啊。"周晓晓好像对这个 Scrum Master 很不感冒，也许是因为阿捷自己就是一个 Scrum Master。

阿捷看见周晓晓这个态度，敷衍道："嗯，那随你了。反正你是中间件的项目经理。不过还有最关键的一个是，Scrum Master 需要解决团队遇到的任何问题！这里的解决，不一定是真的要求 Scrum Master 自己亲身去解决，因为有些技术性问题，并非他所长，他只要找到相应的资源或者人即可。另外，就是要保护自己的 Scrum 团队，在一个 Sprint 中不受任何外部打扰。"

"噢？这样啊。原来 Scrum Master 只需要找人来解决问题就行了，看来 Scrum Master 也挺好当的啊。好，我知道了。"周晓晓一听到 Scrum Master 不用自己亲身解决技术问题，立马态度就不一样了。

"嗯，其实也并不完全像你想象的那样。我这里有些关于 Scrum 的基础资料，你感兴趣可以拿回去看看。"阿捷善意地建议道。

周晓晓拿起来翻了翻，嘴上说道："嗯，不错。不过我现在也没啥时间看这些，先放你这吧。反正不是有你嘛，我还是随时过来问你好了。"

"噢。"阿捷皱了皱眉头，心想：对这种人，实在是没办法，自己作为团队带头人，不好好理解 Scrum，以后实施的时候肯定会搞成四不像的。

周晓晓好像又想起了什么，问道："你们现在用什么工具呢？"

"ScrumWorks。"阿捷一五一十地说着。

周晓晓对阿捷毫不见外地说道："那我们可以用吗？"

"当然可以，只要你愿意。"说实话，只要是喜欢敏捷开发的 Agile 同事，阿捷都会一视同仁，包括周晓晓。

"那好啊！你给我们组的每个人都建一个账号吧。老板说要搞 Scrum，我得抓紧才行。你们抢了头彩，我怎么也得做个老二才行。"周晓晓终于说出了自己的心里话。

"周晓晓，你觉得现在你们的中间件项目适合用 Scrum 吗？"阿捷知道他们刚刚完成 Agile OSS 5.0 中间件模块的开发，现在正处于项目调整和修复 bug 阶段。

"没关系，老板说让试验一下 Scrum，咱就得上。向领导看齐，肯定没问题的。"周晓晓一点儿都不掩饰自己的想法。

"……"阿捷没有说话。

看到阿捷的反应，周晓晓自觉有些失言，打着圆场说道："你们的适合，我们的也应该适合，都是一个部门内的嘛，差不了多少的。今天就先谢谢了，我回去准备准备，有问题再找你。"

"嗯，好的。"阿捷虽然不情愿，但也没办法。

几天后，当阿捷照常登上 ScrumWorks 的时候，发现多了一个新的项目，看到中间件的标题，阿捷知道这是周晓晓他们的。"看来他们已经开工了，速度果然很快啊。"阿捷心里想着，出于好奇，阿捷打开了周晓晓建立的项目。令阿捷吃惊的是，他们的 Product Backlog 空空如也，没有一项内容，而 Sprint 却已经计划到 16 个。哇！真正的瀑布模式的 Scrum 啊！这么早，就定下了每一个 Sprint 要做的内容，根本没有考虑如果环境发生变化，肯定会影响到 Backlog 的优先级，到时候又需要调整相应的开发计划了。周晓晓这种不定 Product Backlog，光写 Sprint 计划的做法完全抛弃了敏捷的关键核心，即灵活应对外界变化。

吃午饭的时候，阿捷专门拉着章浩，想跟他了解一下中间件组实施 Scrum 的情况。在 Agile OSS 5.0 奥运特别版 GA 发布之后，周晓晓就借口 TD-SCDMA 组的项目已经做完，把章浩和王烨要了回去。阿捷其实非常想把章浩和王烨留在自己团队里，他们两人更是愿意留下来，但是又苦于没有什么借口可以反驳周晓晓，即使是 Charles 李也无能为力。

"最近在忙什么呢？我看到你们组也在搞 Scrum 了。"阿捷端着餐盘刚坐下，就问起章浩来。

"是啊！最近就忙周晓晓版的 Scrum 呢。不过我觉得周晓晓的 Scrum 跟咱们在奥运版开发项目上的做法完全不一样，周晓晓弄的绝对是一个山寨版的 Scrum。"作为中间件团队仅存的老员工，章浩的资历完全可以比得上周晓晓，所以对周晓晓的这种做法说得一点都不客气。

"山寨版的 Scrum？不至于吧，你觉得都哪里不一样？"阿捷听到章浩说周晓晓弄的是"山寨 Scrum"，差点一口饭喷出来。

"首先，我们那天开 Sprint 计划会议的时候，一下子就计划完了所有的 Sprint。如果以后需求有变化怎么办？遇到人员调整怎么办？其次，我们的每日立会也有问题。"章浩对周晓晓的做法很有意见。

"每天的站立会能有什么问题呢？不是有三个问题的指引吗？"阿捷对这个问题有点不解。

章浩解释道："我觉得周晓晓并不理解什么是 Scrum，他把大家的每日立会变成了给他的每日汇报，虽然也是固定时间。他首先问我们谁没完成昨天的任务？谁如果说没有，他就要刨根问底地问为什么？搞得大家都很紧张。然后他再让我们每个人在会上把当天的任务告诉给他，让他来决定工作是不是饱满。不饱满，他就给你加任务。哪有这样干的啊。"

"哎，确实有点那个。"阿捷没有想到周晓晓是这么干的。

"另外，我们开会的时间也有问题，不是在早上。"章浩接着说。

"这又是为什么？"阿捷不解了。

"咱们的 Agile OSS 5.0 不是做完开发了吗？现在还属于调整期。你知道的，我们现在做的中间件项目是从美国那边移交过来的，现在还有一部分由美国那边开发，老板想把美国那边所有的开发都移交到英国的 R&D Centre（研发中心）去。周晓晓为了讨好英国公司，要求我们在每天快下班的时候开这个会，这样好与英国人对接上。"阿捷在 Charles 李召开的部门例行会上听过美国大老板想把中间件部分移到英国的分公司去做，可是没想到周晓晓能够拍马屁拍到英国去。

阿捷问道:"嗯,移交到英国的事情我知道,可是,你觉得跟英国那边沟通是必要的吗?"

章浩实事求是地说着:"沟通肯定是有必要的,但我觉得没必要采用这样的形式,而且也不用这么频繁。首先,英国那几个同事根本不关心这些细节的东西,其次,那边一上班,这边就快收拾东西走人了,就这样还要讲自己今天要做什么,有什么意思啊。"

"这倒是。你们没跟周晓晓提这些问题?"阿捷奇怪中间件组的其他同事就这么能忍。

章浩叹了口气,说道:"别提了,就周晓晓这个人,根据过去的经验,我们大家的共识是:你提了他也不懂,他也不想懂,还会被扣上一顶不支持他工作的帽子,到年底考评绩效的时候再给你一下子。何必呢?"

"哎,兄弟,别这样,该提的还要提,这对整个组织的发展还是很重要的。"阿捷知道其实能够进入 Agile 公司的每一个员工都绝对不是等闲之辈。

很明显,章浩在受到了多次打击后,已经没有了说出实话的动力和勇气,阿捷知道,这对于一个开发团队而言,可不是什么好现象,如果最终演变成了项目经理的一言堂,那对于整个团队必将会是一场灾难。阿捷暗暗告诫自己无论如何也不能犯这种愚蠢的错误。

8 本章知识要点

1. 产品内部的 Scrum of Scrums 同步会

   议程安排:由每个团队的代表描述上次开会以来各自的团队完成的工作,下次开会前计划完成的工作,遇到了什么障碍。除了这些常规话题外,尤其应该交流与跨团队协作相关的问题,例如集成问题、团队平衡问题。

2. 跨产品层次的 Scrum of Scrums 同步会

   会议形式:

   - 开发主管介绍最新情况。例如即将发生的事件信息。
   - 大循环。每个产品组都有一个人同步他们上周完成的工作,这周计划完成的工作,以及碰到的问题。

- 其他人都可以补充信息，或者提问问题。

会议组织：

如果每周开一次，建议全体开发人员都来参加，让每个人了解其他团队在做些什么。主要以报告形式进行，由每组的 Scrum Master 可以负责自己团队的报告，代表也行。会议主持人要严格控制会议的时间，尽量避免出现大讨论。

3. Scrum of Scrums 的议程无关紧要，关键在于要有定期召开的 Scrum of Scrums 会议，进行沟通交流。

4. 同步进行的 Sprint 有如下优点。

- 可以利用 Sprint 之间的时间来重新组织团队。如果各个 Sprint 重叠的话，要想重新组织团队，就必须打断至少一个团队的 Sprint 进程。
- 所有团队都可以在一个 Sprint 中向同一个目标努力，可以有更好的协作。
- 更小的管理压力，即更少的 Sprint 计划会议、Sprint 演示和发布。

5. 在 Scrum 中，团队分割确实很困难。不要想得太多，也别费太大劲儿做优化。先做实验，观察虚拟团队，然后确保在回顾会议上有足够的时间来讨论这种问题。迟早都会发现适合你所在环境的解决方案。需要重视的是，必须要让团队对所处环境感到舒适，不会彼此干扰。

6. 宁可团队数量少，人数多，也比一大堆总在互相干扰的小团队强。要想拆分小团队，必须确保他们彼此之间不会产生干扰。

7. 在 Scrum 团队中包含有兼职成员一般都不是什么好主意。如果有一个人需要把他的时间分配给多个团队，就像 DBA 一样，那么最好让他有一个主要从属的团队。找出最需要他的团队，作为他的"主队"。如果没有特殊情况，他必须参加这个团队的每日 Scrum 会议、Sprint 计划会议和回顾等。

8. 每日立会还是为了加强团队交流和信息共享。互相了解彼此都在做什么工作，完成了什么任务。这样每日的信息传递，可以让每个人更多地了解整个项目的业务和技术状况。如果在工作中遇到障碍或问题，也可以在这个时候提出来，请求大家的帮助。

9. 每日立会不是每天的工作报告，更不是项目经理进行工作检查，甚至考核会议。所有人有责任营造一个安全的会议氛围，让每个人都乐意说出真正发生的事情，就算是昨天遇到技术问题，没有任何的工作成果，也能得到谅解，而不是胆战心惊。

10. 敏捷方法需要有一个睿智开明的领导（也许就是 Scrum Master）以身作则，带领着团队向前冲锋，大家齐心协力，以项目的成功作为最高奋斗目标。只有这样，才能发挥敏捷方法的威力，只有这样，项目才可能获得成功。

11. 明确的短期目标。如果让一个团队做半年的详细工作计划，一定非常困难，但如果是 2 周，那就完全不一样。

 冬哥有话说

用管理球队的方式管理员工

团队的管理，与球队管理有异曲同工之处。球队原本就是一支团队，都有各种角色，教练／主管／球员／员工，都有一个完成任务的终极目标，只是所处的背景不同而已。

- 最好的球队要拥有一流的球员，良好的工作环境是拥有一群超级棒的同事；设想一下，如果公司里的任何一个员工，你都发自内心地尊重，而且能够从他们身上学到东西，你将会有更大的干劲。

- 每个人都想加入梦之队。在一支梦之队里面，你的同事在各自领域卓有建树，同时他们也是非常高效的合作者，身处梦之队的价值和满足感是十分巨大的。如果你招进来的员工足够优秀的话，后期人力资源管理上 90% 的问题都可以避免了。

- 在梦之队里，没有等级概念，大家都是为球队统一目标而努力；你极力保持状态，把自己变成最好的队友。

- 在球队里，每个人都知道自己并不会在队里待上一辈子。在团队中，如果一个员工不再适合自己的岗位，作为成年人，应该能够接受并离开。

- 每个球队都会有这样的"天才球员"称之为不羁的天才，教练需要考虑他能否融入球队，是否能与别人配合。技术团队也有这样的人，技术超强，却目空一切，无法与他人沟通配合，团队成员保持多样性的风格固然很好，但前提是要体现出团队集体认同的价值观。

- 顶级球员的表现会远远超出普通球员；对于创新型的工作，顶级员工的输出量是一般员工的 10 倍。

- 无法想象一支球队会对球员隐瞒球队的目标和实际战绩，每个人都知道球队的目标；技术团队更应该建立起透明，坦诚的文化，主管要自问，对于目标和策略，你是否已经做到了足够清晰和足够鼓舞人心。

- 公司真正的价值观和动听的价值观完全相反。对于团队，透明的薪酬与激励机制让每个人都知道企业期望什么样的人才，鼓励什么行为。员工知道自己的市场价格，对员工自身和企业而言都是好事，不要等到因为薪资而无法留住一个人的时候才加薪，保持薪资的市场竞争力，如果暂时无法做到，至少让员工知道原因。

- 高级管理层往往容易介入太多小事的决定，球队的教练不会也无法做到事无巨细，你无法控制球场上的每一个变化，需要球员现场随机应变团队管理应放手让员工做好自己的事；你所需要的，只是保证让大家和对的人一起做事，而非用流程控制他们。

- 球场上没有太多沟通的时间，靠的是训练出来的默契，企业中，存在很多跨部门的沟通以及团队内部开发人员之间的沟通，沟通并非越多越好，要消除不必要的沟通环节，靠的是统一的目标和价值观，以及纪律和自律。

- 伟大的球队为了伟大的目标，伟大的团队为了完成伟大的工作，招募正确的人，组建精英团队是主管的首要任务。鼓励球员做一切最合乎球队目标的事，同样的，鼓励员工做出"最合乎公司利益"的选择。

- 不是每个位置都需要乔丹，但每个位置都需要合适的人，有的位置需要工兵型球员，勤勤恳恳兢兢业业，他同样可以是这个位置的明星；不是每个岗位都需要爱因斯坦，但每个岗位都需要最适合的员工，每个职位都可以做成明星员工；

- 球员要为自己的职业生涯负责，员工要管理他们自己的职业发展负责，而不能仅仅依赖于公司"规划"他们的职业生涯；

- 自由、责任与纪律。球队是建立在战术规则与球员自由发挥基础之上，团队中的自由也不是绝对的，创新与自律，自由与负责，都无法脱离开彼此独立存在；打造以自由与责任为核心的企业文化；自由 + 责任，带来的是：自律，自主，自愿，自立，自勉，自知，自治，以及任何你能想到的美好词汇。

- 如果员工做得好，应该及时鼓励；如果员工的表现不够好，也应该有人及时告诉他们，而不是等到年底绩效出来给差评。

精华语录

第 20 章

分布式开发的喜与忧

从 2006 年起，Agile 公司开始着手在成都建立新的研发基地。经过两年的发展，已经有了近百人的规模。但阿捷所在的部门并没有在成都设立研发团队，其中一个重要的原因，就是阿捷这个部门的美国方面对中国的研发实力一直不是很认可。自从阿捷带领的 TD 团队，顺利完成了北京奥运大单，并保证顺利实施后，美国方面终于改变了想法，认为中国人完全有能力主导一个产品的研发。于是，在成都设立新的研发团队被提上了日程，并迅速付诸实施。对此，Charles 心中一直不平，本来这是北京、更是自己扩大势力范围的最佳机会，而且这个机会还是自己手下的研发团队干出来的，要说扩大研发团队，怎么也应该从北京开始啊！对此，Charles 还专门跟美国方面开了几次的电话会，但最终还是胳膊拧不过大腿，北京的研发费用那么高，人民币又在不断升值中，再投资北京，肯定不如找一个中国的二线城市，美国方面自有自己的小算盘。Charles 虽然没有能把这次扩大研发的名额争取到北京来，但美国方面还是给了 Charles 一丝安慰，那就是北京和成都进行分布式开发，而不再是公司层面上的软件外包。虽说两地团队是出于平等关系的，但北京将是 On-Site，成都属于 Off-Site.

说起 On-Site 与 Off-Site，虽然一词只差，意义却迥然不同，这些名词真是让人费解，阿捷也是花了半天的时间才算搞清楚。其实，无论是异地分布式软件开发或是外包，可以接触到实际客户的一端称为 On-Site，另一端则称为 Off-Site。而 Off-Site 又可以根据地理位置分为三类：On-Shore（在岸，指在同一个国家或同一个时区内），Near-Shore（近岸，在接近的国家和地区中）和 Off-Shore（离岸，通常在时差 6 小时以上），如下表所示。

Off-Site	On-Shore	Near-Shore	Off-Shore
分布式开发	北京办公室：成都办公室之间	印度分公司：中国分公司	硅谷总公司：中国或印度分公司
软件外包	北京某公司：成都另一公司	东京某公司：大连另一公司	欧洲某公司：中国另一公司

虽然说美国方面定下了异地分布式开发的基调，但是具体怎样组织架构，并没有定，而是把这个烫手的山芋扔给了 Charles。Charles 召集手下的几员干将 Rob、阿捷、周晓晓针对两种常见的组织架构，进行了一次 SWOT 分析后，给出了新的组织架构。

常见的 A 架构，是公司将完整的团队组织结构分布在两地，每个团队都设有本地项目经理、需求分析师、开发人员及测试人员。同时公司设有一个项目总负责人角色，负责两地的沟通与协调。这种组织架构，北京和成都的两个团队相对独立，成都团队可随时将北京团队抛开，单立门户了，这可不是注重权力控制的 Charles 所愿意看到的。

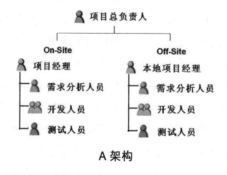

A 架构

B 架构

而 B 架构同 A 架构相比，On-Site 方不进行任何实际开发，而把所有的开发放到 Off-Site 方，这种架构看起来有点像外包。Charles 最初觉得在成都设立需求分析人员和项目经理意义不大，非常倾向于这个架构，由北京同时管理两地的项目活动。Rob 本来事不关己，反正自己就要回美国了，对这种权力争斗没任何兴趣，所以 Charles 说什么就是什么。而周晓晓呢，因为马屁拍惯了，从来也不会提出跟老板不一样的想法，即使明显不对，还是会附和。

但阿捷不一样，首先阿捷属于那种是非分明的人，看见问题，一定会指出来，而不会轻易妥协；其次，阿捷知道，这次的分布式开发，没准儿以后就得靠自己去管理的。所以，阿捷针对 Charles 的提法，据理力争，指出这样做存在很大的弊端，根本没法解决微观管理（Micro-Management），必须在成都设立项目经理或者项目协调人员，以加强成都本地团队的项目管理和协调，才能激发自管理、自组织。Charles 最终权衡利弊，还是同意了阿捷的提案，毕竟要是管不好成都，自己对美国老板也没法交代。所以对 B 架构进行了一次变更，最终有 C 架构。

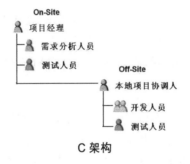

C 架构

正如阿捷所预想的那样，管理和筹备北京、成都进行分布式敏捷开发的重担落在了自己头上。阿捷是一个喜欢挑战的人，事情越难，越能激发起自己的斗志。不过，阿捷还是向 Charles 提出了一个条件，就是让大民、阿朱一起参与进来，Charles 非常爽快地就答应了。这样，这支 Agile 中国研发中心的 Scrum 梦之队又聚在了一起，准备向更艰巨的任务发起冲锋。

清明节假期的前两天，阿捷从公司下班后，正准备上网查找一下小长假出去游玩的线路，没想到久违的赵敏居然也在网上。

"下个月我可能要到成都去呢！"阿捷为了让赵敏高兴，把自己可能要去筹备成都

Team 的事情说了出来。

"真棒。这回是个什么项目呢？"赵敏听了阿捷要去成都，显得非常高兴，就像自己也能回去一样。

阿捷说道："这回是一个全新的项目，不过要分布式开发。计划由我们北京自己的研发中心主导，实际开发会放到成都去。"

"哦！你们算是 On-Site？成都是 Off-Site？"赵敏对美国人的那一套说法很熟悉。

"对。北京负责需求分析、计划协调、质量控制、验收等，成都要完成开发与测试。"

"这真是一个好机会。"赵敏很为阿捷高兴。

可是阿捷却有些踌躇，不自信地说："机会虽然说不错，不过也困难重重，我这次又被赶鸭子上架了。"

"很正常啊！这就是彼得原理。"

"彼得原理？"阿捷发现赵敏总能提出一些自己从未听过的名词。

赵敏解释道："彼得原理是美国学者劳伦斯·彼得在对组织中人员晋升的相关现象研究后得出的一个结论。在各种组织中，由于习惯于对在某个等级上称职的人员进行晋升提拔，因而雇员总是趋向于晋升到其不称职的地位。彼得原理有时也被称为'向上爬原理。"

"噢。"

"彼得指出，每一个员工由于在原有职位上工作成绩表现好（胜任），就将被提升到更高一级职位；其后，如果继续胜任，则将进一步被提升，直至到达他所不能胜任的职位。由此导出的彼得推论是，每一个职位最终都将被一个不能胜任其工作的员工所占据。层级组织的工作任务多半是由尚未达到不胜任阶层的员工完成的。"

"如果这样，那岂不是最终会很恐怖？"阿捷好奇地问道。

"是啊！因为这个过程往往是单向的、不可逆的，也就是说，很少被提升者会回到原来他所胜任的岗位上去。因此，这样'提升'的最终结果是企业中绝大部分职位都由不胜任的人担任。这个推断听来似乎有些可笑，但绝非危言耸听，甚至不少企业中的实际情况确实如此。这样的现象还会产生另外一种后遗症，就是不胜任的领导可能会阻塞了胜任者提升的途径，其危害之大可见一斑。"

"那他既然提出了这个理论，肯定也有对策了吧？"

"是的！因为这种情况最终会把一个晋升的梯子摆在每个管理人员面前，让每个人都成为排队木偶。为了避免人们成为排队木偶，扭转'体系萧条'的颓势，彼得博士提出了'彼得处方'，提供了65条改善生活品质的秘诀，你有兴趣可以看看。"

"好！是不是有书？"

"有，就叫《彼得原理》。"

"多谢！明天去买一本看看，正好利用假期充实一下。"

"嗯，那你们这次在成都是不是需要招人？"赵敏好奇地问道。

"是啊！那边已经有100多人了，但都不是我们部门的。会有一个成都研发分部的员工直接转移到我们这边，这个人能力、资历都不错，我们会让他负责成都本地的项目协调工作，再招上几个开发、测试人员。你有人要推荐吗？"阿捷以为赵敏有在四川的朋友想推荐。

结果没想到赵敏居然会说："我可以吗？"

"不可以……那不是大材小用吗"阿捷呵呵笑道。

"唉，真的好想回家。在国外再舒服心里也有一种没着没落的感觉。你能体会吗？对了，你对员工招聘有什么看法？怎么选择你需要的人？"

"嗯，我理解。从前做封闭开发的时候我也有过那种感觉，只不过我封闭完了就可以回家，比你在国外好一些。想回来就回来吧。一个人总不能老飘在外面啊。你说招聘啊，我比较推崇这样一个观点，就是 hiring attitude，training skill。"

"哦？这是个什么说法？"

"好像来自沃尔玛，全称应该是 hiring for attitude，training for skills，即'聘之以态度，授之以技能'。我相信态度最重要，而技能是可以通过培训来解决的。"

"这点我赞成！"

"也就说一个伟大的公司不需要 hand，要 head。简而言之，应该青睐有头脑、有想法的员工，而不是人手，不能简单地看文凭、学历，要真正任人唯贤！

"在任何情况下都应该坚持这一点吗？"

"哦"，阿捷还真没仔细考虑过，停了一下，"嗯，对于一个迫切的项目，可能就得多关注技能啦。"

"嗯，此外，我觉得对于一个新创立的公司，在急需人才的时候，可能也需要更多地关注技能。"

"对，应该是这样的！不过要想建立一个伟大的公司，一定要坚持这一点！"

"有了人，就会面对团队建设，你是怎么看待这个问题的呢？"

"嗯，等一下。我看过一个关于团队建设的图，我画给你。"阿捷马上手绘了一张关于团队建设的图，发给赵敏。

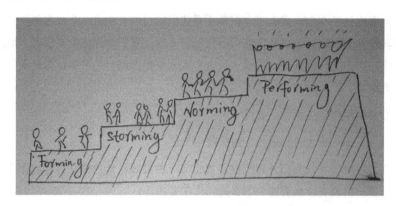

"你看，团队建设也是有生命周期的。必然要经历组建期（Forming）、风暴期（Storming）、规范期（Norming），然后才是高绩效期（Performing）。我觉得管理到一定程度后，一定是全生命周期的管理，应该是一个闭环和持续改进的过程！"

"哦，还真挺复杂的！"赵敏回复到。

"其实也很简单，第一步选人。千里马常有，而伯乐不常有。因为我们都不可能是专职的伯乐，所以要打破应聘要求的条条框框，多花时间在简历分析和面试沟通上。要亲自参与面试，而不是简单地给出需求，全部交给 HR 部门来完成。更重要的是换位思考，选择一个人才进入团队的时候，首先要考虑他能够带给成员的是什么，是否适合这个团队。如果团队中每个成员的胜任力都很优秀的话，自然能够带来优秀的业绩和团队绩效。"

"说得不错，下一步呢？"

"在找到了合适的人后，第二个重点就是为合适的人分配适合的工作。我们需要看到每个人的短处，但是我们关注的却是各尽所能地发挥每个人的长处。所以要对人员的技能做评估，对团队角色的职责做出明确定义和划分，定义好团队之间的操作规程和流程。"

"嗯，然后呢？"赵敏对阿捷的论断很感兴趣，鼓励他说下去。

"第三步通过团队建设来保持整个团队的积极性和热情。首先是要建立团队愿景，很重要，是树立团队精神和建立大家共同价值观的基础。然后是制定团队的规则和纪律，这应该是大家共同制定出来的、必须要遵守的。对于团队的建设，一方面是偏重应用的，主要是指团队学习和培训组织等，提升团队的知识技能；另一方面是关于价值观，时间管理，心态，职业精神等方面的培训，便于形成团队共有的价值观。"

阿捷顿了一下，接着说："团队之所以不同于团伙，正在于团队中所有成员的价值观都是和团队价值观同向，共同的愿景才可能产生共同的合力。

"嗯……"赵敏等待阿捷继续说下去。

"第四步就是要建立竞争机制。在团队内营造一份良好的、积极向上的竞争氛围。第五步，建立奖惩制度。驱动人们的理由无非有两个，一个是赢得欢乐，另一个就是逃离痛苦。这也就是管理大师们常说的 X/Y 理论。"

"最后就是回顾并不断地调整团队，重新回到起点！"

"嗯，非常不错！作为一个团队的领导，从你的实践来看，你是怎么看待领导力？如何才能成为一个合格的领导呢？"

"考我？"阿捷打趣道："首先，我觉得领导力应该体现在他的影响力上，而不是依靠组织赋予的地位权利（Position Power）。在一个团队中，影响力和说服力要比权力更重要，团队成员之所以相信你，愿意跟随你，不是因为恐惧，而是因为真的爱你、相信你！有些人可能不是一个团队领导，但却有无比的影响力和号召力，这尤其说明了这一点。"

"继续。"

"作为团队领导，很关键的一点就是看你是不是真的'用心去领导'。"

"用心去领导？还是第一次听到，具体怎么做呢？光有这个想法是不行的吧！"赵敏故意刁难。

"嗯，我觉得关键的一点就是要去了解团队每一个成员的需求与渴望，去跟他们进行心与心的沟通。这一点也是符合马斯洛的需求层次理论的。具体可以看这个文档。"阿捷把一个文档发给赵敏。

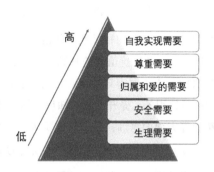

等了一会儿，估计赵敏已经看完了，阿捷接着说："我相信你以前也看过这个理论！我觉得作为团队领导人，首先需要了解你的团队成员在每个阶段的需求，然后尽可能地满足。要跟 X 理论和 Y 理论有机地结合起来。"

"嗯，这个理论理解起来简单，真正做到的领导却少之又少啊！"

"嗯！如果你们跟成都进行分布式开发，还采用 Scrum 吗？"

"采用！为什么不呢？仅仅从我们的 TD 项目来看，我觉得这个 Scrum 非常好！非常符合当前软件开发的趋势。"

"嗯，通过 Scrum 管理和协调两个不同地理位置的团队，是一个非常有挑战性的工作。"

"是啊！对此你有什么建议吗？"

"最高指导原则就是沟通、沟通、再沟通。对于一个分布式团队，最重要的就是解决沟通的问题。因为缺乏面对面的沟通，还由于时间、文化、语言的不同，需要付出更多的人力和财力才能获得预期的结果，而且小的误解也会迅速放大。这需要在团队建立之初，就考虑好这个问题。沟通不要怕多，一定要充分才行。对这个问题，有一个非常著名的康威定律（Conway's Law）"。

"康威定律？"阿捷还真没听说过。

"原始表述是这么说的：让四个人开发编译器，你就会得到四个编译器。"

"有点绕圈子，到底什么意思？"

"这个表述更具有一般性：'产品必然是其组织通讯结构的缩影'。简言之就是'方法决定结果'或是'过程变为产品'。这个定律无非在告诉我们开发人员间的高效面对面的沟通，对于好的产品和设计是至关重要的，由于沟通不顺畅，分布式的团队往往会损害到软件设计。"

"嗯，你们都是怎么做的？"

"坚持每日站立会议。因为你们只是北京和成都两地，没有时差，可以很容易地同步。我从前的一个团队在上海，需要跟芬兰的开发团队进行沟通，因为时差，我们不能让所有的人在同一时间参加站立会议。我们就进行了一次变通，上海和芬兰的团队分别开自己的每日例会，然后由两边的项目协调人员进行沟通，这个沟通可以是电话会议，也可以是邮件或者 IM。"

"噢，如果双方的团队总人数较多，肯定也不适合一起开，需要分开吧？"

"对啊！有条件的话，最好进行可视会议，这样双方都可以看到对方的表情，感受到对方的情绪变化。通过 Skype，外加一个摄像头就完全可以了。"

"嗯。"

"此外，要鼓励成员之间采用各种手段进行沟通交流。电子白板、MSN、QQ、Skype 等工具，只要有助于双方进行沟通交流的，都可以拿来用。要相信员工，这些工具并不只是用来聊天的。"

"是啊！不过，这也跟员工的素质有关。"

"无论如何，面对面地交流才是最有效的方式。如果你们有条件的话，要让处于两地的团队到对方出差，互相熟悉，特别是 Off-Site 一端要到 On-Site 一端去，去与客户进行交流，了解客户需求与环境，这样才能更容易理解 On-Site 一端的语义上下文和环境。"

"这个我们也想到了。我们北京人少，只有三个，我们会先去成都。然后再邀请成都的人员过来，定期进行交流。"

"方式方法会有很多，关键还是要建立好一个沟通交流机制与规则，如每天立会的时间、能否准时开会、问题的跟踪解决机制等。我记得你们以前曾经总结了一些 Scrum 团队规则，不妨根据分布式开发的要求，进行一下补充。"

"好的，我们会随时进行调整的。"

"指导原则之二是使用正确的实践和工具。成功的软件开发团队所使用的实践中，众所周知的有：共同的编码标准、源代码控制服务器、一键建立和部署脚本、持续集成、单元测试、错误跟踪、设计模式以及应用程序块。与本地团队相比，分布式团队必须以更严格的标准应用这些实践。"

"好的。"

"分布式开发，如何让对方知道对方、乃至整个团队任务的最新进展，单单靠每日的立会是不够的。最好采用一些在线工具进行项目跟踪，现在已经有了一些很好的在线敏捷项目管理工具。另外，Wiki 也是一个很好的知识共享工具，你们不妨考虑一下。"

"我们一直在用 ScrumWorks，还不错。"

"嗯，我想你们公司肯定会有版本控制系统了，除了 Clearcase、VSS 等商业工具外，一些开源工具如 SVN、Git 等，也都很好用。采用这样的工具进行代码管理，才能保证双方的每日提交，更容易集成起来。持续集成对于异地团队至关重要。对于持续集成，可以用 Jenkins 或其他框架。"

"我们用 Clearcase，美国人搞的全球统一软件配置环境真的值得称赞。我们这方面问题不大。"阿捷提到这儿，自豪感油然而生。

"嗯，你真的很幸运。能在 Agile 这样一个公司工作，有这么好的软硬件条件。好多公司都在这上面栽过跟头。对了，你们准备怎么做测试？"

"作为 On-Site，会由 Test Leader 根据需求，制定好验收条件，发给成都那边的 Off-Site，最终根据这个进行验收。而成都那边，也要根据需求及我们定好的验收条件，进行本地测试。最后的集成测试由北京总负责。"

"可以，记得要把需求和验收条件描述清楚、简单明了，尽可能地减少误解。做到 DoR（Definition of Ready，就绪的定义）"

阿捷突然又想起来一个问题："关于 Sprint 的计划会议、演示与回顾，还有什么要注意的吗？"

"Sprint 的计划会议一定要一起开，最好是一方的人员到对方去，大家坐在一起，面对面地制订计划。而演示，可以远程进行，但也要所有的团队成员都参加才好，因为这是一个很好的分享成果的机会。而回顾呢？完全可以分别进行，然后再相互交流回顾结果与改进计划。"

二人又随便聊了些四川的风土人情，约好如果有时间一起出去旅行。

本章知识要点

1. 招聘员工准则：聘之以态度，授之以技能，即 hiring for attitude，training for skills。

2. 团队建设的生命周期准则如下。

   - 选择合适的人才。
   - 设立清晰的愿景、明确的目标。
   - 合理用人。人尽其才，才尽其用，充分发挥每个人的优势。
   - 建立良性竞争机制。
   - 建立奖惩与监督制度。
   - 建立完善的培训系统，关注员工的个人发展。
   - 评估并不断改进团队。

3. 领导力应该体现在他的影响力上，而不是依靠组织赋予的 Position Power。

4. 用心去领导。要了解团队每一个成员的需求与渴望，去跟他们进行心与心的沟通。按照马斯洛的需求层次理论进行针对性的激励。

5. 情境领导力。根据情境去领导（Situational Leadership）。没有最好的领导力，只有最适合的领导风格，管理者要根据员工的不同情境灵活调整自己的领导风格和领导形态。

6. 尽管一个组织必须重视管理人员成长可能性，并通过提供更大的发展空间等手段来激发他们的潜能，但彼得原理可以作为一种告诫：不要轻易地进行选拔和提拔。解决这个问题最主要有以下三大措施。

   - 提升的标准更需要重视潜力而不仅仅是绩效。应当以能否胜任未来的岗位为标准，而非仅仅在现在岗位上是否出色。
   - 能上能下绝不能只是一句空话，要在企业中真正形成这样的良性机制。一个不胜任经理的人，也许是一个很好的主管，只有通过这种机制找到每个人最胜任的角色，挖掘出每个人的最大潜力，企业才能"人尽其才"。
   - 为了慎重地考察一个人能否胜任更高的职位，最好采用临时性和非正式性"提拔"的方法来观察他的能力和表现，以尽量避免降职所带来的负面影响。如设立经理助理的职位，在委员会或项目小组这类组织中赋予更大的职责，特殊情况下先让他担任代理职位等。

7. 成功企业有以下两大用人之道。

- 适当引进外来人才，避开"彼得原理"所涉及的后果。
- 在企业内部逐步提升，重视潜力，重要的职位大多数由胜任的人担任。

 冬哥有话说

用经营产品的方式经营团队

产品面临的环境是复杂的，培养一个团队也是。产品需要经营和维护，培养一个团队也是。经营产品，与经营团队有许多异曲同工之处。用经营产品的方式来经营团队，我们来看看这里有哪些可以借鉴之处。

1. 产品需要不断探索和尝试，去发现产品被客户认可的点，并将其发挥到极致；管理中，识别你希望看到的行为，让其变成持续不断的实践，然后用纪律来保证这些实践顺利进行。

2. 产品会做 A/B 测试，同样的，领导者也可以尝试用不同的方式来管理团队流程，不断设定方向，获得反馈，主动试验，持续优化。循序渐进的试验，正如同产品演进一样。

3. 伟大的产品，会让每个参与在内的人激动不已；伟大的团队，会让成员愿意和团队一起解决问题，共同奋斗，获取成功。

4. 大而全的产品未必人人喜欢，小而美但解决具体问题的产品会更受欢迎；团队也是一样，人多力量大是错觉，要认识到小而精的团队的威力。

5. 不要违反人性，产品如此，团队也是如此。

6. 产品操作要简单，步骤要简洁，不要让用户思考，不要设置障碍；团队管理要遵循尽可能简洁的工作流程，不要束缚团队成员的动力。

7. 做正确的产品，比正确地做产品更重要；公司建立起各种规章制度，目的是让人正确地做事，而员工通常更需要知道的是，他们最需要完成的工作是什么，即什么是正确的事情。用正确的人，做正确的事，然后才是正确地做事。

8. 尊重用户，不要试图控制和欺骗；遵循成年人法则，像对待成年人那样对待员工，尊重、坦诚、透明，而且他们很喜欢这样。

9. 商业环境瞬息万变，产品需要小步冲刺，快速迭代；经营团队，不要再制定什么年度计划，而是更多的时间来做季度计划。

10. 伟大的产品自己会说话；伟大的团队员工能讲（真）话。

11. 站在用户的角度设计产品，以同理心去共情；要培养基层员工的高层视角，员工需要以高层管理者的视角看事物，感受到自己与所有层级，所有部门，必须解决的问题建立真正的联系，公司才能发现每个环节上的问题，员工才是真正的合伙人。

12. 不要质疑用户的问题，每一个反馈，每一个无法满足的诉求，都可能是产品改进的点。领导者不要把员工的提问当成挑战，永远不要低估问题与想法的价值，回答不上来的问题，是最好的改进机会，而不是尴尬的事情，把每一次问答，当作学习的机会。

13. 把员工当客户，重视员工的体验和感受；不要想当然的主观臆断用户如何使用产品；员工对业务的无知，是领导者的失职，用简单直白的方式对业务进行解释并非一件易事，公司和全体员工分享的信息通常不是太多，而是少得可怜。

14. 简单，勇气，沟通，透明，反馈，对产品和员工都适用。

15. 如果你想知道用户怎么想，去现场调研；如果你想知道员工在想什么，没有比直接询问他们更好的办法了。

精华语录

第 21 章

大地震

5月12号一早，阿捷精神饱满地出现在 Agile 公司成都分公司办公室里。打开笔记本，连上网络，阿捷看到 Outlook 里塞满了未读邮件。阿捷赶紧大致看了一下，有一大部分是 AutoVerify 自动每天发的，也有别人抄送给阿捷的，阿捷还在 Manager Mail Group（管理者邮件群组）里看到一封邮件的标题写道："[Urgent] Telecom Solution Division - Cost Control From May 1 2008.（【紧急】电信系统部—自 2008 年 5 月 11 日起经费开始控制）"。阿捷并没在意，因为费用控制在 Agile 公司每年都有，无非就是为了限制在美国和欧洲的销售出差和其他的一些花费，阿捷有些习以为常了。

上午 10 点钟，阿捷拨通了北京 Office 的电话，准时参加了 Charles 召开的管理层会议。照例是 Charles 大致询问了一下各个团队的相关事宜，然后是 Rob、周晓晓分别汇报一下本周的计划，等到 Rob 和周晓晓都讲完，阿捷刚开口讲了一下自己这周准备要在成都开展的工作，就被 Charles 打断了，他毫不客气地问阿捷，难道没有收到电信事业部暂停成都部门组建工作的邮件吗？阿捷一怔，感觉像被电了一下。Charles 讲，从 5 月 11 日起实行的费用控制中就包括暂停成都团队的组建，阿捷想起之前看到的那封邮件，后悔没有在开会之前把那个带有 Urgent（紧急）标识的邮件读完。

还好 Charles 很体谅阿捷今天是休假后第一天上班，并没有多说什么，只是让阿捷订一下明天的机票返回北京。阿捷意识到，暂停电信事业部成都团队的组建对于 Agile 中国研发中心绝对是一场大地震！因为能够决定在成都建团队的人绝对不是一般层级的人，肯定需要 VP（副总裁）这个级别以上的大老板拍板才行，而取消或者暂停这项工作，就更是如此了，这其中肯定有很多故事。没办法，只能等到回北京慢慢向 Charles 打听了。

吃过中午饭，阿捷给在都江堰休假的赵敏打了电话，对她说了成都团队筹备暂停而老板让自己明天就回北京的事情。赵敏劝阿捷别想太多，先回北京好好休息休息，等她回美国的时候去北京找他。

挂了电话，阿捷准备认真清理一下邮件。突然间，会议室里的桌子椅子剧烈地摇晃起来，桌子上的笔筒、纸张都掉在了地上，立在墙边高大的巴西木居然也倒下了，还好没有砸到阿捷。

阿捷脑海里突然呈现出多年前在西安读大学时经历过规模不大的几次地震。但是阿捷明显地感觉到这次的地震要比以往任何一次来得都要强。

晃动停止之后，阿捷跑出会议室，看见外面满是惊慌失措的同事，有的仍坐在地上，有的在椅子上发呆，有的惊恐地扶着身边一切可以扶的东西，还有的居然钻到了电脑桌下面。阿捷赶紧招呼大家沿着紧急疏散通道跑去公司大楼外面的停车场。作为经过 SOS 组织培训过的急救员和有着丰富户外经验的阿捷，尽一切可能帮助身边的每一位同事，当阿捷看见市场部一位穿着高跟鞋的女同事准备去按电梯时，阿捷赶紧跑过去阻拦了她，让她脱去高跟鞋跟随大家走楼梯下楼。阿捷最后离开办公室的时候，还招呼了两个行政部的男同事，让他们帮忙把三箱放在会议室里的饮料和矿泉水搬下了楼分发给大家。

在 Agile 公司所在的成都高新区科技园的地面停车场上，聚满了周围各个公司的员工，大家都在相互打听着到底发生了什么。阿捷尝试着用自己的手机和停车场保安的固定电话给位于北京的家里和在都江堰的赵敏打电话，手机信号虽然是满格的，却总是无法接通，而固定电话干脆断线，连提示音都没有了。作为通信技术人员，阿捷知道，能够使这么大范围移动基站和固网同时瘫痪的地震一定不是小地震。阿捷没有办法，只能尝试着给北京家里发了短信报了平安，然后一次又一次地拨打赵敏的手机。

又经历了两次小规模的余震，渐渐地，聚集在停车场里的人开始散了，都在用各种方式向自己的家中奔去。阿捷和几个同事告别后也回到了位于高新区里所住的宾馆。回到房间，阿捷发现虽然宾馆内的电话还是无法拨打，但是网络居然是通的。阿捷赶紧打开网页，发现网上早已被这次地震"刷屏"，有的说震中在成都，有的说震中在都江堰，终于阿捷还是在中国地震台的网站看到了地震的中心在四川省汶川县境内，震级为里氏 7.8 级。

看到这条消息，阿捷的心一下子提到了嗓子眼，阿捷知道，汶川到都江堰只有短短的几十公里。在前年，阿捷和几个朋友自驾车从甘南去成都的时候，走的就是从汶川经都江堰，回到成都。在阿捷的印象里，从汶川翻过了几座山之后，就能看见浩荡的岷江水从都江堰水利工程的鱼嘴处分流为二。

越想心里越慌，阿捷再也坐不住了，先给家里打了一个电话，说了自己很安全，可能还要在四川待几天再回北京，然后发邮件给 Charles，说想请几天假看望一下自己在四川的朋友。随后，阿捷就背起还沾有雀儿山冰川泥土的行囊，毅然走出了宾馆的大门，去都江堰找赵敏。

阿捷在马路上拦了很多辆出租车，可是听见阿捷要去都江堰都无奈地对阿捷摇着头。当阿捷几乎绝望的时候，又一辆出租车被阿捷拦下，这个司机一听说阿捷是想去都江堰的，立马把车后备箱打开，让阿捷赶紧把登山包放进去。原来这个司机的家就在都江堰，他也正准备赶回去看看。

一路上，阿捷和这位叫老李哥的师傅聊着。老李哥对阿捷讲，从他出生记事起，四川就没有过这么大的地震，阿捷也向老李哥打听着都江堰的情况。知道阿捷的朋友是住在都江堰中医院后，老李哥说这个中医院就在建设路上，他家在幸福路，离得非常近，就几百米，刚好可以把阿捷送过去。

在离都江堰还有一段路时，开始堵车了。阿捷和老李哥下了车焦急地询问前面的司机，才知道是交通管制了，在等待军车通行。阿捷和所有的人一样，都急切着盼望着能够早点到达都江堰，尽管他们都不知道等待着他们的将会是什么。

直到太阳已经落山了，前面的长队终于开始慢慢前行了。阿捷和老李哥赶紧钻进车里，紧紧地跟随着宛如长龙的车队前行。在晚上 9 点的时候，阿捷他们终于开进了都江堰市区。

太平街两侧的房子有的整片倒下，有的被震裂开来。阿捷和老李哥越往前开，心情越绝望。两个人一句话都不说，眼睛只往道路两边看。建筑物损坏的太多了，从小在这个城市长大的老李哥都快认不出自己的家了。突然间，老李哥哭喊了起来，"那，那，那，那是我们家的楼。"阿捷顺着老李哥指去的方向，看见一座6层的小楼安然屹立在右前方，阿捷知道，如果楼不倒，人就还有希望。

老李哥嘴里边念叨着"老天爷保佑，老天爷保佑"，边把车停在路边，临下车前，还不忘告诉阿捷，这个路口向右转200米就是都江堰中医院。阿捷道过谢，从兜里掏出500元钱递给老李哥。老李哥推开阿捷递钱的手，发自肺腑地说："兄弟啊，这钱哥不能收。真的不能收。你为你朋友来，我为了我家人回来，咱们都不容易。自己一路保重。哥不再送了。"阿捷的眼睛也红了起来，上去紧紧地拥抱了一下老李哥，道了一句："老哥！保重！！祝你全家平安！！"

阿捷背起背包，沿路口向右拐去。"是这条街吗？怎么和上周六过来的时候不一样？"阿捷边想着，边疑惑地往前走去。阿捷记得上次赵敏带他出来时，曾经在离医院不远的一个小卖部里给阿捷买过水，难道就是这个小卖部？阿捷看到一座倒塌的建筑前有一块写着"幸福小卖铺"的招牌。阿捷加快了脚步，越发着急地向着街里走去。

果然，都江堰中医院就在前面。当走到医院门口的时候，阿捷完全呆住了。那座6层高的住院部大楼已经完全倒塌了，废墟中，有数十个武警战士正在徒手抢险。阿捷一下子愣在了原地。赵敏呢？赵敏的父母呢？天啊，怎么会这样！等阿捷反应过来，赶紧把背包里的头灯和登山时用到的防滑手套拿了出来，将背包扔到一边，就帮着武警战士们一起在废墟上忙了起来。因为整栋楼都是砖混结构的，如果大型机械进行挖掘，将会导致再次坍塌，所以，所有的工作都得靠双手来完成。阿捷记得赵敏母亲的病房是在4层，就边帮着武警战士救人边询问这已经是第几层了。

现场，参与救援的人搭起人墙，采取人手传递碎砖碎瓦这种最原始的方式进行着救援，一个又一个的幸存者从废墟下被救出，但更多的是遇难者的遗体，有的穿着病号服，还有的则穿着护士服，还有……阿捷从来没有如此近距离地接触过遗体，阿捷还知道，几个小时前他们还都是一条条鲜活的生命。

时间已经过了夜里12点，可是完全没有任何赵敏的消息。正当阿捷帮助一名武警战士搬运一位伤员的时候，一个娇小的身影出现在了阿捷的面前。头灯闪亮的 LED 灯光刺得她睁不开双眼，一头顺滑的秀发上沾满了灰尘，白净清秀的脸上布满了汗渍和泪痕，一道还渗着血的划痕从耳边一直延伸到下巴，身上那条牛仔裤的膝盖处也被挂出了一个丁字形的口子，黑色的鞋上还沾有不知道从哪里蹭来的血渍。当阿捷目瞪口呆地摘下头灯的时候，赵敏一下子就扑到了阿捷的怀里，差点把不知所措的阿捷撞倒在地。赵敏抱着阿捷的脖子放声大哭，阿捷一只手搂住赵敏的腰，另一只轻轻地拍着赵敏的后背，低下头轻轻地在赵敏耳边说道："不怕，不怕，有我在，我在这里，不怕，不怕。"

赵敏听了阿捷的话两只手抱得更紧了。过了好久，才从阿捷的肩头抬起自己的脸，肿着一双大眼睛看着阿捷，眼泪充满了整个眼眶。阿捷看到赵敏脸颊处的那道划痕，刚想拨开头发仔细查看，赵敏却下意识地躲开了。

"你爸还好吗？你是怎么从医院脱险的？"阿捷拉着赵敏的手，走到自己放背包的地方，搬来两块砖头坐下。

赵敏的父亲很幸运，在地震中仅仅是右手臂骨折，并没有什么大碍，打上石膏之后就已经可以坐在椅子上输液了。在等待输液时，父亲让赵敏回家取些衣服并且看看家里那个二层小楼还在不在，就在赵敏回家取衣物再次路过中医院的时候，在一片废墟上看见了阿捷那穿着鲜艳的红色冲锋衣的身影。

阿捷背起背包，跟随着赵敏来到了这所简易的帐篷医院时，赵敏的父亲正在和旁边一位腿部骨折的中年男子谈着什么。赵敏的父亲见到阿捷百感交集，让他们两个坐在自己身边，对阿捷和赵敏说道："这是川大的美术老师吴老师，他们今天组织学生去青城山写生，上午的时候因为他身体不舒服就留在了前山，而让班长带着 30 多个学生进了后山写生。没想到下午就发生了大地震。唉，真是可怕。"

那位美术老师的家在成都，听说阿捷是地震后从成都赶过来的，赶紧询问了成都的情况，听到阿捷说并没有看到成都市区有什么楼房倒塌，路面也基本完好的消息后，才长长地出了一口气，对阿捷说道："现在就是担心在后山的那 30 多个学生。刚刚我已经和这边的医院和武警都反映过了，可是他们说现在都江堰市区里的人都还救助不过来，实在是抽不出人手去青城山查看学生们的情况，只能看他们能不能自救了。可他们才是大二的学生啊，能有什么自救经验呢？唉，怎么办？怎么办啊？我怎么和学生们的家长交代啊！早知道会这样，无论怎样我也会跟着他们进山了。"

阿捷和赵敏几乎不约而同地站起来说："要不，我去看看？"说完之后，两个人都惊讶地看着对方，而赵敏的父亲和吴老师也都为他们两个的举动而惊诧。沉默了片刻，阿捷首先对吴老师和赵敏的父亲说，"我去吧，我去没问题，我刚刚从雀儿山登山回来，登山的装备都还在这里，况且我还参加过 SOS 的专业培训，对户外救援有一定了解。"赵敏也对父亲说："爸，青城山后山我路熟，只要不再地震，我肯定没问题。"然后又看了阿捷一眼，接着说："况且有阿捷在，我不会有事的。"赵敏的父亲看着自己的女儿和阿捷，又看了看边上的吴老师，点了点头。

为了减少负重，阿捷把背包里的帐篷和羽绒睡袋留在了医院，让赵敏的父亲送给有需要的人，留下从成都带过来的水和食品装到了自己 25L 的冲顶包里，交给赵敏背。自己则把两个人御寒的衣服、防雨罩、登山杖、安全带、八字环、上升器、主锁等技术装备和一根 55 米长的主绳整理到自己的大背包中，临走前，阿捷非要赵敏戴上他那顶戴了多年的岩盔。清晨 5 点，天刚蒙蒙亮，两个人向赵敏的父亲和吴老师告别，就冒着小雨，踏上了去往青城山的路。

出城的时候，阿捷和赵敏遇见了一位好心的过路司机，在听说他们是要去青城山救援之后，一直把赵敏和阿捷送到了青城山后山脚下的泰安镇。分别时司机师傅对他们说道："娃啊，接下来的山路就只能靠你们自己了。千万小心。"谢过师傅，阿捷把包里的防雨罩拿出来包装好，便背着包开始打听起山上的情况，四处询问有没有见过一群背着绿色画板的学生。当地有人告诉他们，昨天下午的地震很厉害，但是在镇上的人都很幸运，没有一个人死亡，不过听说山上的人很惨，特别是在五龙沟和红岩的，山体滑坡埋了很多人。至于有没有学生，他们也不晓得，反正从昨天到现在为止，还没有看见背着画板的学生出现在镇子上。

听了这些，阿捷心情异常沉重，赵敏鼓励阿捷说："别害怕。还记得那句话吗？不抛弃，不放弃，对不对？走吧，咱们先顺着小路进山去看看。"阿捷被赵敏的话说乐了，一边好奇地追问她在美国那么忙怎么还会知道许三多，一边紧跟着她走进了大山。

雨越下越大，崎岖的山路上异常湿滑。阿捷的那双登山鞋还好，可怜赵敏穿的那双，早已被雨水浸透了不说，还沾满了泥巴，三步一小滑，五步一大滑地往前走着，还好阿捷在后面，一直揪住赵敏的背包。

后来阿捷和赵敏才知道，大地震时，青城山后山的山脊地面被震得从中间开裂，巨大的泥石流瞬间涌向两侧的山谷。在后山的千年古刹泰安寺内，佛像倒地，大殿移位，三分之二的上山道路被毁，架于山腰的龙隐峡栈道全部被毁，百余处观景亭被泥石流淹没得仅剩檐角。五龙沟内，著名景点三潭瀑布水流断绝，瀑布的水潭被完全填平。

阿捷和赵敏艰难地行走了近 3 个小时，快到中午的时候，终于在一处峭壁上发现了那群被困的学生。看见阿捷赵敏向他们走来，崖壁上的三十几个同学都忍不住叫喊起来，有的还拿起手中的画板向阿捷他们招手。而走到崖壁下面的阿捷却不禁倒吸了一口冷气。原来这三十几个同学所在的不足 10 平方米的小平台居然是被山上的泥石流生生冲出来的，这里原本可能就是一个背靠大山的小斜坡，当地震袭来的时候，这群学生刚好跑到这里，地震产生的巨大泥石流将这个原本的斜坡冲刷得只剩下背靠大山的一个小平台。小平台三面，都是泥石流冲刷出来的深沟，最浅处也有 30 多米深，而阿捷他们此时就站在这样一条深沟里。

赵敏放下自己的背包，然后走过来帮助阿捷把他的大背包卸下，看着眼前的情况，赵敏一时没了主意，况且两个人也已经一夜未眠，又赶了 3 个小时的山路，已经疲劳之极。阿捷先对被困在上面的同学喊着，说他们的吴老师很好，让他们都先别着急，一会儿肯定都会把他们平安地救下来。

阿捷先用防雨罩利用边上的几个树枝，做了一个简易的防雨棚，两个人背靠着背挤坐在一起，简单地吃了点东西。阿捷知道，留给他们的时间不多了，根据观察，如果再来一次地震，这个 10 平方米的小平台很可能就会保不住了，那时这三十几个学生将会随之跌入沟底，而阿捷和赵敏也有可能被随之而来的泥石流冲得不知所踪。

吃了两块巧克力，阿捷走到了这个小平台的另一侧查看，这边的沟要比阿捷刚过来时的那条还要深，但是在这侧的山体峭壁上却有很多树，阿捷看到这里心里一动，赶紧把赵敏叫过来，说出了自己想法。原来，阿捷是想先徒手攀上距离小平台最近的树，将绳索挂扣在结实的树上，组织学生沿着绳索下降。

时间就是生命，说做就做。阿捷穿好安全带，将主绳的一头系在自己的腰后，八字环、上升器、主锁挂在左右两侧，赵敏想让阿捷戴上岩盔，阿捷却死活不肯，其实阿捷知道，一顶岩盔有时候就能救一条生命，阿捷再也不能让赵敏有任何闪失了。

在经历过几次短暂的休息之后，阿捷终于攀上了距离小平台右侧 1 米左右的一棵大树上。当把主绳牢牢地绑在大树上后，阿捷抓住主绳轻轻一荡，就在一片惊呼中站在了小平台上。阿捷首先找到班长，询问了同学们的情况，在得知有一位男同学的前手臂被落石砸得抬不起来时，阿捷赶紧用随身携带的军刀割了一块画板，做了一个简易的夹板帮助那个同学将胳膊保护好。然后，又将自己身上的巧克力让班长分给大家，每人一小块，并半开玩笑地指着下面自己的大包说："下面还有更多的好吃的等着呢。"把饿了24个小时的学生们都逗乐了。

阿捷仔细教给同学们用安全带、八字环和主锁最基本的下降方法，并让赵敏在下面用手拉好主绳做保护，然后让一个最大胆的男同学先下，当那个同学安全地下降到地面之后，所有的人包括阿捷和赵敏都开心地欢呼起来。阿捷让赵敏取下那个同学的装备，在主绳上捆绑好之后又拉上平台，让下一个同学下降。这样周而复始，一个半小时后，小平台上就只剩下阿捷、班长和那个胳膊受伤的男孩了。阿捷在确定班长能够自己穿戴好安全带完成下降之后，决定冒险带着那个手臂负伤的男孩下降。在帮助负伤男孩穿戴好安全带后，阿捷自己用随身携带的一根长细绳做了一个简易的安全带，并用一根扁带和那个男孩的安全带相连，然后慢慢地带着那个男孩下降。就在阿捷带着那个男孩马上到沟底的时候，突然间，一块大石头随着山体滚落下来，阿捷本能地伸手挡了一下落石，就觉得眼前一黑，什么都不知道了。

"真疼，嘴巴里很苦，感觉很累很冷。嗯？远处有人在叫我的名字？！"阿捷慢慢地睁开眼睛，发觉自己正躺在赵敏的怀里。赵敏一边努力强忍着自己不哭，一边用一块方巾捂住阿捷的额头，一片血迹渗过了方巾。这时，最后一个降下来的班长已经把全部同学都带到了深沟边上的小树林中，返回到阿捷身边，指了指那根救了全班同学性命的主绳，问道："那根绳子咋办？我取不下来。"阿捷看着那根曾经跟随他上雪山下岩壁的绳子，摇了摇头。

赵敏把阿捷靠在一棵树旁，将那个大背包和冲顶包腾空后用肩带连成一体，做了一张简易的担架床，又找了4个身体强壮的男生分别拎着背包带的两边，将阿捷慢慢地放在了上面，并脱下自己的冲锋衣给阿捷盖好。阿捷就这样晃晃悠悠地被学生们抬下了山。

第 22 章

敏捷与反脆弱

7 月的北京变得炎热起来，整个城市都已经进入了奥运倒计时，人们开始意识到总是挂在口边的奥运会终于到来了，纷纷进入了自己的奥运时间。有的公司开始鼓励员工休假，

两个月过去了，关于成都为何在这次费用控制中暂停的原因，Charles 最终也没能给阿捷一个可信服的说法，只是阿捷能够感到，Charles 能够控制的资源越来越少了。但是，Charles 还是在阿捷代理 TD-SCDMA 组项目经理一年零两个月之后，将阿捷正式升为了一线经理。在 Charles 和阿捷谈话的时候，阿捷表示了 TD 组人员一直都不够的老大难问题，并且希望能够把大民升为 TD 组的 Technical Leader，阿朱升为 Test Leader，因为他们两人在日常的项目工作中展现出足够的能力。Charles 想了想，同意了大民和阿朱的事情，但是对于增加 TD 组的人员名额，他实事求是地对阿捷讲这已经超出了他能够审批的权限了。

阿捷有时会摸摸自己额头残留的那一块疤，还是有些心有余悸。如果那块石头再大点，

如果当时没有人及时救护，那今天的阿捷将完全是另外一个样子了，那天，赵敏指挥着学生们刚离开深沟没多久，又一次余震袭来，产生的巨大泥石流瞬间就将那小平台冲得无影无踪，这让刚刚松一口气的学生们都沉默了下来。

当同学们跟着赵敏抬着阿捷来到小镇上的时候，时间已近下午5点，赵敏把精疲力竭的学生们带到了镇医院，交给了当地政府，就赶紧请医生来看阿捷的伤势。医生先看了看阿捷头上的伤口，将伤口清理干净后又测了测阿捷的血压和心跳，然后笑着对赵敏说："你是他女朋友？这小伙子运气不错，基本没有什么事情，一会再给他打一针破伤风，就可以出院了。"赵敏听了脸上一红，却还是很担心："真的没事吗？那他怎么还是昏迷不醒？"

医生很肯定地说："没事。如果你不放心，可以到成都再让他拍个片子看看。他这哪儿是昏迷啊，他在睡觉，可能是太累了吧。你听听，这不都打上呼噜了吗？"

果然，赵敏隐约间听见阿捷的小呼噜打得很有节奏。赵敏看着躺在病床上的阿捷，又恨又想笑，原来这小子去找周公去了，害得自己一路上担心得不轻。

每次当阿捷想起赵敏告诉自己这些故事时的样子，都忍不住想笑。随后阿捷又在都江堰陪着赵敏和她父亲待了几天，5月19日才回到了北京。阿捷并没有把青城山的事情告诉任何人，但是没有想到的是，等那些学生回到了成都，同学们把当时用手机录下来的阿捷和赵敏救人的视频挂在了学校的网上，随后视频又被天涯、新浪等网站纷纷转载，最后还居然上了四川卫视和CCTV的新闻栏目。阿捷和赵敏一下子成了英雄人物，还有人在天涯上把阿捷和赵敏比作杨过和小龙女。

在电视播出的第二天，就有Agile公司的同事笑着跑过来问阿捷什么时候新交的女朋友，真够漂亮的啊，然后还关怀了一下阿捷的伤势。一传十，十传百，最后连Charles李都跑过来，对阿捷说，要是伤还没好在家里多休息两天也没关系。阿捷赶紧表示自己的伤真的没事。又刚好赶上Agile公司要为地震灾区捐款捐物，本来就是工会成员的阿捷责无旁贷地承担起Agile中国研发中心的募捐事情。

当天中午，阿捷来到中国银行捐出了自己当月的工资。正准备转身离开柜台时，突然被一双大手有力地拍了一下肩膀。

"嗨，哥们儿，来捐款啊？"

阿捷回头一看,居然是李沙。"是啊!你怎么到这来了?你不是去深圳华为出差了吗?"

"嗯,刚回来!我也来捐点儿。"

"在网上看到每个企业的捐款数额,现在彻底明白支持国产和支持港澳台同胞的意义!"

"没错,深有同感,这两天一直待在深圳华为,他们仅用了 2 天时间,员工内部捐款就达到了 2 千万元,公司在地震后第二天上午就成立了救灾委员会,并决定向灾区捐献 1 亿元的通信设备,并派人去现场协助运营商修复通信网络。"

"真的?这么猛啊!"阿捷由衷地赞叹道。

李沙一脸凝重地说:"是啊,尽管我觉得在华为工作会比较辛苦,但是我一直很尊重华为和华为的员工,正是由于有了他们和像他们一样的民族企业,当我们走出国门和老外聊天的时候,除了四大发明和大熊猫,我们还可以说点别的。"

7 月下旬的一个周日,阿捷开着车把赵敏送到首都机场。两天前,当阿捷在首都机场见到阔别两个月的赵敏时候,发现赵敏脸颊处的伤痕已经变成一条细细的红线,如果不仔细看已经快看不出来了,心情也从最初母亲离世时的伤心变好了很多。只是整个人明显地消瘦了一圈。在这两天的时间里,阿捷和赵敏就像两个相爱已久的恋人,手拉着手漫步在北京的大街小巷,便宜坊的烤鸭,西单的烤鸡翅,簋街的烤鱼,都留下了他们的身影。在 T3 航站楼国际出发口,阿捷拥抱过赵敏将她送入安检门的时候,赵敏突然又返回身,在阿捷的脸颊上亲了一口,然后轻声说了句:"I love you, my dear!"留下傻乎乎、已经如醉如痴的阿捷去了。

奥运会的盛大开幕式让阿捷和无数中国人一样为之自豪,而最终 Agile OSS 5.0 奥运版的稳定运行,则让阿捷的 TD Team 在 9 月份残奥会结束后受到了 Agile 公司的嘉奖,阿捷再次感受到了敏捷开发带给他们的收获。9 月 15 日,美国那边传来了第四大投资银行雷曼兄弟破产的消息让阿捷吃了一惊。阿捷知道赵敏前不久还刚刚给雷曼兄弟公司的软件部门做过一次系统安全的咨询服务,可是没想到才过几天,雷曼兄弟就破产了。虽然美国国会很快批准了 7000 亿美元的救援计划,并没有能阻止 10 月 7 日的道琼斯指数 4 年来首度跌破一万点大关。而在同一天,冰岛政府宣布了接管自己第二大银行国民银行,冰岛也居然陷入了国家破产的边缘。随着股票,油价,房价和消费者信心指数的不断下跌,阿捷越来越感觉到 2008 年的冬天来得有些早。

冬天来了，这句话在2008年里的内容更耐人寻味。在全球经济的"冬天"里，无论是寻常百姓，还是超级大国，几乎所有人都能感到袭来的阵阵寒意，对于阿捷他们最大的影响就是，无论是管理人员还是普通员工，一律降薪10%，小宝自嘲地说，降薪降到跌停板。不过，大伙儿也都知道，只有在这个时候与公司同甘共苦，才可能早日看到春天的到来，所以每个人都在努力地工作。阿捷作为TD产品的一线经理，天天起早贪黑地工作着。在阿捷、大民和阿朱等人的带领下，TD组做得Sprint日臻成熟，Rob组在几个Tech Lead的带领下，Scrum也渐渐步入佳境，只有周晓晓的团队，继续着自己的山寨版Scrum之路。好在中间件组的几个骨干个人能力都不错，通过加班和自己私下协商，也都完成了任务。

农历己丑年的春节比往常来得都要早。春节前的最后一个周末，北京又开始了大风降温，因为还有一些工作没有处理完，阿捷一早顶着呼呼的西北风，开着车来公司来加班。在路过黑木崖会议室时，阿捷突然看见里面亮着灯，端坐着几个人，其中一个居然是Agile公司美国总部主持电信事业部的总经理美国人Richard，也就是Charles的老板，另外一个则是阿捷并不太熟悉的电信事业部美国的HR经理Jacobson，Richard的对面还坐了一个，阿捷从玻璃门外看不出是谁，但肯定不是身材魁梧的Charles李。

阿捷一边打开电脑，一边想着Richard怎么会突然来到北京，尤其是在春节临近的时候。为什么事前的部门会议上没有听Charles提起来呢？按照惯例，Richard要来中国，首先就会通知Charles。

下午4点，阿捷终于做完了项目统计数据，明天的部门会上就可以用了。收拾好电脑，阿捷沿过道走向电梯。突然间，黑木崖会议室的门开了，呼啦啦出来几个人，一脸兴奋的周晓晓居然少见地穿着西服跟在Richard和Jacobson的后面，怪不得阿捷刚才没有把他认出来。周晓晓看见阿捷也愣了一下，他也没想到会在周日的办公室里撞见阿捷。Richard热情地和阿捷打着招呼，Richard问过阿捷为什么周日还在公司加班之后，很高兴地对阿捷说他很喜欢阿捷搞的这个Scrum，希望阿捷能够继续搞下去。阿捷笑了笑，说了句Thanks，就和Richard他们告别了。一年多没见，Richard的头发又白了不少。

第二天早上，尽管实行了每周停开一天车的禁行轮换制度，阿捷还是经历了标准的北京周一早高峰，9：50才赶到办公室。还没坐稳，大民就出现在阿捷的座位旁，压低声音地说："出事儿了。"

阿捷心里一怔，立刻联想到昨天周晓晓和 Richard 与 HR 经理 Jacobson 的突然出现，赶紧追问大民怎么了。大民也不知道，只是感觉到整个部门的气氛不对，Charles 李不仅取消了今天的部门会议，而且早上一来就和 Richard、Jacobson 进了会议室，到现在也没出来。不光是阿捷他们，Rob 和周晓晓 Team 的同事们也很不安。

快到中午，会议室的门终于打开了。最先走出来的是 Richard，他的神态和阿捷昨天见到的判若两人，表情严峻而凝重；接着出来的是 Jacobson 和 Agile 公司中国区 HR 经理 Nevin 陈，奇怪的是，Nevin 的手里居然拿有两个笔记本电脑，眼尖的同事发现，其中一个居然是 Charles 的电脑；当 Charles 走出会议室时，他没有对任何人说一句话，径直走回自己的座位，将并不多的个人物品收拾到已经空空的笔记本包中，转身离开办公室。在离开办公室的那一刹那，Charles 转头看了看一直在注视着他的阿捷，那只是一个眼神，阿捷却从中读到了失望与无奈。

吃过午饭，大家心照不宣地赶紧回到座位上，都在等待着什么。果然，部门秘书发了一个下午两点要求全部门员工参加的会议通知。

会上，Richard 首先宣布了 Charles 的离职，面对下面的一片哗然，Richard 几次要求大家安静，才得以继续下去。

在 Richard 的发言里，首先老套地说了些 "在这里感谢 Charles 对于 Agile 公司中国研发中心的贡献" 的话，然后转入正轨 Richard 解释是：电信事业部将实行扁平化管理，以在全球金融危机的形势下，更快地帮助管理层做出正确的决策，并减少薪酬方面的开支。

阿捷知道，理由听起来非常正确，但其实完全不靠谱。如果说都让 Rob、周晓晓和阿捷这样的一线经理直接汇报给总经理 Richard，那 Agile 公司的整个电信事业部差不多得有来自中国、印度、英国、美国不同地区不下 20 个一线开发经理，都向 Richard 汇报。除非 Richard 生得三头六臂，还要 24 小时工作。在这样一个情况下怎么可能谈得上 "更快地做出决策"？！对于减少工资开支的说法更是荒谬，虽然阿捷并不知道 Charles 的年薪是多少，但阿捷知道，按照 Charles 在 Agile 公司工作的年限来看，这样的裁员至少要赔偿 Charles 一年的薪水。真不知道他们所说的减少工资开支是怎么想的。要知道，2009 年里大家都已经减薪 10% 了。

开完这个说明会后，Richard 又召集 Rob、阿捷和周晓晓这三个一线经理以及每个组的 TechLead 与 Test Leader 开了一个小会。小会上，Richard 又透露了一些 Charles 被裁的原因。Richard 首先坦诚地说 2008 年电信事业部的业绩不好自己已有责任。阿捷心想："可是 Charles 与中国这边的销售团队拿下奥运这个大单，虽然没有达到增长目标，也应该算是收支平衡了。

Richard 接着又对阿捷、Rob 和周晓晓三个组的情况进行总结。阿捷突然发现，周晓晓的中间件组在 Richard 眼里是最优秀的，其次是 Rob，而 TD 项目的成功在 Richard 眼里，只是中国公司在奥运项目上的一个特例。例如 Richard 多次谈及中国团队和英国团队的配合问题，提出有的项目经理主动调整作息时间来与英方沟通，这个做法非常好，就是明显在表扬周晓晓。大家听到这里，眼睛齐刷刷地都向周晓晓看去，Rob 边看着周晓晓还边摇着头，而周晓晓却是一幅全然不知的样子，安然自得。

最后，Richard 谈到了 Charles 的一些管理不善的问题，比如说项目资源调配不合理、员工缺乏动力与创新能力、员工流失率过大等问题。这时，阿捷脑海中再次闪过周晓晓和 Richard 与 HR 经理 Jacobson 三个人在黑木崖会议室的一幕。很显然，Charles 这次是遭人暗算，被自己身边的人从背后捅了一刀。按理说，以 Charles 的精明，应该不难看出来周晓晓上次从美国回来之后对他的不满。只是 Charles 想不到周晓晓会如此算计自己。周晓晓怎么能够把自己团队员工流失的罪名让 Richard 认为是 Charles 李的过错呢？像阿捷怎么也想不明白。

会议结束之后，大民、阿朱跟在阿捷身后回到 TD 组的座位上，小宝和阿紫一看见他们三个回来，立刻凑过来想听听有什么消息，阿捷却无奈地摆了摆手。

阿捷突然感觉到自己很累，从未有过的累。阿捷刚加入 Agile 公司时，Charles 就像一座山，高高在上；当阿捷晋升一线经理的时候，Charles 就像在前面的领路者，自己这一年多来取得的成绩与 Charles 的支持和理解是分不开的。在心中，阿捷曾经想过要成为一个像 Charles 李那样的高级经理，带领着自己的部门在这个瞬息万变的市场上乘风破浪。而今天的阿捷却又感到如此迷茫。尽管阿捷知道，在这个社会上没有绝对的公平和正义，但是阿捷一直相信成功源自 99% 的努力和 1% 的运气。

而今天，突然变得迷茫起来，将来，自己的路究竟会怎样？

突来的变故，让阿捷想起了塔勒布的《反脆弱》："脆弱的对立面不是坚强，而是反脆弱，杀不死我的，使我更强大。既然黑天鹅事件无法避免，那就想办法从中获取最大利益，每一件事情都会从波动得到利益或承受损失。"既然选择了敏捷，不但要在工作中灵活应用，在生活中也要让自己变得敏捷起来，面对黑天鹅事件，虽然我们无法阻止它的发生，但我们一定要具备反脆弱能力，把变化转变为机会，并从中收益，这不就是敏捷的初衷与精髓吗？！

冬哥有话说

一切杀不死我的，让我更坚强

《反脆弱》是纳西姆·尼古拉斯·塔勒布的作品，塔勒布还有一部更出名的著作《黑天鹅》，汶川大地震、Charles 离职以及雷曼兄弟破产，都是黑天鹅事件。黑天鹅事件是指发生概率极小但一旦发生就会造成极大影响的事件。《反脆弱》是塔勒布针对黑天鹅事件给出的应对建议。脆弱是指因为波动和不确定而承受损失，脆弱的反义词不是坚韧，坚韧只是能够抵抗震撼和维持原状，反脆弱则是让自己避免这些损失，甚至因此获利。反脆弱超越坚韧或强固，能够从波动中获益成长。尼采说："杀不死我的，使我更强大。"反脆弱理论说，不确定是必然，甚至有其必要，并且建议我们以反脆弱的方式建立各种事物。我们不但要构筑一个坚韧的能力，更要去锻炼反脆弱的能力。

📝 精华语录

第 23 章
餐馆排队与多项目管理

比阿捷想象的还快，几周的时间就已抹平了 Charles 的离开带来的变化，Charles 很快就被人们淡忘了。

成都研发基地的事情被搁浅后，从 Agile 美国总部帕罗奥多传来的新消息是重新启用苏格兰 SQF（South Queens Ferry，南皇后渡口）的研发基地，高层希望把 OSS 的一部分研发任务从美国转移过去，虽然阿捷和大民他们一直搞不懂到底是美国还是英国人工成本更高，只是知道对于中国团队来说，异地协同开发肯定是在所难免的了。阿捷团队因为在奥运大单上干得特别漂亮，加上在敏捷开发落地的实践上为公司做出了非常好的示范，因此拿到了 Agile 公司 CEO 特别颁发的 Merit Award（超级大奖）所以，当确定要在苏格兰 SQF 重启研发基地，与中国建立协同研发部门后，阿捷理所当然地被总部要求赴 SQF 协助苏格兰研发部门的建立和项目实施，这样的美差一些人看着眼红，但阿捷知道，事情绝不是那么简单，里面一定有很多不为人知的内幕，只是他现在不知道而已。

SQF（南皇后渡口）在爱丁堡机场西北方，一座公路桥、一座铁路桥将它跟海峡另一面的 North Queens Ferry（北皇后渡口）连接起来。SQF 是一个安静到让人会忘记时间的小城镇，Agile 英国研发中心就设在这里。

Kent Lerman（肯特·纳曼）是一名在 Agile 公司工作了二十年的老 Agile 人。在爱丁堡大学毕业后在 SQF 工作了几年就被派到 Agile 美国总部帕洛阿尔托，在那里娶妻生子待了近十年才又回到苏格兰，是他一手建立起 Agile SQF 的研发中心，也见证了 Agile 公司的起起落落，对 Agile 公司所存在的问题非常了解。Ian（伊恩）是他手下负责重新筹建 Agile OSS 研发团队的技术主管，而 Scott（斯科特）则是从帕洛阿尔托过来移交项目的负责人，阿捷则代表中国研发团队与 Kent、Ian 和 Scott 一起，共同完成转移工作。

三个国家，三个团队，诉求截然不同。Scott 是希望越快越好地把美国帕洛阿尔托的所有项目一次性移交给 Kent 的苏格兰研发团队与阿捷所在的中国研发团队，自己就可以转岗到 Agile 美国总部的销售团队继续自己的产品管理；而 Kent 则认为帕洛阿尔托的项目至少一半没有价值应该被砍掉，而另外一半项目也因为种种原因不是交付延期就是遇到各种技术问题疲于应付。如果将此项目接受下来又做不好，保不齐 SQF 又要面临被关门的危险。

阿捷所在的中国团队在 Agile 公司里原本是最没有什么话语权，人员较新人数又少，但随着阿捷他们通过应用 Scrum 流程和一些富有创新精神的 XP 敏捷实践，让中国团队的交付质量和效率都得到了明显的提升，完全改变了美国总部对中国研发团队的印象。总部希望在这次转移的过程中，阿捷的团队可以和 Kent 携手把美国帕洛阿尔托的项目承接下来。

两周的时间很快过去了，Kent 和 Ian 苏格兰式的严谨和 Scott 美国式的踢皮球让帕洛阿尔托 的 24 个项目连一半都没有完成项目切割。阿捷感觉已经有些心力交瘁了。8 月最后一个星期六的清晨，第一束阳光还来不及照进房间时，阿捷就已经醒了过来。阿捷决定今天去离 SQF 不远的爱丁堡艺术节逛逛，放松一下，也理一下自己的思路。

艺术节的文化之旅让阿捷流连忘返。傍晚时分，阿捷才乘火车从爱丁堡返回 SQF。从车站走回住所的路上，阿捷远远地看到临近的一条小街上一个餐馆门口排坐了很多人。阿捷心生好奇，虽说艺术节期间爱丁堡聚集了许多的艺术家和游客，按理也不会影响到 SQF 这条不知名小街上的无名小馆吧？

阿捷揣着好奇心，来到了这家名叫 Boat House 的餐馆门口从三三两两聊天的圈子看，应该都是当地人！阿捷探着脑袋从餐馆的窗户看进去，餐馆里面居然还有一些空位的，而排队的人仿佛没有看到这些空位，让阿捷更觉得难以理解。难不成排位的人只是为了聊天而不是来吃饭的？

看着饭店门口来了一个"外国人"，餐馆服务生善意地提醒阿捷，大概要等 40-50 分钟。鉴于对这家特立独行餐馆的深度好奇，阿捷就排在队伍最后面，一边向服务生表示自己会耐心等待，一边思考着怎么解决美国帕洛阿尔托要迁移到 SQF 和北京的 24 个研发项目。

通过这两周的接触，阿捷了解到 Agile 公司在 SQF 的部门，Kent Lerman 手下有 500 多人，不仅仅有与 Scott 对接的 OSS 产品线，还有好几个较大的产品线已经在为

Agile 全球的客户服务。Kent 的团队一年内要做的项目有 60 ～ 70 个左右，但项目延期比率高达 70%，最长的延期竟然达到半年以上。这也是 Kent 不愿意承接美国要转移过来项目的主要原因。

但美国总部却不这么理解，毕竟 Kent 的 SQF 有 500 多人，是除了美国总部以外最大的研发中心，而刚刚上任的 Agile 总经理 Gavin Ross 又是 Kent 在美国 Agile 总部时期的好友。阿捷推测，Gavin 是一方面想消减老 CEO 旧部的实力，一方面希望 Kent 帮他把那些在美国做不下去的项目盘活，显示自己卓越的领导力。而 Kent 也是有苦难言。

终于轮到阿捷了，阿捷看到，这期间，那几个空位一直没有人坐，桌子上也没有预留的牌子。

阿捷刚刚落座，一位五十多岁，高高壮壮满脸花白胡子的男士走了过来。他一手拿着一瓶威士忌酒，一手拿了两个加过冰的杯子，用标准的美国口音向阿捷说道："你 - 好！我是 Gordon，这里的老板！很抱歉，让你等了这么久，为表示歉意，这瓶苏格兰本地产的单麦芽威士忌送给你，先喝一杯开开胃吧！"

说罢，Gordon 也不管阿捷会不会喝酒，就倒了一杯酒递给阿捷，在给自己也倒了一杯的同时，无比自然地坐在了阿捷对面的椅子上。这还真有点出乎阿捷的意外，没想到这家小店的老板如此好客。

"谢谢，没有关系的，我刚从爱丁堡城里的艺术节回来，我就住在附近。"阿捷回应道。

"小伙子你来得正是时候，告诉我，喜欢爱丁堡艺术节还是喜欢 Royal Mile（皇家英里）① 大街上的苏格兰美女？"Gordon 一边和阿捷轻碰一下酒杯，一边对阿捷眨了眨左眼。

阿捷被问得脸上一热，抿了一口杯中的威士忌回应道："音乐不错"，然后像想起什么似的说道："Gordon，我可以问一个问题吗？"

---

① 编注：早在1724年，《鲁滨逊漂流记》的作者笛福就如此描述这条大街："从两旁的建筑来看，这里不仅仅是英国，而是全世界最宽阔、最漫长和最漂亮的街道。"这里有大卫·休谟和亚当·斯密的雕像，有中世纪的建筑，是世界上最有吸引力的街道之一，虽然只有一英里长，却有威士忌文化遗产中心、城堡广场和圣吉尔斯大教堂。

Gordon 放下一饮而尽的酒杯，回道："Okay，请讲。"

"我看到那边有几个空桌子，也不像已经预订的样子，为什么一直没有安排客人呢？为什么不让客人进来，而非得让客人在外面排队等待呢？" 阿捷一开始觉得是 Gordon 有意在玩饥饿营销，但没好意思直接说出来。

"哈哈，"Gordon 爽朗地笑起来，"是这样的！我们有两个厨师今天请假了，我们没法像以前那样提供足够的服务来保证我们的品质，所以就只好把那几张桌子空了起来。"

"但是，为什么不让大家坐进来等呢？坐着等不是更好？空着也是空着。" 阿捷还是满腹疑问。

"你看，如果我们让你坐进来，那就意味着我们的服务就开始了！我们得让你开始点餐，但是你点了菜，我们却没有提供相应服务的能力，你可能要为一道菜等上 20 或者 30 分钟，你是不是觉得很不耐烦？你会不会觉得我们的服务很差？"

"嗯！我想是的！如果这是我第一次来你们餐厅的话，应该以后不会再来了！"

"这就是我为什么不让你们进来就餐的原因，也是想保持我们的服务水平与饭菜品质而不得不采取的一项限制措施。"

"噢？"阿捷示意他继续。

"你看，如果我让你们都进来，我的厨师们即使努力工作，但也肯定会超出他们日常的能力。正常来讲，一个厨师团队平均可以服务 5 桌客人，每桌客人的饭菜服务平均需要耗时 30 分钟；如果我们额外增加 3 桌客人的服务，而厨师的服务能力有限，就需要把每桌客人的正常服务时间各自延迟 10～15 分钟，客人肯定会因此有所抱怨。"

"这也会导致厨师们为了赶时间，饭菜的质量就会打折扣，这样一来，你们顾客就会不满意，而我的厨师因为劳累也会不满意，我自然更不会满意！这样，岂不是造成客户、员工、老板三方都不满意的状况啊！"

"哦！是啊！如果 SQF 研发团队同时进行的项目太多，每个团队手头都有多个并发项目，同时开展的项目越多，每个项目的完成时间就越长；而且，一个项目延误，就会拖累另外一个，就会造成链式反应的。"听完餐馆老板 Gordon 的话，阿捷茅塞顿开，直接联想到这些天的工作上，不由自主地说了出来！

"你说的是这里的 Agile 公司的 SQF 团队吗？"Gordon 听了阿捷的自言自语后，笑着边斟着酒边问了一句。

"是的！您怎么知道？我是从 Agile 公司北京研发中心过来，协助 SQF 这里的团队完成从美国总部那边的项目移交。最近头疼的问题比较多，一言难尽啊。您，您是 IT 圈里的前辈？"阿捷已经注意到高高大大的 Gordon 居然有着一双与其外表绝不相称的修长双手，略显粗壮的食指和中指关节只有常年敲击键盘的老程序员才会拥有。

"我啊！我的程序生涯是从 Small Talk 开始，到 Java 结束。"Gordon 悠悠地说道。

"WOW！"阿捷吐了吐舌头，心中暗想，真是前辈啊！要知道可能很多 IT 人都没听说过 Small Talk 的。

在吃完 Gordon 推荐的佳肴之后，阿捷已经知道了，坐在面前的可不是简单的餐馆老板，这可是一位具备丰富管理经验的软件界大牛啊！陪着酒量无限的 Gordon，一瓶单麦芽威士忌很快就见了底，也让 Gordon 打开了自己的话匣子。

原来，Gordon 从小就生活在美国加州，大学毕业后进了 HP 公司，在 Agile 还没有从 HP 拆分前就作为经理被美国总部派遣到爱丁堡筹备早期的 SQF 研发中心。在这里，爱好美食和威士忌的 Gordon 遇见了一位美丽的女品酒师，至此在 SQF 扎下了根。前几年，看着日渐衰弱的 Agile，Gordon 和妻子一商量，干脆把妻子祖传的小酒馆承接下来，结合自己多年走南闯北的菜肴，居然让小酒馆名气越来越大，成为当地餐馆榜单的热门。

晚上回到旅馆，阿捷回顾着 Gordon 的做法，对照了当前 Agile 公司的情况，制定出了一份改进计划：成立产品战略委员会，降低并行项目数量，确定项目优先级，再合理安排帕洛阿尔托项目移交周期。

与 Gordon 的餐馆类比，同时服务的顾客数目相当于同时进行的项目数目，为了降低项目周期，减少项目延期，首先应该减少 SQF 同时并发项目数量，而不是去每个项目挖潜，提高单个项目的交付效率。Gordon 是餐馆的老板，他可以做出这个决策，那么对应到 Agile 公司，因为利益关系人太多，应该成立一个能够起到这个作用的小组，承担起这个责任，阿捷就把它称之为"产品战略委员会"。

为了能够更好地说服项目移交的双方，阿捷又在谷歌上花了几个小时。发现这事还是有理论依据的。

在规模化敏捷SAFe网站上，其中SAFe的第一个原则是"采用经济视角"，即"Take an economic view"，在解释这一观点时，有一个非常典型例子。假设你有3个Feature（特性需求），每个Feature的实现，需要耗时1个单位时间，可以带来一个单位的业务价值。如果并行开发三个Feature，那会带来20%的额外损耗，最终实现的价值交付与时间情况如下：

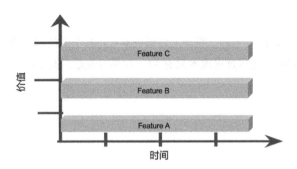

串行情况下，Feature A的完成时间是1，Feature B的完成时间是2，Feature C的完成时间是3。

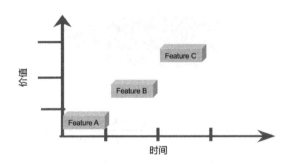

并行情况下，虽然每个Feature的开始时间都很早，但需要3.6个单位时间才能全部完成，每个Feature的完成时间都会被拖延。

那如果是串行工作情况下，每个Feature的耗时不同、实现的价值也不同，又该先开始哪个呢？

这时，可以采用加权最短作业优先的算法来排定优先级。

$$WSJF = \frac{CoD}{Duration}$$

Feature	Duration	CoD	WSJF
A	1	10	10
B	3	3	1
C	10	1	0.1

其中 CoD 是指 Cost Of Delay，意即"延误成本"。在上图的示例中，通过这个算法，最优的顺序是 ABC，整体延误成本只有 36；如果开发顺序是 CBA 的话，将会带来最大的延误成本 189。

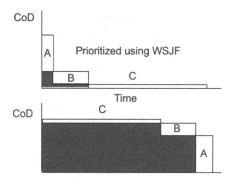

关于 CoD 的具体计算公式，如下：

$$WSJF = \frac{CoD}{Job\ size} = \frac{业务价值 + 时间紧迫性 + 风险\ 消除\,|\,机会使能价值}{相对大小}$$

实际落地时，可以采用相对估算法，分别对业务价值、时间紧迫性、风险消除 / 机会进行估算，估算取值范围为：1，2，3，5，8，13，20。

第二天，阿捷用饭馆排队这个例子，再附以理论，去跟大家解释为什么要设立"产品战略委员会"，为什么要限制"并发项目数量"以及如何判定项目优先级时，一下子就得到了共鸣与支持。

∞ 本章知识要点

1. 复杂产品线，可以建立产品战略委员管理项目组合，降低并发项目数量，降低项目延误率。可以由部门主管以及各个产品线的负责人，再加上几位核心架构师、(技术带头人)组成产品战略委员会。

2. 产品战略委员会定期(譬如每个季度)评审新项目以及正在进行的项目，放弃过去每年年初制订项目计划的模式，避免因长期决策出现各项目延误。

3. 根据项目团队能力，限制同时进行的项目数量。

4. 一个项目立项之前，必须给出面向市场与潜在用户群体、预期收入、时间周期和人力规划等信息，供产品委员会决策。

5. 如果参与项目立项评审的人，对于被评审项目存在较大争议，则该项目暂停评审。

6. 所有项目按照 WSJF 划分成不同的优先级，进入待开发状态的项目按照优先级排序，组成一个大的项目 Backlog 列表。当有某个团队空闲出来时，直接从这个项目列表中，选择最上面的一个项目开始工作。

冬哥有话说

排队理论、资源占用、批量大小与价值流动效率

根据排队理论，我们能够得到以下思路。

- 队列的前置时间遵循利特尔法则，前置时间 = 在制品 / 交付速率。
- 当可变性增加时，周期时间和队列工作也会增加。
- 当工作批量增加时，到达时间和处理时间内的可变性就会增加，而周期时间和队列中的工作也会因此增加。
- 当利用率增加时，周期时间会非线性增长。
- 可变性增加时，周期时间会在利用率非常低的情况下出现非线性增加。
- 平衡到达的需求、小批量的工作、平稳的处理速度以及并行处理方式均可减小可变性。

- 与在过程晚期减小可变性相比，在过程早期减小可变性能产生更大的影响。

玛丽·波彭迪克的《精益软件开发》一书中，清晰地描述了资源占用率、批量大小与前置时间的关系，从中能够看到，资源的占用越高，等待时间会缓慢提升，到某一个点开始急剧上升；而大的批量，对资源占用率的敏感度，远远高于小的批量；在大批量时，前置时间在 50% 占用开始就快速上升，而小批量时，到 80% ~ 90% 占用时才开始上升。

这就好比高速公路，如果上面全是大车，即使道路占用率只有一半，但整体的行驶时间都会降低；相比起来，小车就会好得多；除了车型，另一个重要因素是车距，前后车需要保持一定的间距，否则就会挤成一堆，造成拥堵；当高速公路满负荷时，所有的车辆都只能缓慢行走。如果资源满负荷，就不可能有短的周期时间；当服务器满负荷利用时，处理请求的时间就会显著延长；而知识工作者更是如此。

所以我们有两个方法来解决这个问题，一个是降低资源的占用率，另一个是减小批量大小。

- 降低资源占用率，我们应该关注价值流动效率，而不是资源的利用率或者占用率。
- 资源效率是从组织内部资源角度看问题，关乎企业成本和效益；流动效率从用户视角看问题，关乎用户价值和体验，对于企业来讲，这才是根本。

我们习惯于聚焦资源效率，因为资源效率是我们能够看到的，能不用脑就不用脑，这是人类的天性所致；而开发和运维两个大部门往往也是关注各自的资源效率，因为各自的 KPI 指标不同，而非从企业的整体效益上来制定自己的度量指标。然而，很多时候这种效率的提升是没有用的，过度的局部优化损害的是整体的效率，并带来全局协调的困难。这是一个非常普遍的情况，所以仅仅聚焦于资源效率产生的是效率竖井。想要从根本上解决问题，需要从宏观的角度，去发现在整个开发过程中所存在的瓶颈和问题。首先关注价值流动，在价值流动顺畅的前提下，再逐步地提高资源利用率，最终得到更多更快的价值流动。

精华语录

第 24 章

工作可视化

自从在 Gordon 的 Boat House 餐馆经历了那次愉快的排队等位后，阿捷也不知道是被 Gordon 丰富的人生阅历还是被他的单麦芽威士忌吸引，隔三岔五地就去 Boat House 里吃一顿。在这里除了能跟 Gordon 扯扯当年 Agile 总部的八卦以外，阿捷还发现，Gordon 不仅仅在排队等待的多项目管理上有独特见解，更是在原材料采购、厨师菜肴管控和菜品更新、服务质量反馈等多个方面有自己的一套，完完全全把在软件工程管理中积累到的管理经验应用到自己的小餐馆中，让阿捷每次就餐就像上着一堂管理学的 EMBA 课。

Agile SQF 产品战略委员会的成功运作，让 Scott 在帕洛阿尔托的项目移交，顺利的达成一致，这让 SQF 研发中心老板 Kent Lerman 对阿捷刮目相看。

当阿捷把在 Boat House 小餐馆顿悟的事情原原本本地告诉了正在法兰克福为 T-Mobile 做咨询项目的赵敏，赵敏立刻缠着阿捷，希望在下个周末来 SQF 的时候，也去会会这个充满神奇色彩的酒馆老板。阿捷自然满心欢喜地答应了。其实阿捷心里还有一个大秘密：他想等赵敏来 SQF 的时候向她求婚。

在认识赵敏之前，阿捷也谈过几次并不成功的恋爱。出身工科院校的阿捷是一个不会拐弯抹角的标准直男，率真的性格和天性乐观是美女们的大杀器，但不会安抚女孩和说话直来直去让阿捷吃了大亏。赵敏的出现让阿捷重新动了那颗封闭已久的心，她出国留学和在职场中的老道的经历，对阿捷有一种说不出来的吸引力，去年汶川地震时的共同经历，更让两个人心走在了一起。只是赵敏这种全球满天飞做项目的工作，让阿捷有些担心。阿捷心想："男人就要敢想敢做，不管怎样，先把婚求了再说。"

周五傍晚，SQF 的同事纷纷结束手边的工作回家了，阿捷准备去 Boat House 品品 Gordon 推荐的新进的单麦芽威士忌，并顺便和他商量一下，借 Gordon 的贵宝地求婚的事情。

阿捷刚走进餐馆，看见 Gordon 正在一个小黑板上画着什么，还没等阿捷开口，Gordon 朝阿捷招了招手，示意他赶紧过来。

"你能帮我个忙吗？" Gordon 兴奋地问。

阿捷心想，好嘛，看来求人也要礼尚往来啊。"当然可以，需要我做什么？"

"我有一个新的想法,也是上次排队之后的启示,你帮我验证一下,这样做是否合理！"

"我？可我一点不懂你们餐馆的运作！"

"哈哈！" Gordon 拍了拍阿捷的肩膀，"别担心，小伙子，我就是需要你从外行的角度，或者是客户的角度来看是否合理。"

"好吧！我尽力！"说实话，阿捷还是一头雾水，不知道 Gordon 葫芦里卖的是什么药。

"你看，这里的每桌服务，其实都像一个项目。我这里有近 20 桌，就相当于有 20 个并行项目，这么多并行项目，如何管理好交付，并让每一桌顾客都对我们的服务满意，是很有挑战性的。"阿捷注意到 Gordon 手边有些小圆磁贴，每个上面还标着数字。

"每桌服务的流程基本要经历这么几个阶段：领客人入座→帮客人点餐→烹饪菜肴→上菜→客人买单→收拾餐桌，为下一桌客人服务。"

Gordon 一边说，一边在黑板的上部画下了这些阶段，同时画了几道线。

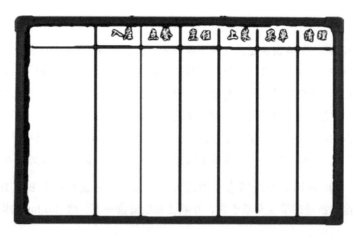

"你看，从客人进入餐馆入座开始的那一刻起，一个项目也就启动了！"Gordon 把 8 号磁贴，放在了领客人入座的栏目上。

"是的！"阿捷点了下头，心想，这也就是我们常说的项目立项。

"然后就是为客人点餐，点餐应该是一个需求澄清与不断确认的过程。" Gordon 停了一下，喝了一口手边的威士忌酒，同时示意阿捷自己随意享用。

"我们会跟客户探讨需求，看他们今天想吃什么，这里的交互媒介就是菜单。"

"另外，我们会根据客人人数，建议他们点餐的数量，这样才不会浪费。还有，我们也还会咨询客人的个人喜好，向他们推荐几道菜，当然这不是为了推销，而是真的把适合他们的东西，推荐给他们。这样，客人才能对这里的食物满意，以后还会再来，当然，他们也会推荐更多的朋友过来。"

阿捷感叹一声："这不就是《敏捷宣言》里面常说的客户协作胜过合同谈判吗！"

"一旦客户下单以后，我们会根据客户点单的食物组合，采用这样的顺序上菜：开胃菜——面包——汤——主菜——点心——甜品——果品——热饮，这个上菜顺序也就是要把客户需求重新进行优先级划分、分别实现的过程。当然，这些都依赖于我们自身多年经验，这里的团队已经形成了一种约定俗成的做法，我个人从不需要关注细节，他们自我组织和自我管理得很好。"

"然后，后厨就会按照这个优先级顺序完成菜肴，对吧？"

"是的！当然会有不同的分工，不过我们今天也不用关心具体是怎么做出来的。"Gordon接着说，"在一道菜做出来之后，服务人员将菜上桌前，必须先核对传菜服务员所传到的菜是否与菜单上所列相符，确认后方可上桌，上菜时有些菜上桌后方可开盖，上菜时要检查器皿无破损、菜量是否符合标准。"

"哇！这可不是就是软件开发中的验收测试！"阿捷太佩服Gordon了，把项目管理的方法都用到餐馆的日常管理中！

"对，接下来就是交付。让客户品尝菜肴，进行实际检验，就是最好的验收过程。"Gordon显得非常得意，"客户是否满意是衡量我们服务是否成功的唯一标准！这个是外向型的指标，前面我们提到的都是内向型指标，要想做到口碑，就得关注外向型指标！我以后得想个方法，可以让顾客方便地点评我们的服务，甚至到具体的一道菜，你觉得如何？"。

"获得顾客反馈，并进行相应改进，这是一个很好的反馈环，不过要真的能够实现这一点，用什么方式，还是有些挑战的。"

"对！我们继续。这之后就是客户买单，再后面就是收拾餐桌，准备下一次服务。"Gordon一边说，一边把写着8号桌的磁贴在黑板上从左往右挪动着。

"噢！对了，这里我们应该再加上一列，就是空桌子！所有的空桌子都应该放在这个栏目！"Gordon一边说，一边把印有不同桌号的磁贴放在这个栏目上，阿捷也赶紧帮忙。

"你看！随着服务的进行，任何时候，我们都能知道每桌目前处于什么状态！"Gordon随机拿了一个桌号，放在其中列中。"这样，我们就能从全局把控所有座位的状态，不用再去跟每位服务员单独确认了，每个人走过来看一眼就清楚了。你觉得如何？"

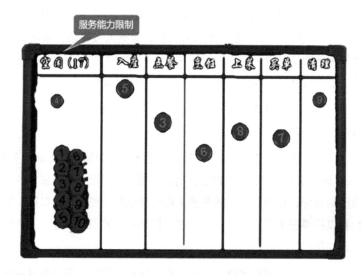

"酷！！真酷！"这种让一切可视化的玩法，立刻启发了阿捷！"你上次让大家在门外排队，其实只需限制第一列的桌子数目就行了，对吧？"

"赞，这样我可以根据当天员工上班的情况，随时调整这里的桌子总数！"Gordon向阿捷举起酒杯，两人一饮而尽！

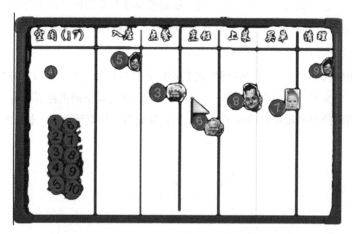

"你还可以再搞弄些磁贴，上面贴上员工的头像，谁在提供哪桌的服务，你就把对应的员工头像贴在对应的桌号旁边，这样店里面所有人员的活动也就一目了然了，而且

还知道具体哪桌谁在负责！"

"好建议！"Gordon点了点头，"没错，我回头就去弄，而且，我还要搞几个小旗子，哪个桌子出了问题，譬如顾客投诉、服务延误等，我就贴上去！让大家引起重视，加速处理。"

从Gordon饭馆回来的那个周日里，阿捷花了10个小时，在SQF办公室里一面空墙上，用几十张A4纸做出来一个项目看板墙，将所有从帕洛阿尔托迁移过来的项目进展、项目负责人，以及是否遇到问题、是否延期等信息做了全面的可视化展示。

看板的使用，让Kent和Scott可以轻松对整个项目迁移进程一目了然。在周二的时候，Kent就直接把这个月度项目规划会放在了看板墙边上开。

作为SQF研发中心的主力军，Ian下面有5个团队，每个团队都包括了产品经理、开发、测试、运营等角色，每个团队6～10个人不等。在看板墙上，Scott和Ian一目了然地看到，有个6人团队的项目即将完成，剩下的收尾工作仅需3个人就够了，可以将其中3个释放出来。Scott要求Ian准备启动一个新的待迁移项目给他们，因为按照产品战略委员会的要求，这个项目需要在一个半月后交付，时间还是挺紧的。而Ian则是希望释放出来的这三个人能够稍微休整一下，再去帮他做一些其他的项目。两边闹得不甚愉快，也没一个后续的结论。

对于Scott这种强势做法，阿捷也觉得情有可原，自己做项目经理的时候，也是这么干的。毕竟不能让大家闲着，总得给他们找点事情做才行。否则，似乎也对不起公司，毕竟公司要给员工发工资的。

但是，这么做是不是对的呢？说实话，这个问题也困扰阿捷很久了！

毕竟做项目不是做实验，允许同一个项目用不同的方式同时实现，对比看看，到底是哪种方式最优。这点还真是羡慕有个"项目管理实验室"了。

这天晚上，阿捷照例下了班一个人去了Gordon的餐厅。周二的晚上客人不多，Gordon见阿捷一脸心事地望着个烤龙虾久久没下叉子，就又拿了瓶酒坐了下来："想什么呢？是不是你那个小女朋友这个周末不来SQF了？没关系，周末给你介绍个纯正的苏格兰美女。"Gordon打趣道。

阿捷一脸苦笑地回应道："Gordon！别别，千万别。我女朋友这个周末一定到，计划照旧。还是工作上的事情让我心烦。"

"噢！那你具体说来听听。"Gordon 来了兴趣。

"一直以来，我都有这样的一个疑惑，是不是应该给团队安排 100% 的工作，不应该让团队停下来，这么做是不是合理。"

阿捷把自己的疑虑对 Gordon 描述了一遍。Gordon 思考了一下，喝了口酒慢慢说道："你知道我那个菜园吧，跟你说说我浇灌菜园的一些感悟，或许能对你有所启示！"

"菜园里种菜浇水是关键，水没浇够，菜肯定长不好。假设我们是通过水渠浇灌一个菜园，水渠上有个闸门用以控制水的流量，如果把闸门全部打开，可以 30 分钟完成浇灌；如果打开 1/2，那就需要 60 分钟。整体的工作量实际上没有任何变化，但实际上工作的完成时间却延长了一倍。"

"如果打开 1/4 呢，需要 120 分钟；打开 3/4 呢，需要 45 分钟，对吧？"Gordon 一边说，一边在餐巾纸上写着。

$$4/4：1 = 30 * 1/30 \quad 耗时：30 \text{ min}$$
$$2/4：1 = 60 * 1/60 \quad 耗时：60 \text{ min}$$
$$1/4：1 = 120 * 1/120 \quad 耗时：120 \text{ min}$$
$$3/4：1 = 45 * 1/45 \quad 耗时：45 \text{ min}$$

"从浇菜这件事来看，如果我们是在 10：00 开始浇地，把阀门全部打开，可以在 10：30 完成；打开 1/2 的阀门，如果也想在 10：30 完成工作，那就必须在 9：30 开始，这就意味着至少要提前一倍的时间才行，否则还不如等着 10：00 用全流量方式。当然，你可以在 10：00 的时候再启动全流量，那么结果就是：

$$2/4：1= 1/60 * 30 + 1/30 * 15 \quad 耗时：45 \text{ min } 起始：9：30 \text{ 结束}：10：15$$

"是的！其实，多数情况下，没有几个项目会提前一倍的时间就开始的，顶多提前一半的时间。而且，到了正式开始的时候，团队成员应该也就是可以全部就位了。"

"哦，是的！那我们来看这种情况。就是在 9：45 的时候，提前 15 分钟。开始浇灌，开始时用一半的流量，到了 10：00 的时候，打开全部阀门，改用全流量，会是什么样的情况呢？"

$$Half：1= 1/60*15+1/30 * 22.5 \quad 耗时：37.5 \text{ min } 起始：9：45 \text{ 结束}：10：23$$

"但在实际情况下，会有几个项目可以提前空出来一半人，允许提前半个项目周期就开始的呢？"阿捷根据现实情况，提出了新的问题。

"是的！那我们再分别看看有 3/4 或者 1/4 人力先空出来，并投入工作的情况。"

3/4：1=1/45*15+1/30*20 耗时：15+20= 35 min 起始 9：45 结束 10：20

1/4：1=1/120*15+1/30*26.25 耗时：15+26.25=41min 起始 9：45 结束 10：26

"哇！这个结果证明提前开始，就能提前结束啊！"看到这个模拟结果，阿捷似乎明白了！

"表面上的确是这样的！但是每个项目的总的耗费时间却都增加了。"Gordon 看着结果，而阿捷还在思索。

"我们回头来看一个软件项目，一旦有项目人员开始某个项目，即使人员不齐整，那就意味着这个项目开始了。从外部看来，这个项目的完成周期要比之前的预期长，这会给大家造成一种印象，就是项目似乎比原来计划的延误了，但从实际情况来看，这么做项目是提前完成的。"

"我们的模型可能还是太简单了！"Gordon 说，"实际上，每次有新人加入项目的时候，都会对原有项目人员造成冲击，一个是人多增加了沟通协作成本，老人的工作效率会下降，另外就是新人需要时间学习，不能迅速开始工作。此外，大家对需求的了解不一致，这也需要时间的积累。我们试着给刚才的模拟公式增加一个干扰系数，做一个修正。"

"嗯！你说得很有道理！"阿捷不得不佩服这个 Gordon。

"我们先来看看 1/4 这种情况，假设干扰系数是 20%，那么平均速度将会下降 80%。"

1/4：1=1/120*15 + 1/30* 0.8 * 32.8 耗时：15+32.8 = 47.8 min 起始：9：45 结束：10：33

2/4：1= 1/60 * 15 + 1/30 * 0.8 * 32.1 耗时：77.1 min 起始：9：45 结束：10：43

3/4：1=1/45*15 + 1/30* 0.8 * 25 耗时：15+25= 40 min 起始：9：45 结束：10：25

"这个结果看起来可就不那么简单了！"Gordon 声音立刻提高了。"只有一种情况，也就是说团队大多数成员都空出来的情况下，提前投入工作，才能真正地提前完成一个项目！否则，大多数情况下，都是会延误的！"

"你说的对！而且还得考虑另外的情况，就是前一个项目的扫尾工作一旦不能顺利完成，需要已经开始新项目团队成员的支持，这样就必然会造成这些人员的任务切换，这会影响到两个项目的完成日期，造成这两个都可能因此延误，这也是经常发生的。"阿捷补充了一句，让他再次坚定了这样的想法：我们不应该匆忙开始一个新项目，除非这个团队完全释放出来，或者团队的大多数人已经释放出来，否则就让团队一起努力收尾上一个项目，而不是让收尾总是遥遥无期。

"这个模型还需要不断的修正才行。我想，不同的团队，不同难度的项目，应该对干扰系数的设定是不一样的，而且，做项目可能也不只是这么简单的线性关系，肯定比这还要复杂许多。"

"是的！"

"这是从理论建模上思考这个事情，或许我们把这个事情复杂化了！就拿我的餐馆来讲，你看我的员工有不同的职责，有负责采购的、有人负责厨房、有人负责餐厅服务，有人负责收银，工作也分成不同的类型。对于我而言，我只关心有哪些工作没有人做，而不是哪个人没在工作！"

"嗯？"阿捷突然好像抓着了什么。

"你看！如果仅仅是让大家忙起来，那就得让每个人不断地工作！难道就得让厨师不断地炒菜，洗碗工不断地重复洗碗，服务员就在不断地走来走去吗？哈哈！这听起来太疯狂了！这会产生多大的浪费啊！"Gordon 边说边摇头，"我可不做这样的老板，这样的老板也招不到员工的，即使招到也留不住啊！"

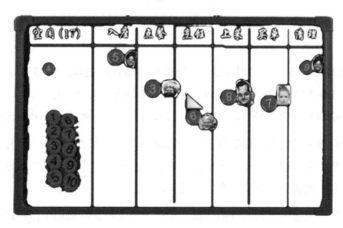

"所以我只要看这个状态看板，看是不是有哪件事情还没人做就可以了。你看，理想

情况下，我这个状态看板上的每个桌子，应该在各个状态之间顺畅地流动起来，中间不应该存在阻碍，这样才能提高我的流转效率，我这个餐馆才可能有更高的收入。如果，这个流动过程中，譬如买单或者收拾桌子这个环节，在需要时却没有人在做这个工作，那这个流动过程就被阻塞了。因为不能给尚在等待的客人提供服务，那将会是更大的损失，远远超过单个服务人员的人力成本啊。"

"是的！这可能就会是 100 Vs 10 的损失！"阿捷补充了一句。

"可能还更糟。所以，价值流动的延误成本是我们必须考虑的因素。对于我的员工，首先，我一定要确保随时有人能够提供任何服务，不能让每个人都 100% 忙起来。如果真的暂时没有工作任务，我倒是宁愿让他们思考一下如何提高工作技能，练练内功，或者就是简单的休息。养精蓄锐总比制造无用的浪费要好。"

𝟠 本章知识要点

1. 关于看板与可视化管理，一定要因地制宜。

- 通过看板墙让工作可视化，这里最关键的是定义好起点与终点，以及中间的阶段，这样就能很轻松地把工作流映射上去。
- 物理看板墙比电子看板墙更具备冲击力，建议都从物理看板墙开始。
- 看板一定要有限制，没有限制的看板，不能称之为真正的"看板"。
- 一切可视化后，可以让每一个相关的人都看到问题，再设立一个好的机制，那么就有可能很快地修正问题。

2. 看板，看到的才是看板，一定要让所有人实时看到。

3. 如果你想做一个合格的项目管理者，为什么不从今天开始改变呢？不要再让一个不完整的团队匆忙开展一个新项目了！不要总盯着那些空闲下来的员工了。

4. 关注闲置工作，而非关注空闲员工，这是 Gordon 给我们上的一堂很重要的课。

🎖 冬哥有话说

可视化

戴明说过："如果你不能以一个清晰的过程来展示你所从事的工作，你就不会真正了解自己在做什么。"

想要让价值快速流动，第一步就是可视化。可视化一切有必要可视化的内容，把价值流动的完整过程可视化出来，确保重要的信息没有遗漏，因为浪费往往隐藏在黑暗之中。

可视化带来了以下好处。

- 使库存可见，便于去库存。
- 使流程可见，便于进行优化。
- 管理价值流动，让前置时间可度量。
- 通过绘制端到端的价值流，识别干系人。
- 便于进行全局优化，而不是局部的改进。

看板可视化之后，应该达到以下效果。

- 价值的流动清晰可见。
- 暴露问题，让瓶颈和约束一目了然。
- 简洁明了地反映真实的协作过程。
- 体现信息与活动之间的层级关系。
- 将团队真实的研发过程可视化，通过看板上状态的设置，显示化状态流转规则，状态迁移时的 DoD 完成的定义，需求填充及更新时间等事项。
- 看板能够把从前写在文档中的研发流程规范，可视化地固化在板子上，无论是物理的或是电子的。

看板的每日立会，与 Scrum 的略有区别。相同点是，都在固定时间固定地点举行，团队全体参与，实现更新看板任务信息，以反映团队最新的状态和问题。

不同点是，看板是拉动系统，因此我们是从右向左走读看板。

- 从右向左走读，可以有效地贯彻 Stop Starting，Start Finishing 的原则，并且体现了价值拉动的方向，以拉动的方向来进行卡片移动。
- 关注的重点是阻塞与瓶颈，而不是面面俱到的关注每一张卡片；
- 要关注需求的停留时间，而不是关注人的空闲时间；

- 关注重要需求的状态，长时间停滞的需求，被阻塞的需求，快要到期的需求，相互依赖的需求，返工的任务。

拉动系统

看板整体上是一个拉动运作的模式。在精益软件开发中，强调认领而不是指派任务，拉动而不是推动。必须激发内在的动力。

拉动式开发带来了以下好处。

- 让团队成员关注全局，不只是关注自己的工作。
- 需要去关注上下游的活动，尤其是下游，需要为下游而进行工作优化，否则就会被阻塞形成堆积，当下游出现问题需要集体合力一起解决。
- 有效地促进团队关注改进，让上下流可以更顺畅地流动。
- 培养团队的主动性，主动拉动任务而不是被动接受任务指派。
- 促进整体自组织团队的形成。

同时，拉动机制也要求采用短的时间盒机制，否则就会退化为推动系统。如果迭代周期过长，就会产生过多的未完成工作或是未上线的工作，这也是精益软件开发中需要消除的浪费。

精华语录

第 25 章

WIP 与看板

周五的下午是迭代回顾时间。阿捷一边帮 Ian 的一个团队做迭代回顾，一边想着明天去爱丁堡机场接赵敏的事情。桌上的电话突然响起，阿捷一看，居然是 Gordon 的。

"你今晚一定要来！我给你看一个非常酷的玩意，你绝对会喜欢的！"Gordon 显得非常非常兴奋！

"做什么用的？能对求婚有帮助？"阿捷满脑子都是赵敏。

"秘密！你来了就知道了！"Gordon 给阿捷卖着关子。

当阿捷下了班飞奔到 Boat House 餐馆时，一堆等位的顾客把一台大液晶电视围个水泄不通，有个身材高大的人站在电视前用手比划着，而屏幕上的图像居然也随着 Gordon 的手指滑来滑去。Gordon 这个老顽童又在搞什么，阿捷想着走了过去。

对于 IT 产品发烧的阿捷来说，非常能够理解人们第一次见到体感控制器（Leap Motion）这类基于硬件感应设备将动作感应通过虚拟建模与真实世界连接起来的兴奋劲儿。

Gordon 在人群中冲阿捷挥了挥手，示意阿捷靠近一下，然后他用手势打开了"切水果游戏"，在空中挥舞着手，切起水果来，伴随着"咔嚓咔嚓"声音，直到 Gordon 切中了个地雷，才在观众们的叹息声中停了下来。

Gordon 把位置让给身旁跃跃欲试的人，自己挤了出来，把阿捷拉到一张桌子旁。

"这是我今天专门给你预留的位置！我要跟你好好谈谈。"

"是要谈怎么才能不削中地雷吗？我看你是要把 Boat House 变成游戏厅啊？"阿捷难得开 Gordon 的玩笑，"不过这个营销点子倒是挺能吸引人的！"

"不，不，不，这个就是用来演示功能的！每天这么搞太闹了，客人就没法安静得就餐了。"

"演示？你准备用它做什么？"阿捷听 Gordon 这么讲倒是来了兴趣。

"你看，"Gordon 转身把一个小黑板拿了过来，上面已经贴好了一些人的头像，还写好了每人的角色。

"这就是餐厅的做菜流程！我准备把这个过程，以看板的形式可视化，让整个做菜过程变得更加可控，具备更好的可预测性，找出瓶颈，消除浪费，从而更好地为顾客提供服务。"

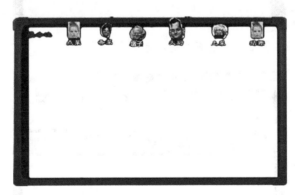

"噢？怎么做？可以讲具体点吗？"阿捷来了兴趣。

"你看，每个工序后面代表了几个人，每道工序的能力是不一样的，实际情况可能是这样的！"Gordon 画了两条线，一条是水平线，一条是能力折线。

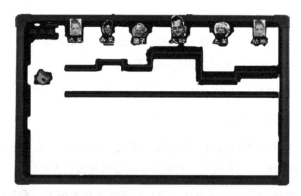

"你看，如果从左侧倒水进来，这里我们把水理解成我们的服务，情况就是这样的。"

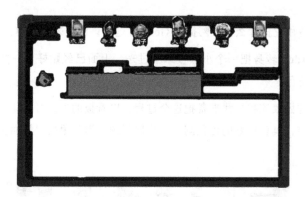

"因为遇到了限制，那么后续的流动就只能慢下来！"

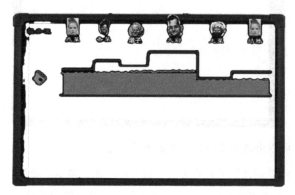

"如果继续注水，那么会将所有能力充满，也就是所有的人都会忙起来，当然可能很

多人也就是瞎忙，毕竟系统的产出是一定的！"

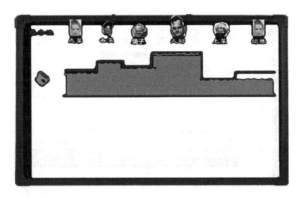

"那你想怎么解决这个问题呢？"阿捷问道。

"很简单！"Gordon 一边说，一边在下面画了能力折线，"第一步，就是上次我们讨论过的，限制输入流量，也就是要关注空闲工作，而非关注空闲人员。"

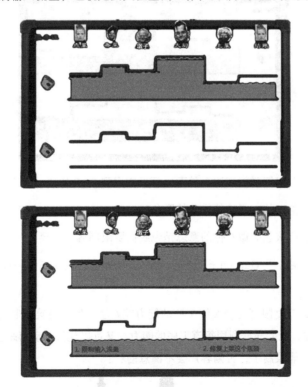

"然后，我们找到瓶颈并修复！扩大他的能力。"

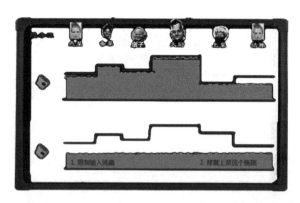

"这样，当有了新的能力后，我们就可以再次增加流量了！然后再找下一个瓶颈，再修复。"

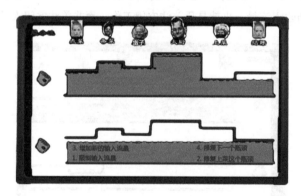

"有点意思啊！"阿捷联想到这个是否也可以应用到 SQF 的项目管理中。

"还记得我们讨论过的在餐馆外排队的服务吗？"

"记得！那我们应该怎么做？你的意思是说我们要限制客人点菜吗？"

"这样肯定不对啦。"Gordon 把黑板上的一部分擦掉，重新画了一些竖线，并贴了上一些纸片。

"你看，我们只需要限制几个关键工序的能力就好了。譬如备菜限制为 3，其他几个限制为 4。这样，既能充分利用每道工序的能力，又可以让流程动起来。当然，点菜、结账我们肯定不能限制了，否则客户会不满意的！！"

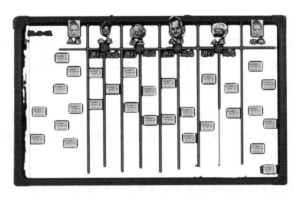

"这样做是挺好的。就是说，除了要限制输入队列外，我们还要在每个状态栏目中限制工作数目，而且一定是下游从上游那里拉动一个工作，而不是上游不顾下游的能力，一个劲地往下游推动工作！"

阿捷使劲握着Gordon的手，"谢谢你，Gordon！我想我们的IT项目也应该采用这样的方式，这样就能让价值流动起来，找到瓶颈，一个一个的解决，同时可以避免每个环节过量生产，造成不必要的浪费！"

"哈哈哈！不用这么激动。"Gordon拍了拍阿捷，"这是我一直准备在店里面实施的！但是一直苦于没有好的支持手段，你看，我总不能把这个黑板放在厨房，让厨师们每次用手写个单子，每次改动吧，而且也不清晰！如果用触摸屏呢，他们油乎乎沾满各种调料的大手，触摸几次，估计黑板上就成了调料板了。而且，这么做都太不卫生了。现在有了这个神器，他们只要挥挥手，就行啦。"阿捷知道Gordon这个人对食物的品质有极强的要求，对卫生更是到了有洁癖的地步。

"能不能明天晚上用你这个神器帮我一把？"阿捷突然想到一个绝妙的点子。

星期六的上午，当赵敏出现在爱丁堡机场的时候，阿捷手捧着一束鲜花给赵敏来了一个大大的拥抱。

"可以呀，臭小子，来了苏格兰没几天都学会买花哄小姑娘开心了。"赵敏说着把手中的箱子交给一直在傻笑的阿捷，顺势揽着阿捷的胳膊。

在阿捷这个临时地陪的带领下，赵敏的爱丁堡休假之旅就这样正式开始了。

对于同样喜欢读书、艺术和逛博物馆的阿捷和赵敏，书店、剧院、博物馆、画廊遍布的这座城市让他们流连忘返。边走边逛，他们来到了一条名叫马歇尔的街上（Marshall Street）。眼尖的赵敏发现不远处有一个叫 The Elephant House 的小咖啡馆，突然想到了什么似的对阿捷说道："考你个问题，你知道 J.K. 罗琳是哪里人吗？她最开始在哪里写的《哈利波特》？答出来有奖，答错了认罚！"

阿捷知道赵敏是一个不折不扣的哈利波特迷，但他还真不知道罗琳是哪里人？只得硬着头皮猜道："罗琳？罗琳？就是爱丁堡人吧？当然也是在这里写的《哈利波特》。对不对？"

一看阿捷那副不自信又强装知道的样子，赵敏挥手就给阿捷额头弹了个响亮的脑奔儿，又快速亲了一下自己弹过的地方，弄得阿捷又痛又痒还不知所措。

"认罚吧。罗琳出生在格温特郡，亲你一下算你蒙对了第 2 个问题，《哈利波特》的前两部就是在这个咖啡馆写的！"赵敏说罢，右手指向 The Elephant House 的招牌。

赵敏在苏格兰的第一顿晚餐被阿捷理所当然地安排在了 Boat House。主菜自然是 Gordon 最自豪的海鲜大餐，配上苏格兰当地麦芽威士忌，让第一次这么吃的赵敏大呼过瘾。只是赵敏有些奇怪，为何自己的旁边放着一个其他餐桌边上都没有的大电视。

看赵敏吃得差不多了，阿捷向熟悉的服务生使了一个眼色，服务生把阿捷和赵敏的餐盘收走了。就当赵敏以为要上甜点的时候，阿捷向赵敏身边的那台液晶电视挥了挥手，电视居然自己开机，伴随着音乐播放着赵敏和阿捷从相识、相知到相恋的多张照片。

正当赵敏望着照片发呆时，阿捷站起身，像变魔术似的手中拿着一颗钻戒，单膝跪在赵敏的面前，轻声道："你愿意嫁给我吗？"

刹那间，赵敏眼眶中噙满了幸福的泪水。

本章知识要点

1. 客户合作胜过合同谈判，我们应该超越谈判并尝试提升与客户的合作。在实践中，产品经理、市场或销售人员在产品开发期间要经常从客户那里请求反馈并排列优先级。

2. 在与我们自己的业务方合作中，应该寻找开发期间增进和改善合作的方法。

3. 产品和开发应该密切合作，而不是通过契约约定。

4. 看板如果没有 WIP（在制品）限制，那就只能称之为"状态板"，效果会大打折扣。

5. 通过 WIP 帮助识别瓶颈，消除瓶颈，才能最大限度地提高流动效率。

冬哥有话说

WIP 限制在制品

在制品是所有已经开始，但还没有完成的工作，在制品堆积是软件开发过程中需要消除的浪费；软件开发中的库存是看不见摸不到的，通过可视化以及拉动系统，我们将库存的堆积暴露出来；同时，在制品会造成延迟交付，增加沉没成本，延长反馈周期，增加交付管道的负荷，降低产品整体质量。

通过限制在制品，可以有效地暴露瓶颈和问题，确保各环节之间的衔接协调，避免推动式的任务堆积，从而加速价值流动。

根据利特尔法则：前置时间 = 在制品 / 交付速率。那么，在软件价值交付过程中，对应的有：平均交付时间 = 平均并行需求数 / 平均交付速率，所以缩短交付时间的办法有两个，即提高交付速率和减少并行需求数量，而后者是最有效的，最容易做，但往往难以下决心。

- 暂缓开始，聚焦完成（Stop Starting, Start Finishing）。
- 完成越多才交付越多，而不是开始越多。
- 通过限制在制品，聚焦于交付中的需求，提高价值的流动率，不是让每个人只是有事情做，更不是去提高资源的利用率，
- 是让更多的工作流出，而不是让更多的工作流入。

水落石出。水要降下来，才能看到石头（阻碍），消除了阻碍，水流自然顺畅。通过在制品的限制，降低了开发中冗余的水量，从而让真正的阻塞点暴露出来，解决问题的第一步，是发现问题，而这往往也是最难的。

关于在制品数量的限制取值，建议由宽松到严格，逐渐降低水量，逐一解决问题，渐进式的改变。

减小批量大小

小批量（Small Batch）是 DevOps 和精益敏捷中我非常喜欢的一个词。

在武侠小说中，有"一寸长，一寸强；一寸短，一寸险"的说法；在精益敏捷中，是反过来的，"一寸短，一寸强；一寸长，一寸险"，越长的周期，会带来更大的风险，竞争能力更弱。

小批量能产生稳定质量，加强沟通，加大资源利用，产生快速的反馈，从而加强控制力。

大的批量，往往会造成在制品的暴涨，因为每项工作占用的资源以及时间都较长；同时会导致前置时间增加，从而加长了反馈环路，导致问题无法及时发现；而每个大的批量交付，也增加了发现问题的难度，导致产品质量下降。

小的批量，能够快速流过价值交付管道，从而减少在制品，降低库存，进一步降低资源占用；它前置时间更短，可以更快地完成一个价值交付闭环，快速获得客户反馈。在提升客户满意度的同时，提高了产品的整体质量，小的批量也使得分层分步的进行测试更为便利，整体返工减少；当业务发生变化和调整时，可以更加灵活机动的调整方向。

软件研发过程中的小批量体现在很多方面。例如需求从 Epic 到 Feature 到 Story 的拆分，产品的 MVP，短的迭代开发模式，代码层面的持续集成，测试的分工分层，持续的部署，持续的发布模式，都是小批量的实践，而这些最终体现为持续的价值交付，即 DevOps。

持续识别并消除瓶颈

高德拉特博士说过："在任何价值流中，总是有一个流动方向，一个约束点，任何不针对此约束点而做的优化都是假象"。如果优化约束点之前的，那么势必在这个约束点形成更快的堆积；如果优化约束点之后的，那么它还会处于饥饿状态。

约束点即瓶颈，减小批量大小和解除瓶颈都可以减少周期时间。瓶颈通常是指在研发过程中吞吐量最小的环节，会减缓甚至停滞价值流动，导致整个系统的吞吐量下降。

温伯格说，一旦你干掉了头号问题，二号问题就升级了；研发过程是个复杂的过程，导致形成瓶颈的因素复杂多变，因此也需要持续的识别并消除瓶颈。

如何有效的识别约束点 / 瓶颈，是至关重要的。在高德拉特博士的约束理论 TOC 中，定义了 TOC 的五个步骤：识别约束点；利用约束点；让所有其他活动都从属于约束点；把约束点提升到新的水平；寻找下一个约束点。

软件开发中，常见的约束点有：环境的占用和缺失，部署环境缺乏自动化，测试的准备和执行，紧耦合的架构，以及最重要的组织架构与人员协同。

📝 精华语录

下部

DevOps 征途：星辰大海

第 26 章

打通任脉的影响地图

在阿捷看来，2016 年注定是一个黑天鹅满天飞的一年。

3 月，谷歌的人工智能机器人阿尔法狗（AlphaGo）毫无悬念地击败了围棋世界冠军李世石。虽然阿捷知道，机器大脑对于人脑的挑战，一定会在某些领域完胜人类，但对于一个资深的围棋爱好者来说，阿捷非常了解围棋对算法和运算力的要求远远要超出其他的智力游戏。阿尔法狗却做到了这一点。

4 月，西安大学生魏则西事件更是让以搜索起家的百度陷入一场危机中。

本来，6 月份英国脱欧公投和阿捷关系不大，但 7 月份，Agile 公司美国总部突然宣布将在今年年底完全关闭位于苏格兰的 SQF 研发中心，还是让阿捷和大民大吃一惊。

但 11 月份听到特朗普当选总统的消息，一下子让阿捷想起了特朗普投资做的那个著名的真人秀节目《学徒》（The Apprentice）中每集必说的那句片尾语："You are fired!（你被解雇了）"阿捷不由得心里一紧。

其实，阿捷并不关心大洋彼岸是特朗普还是希拉里上台，他只知道如果不能够在今年圣诞节前完成给美国 Sonar 电动汽车公司车联网中 OTA 通信组件的方案技术验证 PoC（Proof of Concept，概念验证），那他和他的团队也很有可能就像 SQF 的 Kent 他们一样，不得不接受 Agile 美国总部的那句话："You are fired."

依靠 Agile 公司老字号的招牌和通信领域深厚的技术积累，Agile 美国总部居然在这次强手如林的 Sonar 新一代车联网解决方案中赢得了一次 PoC 机会。

本来这件事和阿捷所在的中国团队关系不大，是帕洛阿尔托的 Agile 公司销售团队会同 SQF 的产品研发团队来进行这次 PoC 验证。但随着 SQF 的关闭和人员的解散，这个活儿就落到了阿捷研发团队。于是乎，阿捷第一次有了调用美国总部帕洛阿尔托销售团队的权力，准确来说，是作为这次 PoC 的技术负责人，具有协调 Agile 公司帕洛阿尔托市场和销售团队来完成这次 PoC 的权力。而这次与 Sonar 进行 PoC 测试的销售团队负责人居然就是当年和阿捷一起在 SQF 移交项目的老同事 Scott。在把研发团队的活儿移交给 SQF 的 Kent 后，Scott 转身成为产品销售团队的一员，几年的打拼下来，Scott 已经把这份工作做得风生水起。Scott 深知这次 PoC 强手如林，对于 Agile 公司的方案他并不看好，但领导层决定要去做，自己只能全力以赴了。

在带着自己的研发团队和 Scott 的销售团队开了几次电话沟通会之后，阿捷发现两个团队的沟通陷入了一个怪圈。阿捷团队的开发人员只关注功能的实现，而不会去问为什么要做这个功能，这个功能究竟能达成什么样的业务目标并不清楚；而 Scott 团队的业务销售人员，觉得自己对用户、对市场的了解最深刻，往往直接给出产品功能要求，但从不告诉研发为何这样做。他们觉得，只要是他们一旦决定好需求，产品开发人员只需照做即可。

在这个工作模式下，业务目标与产品功能的实现可能是脱节的。首先，业务人员适合的是"问题域"，研发人员适合的是"解决域"，但解决方案（功能）却是由业务人员直接提出，研发人员很少参与，根本不能理解为什么要做这些功能。当然这也跟以往的"筒仓式"管理模式有关，不同部门的责任、KPI 考核各不相同。对于研发部门而言，只需要按时、按需、保质地做出来就是大功告成，而对于业务目标是否达成，那是业务部门才会关心的事情。同时呢，这种模式也会让两个部门的人产生对立，甚至互相指责，无形中的那堵墙也就越来越厚，难以逾越。

阿捷一直觉得这种工作模式存在着问题，但是却不知如何解。老大们也经常呼吁研发部门在接需求的时候要多问几次为什么，但是问多了，业务部门又会不耐心，而且解释得还非常含糊，或许业务部门自己也没想清楚。

周末的晚上，阿捷把这个困扰自己许久的这个问题跟赵敏说了！赵敏高兴的并不是阿捷居然又找她询问技术问题，而是阿捷终于愿意和她分享自己所遇到的困难。赵敏没有直接告诉阿捷她的想法，反而回问阿捷："你听说过黄金圈理论（Golden Circle）吗？"

"没有！是说什么的？"

"这是我在 TED 上听到的一个演讲。这个人叫西蒙·斯勒克（Simon Sinek），他的演讲题目是'How great leaders inspire action（伟大的领袖如何激励他人）'。他因发现黄金圈法则而得名，他用黄金圈理论解释了为什么苹果公司的创新能力这么强，为什么他们比其他竞争对手更具有创新性？而苹果公司原本只是一家普通的电脑公司，他们跟其他公司没有任何分别，同样的销售途径，接触到同样的人才、代理商、顾问和媒体。"

"噢，他讲了什么？"阿捷的好奇心再次被激起。

赵敏把一个 TED 演讲的链接从手机里找了出来，直接用 AirPlay（隔空播放）投在家里的电视上给阿捷看。

【以下部分整理自该的演讲。】

激励：需要自内而外

WHY/ 为什么、HOW/ 怎么做、What/ 是什么？ 这小小的模型解释了为什么一些组织和领导者，能够以别人不能的方式激发出灵感和潜力。

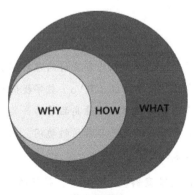

黄金圈模型

地球上的每个人，每个组织都明白自己做的是什么（Know What）。其中一些知道该怎么做（Know How），你可以称之为"差异价值"或是独特工艺之类的卖点。但是只有极少数的人和组织明白他们为什么做（Know Why）。

这里的"为什么/Why"和"利润"没有关系，利润只是一个结果，永远只能是一个结果。我说的"为什么/Why"指的是：你的目的是什么？这样做的原因是什么？怀着什么样的信念？你的组织为什么而存在？你每天早上为什么而起床？为什么别人要在乎你？

事实上，绝大多数人思考、行动、交流的方式都是由外向内的，而激励型领袖及其组织机构，无论其规模大小、所在领域，他们思考、行动和交流的方式都是自内而外的。

当我们由外向内交流时，我们可以理解大量的复杂信息，比如特征、优点、事实和图表。但这些不足以激发行动。

而当我们由内向外交流时，我们是直接在同控制行为的那一部分大脑对话，然后我们理性地思考自己所说所做的事情。这就是那些发自内心的决定的来源。

有时候你展示给人们所有的数据图表，他们会说"我知道这些数据和图表是什么意思，但就是感觉不对。"为什么会"感觉"不对？因为控制决策的那一部分大脑并不支配语言，我们只好说"我不知道为什么，就是感觉不对"，或者说"听从心灵的召唤"。

蒂沃的失败

成功的要素是充足的资金，优秀的人才和良好的市场形势。那么，是不是只要有这些就可以获得成功？看看蒂沃（TiVo）数字视频公司吧。蒂沃机顶盒自从被推出以来，一直是市场上唯一的最高品质的产品，且资金充足，市场形势一片大好。蒂沃甚至演变成一个日常用的动词，比如："把东西蒂沃到我那台华纳数码视频录像机里面。"

但是蒂沃是个商业上的失败案例。上市初期，蒂沃的股票价格大约在 30 到

40美元，然后就直线下跌，而成交价格从没超过10美元。后来我发现，蒂沃公司推出新的产品时，只告诉顾客们产品是什么，他们说："我们的产品可以把电视节目暂停，跳过广告，回放电视节目，还能记住你的观看习惯，你甚至都不用刻意设置它。"

挑剔的人们表示质疑，假如他们这么说："如果你想掌控生活的方方面面，朋友，那么就试试我们的产品吧。它可以暂停直播节目，跳过广告，回放直播节目，还能记下你的观看习惯。"

也许效果会大有不同，让我们来看看苹果公司的做法吧！

苹果的神话：传递信念

如果苹果公司跟其他公司一样，他们的市场营销信息就会是这样：

"我们做最棒的电脑，设计精美，使用简单，界面友好。你想买一台吗？"

不怎么样吧，这些推销说词一点劲都没有。不过，这就是我们大多数人的思考方式，也是大多数市场推广和产品销售的方式。我们表达自己的商品及业务，述说它们是如何的与众不同，然后就期待着别人的回应。

事实上，苹果公司的沟通方式却是这样："我们做的每一件事情，都是为了突破和创新。我们坚信应该以不同的方式思考。我们挑战现状的方式是将我们的产品设计得简洁精美，实用简单，界面友好。我们只是在这个过程中做出了最棒的电脑。想买一台吗？"

感觉完全不一样了，对吧？苹果所做的只是将传递信息的顺序颠倒一下而已。事实向我们证明，人们购买的不仅仅是商品，还包括它传达的信念和宗旨。

我之前提过，苹果公司只是一家电脑公司。但是，我们从苹果公司购买MP3播放器、手机或者其他数码产品时，却从不感觉别扭。事实上，苹果公司的竞争对手同样有能力制造这些产品。几年前，捷威（Gateway）推出了平板电视，他们制造平板电视的能力很强，但产品推出后却遭遇惨败。戴尔也推出过自己的MP3播放器和掌上电脑，他们的产品质量非常好，产品设计也很不错，但是同样没有什么人购买这些产品。我们无法想象会从戴尔公司购买MP3播放器，但是却乐此不疲地在苹果购买手机。

那些在 iPhone 上市第一天去排队等六个小时来购买的人，其实只要再等一个星期，他们就可以随便走进店里从货架上买到。他们并不是因为技术的先进而买那些产品，而是为了自己，因为他们想成为第一个体验新产品的人。他们买的不只是手机，而是自己的信念。实际上，人们会做很多匪夷所思的事情来体现他们的信念。所以说，他们购买的不是产品本身；而是通过这样的行为践行自己的生活理念。

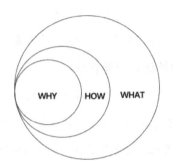

WHY：目的
你的理由？
苹果：我们相信在挑战现状，与众不同

HOW：过程
实现WHY的特定行动
苹果：我们的产品设计优美，易于使用

WHAT：结果
你会做什么？是WHY的最终结果
苹果：我们在造计算机

如果讲述信念，你将吸引那些跟你拥有同样信念的人。所以，作为组织管理者，你的目标不仅仅是将你的产品卖给需要它们的人，而是将东西卖给跟你有共同信念的人。你的目标不仅仅是雇佣那些需要一份工作的人，而是雇佣那些与你有共同信念的人。如果你雇佣某人只是因为他能做这份工作，他们就只是为你开的工资而工作；但是如果你雇佣与你有共同信念的人，他们会为你付出热血，汗水和泪水。

"很有道理！这个世界上所有伟大的、令人振奋的领袖和组织，无论是苹果公司还是马丁·路德·金，他们思考、行动和交流沟通的方式都完全一样，但是跟其他普通人却完全相反。"阿捷看完不由自主地说道。

"是的！后来，有位敏捷大师叫乔基科·阿德兹克（Gojko Adzic）的，他发明了一个框架，叫影响地图（Impact Mapping）我觉得这个框架跟 Golden Circle（黄金圈）有异曲同工之处。这个工具或许可以用来帮你解决现在的问题！"

"哈哈，太好了，愿闻其详。"阿捷听到可以解决他的问题就兴奋不已。

"咱们就叫它'影响地图'吧！结构是这样的。"赵敏把一张图传了过来。

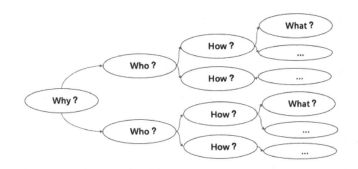

"阿捷，你看咱们依然由内而外（Inside Out），是不是也像黄金圈理论（Golden Circle）一样？只是中间多了一个 Who。"

"这个框架里面的 Why、Who、How、What 那又分别什么意思呢？"

"Why 也就是我们通常要面对的业务目标或者我们要解决的用户的核心问题。如果是业务目标，通常跟用户数、业务量、转换率、客单价、复购率等指标挂钩；如果是客户问题，可以是用户体验问题、流程效率问题等。"

"嗯，这个容易理解，应该跟我们经常讨论的 KPI 或者 OKR 里面的 Objective（目标）类似吧！应该也要求 SMART 吧！"作为管理人员，阿捷没少操心这些目标，是否 SMART（Specific 明确，Measurable 可度量，Action-Oriented 面向行动，Realistic 现实的，Timely 有时限的），所以快速补充了一下。

"孺子可教也！"赵敏拍了拍阿捷的头，表示赞许。

"承让承让！那你这里面多了一个 Who，又是几个意思？"

"第二层的 Who 呢，就是'角色'。就是说如果你要达成前面提到的目标 /WHY，那可以影响谁的行为来达成，这可能是产品的最终用户，也可能是你的渠道商等合作伙伴或产品的购买决策者，一句话，就是所有的利益干系人，尽量列全！"

"噢，那也得包含我们公司内部的销售、运营和研发人员吧！"

"错！这你就大错特错啦，傻小子！！"

"啊？你不是说所有的利益干系人吗？"

"这里的 Who/ 角色，一定不要考虑内部人，只考虑外部人！因为你一旦把自己人放进来，后面的 How 与 What 就没法分析了！"

"愿闻其详！"阿捷表现出结婚后少有的谦虚。

"第三层的影响（How），是说我们该如何影响 Who/ 角色的行为，来达成目标。这里既包含产生促进目标实现的正面行为，也包含消除阻碍目标实现的负面行为。所以一定要切记，How 的主语就是 Who！"

"消除负面行为？……"阿捷有点迷惑了。

"是的！譬如第二层的 Who 有可能就包含'竞争对手'，对于竞争对手而言，很明显，如果你不让他有机会或者消除他对你的不利影响，那你是不是也容易达成目标呢？"

"这倒是！"

"写好 How 很关键，一定要区分出来跟以前的差异！譬如'销售门票'对比'以 5 倍的速度销售门票'或者'不用呼叫中心销售相同数量的门票'"

"嗯！的确不一样！"

"再来看第四层的 What/ 交付物。也就是我们要交付什么产品功能或服务产生希望的影响。所以 What 的主语一定是我们！你看，如果你在第二层的 Who 里面列出了我们自己人的话，这个 How 与 What 是不是就没法写啦？"

"是的！"

赵敏继续说："你再从外往内看，也就是由外及内（OutSide IN）。汤姆·波彭迪克（Tom Poppendieck）在《影响地图》一书的序言中说：'影响地图是由连接原因（产品功能）和结果（产品目标）之间的假设构成的，它帮助组织找到正确的问题，而这比找到好的答案要重要很多'。这里面存在着两种假设：其一是功能假设，假设通过设想的功能对角色产生期望的影响。其二是影响假设，假设对角色产生这样的影响会促进目标的实现。这样我们就可以逐步地交付，从而验证这些假设。应该先验证那个假设，就是我们接下来的重要一环，即对所有的 What 划分优先级，就像咱们在敏捷需求管理的那样"。

"划分优先级，我刚学了 价值 - 困难 - 矩阵，用在这里最合适！"阿捷立刻兴奋起来。

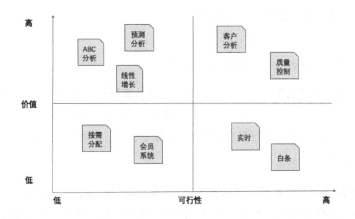

"这个矩阵不错，可行性高、价值高的，属于诱人的果实，是我们优先考虑的事情；而价值低、可行性低的，暂时不予考虑。"

"嗯，这个地图真不错！！"阿捷由衷地感叹道："你看，太多产品的失败案例，都是源于产品的方向性错误，或者基于错误的假设，或者产品功能与业务目标/价值之间缺乏必然的关联与一致性。一旦做的事与期望的目标南辕北辙，后果可想而知。我们可以同业务方、产品、研发、运维、运营的人一起来绘制影响地图，这样多个角色的协同，不仅仅可以打破那个部门墙，还可以让所有人理解目标与功能的映射关系。"

挑战1：业务与开发之间的隔阂，需要沟通、理解、协作

```
                                      ┌──────────┐
                                      │  产品功能  │
                                      └──────────┘
                                      ┌──────────┐
                                      │  产品功能  │
                                      └──────────┘
┌────────┐      ┌──────────┐
│ 业务目标 │──────│  影响地图  │──────     ...
└────────┘      └──────────┘
                                      ┌──────────┐
                                      │  产品功能  │
                                      └──────────┘
```

挑战2：目标到功能之间映射关系不清晰、不一致

"怎么样？用这个影响地图是不是可以解决你的问题？"

"是啊！那我请你吃大餐！！"阿捷打了一个响指。

"大餐是跑不掉的！但是你要记住另外一个关键的事情，就是永远不要执行完影响地图中的所有 What！"

"哦？这个考虑是指什么？"阿捷有些不解地问。

"影响地图是为业务目标达成服务的，我们应该从最容易达成目标的路径进行试验，一旦目标达成，那你就应该及时停下来，思考下一个挑战性的目标是什么，重新规划下一个影响地图。而非去执行完当前地图中的所有路径，这才是真正的精益不浪费！"

"嗯！非常有道理，醍醐灌顶。"

第二天，阿捷带着自己的研发团队和 Scott 的市场团队一起尝试运用了影响地图，来分析在 SonarPoC（Proof of Concept，概念验证）项目中的需求和技术规划方案，业务、产品、研发和运营多方人员都积极参与，场面热烈，大家都对这种产品规划方式叫好，就连 Scott 也对阿捷刮目相看。

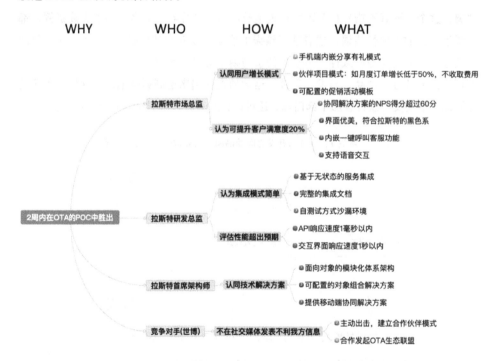

8 本章知识要点

1. 通过影响地图，可以解决如下问题。

   - 业务目标与功能之间映射关系的模糊和不一致。
     - 业务目标常常只在投资方，没有清晰地传达给其他人。
     - 业务人员的解决方案往往不是最优的。
     - 方案执行中商业环境和技术变化太快，没有及时止损。
     - 在没有市场验证的情况聚集大量资源（时间＋资金），憋大招。
   - 业务职能与开发职能之间交流决策的隔阂。

2. 通过影响地图，打通任脉，你就可以做到以下几点。

   - 可视化业务目标到产品功能间的映射关系，以及背后的假设。
     - 对什么人产生什么样的影响可以帮助目标的实现。
     - 提供什么样的产品功能（或服务）才能产生这样的影响。
   - 提供一个多角色共享、动态和整体的图景，从而快速适应变化，进行优先级别的调整。
   - 践行精益，消除浪费。
     - 通过预防需求范围蔓延和过度开始以减少浪费，找到达成业务目标的最短路径。

3. 通过影响地图，实现从"成本中心"到"投资中心"的转变。

   - 从多少开发工作量？什么时间要？
   - 到多少价值？怎么验证？多少工作量？什么时间要？
   - 小的预算验证想法，如果错误及时回头

4. 影响地图除了可以应用到产品规划，还可以应用到任何以目标来驱动的事情。

   - 运营目标达成。
   - 产品销售目标达成。
   - 个人目标达成，譬如职业、生活、情感、育儿等。

冬哥有话说

有的产品还没有发布，就已经死了。我们见过太多这样的失败案例，源于方向性错误，基于错误的假设，功能与业务目标和价值之间缺乏必然的关联与一致性，做的事与期望的目标南辕北辙。影响地图试图通过结构化、可视化和协作化的方式来从源头解决这些问题。

影响地图是一门战略规划技术，通过清晰的沟通假设，帮助团队根据总体业务目标调整其活动，以及做出更好的里程碑决策。

影响地图可以帮助组织避免在构建产品和交付项目的过程中迷失方向。确保所有参与交付的人对目标、期望影响和关键假设理解一致。

影响地图可以有效地评估交付，作为质量反馈的标准之一：如果一个需求不能有效地支持期望的行为影响，那么即使在技术上正确，功能交付给用户了，也仍然是失败的。

影响地图可以有效解决组织面临的范围蔓延、过度工程、缺乏整体视图、开发团队和业务目标不能保持一致等问题的困扰。

影响地图的结构

简单地讲，影响地图是这样的一个思维逻辑和组织结构：为什么（Why）→谁（Who）→怎样（How）→什么（What）。也就是：我们的目标是什么（Why），为了达成目标需要哪些人（Who）去怎样（How）影响，为此我们需要做什么（What）。影响地图通过构建产品和交付项目来产生实质影响，从而达到业务目标。

1. 为什么（Why）：我们为什么做这些，也就是我们要达成的目标。

    找到正确的问题，要比找到好的回答困难得多。把原本描写在文档中，更多的是隐藏相关利益干系人头脑中的业务目标，定性、定量的引导出来。目标描述要遵循 SMART 原则：Specific 明确，Measurable 可度量，Action-Oriented 面向行动，Realistic 现实的，Timely 有时限的。确保每个人知道做事的目的是什么，针对真正／合适的需求设计更好的方案。

2. 谁（Who）：谁能产生需要的效果？谁会阻碍它？谁是产品的消费者或用户？谁会被它影响？也就是那些会影响结果的角色。

    考虑这些决策者、用户群和生态系统时，注意角色同样有优先级，优先考虑最重要的角色。角色定义应该明确，避免泛化，可以参考用户画像（Persona）的方式进行定义。

3. 怎样（How）：考虑角色行为如何帮助或妨碍我们达成目标？我们期望见到的影响。

    只列出对接近目标有帮助的影响，而不是试图列出所有角色想达成的事。影响的是角色的活动，是业务活动而不是产品功能。理想情况下应展现角色行为的变化，而不仅仅是行为本身。不同的角色可能有不同的方法，帮助或阻碍业务目标的实现，这些影响彼此之间可能是相互参考，相互补充，相互竞争，或者相互冲突的。既要考虑到正面的影响，也要考虑负面或阻碍的影响。注意：业务发起方应该针对角色 Who 以及影响 How，而不是交付内容 What 进行优先级排序。

4. 什么（What）：作为组织或交付团队，我们可以做什么来支持影响的实现？包含交付内容，软件功能以及组织的活动。

    理论上这是最不重要的一个层次，避免试图一开始就将它完整列出，而应该在迭代过程中逐步完善。同时注意，不是所有列出来的东西都是需要交付的，它们只是有优先级的交付选择。"永远不要试图实现整个地图，而是要在地图上找到到达目标的最短路径。"

影响地图足够简单，操作性强，又有足够的收益：能够帮助创建更好的计划和里程碑规划，确保交付和业务目标一致，并更好地适应变化。影响地图的首要任务是展示相互的关联，次要任务是帮助发现替代路径。正如 GOJKO 所言：影响地图符合软件产品管理和发布计划的发展趋势，包括面向目标的需求工程、频繁的迭代交付、敏捷和精益软件方法、精益创业产品开发循环，以及设计思维。

影响地图的特点

- 结构性：从业务目标到交付的结构化梳理和挖掘的方法，目标 -- 角色 -- 影响 -- 交付物。
- 整体性：连接目标和具体交付物之间的树状逻辑图谱。
- 协作性：利益相关人一起沟通讨论协作，把隐藏在个人头脑中默认的思维逻辑挖掘出来。
- 动态性：动态调整、迭代演进、经验验证的学习。
- 可视化：统一共享的视图，结构清晰易读。

它将不同部门／角色不同的视角，不同的思维逻辑，不同的前提假设，通过可视化和协作的方式进行梳理、澄清和导出，通过连接交付内容、影响和目标，影响地图显示了之所以去做某个功能的因果链，同时可视化了干系人做出的假设。这些假设包括：业务交付的目标，涉及目标干系人，视图达到的影响。同时，影响地图沟通了两个层面的因果关系假设：交付会带来角色行为的变化，产生影响；一旦影响达成，相关的角色会对整体目标产生贡献。

影响地图可以有效地控制用户故事列表无限蔓延

看似动态调整的故事列表，根据精益消除浪费的思想，维护完整的故事列表，事实上也是浪费。存在的问题有两点：第一，看不到用户故事与业务价值直接的联系，往往为了实现功能去做，而不是考虑其背后交付的价值，以及这个价值是否被用户认可；第二，故事列表往往是各方头脑风暴的结果，同时还在不断更新，却很少剔除。这个长长的列表不仅需要定期维护，其背景、内容、优先级、价值等随着商业环境的变化而不断变化；在快速变化的商业环境下，维护一个三个月或者半年以后才可能实现的需求都可能是浪费。

目标 / 里程碑与发布计划

业务目标可以与迭代的发布计划关联，每次迭代只处理少量的目标；《影响地图》建议一次只处理一个目标，目的在于快速反馈和调整；个人认为基于团队规模、迭代步速，一次迭代可以包含的目标取决于目标的颗粒度以及时间估算，不可一概而论。在具体执行时，这里会是一个争论以及变数较多的点。

如何防止思维蔓延，地图扩张

先发散再收敛。分层和分拆时掌握 80/20 原则，不求面面俱到，只需要涉及关键的因素。考虑到大部分团队会使用物理墙、即时贴的方式进行影响地图的设计，个人以为，原本因为物理空间受限以及可读性原因存在的物理白板的弊端，反而可以作为细化程度的一个有效的限制原则：以物理墙或白板为影响地图的最大边界。

相对于普遍关心的影响地图的第四层 What，我们更应该把注意力放在前三层目标、角色和影响上。尤其是角色和影响上，关注点如此，优先级排序也是如此；不要只关注在 What 即自己要做什么事情上，这会让我们只陷入细节里，埋头做事，而忽略了事情的初衷。

多数的路径最终不会被执行，是否需要保存？首先要避免过早陷入过多的细节，未来一切都是未知的，所有的都是基于当前的假设，所以，维护一份完整的地图，试图将所有想法都归纳在地图上，是没必要的。其次，目标导向，避免在那些对整体目标没有作用的影响上花费过多的时间。

此外，需要注意的是，What包含交付内容、软件功能和组织的活动，如果交付的所有条目都是技术性，也许要重新审视影响地图，尤其是角色Who与影响How两部分，并非所有的目标都需要通过产品功能达成，更多情况下，也许一个简单的营销活动就可以快速实现目标。

影响地图会议何时结束

"当关键想法已经出现在地图上"，当已经达成目标，并且确定最快/小路径，暂时也想不出更好的替代方案时，就可以结束。建议设定严格的Timebox（时间盒），一旦出现时间点超时，或者是团队陷入太过细节的讨论，或是没有找对合适的人，缺乏合适的决策者时，就要及时停止。

影响地图何时失效

如同计划，在制定出来的那一刻也许影响地图就已经失效，因此需要适时调整，注意是适时，未必是实时。影响地图更像是迭代计划，每个影响达成，进行反馈评估，对影响地图的内容以及优先级进行调整；一旦目标达成，也许这张影响地图就完成了使命。

影响地图应遵循"三心二义"原则

- 不忘初心：始终牢记做事的初衷是达成业务目标，而不是实现功能，甚至不是达成影响（如果影响最终不能帮助实现目标）；
- 不要贪心：不要试图一次完成几件事，而应该分拆成多个里程碑，多张地图；不要试图一件事做完美，期望把所有列出来的事情都完成是不现实且没必要的；掌握80/20原则，达成目标即可，业务环境始终在变，业务关注点也会随之变化。
- 赤子之心：不偏不倚，不骄不躁，边走边学边调整，对目标和未来抱着一颗坦诚、恭敬与探索的心，不否定，不自大，不盲从。
- 批判主义：怀疑一切，多问几个为什么；把假设引导出来，通过分析和实践来验证假设。
- 实用主义：一切以实用出发，价值导向，目标导向，结果导向，保持简洁。

精华语录

第 27 章

打通督脉的用户故事地图

"咚咚咚"的敲门声把阿捷从倒时差的美梦中叫了回来，楼道里穿红衣服的京东快递小哥拉着个小平板车送来了一大堆的东西，阿捷看了看，有烤箱、红酒和零食等。

"赵敏，你这是什么时候下的单呀？"阿捷心里纳闷，他知道赵敏今天中午的飞机才从新加坡回到北京。而他也是为了处理几个棘手的工作，昨天才从帕洛阿尔托的 SonarPoC 项目赶回北京，连住在奶奶家的宝贝儿子都没顾上见一面。

"刚刚在机场入关排队给你打电话的时候，你不是说在美国馋了想吃麻小了嘛，我就快速在京东下了一单！"

"这么快！才 3 个小时不到！"阿捷惊讶道，"京东的服务居然这么棒，这在美国根本就不能想象！"

"你个老土，天天就知道工作，中国网购的速度早就无与伦比了。电商领域，全世界都在学中国，特别是学京东。京东服务有个标准叫 211，就是说你今天上午 11 点之前下的订单，在晚上 11：00 之前一定送到；在晚上 11：00 之前下的订单，在第二天早上 11：00 之前，一定会送到。他们靠的就是自建物流，极大地提升了用户体验，形成无与伦比的优势！我今天刚好是上午 10：30 左右下的订单，所以他们很快就送过来了！怎么样，要比美国亚马逊厉害多了吧！"

"从送货效率上来讲，绝对没得说！"阿捷边打着哈欠边回应着。

"不止呢！每年的 6.18、双 11，中国电商在促销上的玩法据说 Amazon（亚马逊）也在学呢，毕竟中国的用户就有几个亿，比美国全国人口都多好多！"

"这倒是，互联网的人口红利没得比！你似乎对京东很有好感嘛！"

赵敏像如数家珍一般，"你猜一猜？京东最快的送货记录是多少？"

"嗯，2 小时！？"阿捷知道赵敏作为业界技术专家已经受邀参加了好几次京东组织的技术会议，知道一些京东内部的情况。

"不对，太没有想象力啦！"赵敏撇了撇嘴。

"难道不到一小时？"

"还要短！"

"哦。快说！别卖关子啦。"

"告诉你吧，在 iPhone6S 首发的时候，京东从用户下订单到把 iPhone6S 送到用户手上，只用了 12 分 20 秒！那些果粉们，可是提前在三里屯排了三天三夜的队呀。"

"太牛啦！他们是如何做到的呀！"

"京东有大数据部门，通过小区画像及用户画像，提前分析出来哪个地区会有什么样的人，大概会有多少订单。然后他们利用移动仓，提前把 iPhone 6S 就备货在你的楼下，当你一下订单，快递小哥马上就会收到消息，飞速地爬上楼，把手机送到你手上！"

"好厉害！这体验简直就是做到了极致！"阿捷点了点头。"看来京东的研发实力也很强啊，科技含量十足！"

"那肯定的！上次我去京东做技术交流，听京东的同事经常讲这个京东创新三角。"赵敏拿起一支笔，在纸上快速画了一个倒三角形。

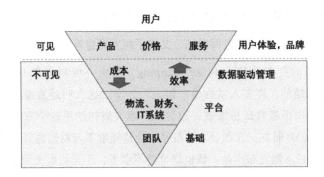

"你看，这里有四个层次，最上面是用户的价值，产品、服务、价格、用户体验、品牌，这是看得见的一部分。京东认为，用户最关心的无非是用户体验与品牌，京东之所以送货这么快，就是为了这个第一层。为了达到这一点，他们内部就会努力追求降低成本、提高效率，当然这些都是我们看不到的。下面两层就是让公司有效运转的IT、物流、财务系统以及所需要的团队。"

"你有没有朋友在里面？下回介绍我去参观学习一下。"

"没问题，你得先给我烤好披萨和小龙虾，嘻嘻。"赵敏逗阿捷。

"馋猫，就知道吃！容我先把烤箱架好！"

阿捷跟赵敏两个人三下五除二，在厨房里面把烤箱布置好，热好披萨，烤好麻小，就着黄尾袋鼠干红开始了久违的二人晚餐。

"对了，赵老师，你能不能把你在京东和他们交流如何用'用户故事地图'梳理需求的过程，给我仔细讲一下？我们这次要给Sonar做的车联网系统很复杂，产品需求列表（Product Backlog）内容很多，我这次在帕洛阿尔托和Scott他们讨论得头都快爆了。虽然我们已经在使用电子工具进行管理，对于需求项也加了标签，但是依然感觉有些乱，不像传统的PRD文档那样有条理。搞得我们一直是只见树木不见森林，感觉要做很多事情，却抓不住脉络。上次你教给我的那个影响地图，真有些打通任脉的感觉！但我还有个督脉没打通，你得再帮我一下。"阿捷摸着酒足饭饱的肚子，擦了擦沾满麻小汤汁的油嘴向赵敏说道。

"嗯，让我想想，怎么说你才会更清楚！"赵敏放下手中的筷子，略微思考了一下。"这样，这次我们就以做蛋糕为例，一边做蛋糕一边梳理做蛋糕的用户故事地图。你去拿些不同颜色的即时贴来，咱们就在厨房的这面墙上梳理。"

阿捷翻箱倒柜的终于凑齐了四色即时贴，又找了两支马克笔。

"用户故事地图的英文是 User Story Mapping，是由一位叫杰夫（Jeff）的敏捷教练首先使用并总结的，许多人戏称他'姐夫'，不过这么叫还真挺有意思的。"赵敏一边用一张面巾纸擦着厨房墙壁一边说："姐夫最初使用这个方法的时候非常偶然，当时他的一位好朋友正在创业，准备做一个连接歌手与粉丝的音乐发行平台 Mad Mini。但因为迟迟不能发布产品，钱也烧得差不多了，于是找姐夫帮忙，希望通过敏捷实现快速交付。"

"姐夫那天去朋友的办公室时，公司正在搬家，要搬到一个便宜的民居去，屋里便空了。姐夫拉着他的朋友，坐在地板上，让他描述用户使用 Mad Mini 的场景和需要做的特定动作。姐夫一边听，一边写用户故事，并按照时间顺序，排在地板上，不时地问些细节问题，写些细化的故事。两个小时，他们在地板上摆了一地的卡片，这就是世界上的第一幅用户故事地图。随后，姐夫又帮他的朋友在地图上直接做了一次发布规划，划分出若干个交付版本。最后，姐夫带着那个团队按照敏捷的方式开发快速交付、快速探索用户需求。你知道吗？ Mad Mini 后来居然上市了，是不是很励志！"

"哇噻！牛！"阿捷听得兴起，又打开一瓶黄尾袋鼠葡萄酒，倒了一杯递给赵敏，两人碰了一下。

"后来，姐夫就开始把这种整理需求的方式，记录下来，并在博客上分享，很快得到了很多人的认同。为此，他专门写了《用户故事地图》这本书。"

"小敏，我觉得你应该写一本书呢！把你的管理知识串起来，一定非常畅销。"

"我可不行，这些年在外面，中文已经有些不顺手了，不过，我倒是看好你小子，爱写日记，还经常写文章，这个任务呀，就交给你啦。不过，版权费得分我一半。"

"成交！"阿捷又跟赵敏碰了一下杯，"赵大师，您开始吧！"

"好！假设咱们要做一个APP，目标用户就是你这样的蛋糕小白，这个APP的目的呢，就是要教会你这样的小白，在一个小时内，按照教程，做出一份美味可口的蛋糕来。"

"我看行，咱们两个就开个夫妻店，咱们这个APP就叫'焙客'吧，没准咱们也能上个市呢！"阿捷开始胡思乱想。

"打住打住！正经点……"赵敏瞪了阿捷一下，"我们先从用户角色分析一下，除了你这种蛋糕小白外，还有哪些呢？"赵敏拿了一个即时贴，写下了"蛋糕小白"。

"我觉得还得有蛋糕大师，他会回答小白的问题。"阿捷冲着赵敏做了个鬼脸。

赵敏又写下了"蛋糕大师"："这两个都算是最终用户/End User，还有吗？"

"嗯，如果小白想要付费咨询大师问题的话，是不是要有支付渠道？那可能就是支付宝、微信或者银联等。"

"这个算是合作伙伴/Partner，你再想想，还有其他人不？"

"如果说合作伙伴的话，咱们还可以与食材厂商合作，帮他们卖面粉、黄油、和奶油什么的。"

"好的。"赵敏写下了食材厂商，"还有其他的角色不？"

"客服！有可能是需要客服介入，解决一些问题……应该还有运营人员，他们需要看数据做一些运营工作。"

"这类人属于内部人/Insider范畴，我把他们都写下来了。"

赵敏拿起"蛋糕小白"那张卡片，贴在厨房的两个瓷砖缝隙的上方。"这条瓷砖缝假设就是一条线，线上就是对应的用户角色，线下是该用户角色的动作。我们就从你这个小白开始，从左到右，按照时间顺序梳理如何使用这个'焙客'，让你学会制作蛋糕。"

"首先是登录账户，然后选择要制作的蛋糕种类，接下来按照指示做蛋糕，过程中可能会遇到问题，会向大师咨询。在得到满意解答后，可以向大师打赏。接下来继续制作，直至完成。如果我真的做出来蛋糕，我可能想拍照上传平台分享。我想这个 APP 应该还会提供一个反馈环节，收集我本次制作蛋糕的感受，打个分什么的。这之后，运营美眉没准还会给我打个电话，做个访谈。她们应该还会分析整体的用户数据。"

"还有吗？"

"嗯，刚才还提到了食材厂商，我想我也许会在 APP 上直接下单购买做蛋糕的原材料。"

赵敏在阿捷叙述的同时，又写了很多张卡片，每张卡片都是一个动宾短语，贴在了对应角色的下面。当然，还额外补充了两张"蛋糕小白"的用户角色卡片。很快，各个角色不断交互的场景跃然墙上。

"你看，这个就是咱们这个 APP 的主干流程，也就是用户故事地图的骨干。接下来咱们需要对他们进行细化，让他变得有血有肉起来。你看登录这个环节，应该如何拆解呢？"

"这个应该是先注册，然后才是登录。"

赵敏迅速地写下来"注册、登录"两张卡片，顺序贴在第一层的"登录"卡片下面，然后示意阿捷继续。

"关于注册，我觉得现在的 APP 都在注重降低用户的门槛，所以这里，只需要手机号注册或微信、微博账号直接注册即可。手机注册需要支持短信验证码方式。对于登录，如果是手机号注册的，需要提供手机号/密码登录、找回密码，为了避免程序机器人，需要增加机器人防范机制，譬如滑动验证码。如果是微信等方式注册的，那就比较简单了，可以直接授权登录即可。"

赵敏又补充了几张卡片，竖向贴在了刚才的第二层卡片下面。

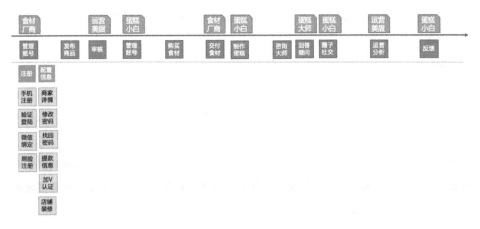

"好，咱们再把下面的流程按照这个思路，逐步进行细化，还是你说，我来写。"

不到 20 分钟，两人就把剩余的部分全部细化完了。看着满墙的四色卡片，倍儿有成就感地相视一笑。

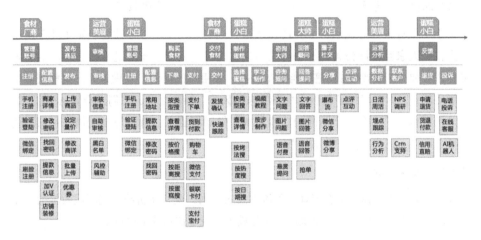

"现在，咱们还差最后一步，也就是针对这么多功能，再进行一次版本规划，看看应该先发布什么，后发布什么。这其实也就是划分优先级的过程。第一个版本我们称之为最小可行产品（Minimum Viable Product，MVP），一定要尽量精简，能不要的都不要。你来看看我们的 MVP 该怎么设计，把你认为应该包含的内容标出来吧。"

阿捷拿起笔，一边小声嘀咕，一边挑选出一批卡片出来。

"嗯！你确定吗？这些都是你第一个版本要做出来的功能？"赵敏见阿捷挑了一堆各色卡片出来。

"确定！"

"好，那我问你几个问题，你不需要立即回答，但你要仔细思考。对于第一版，真的需要注册吗？真的需要支持大师问答吗？真的需要点评反馈吗？如果不要，到底可不可以呢？"

"哦，让我想想。"阿捷仔细琢磨了一会儿，"或许，你说的对，其实这些功能也可以不做，但如果不做的话，感觉还真有些不好意思，你说这样的一个东西要是真发布了，会被别人笑话死的。"

"对！ MVP 要的就是这种感觉，如果你的第一个版本不能让你觉得不好意思，那就不够 MVP！"赵敏面带戏谑地说。"要是按照你说的做，那还不得猴年马月才能做出来，那会儿黄花菜都凉了！"

"哦？那你们公司就会真的拿 MVP 发布出去吗？"阿捷满腹狐疑。

"傻小子！看来你对互联网公司的做法没摸透啊。"赵敏忍不住轻轻敲了几下阿捷的头，"人家互联网公司都有一种发布模式，称为灰度发布。是拿很小很小的一批用户，譬如 1% 或者 5%，把功能发布出去，看用户的反馈，再做定夺。这样既测试了新功能，同时又降低了新版本发布带来的风险。除此之外，他们还会做 A/B 测试，就是用两组用户，拿两个不同的功能版本，做对照测试，哪个版本反馈好，那就使用哪个版本，向大众用户发布。"

"哇！还能这么玩！"

"行了，臭小子，你再重新梳理一下版本发布计划，画几条折线，把不同版本的功能区分出来，这个用户故事地图也就大功告成了！我也该烤我的蛋糕啦！"

在温馨的蛋糕香味中，阿捷打开电脑，趁热打铁地把制作蛋糕 APP 的需求用用户故事地图的方式展现出来。

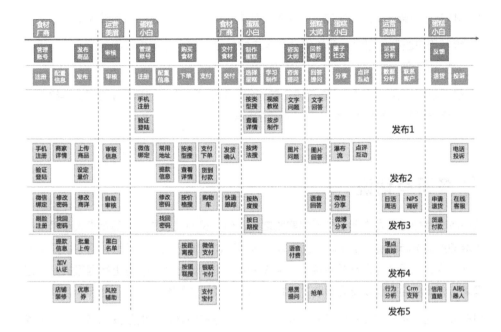

本章知识要点

1. 编写用户故事地图的 5 大关键要点如下。

   • 划分用户角色，要全面细致。

   • 故事骨干，要按照时间顺序把不同角色的交互体现出来。

   • 故事地图在于广度优先，而非深度，才能看见森林。

   • 要多种角色共创，梳理的过程也是达成共识的过程。

   • 拆分故事，逐层细化，方可又见森林，又见树木。

2. 用户故事地图的两个作用：一个是找到整个产品的主干，也就是路径；一个是了解整个产品的全貌。

3. Jeff 警告我们，用户故事不是另外一种写需求的方式；故事是用来讲的，不是用来写的，主要是为了建立共识。

4. MVP 作为第一个发布版本，如果不能让你觉得不好意思，那就不够 MVP。

5. 绘制用户故事地图时，要始终站在用户的角度，使用和用户相同的业务语言进行分析和呈现。

6. 绘制用户故事地图时，既要考虑正向流程，也要考虑逆向流程；还可以分层绘制，一个宏观的全局地图，分成几个细化的局部地图。

冬哥有话说

用户故事是敏捷开发中普遍使用的实践之一，但常见的困惑是，产品负责人整理了一大堆的产品 Backlog，还编排了优先级，这样就过早地陷入到细节的讨论中，只见树木不见森林。虽然可以从颗粒度上，通过 Epic、Feature、Story 等进行层级拆分，但需求拆分本身会有很多负面影响，容易丢失软件系统全景图，依然是治标不治本。

用户故事地图是一门在需求拆分过程中保持全景图的技术，目的是既见树木，又见森林，聚焦于故事的整体，而不是过早纠缠于细节，在看到全景图的同时，逐层进行细节拆分。

传统敏捷开发中，扁平的产品待办列表，存在很多问题：它很难解释产品是做什么的；对于一个新的系统，扁平化待办列表无法帮助我们确认是否已经识别出全部故事；同样的，扁平化待办列表也无法帮助制定发布计划，用户故事少则几十，多则上百，详细分析每一个用户故事并且做出是否采纳的决定是非常乏味并且低效的。

采用用户故事地图，跳出了扁平化的产品待办列表，看到了产品的全景图，可以真正聚焦于目标用户以及产品最终的形态。产品待办列表只是一维的，而用户故事地图是三维的，这是高维对低维的过程，高维恒胜。

Jeff 说，故事地图非常简单，事实也是如此。一章的篇幅就能把用户故事地图讲清楚，而真正在工作坊游戏时，我们通常只需要半小时讲解，半小时演练，就可以完整地把用户故事地图弄懂。用户故事地图基于简单的网格结构，规则是从左到右讲述故事，即叙事主线；自上向下的拆分，即由大到小的细节展现；其中最关键的部分是产品的构思框架，贯穿整个产品的发布地图，可以帮助团队以可视化方式展示依赖关系。此外，更多的背景信息可以摆放在地图的周边，例如产品目标，客户信息等；这几乎就是用户故事的全部了。短短几分钟的解释，所有的听众就能领悟到它的价值所在。这也恰好是用户故事地图的魅力所在，好的东西通常都很简单而有效。

Jeff 的在《用户故事地图》一书中有这样一句话，一万英尺高空俯瞰远观用户故事地图，我们看到的是一副行走的骨架（Walking Skeleton），逐渐打开，我们看到有关用户的信息，有关优先级的排序，以及更多的信息，这就是逐步血肉丰满的过程。

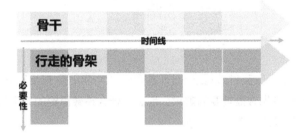

用户故事地图的核心，是进行团队的沟通与协作，它是连接开发、设计、产品、测试的桥梁，通过构造简单的故事地图，使产品在使用过程中的用户体验图形化和可视化，从而提升团队的协同效率。用户故事地图可以让我们回归本源，专注于用户和用户体验，以及用户真正需要使用的场景，在团队内外产生更好地沟通效果，以期最终做出更好的产品；产品开发的目的并不是开发出产品，而是产生客户价值。在原始的创意和发布的产品之间，所有东西都可以叫"产出"（Output），但并非所有的输出都成为"成果"（Outcome），真正合格的产品，是应该成为那个产出的成果。

故事地图承载的是用户故事。使用用户故事的目的不是为了写出更好的用户故事，目的是为了达成共识，鼓励敏捷开发过程中人与人之间的沟通，而不只是写下故事。好的用户故事能够讨论为谁做和为什么做，而不仅仅是做什么。故事是讲出来的，不是写出来的；用户故事之所以叫故事，是因为它是要讲的而不是写的；团队在一起讲述用户故事，尝试在聚焦问题全景的前提下写用户故事，通过讲故事的方式，大家获得对产品愿景的一致理解，共同创造出好的产品解决方案，这就是故事地图与用户故事的关系，用户故事地图就是在讲大故事的同时进行拆分。

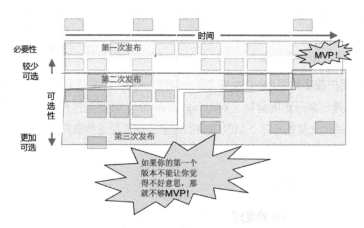

产品规划，是为了最快的交付，以更少的开发撬动更大的价值；如果有死限（Deadline），你会怎么做？当然是先做最重要的需求。那么，什么是最重要的？你怎么知道？如何获得反馈？这是需要认真思考的问题。

我们希望开发的功能，总比我们能够负担的时间和金钱要多，所以软件开发的目标从来不是开发所有的功能，而是开发尽可能少但又足够使用的功能。尝试问自己一个问题："如果我们只选择一个用户，你选择哪个？"紧接着再问一个问题："如果时间只够给客户一个功能，会是哪个？"少即是多，功能并非越多越好，80/20 原则，不是开发更多而是以最少的功能，最小化的输出，来最大化成果和影响；你的工作不是更快开发更多功能，而是使那些投入精力开发的功能在成果和影响上可以最大化，这才是故事地图以及用户故事试图达到的目的。

📝 精华语录

_____

_____

_____

_____

第 28 章

MVP 与精益创业

超出 Sonar 公司的预估，本来大家都并不看好的 Agile 公司，居然在 PoC 阶段的技术排名第一。在接下来等待商务环节的这段空闲时间里，阿捷想好好研究一下之前赵敏提到的 MVP 的事情。

周六的晚上，阿捷做了几样赵敏爱吃的小菜，又开了一瓶 20 年的苏格兰单一麦芽威士忌，就在赵敏心里想着今天难道是个什么纪念日的时候，阿捷开口说话了："赵老师，咱们在讨论用户故事地图的时候，你提到了 MVP，我越琢磨越有意思，这个东西是不是背后还有什么理论？"

赵敏微微一笑，总算知道为何阿捷今天表现如此好了。"是的！MVP 这个概念来自硅谷创业家 Eric Ries（埃里克·莱斯）的《精益创业》一书。其核心思想是开发产品时先做出一个简单的原型，最小可行产品（Minimum Viable Product，MVP），然后通过测试并收集用户的反馈，快速迭代，不断修正产品，最终适应市场的需求。如果真的领悟透这套理论，将会有助于你实现业务敏捷，打造用户真正需要的产品。"

"为什么这个方法会很奏效呢？你看，做一个全新的产品，就像我们打靶一样，传统的做法，人们会预先确定一个目标，也就是他们的靶子，然后开始规划实现路径，为了保证一击而中，前期会做大量的需求调研、制定详细设计规划、然后召集人员，开始按部就班的执行，不排除某些产品是可以而且也必须这么做，但大多数产品这么做的话，必死无疑。首先，你设定的靶子本身可能就是错的，其次在移动互联网时代，3 个月相当于过去 1 年，你最早理解的目标靶子，一两个月后，可能就变了！所以，这个靶子一定是一个模糊的移动靶。面对这种情形,我们必须小步快跑，不断调整准星，不断的发射、矫正，这样才能最终击中目标。精益创业强调的'小步快走，快速迭代'不仅仅是能够快速响应变化，更是希望通过有效的方法让我们'减少（不该有的）浪费'，持续地向正确的方向趋近。毕竟对于一个产品团队而言，资金有限，自然时间也有限，我们必须要在这有限的时间、有限资源里面，找出来到底该做什么！"

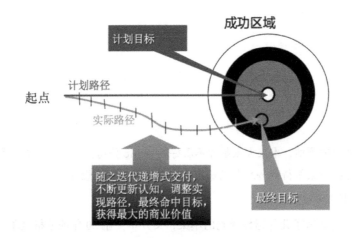

"嗯，划分优先级是最难、最纠结的一个事情。"阿捷适时附和着。

"每一个产品经理都不是像乔布斯和张小龙那样的神人，能够洞察人性，所以最重要的第一步应该是尽早地去验证想法！这也是精益创业的出发点，也就是下面的精益创业反馈环的精华所在，相信很多崇尚精益创业的人都是这么做的。把很多想法，排出一个次序来，然后去开发一个最小可行产品，投向市场，度量数据，通过分析数据结果，看得到什么反馈，获得什么样的认知。"

赵敏拿起笔，飞快地在地上画了一个环。

"这个构建、测量、认知反馈环就是精益创业的核心。理论上，这个环应该转得越快越好，应该是按照天或小时来计算的。如何让这个环转得快呢？那就要在构建环节，采用敏捷开发的各种手段。"

"最近半年来，我看了很多的资料，也见了很多的创业者，大家似乎都在提'精益创业'，经常听到小步快跑、迭代、MVP、不断试错等耳熟能详的词语，似乎每个人都已经认识到了不断尝试、快速验证的重要性。"

"这本身是很好的一种现象，同那些还一直坚持'仔细规划、封闭开发，期待产品一炮而红'的创业者相比，至少在认知程度上上了一个台阶。但怎么做才算得上'精益'，才算是真的'低成本快速验证'，似乎90%的人都理解错了！"

"啊？为什么这么说呢？"阿捷被这个90%给震惊了。

"因为我跟一些团队或者创始人交流的时候，他们经常这样说：'我觉得MVP的概念很好，我们现在已经完成了几个MVP，反馈不错。''我今年新组建了一个团队，在公司内部让他们用精益创业的思路去做，不断试错，成不成无所谓，关键是这样很快。''以前不知道精益创业，上个项目要是早用这个方式的话，估计我们就已经成功了！我现在就是要不断地试错。''我准备先去开发xxx，接下来我们还会开发xxx，不是一起上线，分成几步，这样两天就能做一个，逐步的开放给用户'。'于是，我就问大家怎么度量是否成功的？每个 MVP 怎么算成功，或者失败？的度量指标都有什么？关键指标是什么？ MVP 都是真实的产品吗？可不可以不做真实产品？为什么要先开发一个 APP，不开发 APP 不可以吗？用微信公众号不也能解决问题吗？有没有想过，是不是可以不用开发 APP，就发一个传单，看大伙的态度，是不是可以就能用一天的时间验证完？同样可以得到你想要的数据？到今天为止，已经试验了差不多 20 个上门私人问诊服务，怎么判断你这个服务是否有价值呢？逻辑是什么？……对此，有些人说不上来，有些人就陷入了沉思，有些人依然还会滔滔不绝，但你能听出来，他其实还是没想清楚，根本没有抓到精髓，只是在自我掩饰而已；有些人甚至说他们就是在不断地试啊！反正这么不断试，总能找到一个方向的，微信最早不也是只想做免费短信的嘛！"

赵敏停顿了一下，说："其实，我们很多人是在盲目的瞎试！瞎试的结果，就是你在探索阶段会比你的对手花更多的时间、更多的资源，如果在有限时间内、有限的资源下，没有探索清楚，失败是必然的。"

"那该怎么办呢？"阿捷更加迷惑啦！

"之所以没有获得认知，一个首要原因是没有清晰可度量的指标，其次是在顺序执行上面这个环之前，应该先有个逆向思维，即这个环里面还有一个逆向环的。"

"也就是说，这个执行过程其实应该是逆向的！我们应该遵循 WHY >>>HOW >>>WHAT 的思路。首先，对于任何一个想法，我们都要把他想象成假设，然后，我们再思考该如何去验证？什么样的结果（或认知）算是我们验证通过了（例如真 vs 伪、可行 vs 不可行等等），然后我们再看该收集哪些数据，该怎么收集（度量）；为了得到这些数据，我们该构建什么样的'产品'，注意，这里这个产品并不一定就是一个真实的产品，可能是人工虚拟的，可能是粗糙的原型，也可能是其他我们需要验证的内容。有了MVP的想法后，最后一步才是把它构建出来。经过这样的逆向思维后，你才能再去走正向流程！"

赵敏继续解释说："这个思路就是先提出假设，逐步进行验证。通过MVP，我们可以验证两种假设：其一是价值假设，即用户真实地使用这个产品，产品或服务对用户是有价值的；其二是增长假设，指实现产品快速增长的一种手段，这种手段也是需要不断验证的。"

"哦，MVP原来是用来验证假设的！"阿捷自言自语。

"嗯，通过MVP验证想法，就是要将其拆解成一个个的假设，建立观测数据指标，开发一个最小可行产品，把其投放给用户，收集数据来验证原来的假设是否正确。如果过程中开发的MVP出现偏差，我们进行一下微调，然后再验证、再微调的过程，我称之为'假设验证驱动开发（HVDD）'。"

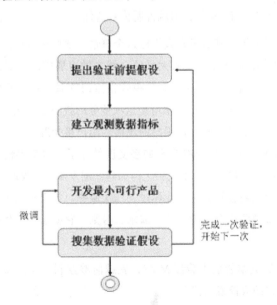

"高啊！赵大师果然高！听君一席话，胜读十年书！"阿捷给赵敏做了一个非常夸张的赞，"不过等一下，你刚刚提到 MVP 可能不是一个真正的产品，这是什么意思？"

"嗯，这个话题更好玩，等我先给客户回个电话，然后再给你继续讲！"赵敏拿起手机进了书房。

赵敏打完电话，给阿捷详细讲起了 MVP。

MVP 跟大多数人设想的产品有很大的区别，它应该足够的轻巧，可以帮我们验证基本的商业逻辑。有一些人可能会想，我现在的项目是一项非常宏大的事业，根本不存在所谓的 MVP，我至少也得投入个几百万才可能有一个能面世的产品出来，而这个产品一经出来就要轰动。我想说，如果找不到 MVP，只能说明你对这个事情还没有想清楚，没有想透你的宏大事业背后，究竟有哪些最基本的商业逻辑。每个产品都有自己的核心价值环（Core Loop），这个就是你最最基本的东西。比如，Zenga 的 FishVille 的核心就是"买鱼→养鱼→卖鱼"。Instagram 的核心就是"拍照→滤镜→分享"。Dropbox 的核心就是"买空间→填充空间"。Foursquare 的核心就是"去商家→签到→获得奖励"。同样，摩拜单车的核心就是"扫码解锁→骑行→锁车收费"；滴滴打车的核心就是"呼叫司机→接单→乘车→付费"。所以说，如果你不能抽象剥离出来核心价值环（Core Loop），那就说明你对这件事情还没想清楚。

上门洗车曾一度火爆市场，其实很多人想做这个事情。他们很自然地会认为，如果我没有一个上百人的洗车团队，不投入大量的金钱去做市场推广，那么根本不可能会有用户知道有这样的好服务。在这种业务模式很重的领域，基本不可能有低成本的 MVP。这样的想法，恰恰说明了没有想清楚这项业务的核心是什么。上门洗车要想成功，核心就是用户的接受度，而不是用户的规模。用户接受度提高了，规模自然就有了。那么，MVP 就只要验证用户有多高的接受度就好了。这个事情就简单了，你可以从身边的有车的朋友开始，你一个人去上门为这些朋友服务，收取合理的洗车费用，然后看看后续你的朋友还会不会主动找你过去二次服务。如果有很大比例的朋友愿意第二次主动找你，就说明这个事确实是有需求，否则，它就是一个伪需求，是你的一厢情愿而已。

因此，能够以越低的成本越快去验证 MVP，就越能够控制风险。如果想一炮而红，憋大招，那就是典型的火箭发射式玩法，一旦失败，会造成巨大的失败。

享里克·克里伯格（Henrik Kniberg）在其博客上介绍了关于MVP一些现实生活中的例子，原文链接是 http：//blog.crisp.se/2016/01/25/henrikkniberg/making-sense-of-mvp。以下是译文。

第1个例子：Spotify 音乐播放器

Spotify是瑞典的一个精益创业项目。他们的产品广为用户和艺术家喜爱。Spotify在美国这样一个已经充斥着很多音频传播软件提供商的海外市场，只用了1年时间，付费用户数从0上升至100万。这个产品的设计理念就是简单、个性、有趣。甚至连Metallica（美国乐队名），这支长期以来被认为是音乐流服务死对头的乐队，现在都称Spotify是"目前最好的流服务"并且"被它的方便所震惊"。

像Spotify这样成功的公司当然只希望产出人们喜爱的产品，但是只有在产品上线之后，他们才能知道人们到底喜不喜欢这个产品。那么他们是怎么做的呢？

Spotify启动于2006年，产品建立在一些关键的假设上，人们喜欢流式音乐，唱片公司和艺术家们都愿意让人们合法地收听流式音乐，同时快速、稳定的流媒体在技术上是可行的。请注意，这是在2006年，听流式音乐（类似于Real Player）的体验仍然非常糟糕的，盗版、复制也几乎是常态。技术上的挑战是"是否有可能制作这样一个客户端，当你按下播放按钮时，立刻就能听到流音乐？是否可能摆脱那个可恶的"缓冲"进度条？"

小起点并不意味着不可以有大抱负。这里是早期他们的一篇草稿。

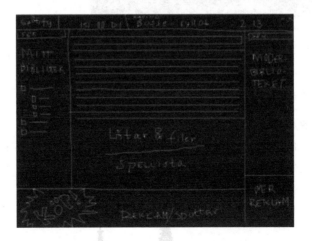

开发者们并没有花几年时间去构建一款完整产品，而只是坐下来建立一个技术原型，花时间在任何便携式电脑上播放不流畅的音乐上，着手进行各种试验以找到实现快速而稳定播放的方法。驱动的度量指标是："从按播放键到听到音乐要消耗多少微秒"。播放应该是即时的，并且持续播放应该流畅无停顿。

"当别人不关注的时候，我们却花了巨量的时间来专门处理延时问题；因为我们有着该死的癖好——想让你感觉就像是把全世界所有的音乐都装进了你的硬盘。专注于微小的细节有时候却能够产生巨大的差异。我认为，对最小可行产品概念的最大误解是在 MVP 的 V 上。"丹尼尔·埃克（Daniel Ek），联合创始人兼首席执行官如是说。

一旦有什么像样的东西，他们就会开始在自己、家庭和朋友中进行推荐。

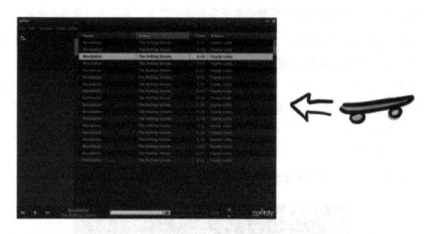

初始版本不可能发布给更广泛的受众，因为它完全未经打磨，并且除了能够查找和播放少数硬编码音乐外，基本没有其他特性，也没有任何合法协议或者经济模式，这就是最初的滑板版本。

但他们厚脸皮地把滑板版本交到了真实用户——朋友和家人们——的手中，并且很快得到了他们需要的答案。在技术上是可行的，并且，人们非常喜欢这个产品（或更喜欢修改后的产品）。假设得到了验证，这种可运行的原型帮助说服了唱片公司和投资人，其他的事情就众所周知了。

第 2 个例子：游戏《我的世界》

《我的世界》（*Minecraft*）是游戏开发史上最成功的游戏之一，如果考虑开发成本就更是如此。《我的世界》也是尽早发布和频繁发布理念的最极端例子之一。只经过了一个人的 6 天编码，就制作和公开发布了第一个版本。第一个版本基本上做不了什么事情，它就是一个看似丑陋的块状 3D 景观，你可以把方块挖出来，放在其他地方，去建造一个建筑。

这就是滑板版本，也就是一个 MVP。

然而用户却被它吸引住了。仅在第一年里，就有超过一百个版本被制作和发布。游戏开发至始自终都在寻找玩点，而寻找玩点的最好方法就是找真人实际的玩游戏。本案例中，竟然有数千名真人花钱来试玩早期评估版本，因此他们也有动机去帮助改进游戏。

渐渐地，围绕这款游戏，形成了一个小小的开发团队（实际上大多数情况下只有 2 个人），最终，这款游戏风靡全世界。我想我还没碰到过任何不玩《我的世界》的孩子。2014 年，这款游戏被微软公司以 25 亿美元的价格收购。

之后的几天，阿捷一直沉浸在对 MVP 的研究与探索上，他对 MVP 研究越多，越发感觉到了 MVP 的威力，因为 MVP 还可以化身为其他各种形式。

1. 登录页式 MVP

登录页是访客或潜在用户了解产品的门户，是介绍产品特性的一次营销机会，也是在实战中验证 MVP 的绝佳时刻，你可以借此了解产品到底能不能达到市场的预期。

2003 年 10 月 8 日，世纪佳缘第一个版本上线了。最初的版本非常简陋，由 Frontpage 做成静态主页，无法注册，也无法搜索，而且全部内容只有一个女孩，是海燕的闺密。这种简陋的方式，受到海燕当时的室友们的"鄙视"。但就是这样的一个简单的网页，却验证了人们有大量的网上寻找恋人的诉求，从而让世纪佳缘发展成了一家美国上市公司。

一些网站的登录页只是要求用户填写邮件地址，但是，实际上登录页还可以有更多的拓展，例如增加一个单独的页面来显示价目表，向访客展示可选的价格套餐，用户的点击不仅显示了他们对于产品的兴趣，还展现了什么样的定价策略更能获得市场的认可。

为了达到期望的效果，登录页需要在合适的时机给消费者展现合适的内容。同时，为了准确了解用户的行为，开发者也应该充分利用谷歌分析（Google Analytics），KISSmetrics 或 CrazyEgg 等工具统计分析用户的行为。

2. 广告式 MVP

这一点可能有悖传统的观点。实际上，投放广告是一种验证市场对于产品反应的有效方法。你可以通过谷歌和 百度等平台将广告投放给特定的人群，看看访客对于你的早期产品有何反馈，看看到底哪些功能最吸引他们。你可以通过网站监测工具收集点击率、转化率数据，并与 A/B 测试结合起来。

但是请注意，搜索广告位的竞争非常激烈，所以，为 MVP 投放广告的主要目的在于验证市场对产品的态度，不要一味地追求曝光量，用户对于产品真实的反馈才是无价的。

3. 短信式 MVP

这种方式比较容易理解，就是通过向用户发送短信广告，来测试客户的反应。这种
MVP 的优点是简单直接，可以直接验证用户对某种需求的重视程度，最大限度地降
低开发风险。适用于功能比较容易描述的、简单直接的一些业务，但在国内垃圾短信
泛滥的场景下，这种方式的效果已大不如前。

4. 人工虚拟式 MVP

在产品开发出来之前，人工模拟真实的产品或服务，让消费者感觉他们在体验真实的
产品，但是实际上产品背后的工作都是手工完成的。

鞋类电商美捷步（Zappos）刚刚起步时，创始人尼克·斯温莫（Nick Swinmurn），
为了快速验证网上卖鞋的想法是否靠谱，曾专门去实体店与售货员协商，把商店鞋子
的照片上传博客。他对售货员承诺，一旦有人买鞋会原价购买，但在博客上承诺买鞋
的人会比实体商店购买便宜。他通过虚拟的人工服务方式，验证了最初的想法，然后
找到投资人，开发网上鞋店，把公司做起来。这是美捷步通过人工虚拟的方法验证自
己思路的做法。

这种方法虽然规模很小，但是能够让你在产品设计的关键阶段与消费者保持良好的交
流，了解消费者使用网站时的一手信息，更快捷地发现和解决现实交易中可能遇到的
问题。对于消费者来说，只要产品够好，谁在乎背后是怎么运作的。美捷步最终取得
成功，在 2009 年以 12 亿美元的价格被亚马逊收购。

5. 视频式 MVP

Dropbox 云盘的创始人德鲁·休斯顿（Drew Houston）最早被投资人多次拒绝，投资人认为这样的产品是没有市场的。但他是一个非常有商业嗅觉的人，为了证明产品的可开发性，他设计了三个关键的场景（以 Tom 作为主人公）。

- Tom 下班后将未完成的工作文件拖到一个文件夹里，下班路上用手机查看未完成的工作，回家在 PC 端继续工作，实现同步；这个场景主打"多端同步"。
- Tom 在非洲旅游时拍了很多照片，这些照片被同步到一个文件夹，亲朋好友可以一起查看并分享；这个场景主打"分享"。
- Tom 游玩时掉落水中，手机、笔记本全部瘫痪，在此之前他把所有文件储存在一个云端，因为有备份，从而减少了麻烦；这个场景主打"备份"。

他把这三个场景做成一个视频放在 Youtube 上，随即视频传疯了，他的邮箱一夜之间收到了 75 000 多封邮件，从而赢得了投资人的青睐。

当你准备解决的是一个用户自己都没有发现的问题时，你很难接触到目标消费群体。Dropbox 的介绍视频起到了良好的效果，假如 Dropbox 在介绍时只是说"无缝的文件同步软件"，绝对不可能达到同样的效果。视频让潜在消费者充分了解到这款产品将如何帮到他们，最终触发消费者付费的意愿。

6. 贵宾式 MVP

贵宾式 MVP 和虚构的 MVP 类似，但不是一种虚构产品，而是向特定的用户提供高度定制化的产品。

服装租赁服务（RENT THE RUNWAY）在测试他们的商业模式时，为在校女大学生提供了面对面服装租赁服务，主要想解决女大学生们想穿着华丽的礼服参加舞会，但又没有足够的资金购买礼服的问题。创业者们先租了一个大篷车，周末的时候开到校

园里面，专门为那些参加舞会的女生提供礼服租赁服务。女生们在租礼服之前能够试穿，如果满意，他们还会为女生提供化妆。他们通过这种方式收集到大量顾客的真实反馈以及付费的意愿，最后决定开发服装租赁网站，提供在线下单、线下快递上门的服务。

7. 众筹式 MVP

Kickstarter 和 Indiegogo 等众筹网站为创业者测试 MVP 提供了很好的平台。创业者可以发起众筹，然后根据支持率判断人们对于产品的态度。此外，众筹还可以帮助创业者接触到一群对于你的产品有兴趣的早期用户，他们的口口相传以及持续的意见反馈对于产品的成功至关重要。Kickstarter 上已经有了许多成功范例，比如电子纸手表 Pebble 和游戏主机 Ouya 提供商。他们在产品开发之前就筹得了上百万美元，并且取得了巨大的反响。在国内，"三个爸爸"智能空气净化器众筹项目，在京东众筹平台上线后，不到 12 小时筹资金额就高达两百万，该势头在业内绝无仅有。

当然，如果想在众筹网站上收到良好的效果，就需要有说服力的文字介绍，高质量的产品介绍视频以及充满诱惑力的回报。众筹除了能获得早期资金，关键是能为你带来早期用户群体以及疯狂的粉丝。他们不仅可以帮助你进行传播，很多情况下，他们还可以在其他方面促进你的业务发展。公众筹资并不适合所有的产品。参与众筹的产品需要具备可信度，让消费者相信你的产品，同时产品要能激发消费者的兴趣并持续关注，以及方便的沟通和参与。

通过对 MVP 及精益创业"构建 - 测量 - 学习"快速反馈环的了解，阿捷一直在思考，这次跟 Sonar 合作的 MVP 又该如何设计呢？

🎱 本章知识要点

1. 如果不逆向落地精益创业快速反馈环，会怎么样呢？

- 因为不知道到底想验证什么，你可能盲目地开发了 MVP，最终发现根本没有任何效果。
- 你可能花费了很长时间去开发一个功能或者产品，其实，这个功能或产品或许能有其他方式获取到数据，关键还更省时、省力。
- 你可能一开始没定义好指标，没搞清楚到底是 5% 好还是 10% 才行，最终

MVP 也无法告诉你到底该怎么做。

- 你可能忙碌、盲目地进入一个又一个 Idea（想法）的开发，即使很快，但如果是没有通过数据学习的瞎走、瞎试，东一榔头西一棒子，浪费更严重。
- 你可能收获了一大堆信息、数据、素材、活动、产品迭代版本……来证明"我们一直在做事"；但可能无法回答："我们是否在做正确的事"。其实做正确的事，远比正确地做事更重要。

2. MVP 与产品原型的区别如下。

产品原型的目的在于测试产品设计和技术，按理说是应该建立在一个前提假设基础上的，即你的产品有人需要。

MVP 的目的在于验证基本的商业假设，也就是到底有没有人需要你的产品，对它感兴趣，愿意关注（留下信息）、试用（早期用户）、使用（下载安装）、购买（付钱订购）。它是对你的商业假设进行验证的工具。

3. MVP 与产品界面原型的区别如下表所示。

产品界面原型回答的问题	界面原型并未回答在产品早期更重要的一些问题
- 人们会浏览我的界面吗？ - 人们理解这些按钮是做什么用的吗？ - 人们能在我的 App 中进行基本的操作吗？	- 人们会每天使用吗？ - 人们会成为热心的推广者吗？ - 人们会为你的价值主张付费吗？

4. 要学会识别真假 MVP，须从下面两点入手。

- 虚荣 MVP 只会带来反馈，而不是反应。

反馈来自大脑，而反应来自本能。当你试图验证最高风险假设的时候，反应更加有用，反应更接近客户的真实所想。

- "如果产品看上去不是真实的，客户的响应就不是真实的。"

你只有真正交付客户价值时，才能看到反应。

5. 设计 MVP 的四项基本原则如下。

- 只保留最核心的功能能不要的都不要。
- 只服务最小范围的用户能不管的都不管。
- 只做最低范围的开发能"装"的都不做。
- 只根据数据来学习事前设计好指标，融进产品中。

冬哥有话说

精益创业

精益创业是把精益思维运用到创新的过程中去，理解精益创业，需要从精益和创业两个维度来思考。精益的七个原则，都能在精益创业里面得到体现。创业的本质是通过价值创造，在用户痛点和解决方案之间搭起一座桥梁；创业的目标在于弄明白到底要开发出什么东西，是客户想要的，还得是顾客愿意尽快付费购买的。

传统的创业思维，属于火箭发射式创业思维，但这类的成功要么是故事，要么无法复制，往往缺乏持续的反馈、试错和验证；创业的过程更像是汽车驾驶，一边驾驶，一边获取各类反馈，有意识无意识地进行各种调整；产品的发现，开发，度量，就是这样的一个认知循环。

每一个问题都是巨大商机（Every Problem is an Opportunity），创业的过程，是发掘客户痛点的过程；每一个痛点都是一个创业机会，痛点越大，机会越大，痛点的大小决定了商业模式的空间；痛点本身也具有时效性，痛点的持续性决定了商业模式的持续性。解决方案和用户痛点的匹配度是创业的关键，解决方案和用户痛点的吻合度，即产品和市场之间的吻合度。所以，创业的过程，就是不断尝试寻找客户痛点，匹配方案，加以验证，再不断检验痛点是否依然存在，是否出现新的痛点这样的一个过程。

赵敏也提到了创业者最重要的两个假设：价值假设和增长假设。所有创业者都需要不断地问自己以下四个问题。

- 客户认同你正在解决的问题就是他们面对的问题吗？
- 如果有解决问题的方法，客户会为此买单吗？
- 他们会向我们购买吗？
- 我们能够开发出解决问题的方法吗？

而产品开发的常见倾向是忽略前面的问题，直接跳到第 4 个问题，即在问题域还不清晰的情况下，直接进入解决方案域。这是我经常讲：要想清楚，你需要解决的是什么问题，而不是需要采纳什么方案；要区分清楚，你在讨论的是问题域，还是解决方案域的事情；要搞清楚，方案是为了解决问题的，问题不明确，给出的方案也不会太靠谱。

但问题域原本就是模糊多变的，精益创业就是在这一前提下，尝试以最小的代价，快速提供出最小的价值可行性验证单元，获取用户反馈并随时进行调整。

精益创业需要遵循以下几个原则。

- 用户导向原则，需要从自我导向转化为用户导向。
- 行动原则，从计划导向转化为行动导向。
- 试错原则，从理性预测转化为科学试错。
- 聚焦原则，从系统思维转化为单点突破。
- 迭代原则，从完美主义转化为高速迭代。
- 问题原则，从解决方案转化为解决问题。

相比注重"事先精心规划"的传统创业流程，精益创业更重视试验；相比很多创业者所相信的"依直觉行事"，它更重视消费者回馈意见；比起传统"一开始就设计完整再生产"的作业方式，它更重视迭代开发。

Kent Beck 的 3X 模型，与 Eric Ries 精益创业的三个阶段有很多类似的地方。第一阶段是把想法变成产品，不断探索的过程，在有限的资源和时间窗口，不断小规模实验、反馈、迭代、验证；第二阶段，一旦找到正确的产品形态，快速进行重点投入，做到极致；第三阶段，爆发式增长，把握爱与速度的原则，对产品要有爱，对用户有爱，同时保持高速的增长。

这些阶段历经了从商业模式到聚焦式的探索，再进入商业模式放大阶段，最后进入商业模式执行阶段。精益创业聚焦在前两个阶段，也就是如何从 0 到 1 的过程；商业模式放大，属于从 1 到 100，在第三个阶段；执行阶段，从 100 到 110 的过程，是传统商学院所涵盖的内容。

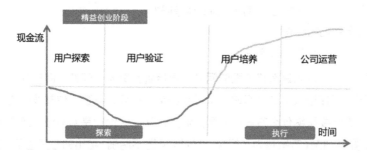

精益创业坚信，与其花费几个月的时间去计划和研究，更应该承认目前都是未经证实的假设。精益创业，用一张基本的商业模式画布就可以把这些假设表达出来，而不是

长篇大论地写一套商业计划书。本质上，商业模式画布就是一个企业如何为它自己和客户创造价值的公式。一张典型的商业模式画布，就是在一张纸的九个格子里，帮助你看到创业所需要的重点要素，而这些重点要素，就包含着你所需要去验证的一系列假设。

商业模式画布

重要伙伴	关键业务	价值主张	客户关系	客户细分
	核心资源		渠道通路	
成本结构			收入来源	

MVP 最小可行产品

MVP 不是发布粗劣的产品，是可以产生预期成果的最小产品发布；MVP 是为了验证假设而做的最小规模的实验，产品的版本迭代，是不断实验的结果，直到证明产品是对的。

MVP 是基于验证的学习。从假设出发进行验证，假设驱动的开发模式，是精益创业思想的核心理念之一。要清楚解决什么问题，要明白目前的方案只是假设，甚至要解决的问题都只是假设，从理解假设出发并快速验证，每一步和每一个功能以及发布，都有一个明确的目标，那就是学习。这就是 Eric Ries 所说的"开发 - 度量 - 认知"的循环。当观察到用户已经开始自如地使用，并向别人推荐产品时，就知道已经做到了最小和可行，此时就应该把产品推向市场了，如果在此之前推出，结果势必带来大量失望的客户。

产品是逐渐发现出来的，需求是逐渐挖掘出来的，产品产生的过程，更像是一个婴儿诞生与生长的过程，而不是一生下来就能跑会跳，如果早期开发的已经是一个完善的产品，只能说开发的功能过多了。

用户故事地图是一个很好的探索 MVP 的工具；通过用户故事地图，可以划分产品的开局、中局和终局。

- 开局：聚焦于必备功能，关注技术挑战或风险。跳过主流程之外的步骤，先不管导致问题复杂化的商业规则，开发主流程即可。
- 中局：补充周边功能，开始测试产品的非功能需求。
- 终局：打磨发布，更抢眼，更高效。

MVP 是提供完整的体验，而不是增量的模式，不是只开发部分模块，需要把一个完整的最小商业闭环流程跑通。如下图所示。我们更习惯的是切蛋糕的比喻，MVP 是自上而下的一块蛋糕切片，而不是其中的某一层。

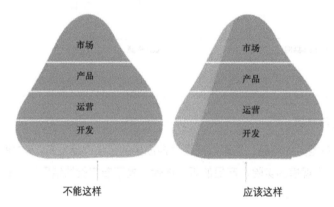

MVP 与精益创业的过程，是科学试错的过程，是找路的过程而不是跑步；不是帮我们长得更快，而是帮我们减少停止和浪费的时间，转向更准，调整更快；精益创业强调经证实的认知，需要重建学习的概念：有预期，有验证，有认知；MVP 小批量方式可以让新创企业把可能被浪费的时间、金钱和精力降到最小；减小批量，比竞争对手更快完成开发 - 测量 - 认知的反馈循环，对顾客更快了解的能力是新创公司必须拥有的重要竞争优势。

- MVP 是以验证基本的商业假设为目标，在用户和产品上选择最小的切入点。
- MVP 只针对早期的天使用户，这群人对产品有更高的容忍度，能够看到产品的未来，愿意互动，一起改进产品。
- 只服务最小范围的用户，其他能不管的都不管。

- 只保留最核心的功能，其他的能不要的都不要。在产品功能上，建议把想象中的产品砍成两半，再砍成两半，才可能达到真正的最小功能组合。
- 功能一定要做减法，只做最低范围的开发，能假装的都先不做，如同 Dropbox 的演示视频，没有一行代码的开发就达成了 MVP；

基于上述的用户和功能假设，设计测量与数据收集策略，同时收集定量与定性的数据，通过例如 A/B 测试、同期群分析、净推荐值等方式进行效果分析，避免虚荣指标。

精华语录

第 29 章

规模化敏捷必须 SAFe

随着 MVP 在 Agile 公司的成功推广，阿捷团队的努力得到了 Sonar 公司的充分认可，
Agile 美国公司也顺利地拿到了 Sonar 车联网项目合同。但 Agile 公司的高层管理者
和阿捷都知道，签下合同只是万里长征的第一步，他们将面临的是从未有过的在公有
云、私有云上采用敏捷、DevOps 的方式来进行项目交付。

其实 Agile 公司的高层早就想整合研发运维资源，进行一轮全新的组织调整，但是一
直下不了这个决心。这次阿捷团队采用影响地图、用户故事地图、MVP 和精益创业
这些具有互联网基因的实践，顺利拿到了 Sonar 车联网订单的事情，让 Agile 公司的
管理层下定了这个决心：一定要在 DevOps 的时代做出改变。

首当其冲的就是阿捷所在的研发团队。原先，Scrum 和敏捷的实践只是在下面各个研
发事业部内部来进行运作，从没有上升到整个公司的级别，更谈不上采用互联网公司
早已司空见惯的 DevOps 方式进行从市场、研发、到运维、运营的打通。Agile 公司
管理层决定首先在整个公司范围内，全面推行敏捷，实现公司的整体敏捷转型，然后

再尝试在云端的诸多 DevOps 实践。而阿捷所在的电信系统部更是首当其冲第一个动了起来。整体转型这件事情由美国总部的帕洛阿尔托 办公地主导，涉及到 4 个国家的 5 个办公地的研发中心，包括美国的帕洛阿尔托、新加坡、中国北京和深圳、印度班加罗尔，而这 5 个研发中心分别承担了 Sonar 车联网项目不同的交付任务。

转型的挑战是存在的。不仅仅横跨了多个时区，还有语言和文化等各个方面的挑战。当只有一两个敏捷团队进行协同的时候，计划和工作同步是可控的。团队和产品负责人互相聊一聊，基本就能搞清楚需要做什么，一个简单的 SOS 架构（Scrum of Scrums）就能搞定。但是，当涉及到 15 ～ 20 个团队的时候，事情将会变得十分痛苦，特别是如何让各个团队向着同一个方向前进而不是成为互相的羁绊；如何在跨多个迭代、多个团队、多个产品的情况下进行计划和安排优先级；如何让所有团队保持同样的交付节奏；如何实现跨团队的持续集成；如何解决团队间工作的依赖；如何消除项目整体的风险；如何防止需求的紧急搭车；如何防止局部优化；如何选择适合的协调人；如何提高团队间开会的效率……这些问题都需要解决。

为了降低转型的难度、缩短转型所需要的时间，Agile 美国总部专门聘请了一家外部咨询公司，安排多位业界资深的咨询专家进驻到每个研发中心，带领大家一起按照敏捷的方式工作。为了统一思想，在战略层面及高层管理者层面打通阻碍，公司决定在 2017 年 1 月在新加坡举办一期企业敏捷转型研讨会，把分布在全世界各地的相关人员聚集起来。研讨会将涉及 100 多人，仅仅北京研发中心就有十几位业务与研发部门的一线经理前往新加坡参会。

阿捷一听到自己要去新加坡参加公司敏捷转型研讨会的消息，就立刻告诉了正在美国出差的赵敏。赵敏知道阿捷是第一次去新加坡，便微笑地对阿捷说："那个时间我刚好也会从美国来新加坡，到时候带你这个傻小子好好逛逛。"

随即，阿捷把一张满满当当的会议日程表截图发给赵敏，苦笑着回她："你看看，就这样的安排，真不知道能挤出多少时间留给咱们两人。"

赵敏发了个鬼脸过来，回道："放心吧，到时候会给你一个惊喜，咱们见面的时间肯定会比你想象得多，新加坡等我。"

Agile 公司新加坡办公地点位于 Marina 街区的 MBFC 大厦，隔着海湾就可以看到著名的滨海湾金沙酒店。周一一大早，阿捷提前 40 分钟就到了会议室。阿捷发现当地同事已经提前布置好了会议室，超大的大会议室里面已经提前分好了 10 个小组。阿捷签了到，找到了自己的组号，按照桌子上的组号标识，选择了一张椅子坐了下来。桌上已经摆好了一摞材料，阿捷拿起一本，见上面印着《Leading SAFe® Developing the Five Core Competencies of the Lean Enterprise》（领导 SAFe：打造精益企业的 5 大核心能力）。

阿捷翻开，首先映入眼帘的是一张巨大的图。看上去好复杂，涉及到多个角色及流程。阿捷还没来得及细看，来自各个国家的同事相继到了，大家操着各具地方特色的英语，开始热情地打起招呼，别看大家平时邮件和电话都没少交流，一提到名字都很熟悉，但是很多人还是第一次见面的。

早上 9：00，电信系统部的老大 James Armstrong 发表了一个简短却鼓舞人心的开场演讲，对本次敏捷转型寄予厚望的 James 首先对大家的到来表示欢迎与感谢，同时期望大家通力合作，一起打好这场攻坚战。

"接下来，我就把时间交给我们的合作伙伴 Incridible DevOps Corp.（无敌 DevOps 公司），他们会从本周开始带领我们部门的伟大敏捷转型之旅！请大家掌声欢迎！"

伴随着热烈的掌声，从会议室前门先后走进来一位满头白发的老先生、一位略胖的中年男士、一位瘦瘦高高的男士，当看见最后进来的那位女士时，阿捷几乎把刚喝进嘴里的水喷了出来！

上身着白色衬衫，清新靓丽；下身着蓝色牛仔，休闲干练；脚踩拼色高跟短靴，乌黑的秀发披散在双肩，明亮的双眸优雅灵动，再加上自信的微笑，立刻吸引了全场的目光。当她把目光转到阿捷时，面对目瞪口呆的阿捷狡黠地眨了一下眼。

阿捷知道赵敏会乘坐周一凌晨 5 点的航班抵达新加坡，本来还想去樟宜机场接她，但赵敏以怕影响阿捷休息为由拒绝了。"这小妮子，早就知道要来给我们公司做咨询，这是故意不告诉我！"满是惊喜的阿捷心里又稍有些愤愤。

"谢谢 James！大家早上好！我们来自 Incredible DevOps Corp.，我是 Dean Hendricks，这家公司的创始人；我身边的这位是 Richard Bachman，接下来的这位是 Inbar Miller，最后的这位漂亮的女士是 Crystal Zhao。接下来的五天，将由我们四位为大家提供支持。"

接下来 Dean、Richard、Inbar、赵敏分别作了简短的自我介绍以及近几天的日程安排。

SAFe 大图

但阿捷都没听进去，满脑子都在想如何找赵敏"算帐"！

上午的第一项日程是"破冰游戏：DevOps 时代下的大规模敏捷"。

这个游戏要求 4 人一组，一人扮演经理，其他三人扮演团队成员，经理负责把他的团队带到屋内的特定目标地。游戏开始时，团队成员和经理站在一起。

第一轮要求如下：

- 每个经理为自己的团队选择一个"目标地"（屋内的任何一个位置），但要求必须有一定的距离。
- 经理把目标告诉给"引导者"，但不告诉团队成员。
- 经理"不能移动"，必须一直留在团队开始的位置。
- 经理给出团队指令，"向左、向右、慢一点、快一点"。
- 团队 3 人手拉手整体一起移动，无论经理说什么，都要照做。
- 计算每个团队到达目标的时间。

待大家各自组队完成并把自己的"目标地"分别告诉 Dean 及赵敏他们四位引导者后，28 个团队同时开始移动。整个屋子里面此起彼伏地响起"向左、向右、快一点、慢一点"的口令。当团队一开始离经理比较近的时候，移动的三人组尚能听清楚口令，但稍微远一点的时候，很多经理的声音就被其他嘈杂声淹没了，有些经理只能靠手势向队员传达信息，现场一片混乱。好多团队花了很长时间，才算是勉强到达了预定"目标地"。

待大家停下来后，Dean 让每个小组用 10 分钟的时间思考如下问题：

1. 团队是否到达了他们的"目标地"？花了多长时间？

2. 这个过程有些像什么？

3. 经理需要做出哪些决策？

4. 经理做出这些决策需要哪些信息？他们得到了吗？为什么？

5. 经理做出决策的时机是否重要？为什么？

6. 经理是否在适当的时机做出了决策？为什么？

7. 从时间线与信息的角度，你们觉得该如何改变，可以解决这些问题？

10 分钟后，Dean 随机选取了三个小组分享自己的总结，每个小组不超过 3 分钟。

然后大家开始第二轮游戏，本轮规则如下。

- 每个经理为自己的团队选择一个新"目标地"（屋内的任何一个位置），但要求必须有一定的距离。

- 经理加入团队，跟团队分享"目标地"，并跟团队一起移动。
- 经理跟随团队一起移动，所有人手拉手保持在一起。
- 团队中的任何人都可以说"让我们走快一点／向右／向左／走慢一点"。

这一轮，大多数团队很快就到达了指定地点，而且，用时明显比第一轮少。这轮结束后，每个团队反思如下几个问题。

1. 团队是否到达了他们的"目标地"？花了多长时间？

2. 这个过程有些像什么？

3. 经理需要做出哪些决策？

4. 经理做出这些决策需要哪些信息？他们得到了吗？为什么？

5. 经理做出决策的时机是否重要？为什么？

6. 经理是否在适当的时机做出了决策？为什么？

7. 从信息与时间线的角度，同日常工作相类比，我们看到了哪些问题？

8. 针对问题7，你们觉得在工作中可以如何做得更好？

10分钟后，Dean依然随机选取了三个小组进行了分享，每个小组不超过3分钟。

通过这个游戏，大家渐渐理解了在DevOps时代下，团队自治与目标一致，如果能够有效结合，才可能做到最高效。Dean把这张图分发到所有人，阿捷看到后感悟颇深。

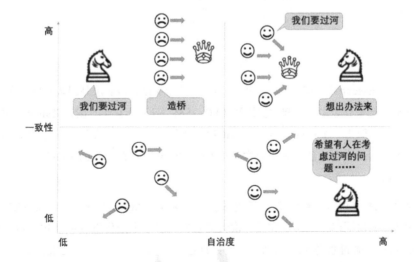

在接下来的休息时间里，Dean、Richard、Inbar 和赵敏四个人都被 Agile 公司的同事围了起来，讨论着刚刚破冰游戏的各种感悟，以及在工作中的各种干扰。阿捷尝试着走近赵敏，但是根本靠近不了，只能无奈地站在外圈看着赵敏，赵敏得意地冲着阿捷眨眼睛。

很快，接下来的培训又开始了！阿捷只来得及把端在手里的咖啡送给赵敏，趁着送咖啡的间隙，轻轻拍了拍赵敏的小手，传递了"你等着"的信号，就赶紧溜回自己的座位。

SAFe 框架第一眼看起来很复杂，一旦理解了它的层次结构以及 4 种应用组合模式，其实就不会觉得复杂了。

第一种配置模式叫 Essential SAFe，也叫基本 SAFe，是 SAFe 的精髓，如下图所示。

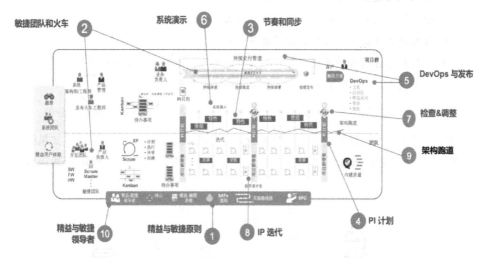

基本 SAFe（Essential SAFe）是成功的基石，分两个层级，最底层是团队（Team）层，以 Scrum 框架模式为主组建起敏捷团队（PO、SM、开发团队），附以 Kanban 协同管理机制，以 2 周为一个迭代，经历需求梳理、迭代计划、每日站会、迭代评审、迭代回顾等关键活动。在这层，需求通常是以 User Story 形式在团队的 Backlog 出现，即 Team Backlog。

第二层是项目群（Program）层，通过敏捷发布火车（Agile Release Train/ART）将多个敏捷团队协同起来，协同完成一次大的发布。若干个迭代组成一个 PI（Program Incremental）项目群增量，每个 PI 都有自己的目标。经历了一次大的计划（PI

Planning），结束时会有一次检视和调整（Inspect & Adapt），类似 Scrum 里面的迭代评审与回顾。在整个 PI 中，除了有正常产品功能开发的迭代之外，还会额外安排一个特殊的迭代称为 IP，即创新与计划（Innovation and Planning）迭代，主要目的在于帮助尝试一些创新性的想法，安排培训，优化梳理下一阶段的需求，以及进行下一个 PI 的计划等。为了实现节奏一致，每个团队的迭代周期都是对齐的，同时开始，同时结束；每次迭代结束时都需要做一次跨团队的演示验收（System Demo）。敏捷发布火车其实是一个持续交付的流水线，需要把跨团队的迭代增量不断集成，不断部署，最终实现"按节奏开发，按需要发布"。在 Program 层，需求的形式是比较大的特性（Feature），也通过 Backlog 即 Program Backlog 进行管理。在这层，有三个独特的角色，分别是发布火车工程师（RTE，Release Train Engineer），负责整个火车的协调和引导工作，这个角色实际是一个跨团队的超级 Scrum Master；产品管理者团队（Product Management）即产品经理负责管理 Program 需求，划分优先级，协同各个团队的 Team Backlog，这个角色相当于一个超级 Product Owner；系统架构师（System Architect）负责整体架构及技术选型。各个团队还会共享某些资源，譬如负责交互设计的用户体验团队（Lean UX）、负责跨团队集成和提供基础设施的系统团队（System Team）等。

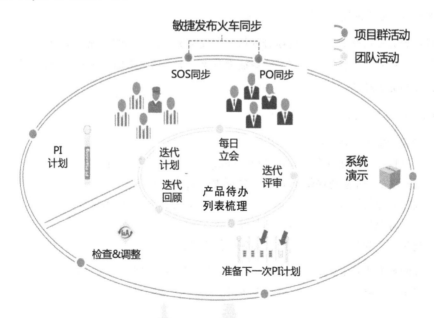

为了同步敏捷发布火车的进展，需要在两个层面上举行同步会议，即 SOS 同步与 PO 同步。

跨 Scrum 团队层面的 SOS 会议，由各个团队的 Scrum Master 及核心成员参加，由发布火车工程师（RTE）负责引导，重点可视化各个团队的进展及阻碍，通常一周至少一次，根据需要可以增加频次，每次 30-60 分钟，也要遵守 Time Boxing（时间盒）机制，必要时有 Meeting After（会后）环节，处理同步会上来不及讨论的细节问题。

另外一个是 PO 间的同步会议。通常也是由发布火车工程师（RTE）或者产品管理者团队（Product Management）负责引导，参与人员是每个团队的 PO、相关利益关系人。频次及运行方式同 SOS 类似，重点是可视化各个团队的进展，调整范围和优先级，事先排除一些依赖。

任何一个公司或者公司内的一个产品部门，可以只运行 Essential SAFe（SAFe 精髓），就可以实现项目群 Program 的规模化，这是 SAFe 的最简化配置。这种方式对于目前大多数的扁平化组织都是适用的，特别是互联网公司。所以说，SAFe 框架的适应性与定制化能力是非常强的。

另一种配置方式叫 Portfolio SAFe，也称之为 "投资组合 SAFe"，如下图所示。投资组合 SAFe 将战略与执行统一在一起。

这种配置方式适合需要将投资组合的执行和战略统一在一起的企业，围绕价值交付的价值流（通常一个价值流里有一个敏捷发布火车），落地战略、进行投资、项目群执行以及相关治理等。

Portfolio SAFe 具备如下关键特征：

- 围绕价值流进行组织；
- 通过精益 - 敏捷预算（Lean-Agile budgeting）授权决策者；
- 通过 Kanban 系统提供 Portfolio 的可视化及 WIP 限制；
- 通过企业架构师（EA，Enterprise architect）指导大的技术决策；
- 通过客观的度量指标进行治理与改善；
- 通过一系列史诗故事（Epic）实现价值交付。

第三种配置方式是 Large Solution SAFe，即大型解决方案 SAFe。将多个敏捷发布火车协同为一个解决方案火车，如下图所示。

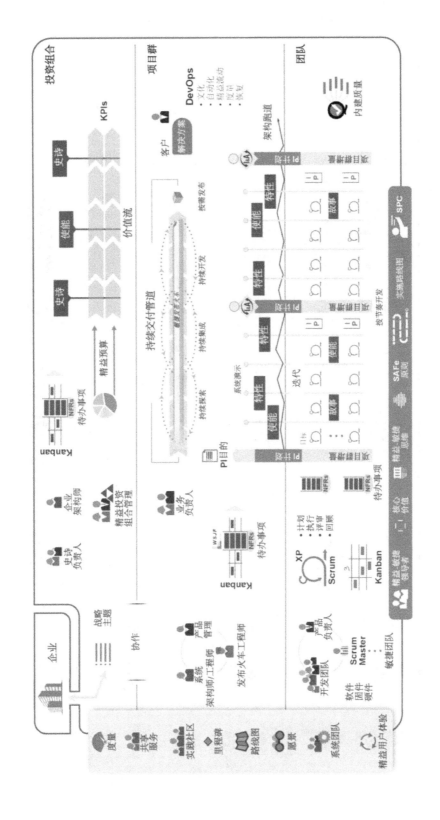

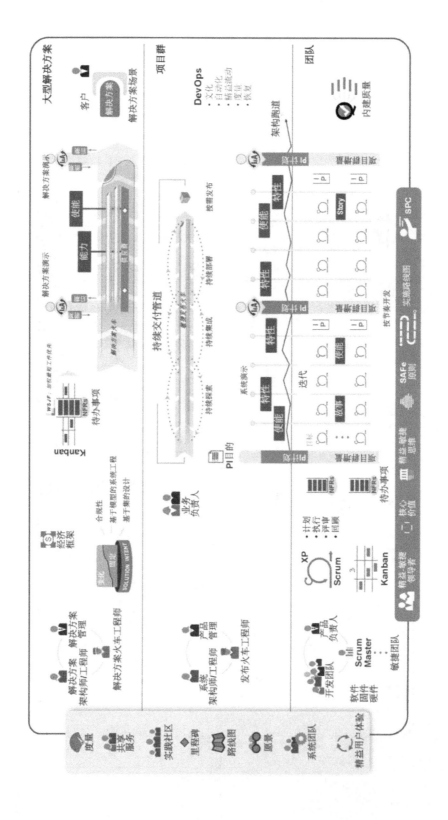

这种配置方式适合需要构建庞大的、复杂的解决方案（Solution）的企业，通常通过多个敏捷发布火车和供应商一起实现，但不需要考虑 Portfolio 管理，这种方式适合航空、国防和政府等行业。

Large Solution SAFe 具备如下关键特征：

- 协同开发大的解决方案；
- 同步多个发布火车价值流；
- 管理解决方案意图（Solution Intent）；
- 把供应商作为合作伙伴集成在一起；
- 通过能力（Capabilities）交付价值。

第四种配置方式是 Full SAFe，也称之为完整 SAFe，适用于某些大型企业，包含所有的四个层次管理，通常涉及到成百上千人的管理。在一些大型企业，可能会同时存在多个"Full SAFe"。也就是阿捷最初看到的那张全景图。

SAFe 作为规模化敏捷的落地框架，其落地一定不是一簇而就的，需要高层管理者的大力支持才行，而且要经过一定的顶层设计和按部就班的计划，通常转型的关键步骤如下。

1. 培训精益 - 敏捷变革推动者（SPC，SAFe Program Consultant），通常的培训课程是 Implementing SAFe（实施 SAFe）。如果一个公司内 SPC 不足的话，通常需要借助外力，赵敏现在的角色就是 SPC。
2. 培训高层领导者、各级 Leaders，通常的培训课程是 Leading SAFe（领导SAFe）。阿捷他们这两天的培训就是这个。
3. 确定价值流及敏捷发布火车 ARTs。
4. 制定转型计划。
5. 准备启动敏捷发布火车（这阶段通常要培训 PO、SM 等）。
6. 正式启动第一个敏捷发布火车。
7. 发起更多的敏捷发布火车。
8. 扩展到 Portfolio 层级。
9. 持续改进。

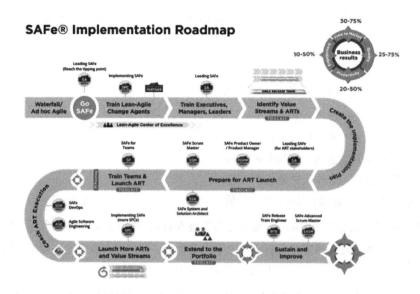

两天培训下来，大家才算真正地对 SAFe 这个似乎很庞大的框架有所认知，但大家更关心的是如何落地，这里面最重要的就是 PI Planning（项目群增量计划会），可以说是"无 PI Planning，不 SAFe"。

PI Planning 的重要输出成果就是 PI（项目群增量）目标。PI 的内容、范围一旦确定后，通常是不会更改的。它类似于一个 Sprint，一旦范围确定，在一个迭代周期内不轻易变更。做计划是为了消除变化，从而支持稳定的交付。当然，计划的周期越长，不确定因素就越多，其实也就越难应对变化，这也是瀑布开发的弊病。一个 PI，通常是由 4-5 个 Sprint 组成，每个 Sprint 两周，相当于提前把每个 Sprint 的内容规划好了。一旦某个 Sprint 的工作，因为各种原因滞后或者错误估计，就会影响后续的 Sprint，也会影响到其他团队。所以每个团队都要尽量坚守自己的承诺（commitment），努力达成目标。为了降低这种风险，每个迭代结束的时候都会做一次跨团队的 System Demo（系统演示）。同时，在 PI Planning 之前，应该先做好 Program Backlog（项目群代办列表）的梳理（Grooming）工作，在 PI Planning 之前尽可能发现问题并消除。

当然，PI Planning 制定了计划，并非就不能一成不变，这也是不现实的。其实，计划并不是用来不折不扣地实现的，制定计划这件事情，其实是有大用处的。它有以下三个妙用。

第一，计划制定的过程，本质上是一个统一上上下下的意志和决心，明确战略方向，盘清资源家底的过程。计划制定完成之后，每个人都会知道这次行动目标是什么、方向在哪儿、有什么资源可以用。

一战和二战时德国总参谋部在制定计划上发挥着核心性的作用。德国总参谋部有一项特长，就是在战前制定事无巨细、详细周全的作战计划。例如一战时的施里芬计划，二战时对波兰和法国的闪电战和对苏联的巴巴罗萨计划。

德国人制定作战计划时的详细和刻板程度，外人是很难想象的。就拿施里芬计划来说，它居然详细规定到了每一支部队每天的进展。比如，右翼部队的主力，从动员开始后第 12 天要打开列日通道，第 19 天拿下布鲁塞尔，第 22 天进入法国，第 39 天要攻克巴黎，一天都不能错。每一支部队有多少力量，配备多少武器装备，战争开始后，从驻地到前线的铁路运输计划等等，全都详细规定好了。

但我们需要注意到，施里芬计划的核心灵魂不是多少军队在哪一天，要具体打下什么什么目标。其战略精髓是，德国不能陷入东西两面作战，必须先快速打败西边的法国，然后利用东边俄国动员速度慢的特点，打一个时间差，打败法国后迅速回头去打俄国。制定计划的十几年的时间，就是德国上上下下统一这个战略共识的过程。

所以，施里芬计划本身在战场上是不是能顺利实施，这是无法预测的。但是战场上的每一个人，从将军到士兵都知道，德国必须抢时间，必须快，大家在随机应变的时候，也会贯彻这个战略思路。你看，即使计划本身已经打乱了，但是计划的灵魂一直在。

第二，计划让临时应变者有一个资源框架可以利用。说白了就是，如果不得已需改变计划，因为有事先的计划，你也能大体知道可以利用的资源情况。比如在战场上，有一只部队因为某种偶然因素，错过了原计划规定的时间和地点。但原计划中很多确定性的因素还在。比如哪里可能有补给，哪里可能有大部队等，不至于漫无目的地瞎撞。

第三，计划的结果是形成了一个个小型的执行模块。在计划实施的过程中，虽然总体上的计划很容易被打乱，但是组成计划的那些小模块仍有生命力。

在这样的战场上，真正起作用的，是连排营团这样的小模块的战斗组织。他们看似没有计划，但是你想，什么样的军队敢采取这样的战术啊？恰恰是平时计划性比较强，训练比较充分，上上下下对战略目标都心中有数的军队。

所以，虽然大家公认二战时，德军战斗力强、作战素养高，但德军的强大其实是源自战前作战计划的详尽。

也有人会抨击施里芬计划，认为该计划详尽到每支部队每天要做什么的地步，而真实情况却是"一旦开战，所有的计划也就作废了"，"但战前必须制定计划"的做法，是非常大的浪费。但这个战前计划的重点就在于上面提到的三个点，施里芬计划的制定，让德军上上下下都明确了要尽快结束西线战事，不能陷入东西两面作战的目标。同时一旦情况有变，战场中的指挥官可以基于计划做一些大体的预测，以原有的计划为参考执行下一步的行动，而不至于毫无方向，乱成一团或者原地待命。

PI Planning 正是起到了这个作用！这相当于让多个团队，对未来 10 周的工作产生共识，对各种依赖及风险提前进行预判，并制定有相应的应对举措。在接下来的 10 周，一旦发生计划外事情，也会处变不惊，通过两周一次的冲刺计划会议调整计划，这其实才是"拥抱变化"。

🎱 本章知识要点

1. 过去假设的一次性通过阶段 - 门限（stage-gated）的瀑布式开发方法难以面对新的挑战，需要一种更具响应性的开发方法来应对现代技术和人文景观的需求，敏捷是朝这个方向迈出的重要一步。但是敏捷是为小型团队开发的，而且它本身不能扩展到更大型企业及其创建的大系统的需要。SAFe 应运而生，它应用敏捷的力量，通过利用更广泛的系统思维和精益产品开发的知识库，将其提升到更高的水平。

2. 敏捷发布火车（Agile Release Train，ART）是由所有敏捷团队组成一个大的、长期存在的团队，通常可由 50-125 人组成。ART 对齐所有团队共同的使命，并提供统一的节奏来计划、开发和回顾。敏捷发布火车提供了持续的产品开发流，每个火车都有专门的人员每两周一次，持续地定义、构建和测试有价值的、可评估的解决方案能力。

3. SAFe 尊重并反映出四个核心价值观：协调一致（Alignment）、内建质量（Built-in quality）、透明（Transparency）和项目群执行（Program execution）。

4. 内建质量是指企业以可持续的最短前置时间（Lead time）交付新功能的能力，以及能够对快速变化的业务条件做出反应的能力，这些能力取决于内建质量。

5. "无 PI Planning，不 SAFe"。

6. PI Planning 的重要输出成果就是 PI 目标，PI 的内容、范围一旦确定后，通常是不会更改的。这类似于一个 Sprint，一旦范围确定，在相对的一个迭代周期内不轻易变更。

7. 为了同步敏捷发布火车的进展，需要在两个层面上举行同步会议。一个是跨 Scrum 团队层面的 SOS 会议，另外一个是 PO 间的同步会议。

冬哥有话说

SAFe 是广为流传的规模化敏捷框架之一，融合了精益、敏捷和 DevOps 的原则与实践。SAFe 的核心思想，被 Dean Leffinwell（迪恩·莱芬维尔）总结为"精益屋"（House of Lean），如下图所示。

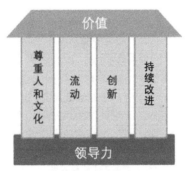

精益之屋的基石是领导力，目标是客户价值交付，并以尊重个人和文化、流动、创新以及不懈改进作为四根支柱。

彼得·德鲁克说过，文化将战略当早餐，个体与组织文化至关重要，所有的事情都依赖于人来做，个体的行为准则最终体现为集体的文化，同时集体的文化又深度影响着个体，文化是最难构建却起到最深层作用的。

可持续的快速交付价值，核心是价值的流动。流动是精益思想的最核心理念，所有精益的思想与实践，都是围绕着如何让价值流动起来而展开的。可视化价值流，限制在制品数量，以期暴露阻塞和瓶颈，持续的改善，内建的质量，无不是为价值流动服务的。

创新应来自一线知识工作者，大野耐一提倡现时现地并将其形成 TPS 里 Gemba（现场）的实践；任正非强调让听得见炮声的人做出决策；尊重一线工作者，并为他们预留时间和空间进行创新；满负荷的知识工作者只能是埋头干活，无法抬头调整方向；持续不断的改进，永不停息的追求卓越；创新将精益之屋的四根支柱有机地组合起来。

SAFe 强调自上而下的改进，强调领导者的重要性。关于领导者与管理者的区别，事实上也是精益之屋最核心的基础。领导变革，培养团队，支持人才，建立愿景，激发荣誉感，去中心化的决策制定，激发知识工作者的内在动力，这都是领导者的首要职责。

而整个精益之屋，乃至整个 SAFe 框架，都服务于一个核心目的，即持续地为客户快速的交付高质量的产品，在提升客户满意度的同时，保持团队的士气与安全。

SAFe 的原则归纳为下图中的 9 条。

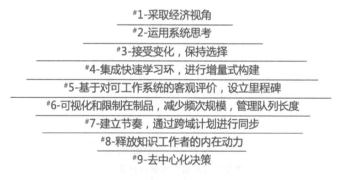

与敏捷宣言的核心原则交相呼应，同时融入了精益软件开发的原则以及 Don Reinersten 的精益产品开发思想。

- 原则 1，采纳经济视角。它是 SAFe 或者精益敏捷中最重要的一条原则。以小批量、快速的方式，持续交付客户价值，并快速获取反馈并进行调整，减少浪费并降低风险。WSJF 加权最短作业优先的作业排序算法，也是以最大化收益为目标来安排作业顺序。

- 原则 2，运用系统思考。软件开发所构建的是一个复杂系统；软件开发的过程本身，也是一个复杂系统；同时，软件开发的主体，人与团队，更是复杂系统。所以要脱离科学还原论的思想，以系统思考以及复杂系统的角度，采用约束理论，价值流分析，理解并对整个价值流进行优化，而不是局部改进。

- 原则 3，假设可变性，预留可选项，这里吸取了波彭迪克（Mary 和 Tom Popperdieck）的精益软件开发原则；产品是逐渐被开发出来的，架构是演进出来的，预留多种可选方案，而不是过早地选择一个胜出方案，这是一个将不确定性转化为知识的过程。保留可变性，意味着机会与创新。基于集合的设计，把每一个判决点，当成是学习的节点。

- 原则 4，通过快速集成学习环，进行增量式构建，是典型的戴明 PDCA 环的体现。

- 原则 5 是 SAFe 框架各个里程碑设置的基础理念。

- 原则 6，可视化和限制在制品，减少批次规模，以及管理队列长度，就是精益软件开发核心实践的集成。

- 原则 7，节奏与同步。敏捷强调节奏，短周期的发布作为整个开发过程中的节奏；同步将团队、人员、需求、依赖进行有机的结合，是节奏必不可少的补充。SAFe 中最重要的 PI Planning 就是节奏与同步结合的最佳体现。

- 原则 8，再次强调知识工作者的重要性，自主性，掌控力，目标感，尊重员工并倾听他们的声音。

- 原则 9，去中心化的决策，是为支撑前几条原则而生。

精华语录

第 30 章

敏捷发布火车

为期一周的 Leading SAFe 培训一晃而过，无论是作为高管的 James Armstrong，还是像阿捷一样的一线经理，都对 SAFe 这个新生事物感到异常兴奋，只有像周晓晓这样少数的几个人，才觉得 SAFe 不 SAFe 的都不重要，只要能保护好自己的乌纱帽就好。

回到北京后，阿捷和大民个个都摩拳擦掌，准备大干一场，毕竟实践才是关键，毕竟之前没有这么系统的框架，对于像 Sonar 车联网这样一个需要在美国、中国、新加坡和印度多个国家、多个时区的众多团队之间相互配合的大项目而言，没有系统化的转型方法论指导，是不敢贸然行动的。但经过这次培训和研讨之后，大家对未来充满了信心。

Incredible DevOps Corp. 为 Agile 公司的这次转型，提供了全方位的支持，不仅仅派出了公司最强的咨询师团队，而且根据各个国家的实际情况，安排了精通各个国家母语的咨询师驻场支持。赵敏就这样理所当然地被安排到中国区提供驻场支持。阿捷终于有机会跟赵敏并肩战斗了。

这次 Agile 公司的整体敏捷转型，因为有良好的团队级敏捷基础，虽然挑战比较大，但还是选择采用 Full SAFe 的配置。首先由美国总部的几位 VP 及总监组成了 Lean Portfolio Management（精益投资组合管理）团队，主要有以下三大职责。

1. 动态投资价值流（Value Stream），由价值流本身全面控制费用，而非针对单个项目，尽量实现去中心化的管理。

   - 不再进行费时的、容易导致延误的项目费用变化分析。
   - 不再频繁进行人力资源重配置，人力资源将会很长一段时间专注在一个项目群 Program 中；
   - 不会审查单个项目的超支情况；
   - Product Management 对特性（Feature）享有内容上的权威；
   - Product Owner （PO）对故事（Story）享有内容上的权威；
   - PM 和 PO 代表客户利益，理解他们的需求，创建特性与故事，做出更好的产品满足用户需求。

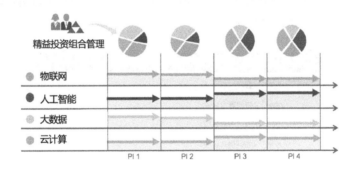

2. 通过战略主题影响投资组合，包括以下三大新的战略主题。

   - 加强公司在云计算、大数据、IoT 和人工智能方面的研发能力，通过敏捷开发、DevOps 等方法在公司内部的全面推广落地，力争在某 1～2 个领域做出业绩标杆案例。
   - 抢占新兴国家市场，在 2017 年实现销售收入 50% 的增长。
   - 继续跟进 5G 通信协议，探索全新主动监控技术。

3. 通过看板系统治理史诗故事（Epic）。

   - 对于史诗故事（Epic）的投资决策，需要经过正式的分析与决策过程。

- 分析决策过程要适度，尽量采用精益创业（Lean Startup）的数据驱动的逆向验证方式。
- 设定 WIP 限制，确保团队负载正常。

同时为了帮助整个部门更好的落地史诗 Epic 的验证，Incredible DevOps Corp. 还专门设计了一个模板，供大家参考。

咨询师根据 Agile 各部门的产品现状，在 Large Solution 层，设置了两个 Solution

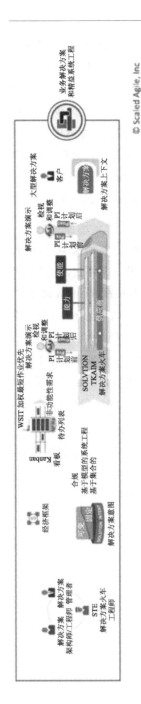

Train（解决方案火车），分别针对两个重要的解决方案：针对移动互联网的 Wireless C.06 Solution 和针对有线网的 Core C.05 Solution。每个 Solution 都指定了一位 Release Manager（版本经理）担任 Solution Train Engineer（STE，解决方案火车工程师），负责协调多个敏捷发布火车（ARTs）的编组；一名 Solution Architect（解决方案架构师）负责整个 Solution 的架构；由 Solution Management（解决方案管理者团队）负责管理 Solution 层的 Backlog，即 Solution Backlog。

对于负责协助实施解决方案落地的供应商，单独有另外一个敏捷发布火车处理，即上图中的灰色火车。允许供应商可以以传统的方式工作，但要求在关键里程碑 Milestone 上对齐，并邀请他们一起参加 Pre- and Post-PI 计划会、Solution Demo、Solution Train 的检视和调整。

对于 SAFe 的落地而言，Essential SAFe 这一层是最关键的，而其中的 PI Planning 无疑是重中之重，是顺利发起一个敏捷发布火车（ART）的关键一环。

2017 年农历鸡年伊始，北京研发中心的第一个为期 10 周的敏捷发布火车就这样在赵敏的带领下出发了。为了有效地支持落地 SAFe，北京研发中心的团队全部进行了重构，阿捷承担起了关键的 RTE 角色，并组建了 8 个跨职能的敏捷特性团队，每个团队的迭代周期都是两周。

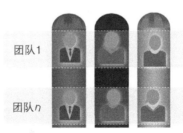

这 8 个敏捷团队，每个团队都早已经定好了各自的 PO、Scrum Master，是一个包括产品、开发、测试、架构等角色的跨职能团队。阿捷担任 RTE（发布火车工程师），也即是超级 ScrumMaster，负责整个发布火车；李沙担任 Product Management（产品管理者团队）负责人，负责整理并排序 Program Backlog，大民是系统架构师（System Architect），为整列火车上所有的开发团队提供架构及技术上的指导。根据赵敏的建议，还单独组建了一个 System Team（系统团队），由阿朱领头，负责整列火车的跨团队的集成与测试，以及基础设施的建设。另外，邀请了市场部的 Mark Li 和 Andy Wang 两位高管为大家提供商业上的最新洞察，其实这两个人构成了 Business Owners（业务负责人）这个虚拟团队。

为了跑好这列敏捷发布火车，赵敏带着大家做了 2 次 PI 计划前会议（Pre-PI Planning），这有点像 Scrum 里面的 Product Backlog 梳理工作。只不过，这次是产品负责人们聚集在一起讨论 Program Backlog，为即将到来的 PI 特性进行优先级排序，并且同步目标、里程碑和业务上下文。在每次 PI 计划前，都应该有这样的预计划会议。大家把特性从一个简单的标题，梳理为可理解的特性，并按照价值、时间紧急程度以及工作量进行排序。这里沿用了之前阿捷在 SQF 时就已落地的加权最短工作优先（WSJF，Weighted Shortest Job First）算法，进行优先级的设定。赵敏建议大家可以去查看 Don Reinersten 的著作 *Principles of Product Development Flow*，里面有非常详尽的关于延迟成本 CoD（Cost of Delay）的解析。

2 月 8 日是春节上班后的第一天，Agile 北京 Site 的 8 个敏捷团队，再加上商务、市场、运维和运营等关键角色，齐聚在国家会议中心的亚洲厅，每个圆桌上都已经摆好了上面的日程手册，这是阿捷他们前一天晚上的工作成果，如下图所示。

LAUNCH ART DAY1

- 8:00-9:00
- 业务环境和目标

业务背景

- 9:00-10:30
- 对于特性优先级排序

产品/解决方案愿景

- 10:30-11:30
- 共同的框架、工具、实践

架构愿景/开发实践

- 11:30-13:00
- 主持人介绍计划议程

开始计划/ 午餐

- 13:00-16:00
- 团队计划，识别风险和障碍

第一次团队突破

1 2
3 4

- 16:00-17:00
- 团队介绍计划草案

计划草案评审

- 17:00-18:00
- 经理分析草案，进行调整

管理评审/问题解决

8:00，伴随着铿锵的音乐，Sonar 公司 CEO 埃里克的头像赫然出现大屏幕上，在《客户为先，只做第一》短片的衬托下，本次 PI Planning 的主题让大家热血沸腾，毕竟，能够亲身参与"最具未来前景的技术性突破"，一起为改变世界工作，在人的一生中都是值得骄傲的一件事。

西装革履，春风得意的 Andy Wang 首先介绍了本次发布火车所要完成的 Sonar 车联网方案中的核心目标，包括有 OTA Wireless C.06 解决方案的业务背景、整体目标未来愿景，还重点介绍了主要的竞争对手目前的主要优势与发展方向；Mark Li 则做了一次 SWOT（优势、弱势、机会、威胁）的分享。

9:00，一身正装的李沙精神抖擞，挥舞着双拳，慷慨激昂地进行了一次临时动员。"兄弟们，大家不要被 Mark 提到的弱势与威胁所吓倒，作为市场上多年的 Number One（市场第一），咱们的技术底蕴还是有的，而且市场上的机会非常好！所以，咱们的 C.06一定会震惊整个业界，咱们不仅仅要在监控技术上有所突破，比斯诺登还要斯诺登，更要在用户体验上达到一个新高度，让友商追都追不上，客户想都想不到的程度。毕竟，创新需要给客户提供新的功能，同时要给客户带来惊喜。如果你最终给到客户的只是他们要的，这不是创新，这只是响应了客户需求。我们这次要实现全流程全方位的覆盖，而且要自动化、智能化、积木化、个性化！"

接下来，李沙又简明扼要地介绍了一下这次 PI 需要团队完成的重要 Feature（特性），全场斗志昂扬！

"世界上最好的编程语言是什么？"大民这个架构师，一上来就提出这个饱受争议的话题！

"PHP！""Java 才是！""C++！""Python！！"大伙在下面跟着起哄。

大民待大家闹得差不多的时候，挥了挥手："兄弟们，咱们不管到底是哪个，这次，我们使用的主要语言就是 Java 啦！为了更好地实现跨团队的协同，咱们还要继续以 Jenkins 为主体，搭建产品级的 CI 系统，这块儿，阿朱会协助我一起完成。至于版本控制，咱们将采用 GitLab。"

"好！我赞成！"小宝这个家伙，在下面喊声最大，这个事情他可是没少提。

"除了使用 GitLab 外，我们将会采用主干开发、分支发布为主的分支策略。"

随即，大民在屏幕上展示了一张示意图。

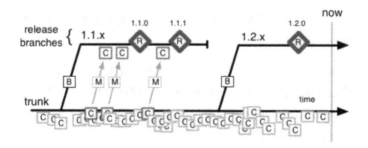

接下来阿朱上场。阿朱首先强调了集成准入的要求与标准："咱们这次 8 个团队第一次要在两周内不断地集成，所以我制定了一个简单的规则，希望大家一起遵守。这个流程一定不是最优的，大家可能会有些不适应，我们会跟大家一起修正。"

阿朱接下来向大家强调了具体步骤。每个敏捷小团队提交产品级集成代码时，需要遵守这样几个步骤！

1. 按测试报告模板发出测试报告，抄送版本经理、QA、配置管理员，测试报告模板如屏幕（下图）所示。

标题： [**测试报告**] 模块名–版本号–平台–需求ID需求名–时间

比如： [**测试报告**] ▬▬▬▬▬▬▬▬

测试报告					
测试预约/项目名称	需求ID需求名			测试负责人	
难验证结果	通过	遗留问题数			
报告前置条件	产品走查完成	UI走查完成	埋点测试通过	服务端上线完成	遗留问题已确认
	是	是	是	是	是
遗留问题	严格控制遗留问题，问题必须由问题对应owner决定挂起状态以及挂起级别。所有的严重挂起都需要向总监申请!				
测试范围	1. 当前测试内容 2. 当前需求主要逻辑点、关键测试点 3. 除了功能测试，还进行了哪些测试，也一并列出，比如兼容性测试，接口容错测试。 如果未包含功能外的其他测试项，默认认为仅完成了功能测试! 注意：测试报告一旦发出，就表明本次测试的需求是可以独立合并代码的，和上下游没有任何耦合关系。如果和其它方有耦合，所有有耦合的关系的相关方必须在一个feature分支上集成并验证通过后，才能发出测试报告，一并集成。不允许分批次单独集志				
测试文档	1. UC文档：				
	2. 需求设计档：				
	3. 其他文档				
测试日期	测试开始时间		测试结束时间		
测试用例					
BUG记录					
BUG分析					
备注					

问题列表

问题ID	问题描述	问题状态	责任人	报告人	最终结论

测试报告发出的前置条件：

- 产品走查完成；
- UI 走查完成；
- 埋点测试通过；
- 服务端上线完成；
- 遗留问题已确认。

任何一个前置条件不满足，不能发出测试报告。

版本上不再统一收集和 check 发版 review，在各自的项目团队内部发布就可以。

2. 开发人员收到测试报告后确认此次测试部分与其他需求 / 其他相关方无耦合，单独集成后方可向负责配置管理的人员申请集成权限。

3. 申请到权限后，开发人员将代码从特性开发分支合并到主干分支。

测试报告一旦发出，就表明本次测试的需求是可以独立合并代码的，和上下游没有任何耦合关系。 如果和其他方有耦合，所有有耦合关系的相关方必须在一个特性开发分支上集成并验证通过后，才能发出测试报告，不允许分批次单独集成。

4. 通过测试报告申请到的集成权限，在集成截止当周的周三 9：00 由系统团队（System Team）统一收回。

"如果集成失败了怎么办？"有人问。

"出现阻塞版本进度的 bug，优先回退，回退不掉再走审批流程。"

午餐时分，大伙一边在自助餐厅里大快朵颐，一边还在津津乐道地讲着 C.06。

13：00，第一次团队突破（Breakout）开始了。团队突破有些像 Sprint 计划会，只是参与者由多个人变成了多个团队。每个团队先计算自己每个 Sprint 的 Velocity，为了能够做到跨团队间的协同一致，每个人每天算是一点，刨除个人的假期，剩余的工作天数累加，就是各个团队的 Velocity。团队根据这个数值，从 Program Backlog 中拉取工作，然后进行用户故事拆解，并利用计划纸牌进行故事点估算。

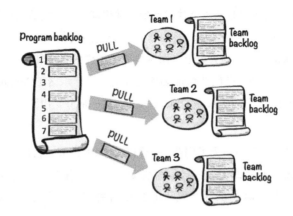

注：本图摘自Henrik Kniberg的博客https://blog.crisp.se/2016/12/30/henrikkniberg/agile-lego

每个团队需要计划4个迭代的工作内容，赵敏他们已经提前为每个团队备好了各自的工作区，如下图所示。

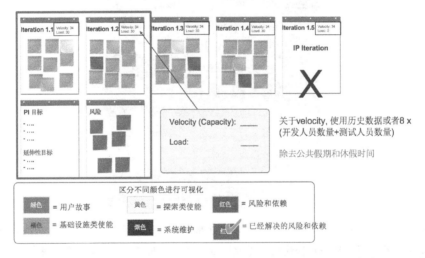

每个团队在计划各自工作的时候，因为会有依赖关系，过去的实践是各自开会、点对点开会解决，效率很低。这次是各团队"联合办公"，任何一个团队发现一个依赖关系或者风险，可以直接与现场的相关团队沟通，甚至随时可以直接讨论，制定方案。整个过程就像一个Open Space(开放空间，引导技术的一种)，每个人都可以用脚投票，在各个团队间走来走去，随时参加各个团队的讨论。

各个团队很快细化出了各自的 4 个迭代计划，并识别出了相关的风险与依赖，并开始自己协调依赖的解决。同时，还计算出了每个迭代的负载（Load）。同时提炼出了 PI 目标，PI 目标是指在一列火车上，团队要交付工作的提炼和总结。这里的 PI 目标分为两个部分：第一部分是团队保证必须完成的，属于承诺（Commitment）；第二部分称为"延伸性目标"（Strech Objective），这一部分是团队努力去完成的，但不是承诺必须完成。

在这次团队突破的过程中，为了同步每个团队之间的进展，及时发现问题，阿捷作为 RTE（发布火车工程师），在赵敏的协助下，召集各个团队的 Scrum Master 和 Product Owner，开了两次 SOS 会议，每次 15 分钟左右，主要是同步如下问题，如下图所示。

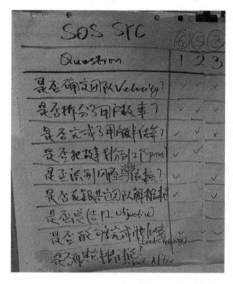

16：00，各个团队的工作陆续结束了，大家拿着咖啡、茶或饮料，三三两两地聚在一起闲聊，整个场面显得轻松愉快。见此情景，在赵敏的提示下，阿捷拿起来话筒。

"先生们，女士们，请大家就近找一个座位坐下。"看大家基本落座后，阿捷续说道："非常感谢大家的辛苦工作，现在我们基本完成了各自的 4 个迭代的计划，为了更好地同步各个团队之间的计划，及时发现风险与依赖，咱们接下来评审一下各个团队的计划。我们这次评审，也分为四个小迭代，每个小迭代为期 8 分钟。在这个时间里，大家随意走动，到自己感兴趣的团队区域去，由每个团队的 PO 或者任何一个人，为远道而来的朋友，讲解一下各自的计划，大家可以提出自己的意见。8 分钟一到，就执行 Time-boxing，大家选择下一个团队，继续评审，直至四个小迭代完成。大家清楚了吗？如果没问题，那我们就开始！每隔 8 分钟我就会发出一次信号，大家轮换场地！”

阿捷在大屏幕上启动了一个 8 分钟的倒计时，每个团队的工作区前都聚集了一小撮人，听取计划，讨论风险、依赖，提出新的问题与风险。整场简直就是一个小型的鸡尾酒会，每个人都在积极参与，没人打瞌睡，更没人玩手机！

17：00 刚过，阿捷便宣布当天会议结束，但把所有的管理层留了下来，基于每个团队的计划、风险和依赖关系展开了讨论。

“我这里有一个重要的 Feature，是关于 IoT 设备监测的可视化，但是没有团队选择，我觉得这个非常重要，如果在这个 PI 不做的话，整个系统将会少了一只手。”李沙说。

“我这也发现一个问题，就是我们现在这么多团队协作，根据以往的经验，跨团队的集成是最麻烦的，每次也是问题最多的。为了解决这个问题，我们需要及早地集成，所以我们需要搭建一套跨团队的产品级的集成系统，而目前这个工作也没人认领。”大民满怀忧虑。“我其实也游说了赵明的团队，但他们这次认领了太多的 Feature，基本是满负载了。”

“……”

大家七嘴八舌，说出了很多问题，阿捷一一记录下来，放在单独的一个白板上。

“离 18：00 还有 35 分钟，我们需要在这 35 分钟的时间内，针对上面这些问题，给出一个初步的方案。”赵敏接过话筒，“我建议按照精益咖啡（Lean Coffee）的开会形式，在 35 分钟内挨个解决问题。”

大伙纷纷表示赞同。

“已经 18：00，我们还有最后三个风险没有评估，根据 Time-Boxing 原则，大家现在决定一下我们是否打破这个规则，同意延长 10 分钟的请举手。”阿捷环顾了一下四周。

“好，大多数人同意延长 10 分钟！那我们就延长 10 分钟，到时候无论结果如何，我们都将结束！”

18：10：大家看着墙上的漫游（ROAMing）矩阵（如下图所示），心里感到一阵轻松。

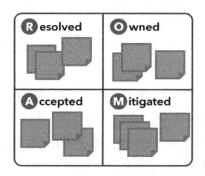

- Resolved 已解决：风险已经解决，不再是问题。
- Owned 已认领：有人负责继续跟进此风险。
- Accepted 已接受：针对此风险，不需再多做事情；如果风险发生，发布内容会做相应妥协。
- Mitigated 已减轻：团队已经有了应对方案。

随后，大屏幕上出现了第二天的议程安排，如下图所示。

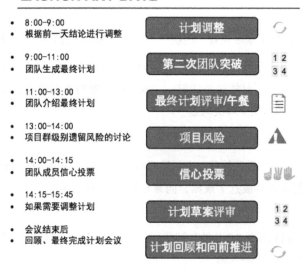

第二天 8：00，会议继续开始。

有了前一天会议的基础，阿捷的开场白没有过多的客套，直奔主题。

"非常感谢大家昨天的工作，我们管理层根据大家的计划，以及团队负载（Load）情况，针对下一个 PI 的商业境遇，我们决定做出如下调整。第一，Jimmy 带领的团队将会额外去完成 IoT 设备监测的可视化 Feature，这个工作对于我们很重要，尽管 Jimmy 的团队 Load 在迭代 3 与迭代 4 有富余，但要额外完成这一个 Feature，挑战依然很大。为此，我们决定从 Tom 的团队调配一个开发、一个测试过去。

"第二，是关于跨团队间的产品集成。这个事情的重要性无须多言，咱们已经讨论过多次，这次将会由阿朱组建专门的 System 团队，承担起这一工作，我们需要从其他团队抽调 4 个人组成这个团队，大家根据自己的情况，自愿报名！"

"基于以上两个大的调整，我们还需要处理几个团队间的依赖关系。感谢李沙的发现。这些依赖已经标注了出来。接下来，我们将要进行第二次的团队突破！这次将会是最终版的计划。在 10 点，我们请诸位登台演讲，展示你们的最终计划，同时，在这个过程中，我们会协力完成这个 Program Board（项目群板），将团队的各种依赖、关键里程碑事件和共享资源请求都可视化出来，大家在对应的卡片上，如果可能的话，尽量列出来具体的日期。我昨晚上已经把我老婆的红毛衣拆了一个袖子，才得到这些毛线，我们用毛线把各个依赖关系连接起来。希望今晚回去不用跪搓板呀。"阿捷一边自我调侃，一边偷偷瞅了瞅赵敏。赵敏假装事不关己，但嘴角已露出一丝的笑意。

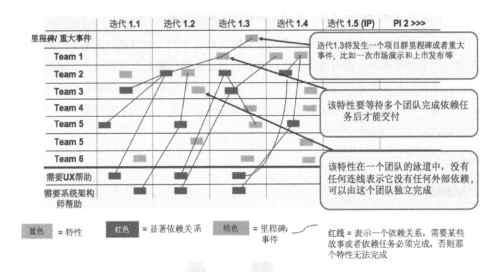

下面一片哄笑。大家开始第二次的团队突破。在这个过程中，赵敏指导着 Andy Wang 和 Mark Li 组成的 Business Owner（业务负责人）团队，挨个对每个小组的 PI Objective（PI 目标）进行了打分。分值是按照 1～10 来定，业务价值越高，得分越高，最高 10 分，最低 1 分。

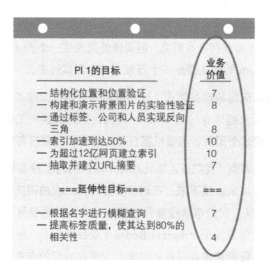

11：00，8 个团队轮流上台，为大家展示各自的最终计划，并回答了大家提出的问题。现场讨论得很热烈，问题也很尖锐，对于未解决的、新提出来的风险按照 ROAM 原则，都给出了最终答案。整个过程一直持续到中午 13：00，大家才去午餐。

14：30，待大家充分休息之后，阿捷才重新把人聚集起来。

"兄弟们！现在我们将会进行一场史无前例的投票。如果，你对我们的整个计划非常有信心，请竖起你的大拇指为小伙伴们点赞！如果你对计划依然没有信心，请把大拇指指向地面！如果你觉得还好，不是特别有信心，也不是很悲观，那你可以把大拇指水平放置。总之而已，信心取决于你的大拇指指向的角度，大家清楚了吗？"

"清楚！"

"没问题！"

"开始吧！"

……

"好！1-2-3，投票。"阿捷环顾了一圈会场，发现80%以上的人都是竖起了点赞的大拇指，只有很少的几个人稍微倾斜着大拇指，没有任何一个人是缺乏信心的！

"太棒啦！咱们基本是全票通过！请把热烈的掌声送给你自己及身边的小伙伴们！"

会议室里响起了热烈的掌声。

"接下来，我们将会针对本次2天的计划会，开展一次短回顾，大家以小组形式分别思考一下，我们哪些是做得好的，哪些是可以做得更好，哪些是下次可以尝试的，请大家把结果写在一张白纸上！"

两天快结束的时候，金嗓子喉宝、胖大海和罗汉果成了大家最抢手的东西。虽然很累，但是大家都感到无比的兴奋，都期待着10周之后成敏捷发布火车完成的情况。

散会后，阿捷单独留下了各组的Scrum Master，大家围坐成一圈，分享着各组的改进要点，一起总结出共性的改进建议。

天黑透了，阿捷和赵敏终于驾车上了北辰西路，阿捷抑制不住兴奋地说："小敏，你知道吗？在这次计划会之前，我从来没敢想过，我们居然可以在两天的时间内实现跨越8个团队的共同计划。在这之前，我们需要一堆单独的协调会议、电子邮件和电子表格来完成同样的事情，没有两周时间是不可能搞定的。而且，从来没有看到如此积极参与、协同一致的团队！我真的要好好谢谢你！"阿捷禁不住侧过去轻轻亲了一下赵敏。

"嘿嘿！这都老夫老妻的啦！我感觉今天这是太阳打西方出来的节奏呀！"赵敏微微笑着，充满爱意地看着身边的这个男人。

阿捷感觉自己脸红了。

一路上，两人聊了很多，两人共同经历一个挑战，一起完成一个挑战，这种感觉真好。

接下来就是每周2次的SOS会议、每两周一次的System Demo。第8周结束的时候，所有人又做了一次大的演示与验收。虽然中间也发生些小插曲，但整体还是顺畅的。这期间，阿捷他们做了多次交付，因为在SAFe中，强调的是"按节奏开发，按需要发布"，不是要在PI结束的时候才做一次发布，也不是在每两周的间隙发布，完全是根据客户的需要，市场的需要，灵活的多次发布。

敏捷发布火车 ART 一旦启动，就是高速奔驰，快要燃起来的节奏！

8 本章知识要点

1. 把很多团队聚在一起，召开一个大的集中式的 PI Planning，有以下这些好处。

   - 减少重复会议，提升效率。集中办公，协作更容易发生，避免了很多不必要的会议。

   - 及时发现并解决依赖。依赖减少，而且得到了更好的管理，整个项目也会更加可控、可预测。

   - 主管们比以前更加了解团队、了解进程，因为他们直接参与了整个计划制订，既知晓了最终结果，还明白了为什么要这么做。以后，如果做任何调整，也会有的放矢。

   - 团队间的信任感更强。整个计划过程是透明的，计划的结果也是透明的，透明增加信任感。

   - 做计划变得更容易，承诺更容易达成。因为大家协同计划，考虑了负载情况，还有延伸目标的设立，这些都是把承诺落到实处的关键点。

   - 计划变得更加有趣。整个过程就是一个大 Party，就是一次 Open Space。发生的一切都是自然而然的，没有任何违和感。

2. 精益咖啡（Lean Coffee）始于 2009 年的西雅图，提倡"用最少的投入，创造最大的产出"，采用这种方式开会，更专注、更高效。

   步骤 1：列出议题 5 分钟时间，每人各自列出自己想要讨论的三个议题。

   步骤 2：投票排序 5 分钟时间，团队投票，决定话题优先级。

   步骤 3：迭代讨论建立一个小型看板，分为三列："待讨论，讨论中，完成"；将所有议题汇总为一个待办列表，放在"待讨论"；每次只讨论一个话题，相当于 WIP 设定为 1，每个话题的 Time-Boxing 是 5 分钟，5 分钟时间一到，大家可以用大拇指来投票：向上翘表示继续，平着表示弃权，向下指表示转变话题。

步骤 4：总结议题对讨论完的话题，复述结论；未讨论的话题，记录在哪里，什么时候再次发起讨论。

冬哥有话说

SAFe 分为四个层级，分别是团队（Team）、项目群（Program）、大型方案（Large Solution）和投资组合（Portfolio）。提供了灵活的扩展性和模块化，根据采纳的不同层级，SAFe 框架又可以分为几种类型的配置：Essential SAFe，Portfolio SAFe，Large Solution SAFe 和 Full SAFe，其中 Essential SAFe 是团队层和项目群层，也是 SAFe 框架配置的基础。

在 Essential SAFe 中，有十个要素，是实施 Essential SAFe 必不可少的实践，也是 SAFe 中至为关键的实践：

- 精益 - 敏捷原则
- 真正的敏捷团队和发布火车
- 节奏和同步（Cadence and Synchronization）
- PI 计划
- 创新计划迭代（IP Iteration）
- DevOps 和发布能力
- 系统演示（System Demo）
- 检视与调整 （Inspect & Adapt ）
- 架构跑道（Architectural Runway）
- 精益 - 敏捷领导力

SAFe 的精益敏捷原则在前面的章节里已经讲过，这里重点讲讲按节奏开发。SAFe 里有一句话我很喜欢，Develop on Cadence，Release on Demand，翻译过来是"按节奏开发，按需要发布"。这句话给敏捷和 DevOps 的核心理念和实践做了高度的概括。按节奏开发是技术域的事儿，按需要发布是业务域的。

我们经常把软件开发过程比喻为长跑。在长跑中，步频和节奏是很关键的事情。按节奏开发，保证价值的可持续交付；而按需求发布，则是业务的决策：什么时候发布，发布哪些特性，发给哪些用户。发布节奏不需要与开发节奏保持一致，开发保证环境和功能是随时可用的，业务来决定发布策略。所以，按节奏开发，是技术层面的保障，而通过功能开关和 Dark Launch 等能力，赋能给业务进行发布决策，业务可以灵活地进行 A/B 测试，做灰度发布，按不同人群发布不同功能；这是典型的技术赋能业务的场景，也是敏捷和 DevOps 的终极目标。

节奏（Cadence）和同步（Synchronization），是 SAFe 中用来构建系统和解决方案的关键概念。节奏帮助开发团队保持固定的、可预测的开发韵律，同步则保证相互依赖的团队、活动与事件可以同时发生，并彼此拉通。节奏和同步，两者一起帮助管理我们工作内在的变化，它们创建了一个更可依赖，可靠的解决方案开发和交付流程。

节奏与同步的原则，在 Don Reinersten 的 *Principles of Product Development Flow* 一书中，有详细的介绍。节奏的效果可以直接在（SAFe）大图中看到，快速被同步的短迭代一结束，就紧接着集成进更大的项目群增量（PIs）。SAFe 中，有众多的实践体现出节奏与同步的概念，例如 PI 计划，系统和方案演示，以及检视与调整（I&A）工作坊，在固定的、可预测的节点发生。通过保证事先良好的计划，它也同时降低了这些标准事件的成本。

节奏与同步的目的是为保证价值的顺畅、持续、快速流动；在唐的书中对保持节奏所带来的好处做了相关的描述：

- 使用定期的节奏可以限制变化累积；
- 需要提供足够容量的冗余来保障节奏；
- 使用节奏可以让等待时间变得可预测；
- 使用定期的节奏来保证小批量；
- 通过可预测的节奏来计划频繁的会议。

而同步则可以保证达成以下目标：

- 通过多个项目间同步来开拓规模化经济；
- 通过容量的冗余来保证交付的同步；
- 利用同步事件来促进跨功能的权衡；
- 同步批量大小以及临近流程的时间点可以有效地减少队列；
- 使用一致的嵌套的节奏来同步工作。

📝 精华语录

第 31 章

代码赌场

4 月的第三周，第一个敏捷发布火车在历经 10 周、5 个迭代和 8 个团队的艰苦努力之后，终于如期通过了内部的验收测试，部署到 Agile 公司帕洛阿尔托 办公地的服务器上，开放给 Sonar 进行灯塔（Light House）试运行。这个灯塔发布有点像灰度发布。只是 Agile 公司的业务都是 To B 的，全球客户数量也就 100 多家，为了验证早期方案，Agile 会与一些关系比较好的客户建立起战略伙伴合作计划，把早期的、不太成熟的解决方案先期在自己的灯塔环境里进行试验，获取验证结果后，再正式部署到客户指定的生产环境中，这次 Sonar 公司的车联网项目就属于这样的灯塔项目。

按照 Incredible DevOps 公司的建议，在 SAFe 框架下的每个 PI，团队在经历了 4 个正常迭代之后，通常都会设有一个为期两周的特殊迭代，称为 IP（Innovation Planning）。在这两周的时间内，团队可以进行系统重构、培训充电、经验分享、创新研讨，同时为下一个 PI 梳理需求。为了让第一次尝试 SAFe 的阿捷他们利用好这两周的时间，赵敏根据自己给互联网和科技公司做咨询的经验，向阿捷和李沙他们推荐了两个独特而又吸引人的活动：代码赌场与黑客马拉松。

为啥要做代码赌场呢？这事还得从赵敏与彪哥的一次谈话说起。

彪哥全名叫韩彪，因为人豪爽且酒量无限被人尊称"彪哥"，是 OSS 通信协议团队的 Technical Leader（技术带头人）。他的团队人员最近增加了几位新员工，为了帮助新人快速的克服学习曲线，Agile 公司一直都有很好的"导师机制/Mentor"（被人戏称为"馒头机制"），也就是为每一位新人配备一位老员工做导师/Mentor，用 3 个月的时间，带新员工快速成长，帮助会涉及到各个方面，包括公司的规章制度、研发流程和产品知识等。

最近一段时间，多个项目交付上的压力，组织上又启动了规模化敏捷的转型，大家都忙着跟敏捷发布火车对齐，都在拼命地垒代码做测试修复 Bug。偏偏越是这样忙，越是出问题。主要还是在于这批新员工编码能力参差不齐，又对 Agile 公司采用的技术架构和相关组件的 API 接口调用不太熟悉，直接导致了但凡有新员工所在的组，就需要反复进行提测，影响到了团队的整体产出效率。虽然说有导师帮助把关，但是导师也有自己的开发任务，无法面面俱到。虽然说，代码评审（Code Review）在 Agile 公司是强制执行的，也有结对评审（Peer Review）、小组评审（Group Review）多种形式，只是一旦每个人都忙起来的时候，代码评审不可避免地会沦为形式主义。

其实，这种现象不是彪哥一个团队才有，其他团队也有，只是彪哥最早提出来，反映给负责敏捷转型的顾问赵敏，想看看赵敏有没有什么好的方法，能够让大家的代码尽量少出错，做好代码评审，而非单纯地依赖流程的强制性。

赵敏了解完彪哥的诉求后，又拉着阿捷、大民和李沙等几个带头人做了一次开放讨论，大家一致决定通过"代码赌场"这种形式，激发程序开发工程师的内在动机，同时减轻工作中的压力。

4 月 21 日当"代码赌场"的海报与活动邮件发出之后，整个 Agile 公司北京研发中心就沸腾起来。其实，每个程序员都有极强的自尊心的，都希望写出好的代码，赢得他人的尊重，这也就是为什么那么多志愿者会愿意在 Github 上提交代码。代码赌场正好就提供了这样的一次展示机会，可以展示自己及团队风采的同时，还能互相交流。

为此，阿捷、彪哥和大民他们听从了赵敏的建议，取消了单纯的奖励排名，而加入了拜师费的概念，即输的队要支付获胜队一定金额的拜师费。"拜师费"的命名就从心理上调动了参赛队的积极性，从而激发了大家不服输的斗志。而且，除了两个直接

PK 的团队外，其他团队成员都可以围观，还可以投注，赌哪个团队获胜，这样群众的参与性也被调动起来。为了增加趣味性，外围赌者投注时，大家每次投注设置下限，不设上限，且只能押宝一队，每轮结束后投获胜方的人，按投注比例，瓜分失败方的投注。这样，在每个环节下都会有一轮胜负，一个小高潮，确保了整场活动，各类参与者都高度集中，关注比赛，投身比赛。

发出通知后不久，8 个名额就被报满了。为了显示公平，同时促进团队间的交流，阿捷跟赵敏在确定如何为这 8 只参赛队伍分组时，下了很大苦心的。最终分成了 4 组，每组的两支队伍都对彼此业务相对熟悉或非常类似，关键是开发语言必须一致，每组 4 位队员，包含队长 1 名。

同时，阿捷又邀请大民、彪哥、王栋这三位在部门内影响力大并经验丰富的技术带头人担任裁判，裁判不可投注或参与比赛。既然是代码赌场，核心就是 PK 代码，经过与裁判商议后，重点放在了逻辑设计、代码架构、可扩展性、模块划分和可读性等方面。对于 PK 的代码段，必须在上一个 PI 中已经对外发布的内容（1000 ～ 2000 行），因为都打了 Label，任何一方已经无法更改，这样比赛双方都可以提前去评审对方的代码。

4 月 21 日，周五上午十点，代码赌场的第一场比赛准时开赛。Agile 公司 5 层的光明顶会议室被挤得如此水泄不通。除了裁判及两个参赛队之外，充当观众赌徒的其他人只能站着。担当主持的阿捷用了 10 分钟的时间，介绍比赛队伍、裁判和比赛规则。

然后分别收取了每队 500 元的"拜师费"，作为获胜方的比赛奖金。阿捷发起观众投注，押注金额最少 10 元，不设上限。除裁判以外的所有人员（包含比赛成员）均可下注，下注只能选择其中的 1 个团队。一旦投注，比赛过程中不能更改，比赛开始后不可再投注。观众的热情立刻引燃，很快两个队前就堆了个"金"山。

比赛分为 4 个回合，总共持续了 100 分钟左右，其中每个环节 25 分钟（两队各自阐述 6 分钟，观众互动各 3 分钟，裁判打分点评 5 分钟（每个裁判 1 分钟左右），四个环节的最高得分和时间，阿捷根据情况对打分情况做了适当的调整。

- 自惭：最高 2 分，互捧：最高 5 分，自夸：最高 2 分，互踩：最高 5 分，所谓自惭，就是自己揪出自己团队的烂代码，说出不好之处，自我批评得越深刻，得分越高。所谓互捧，就是找出对方代码的精妙之处，拍对方的马屁，拍得越好，得分就越高。所谓自夸，就是吹嘘自己代码的精妙之处，但不能是上一个环节对方已经找出来的，必须是对方没有发现的地方。这样的点越多，越是精妙，得分就越高。所谓互踩，是找出来对方的烂代码，并用更优的方式实现，实现的越佳，得分就越高。

为了公平竞赛，阿捷提醒裁判要注意以下几点。

- 评审问题数目，重点关注逻辑设计，扩展性、模块划分和可读性等方面。
- 评审问题深度，能否提供更好的解决思路或建设性的参考方案。
- 参赛态度：双方是否就事论事，互相学习，礼貌表达等。

经过两个小时的激烈 PK，第一场代码赌场终于结束，最终老虎队以 1 分的优势略胜狮子队，老虎队与押注者一起赢得资金共计 1890 元。阿捷将 500 元的拜师费取出，把剩余的 1390 元按照每个人的出资比例，分给了大家。现场一片沸腾。

对于 500 元的拜师费，阿捷听从了赵敏的建议，公布了如下规则。

- 获胜方需在规定的时间内将发现的代码问题修改完成，才可以获得奖金。
- 如果获胜方没有按时修改完，而失败方按时修改完，失败方获得奖金。
- 如果双方都没有按时修复完成，奖金归入下次赌场使用。

没错！现场比赛结束，只是一个开始，真正的 PK 还在后面！这才是真正有态度、负责任的敏捷开发人员。

8 本章知识要点

1. 很多公司都将工程师文化和代码文化建设作为工作重点之一。然而，要想不断提升大家的工程代码质量意识，将提升代码质量的工程活动践行到位并不是一蹴而就的。就代码评审而言，一些团队在开发中忙于编码，虽然也有代码评审阶段，但大都浮于表面，流于形式，效果不佳。如何让大家重视工程代码质量，如何像玩游戏一样将代码评审活动落到实处，或者像玩游戏一样让大家沉浸其中，代码赌场或许就是可以尝试的一项探索性试验。

2. 代码赌场活动组织小贴士。

- 提前明确规则（包括主要关注哪些方面的问题，不同类型的问题如何界定、评委打分规则等），实施过程中不能改变规则。

- 除了比赛的队员,其他参加的人员如感兴趣也可以拿到 PPT 和代码,否则评审会上两队人员讲得太快,其他人员的思路可能会跟不上,不能提出有价值的问题。
- 裁判人数要在 3 人以上,由资历较深的技术专家担任。每轮比赛结束后,裁判首先匿名投票,然后再给出相应的点评,过程中避免评委间互相干扰。
- 确保问题挖掘的深度,不能太偏重于代码风格(如空格、注释和初始化)。每个程序员在把自己的代码提交团队 Review 的时候,代码都应该是符合规范的,不应该交由团队来完成,否则只会浪费大家的时间。主持人应该引导团队重点关注如何写清晰的代码,代码的设计如何做得更好,比如同步和异步的问题,代码如何复用,关注点分离等。
- 对一个团队的代码,另一个团队在评价时,在指出问题之后,也可以说明自己会怎样写,给出一些参考方案,促进大家的相互交流。
- 提前为各个环节设定时限,会议中主持人提醒大家控制好时间,提高会议效率。有些话题如果受限于会议时间,无法深度 PK 的话,主持人应该记录下这些问题,会后再深入讨论。
- 审核的代码量要适当,现场审核 200 ~ 400 行代码即可,提前准备的话可以适当增加到 1000 ~ 2000 行。
- 会议结束后,明确代码修复的时间并确认缺陷最终得到了修复。

📝 精华语录

第 32 章

黑客马拉松

代码赌场活动的成功举办，不仅让每个参赛团队对如何提升代码质量和代码评审（Code Review）有了重新的认识，也给了彪哥他们这些小组里的新员工一次真实练兵，提升自己技能的机会。所以，当赵敏宣布将在四月的第二周 IP（Innovation Planning）时举办黑客马拉松的时候，大家更是摩拳擦掌，跃跃欲试。

"黑客马拉松或黑客松，是一个流传于程序员和技术爱好者中的活动。在该活动当中，大家相聚在一起，以合作的形式去编程，整个编程的过程几乎没有任何限制或方向。像在脸书，黑客马拉松可是他们的经典活动，每隔两个月，脸书的工程师就会齐聚办公室，员工们整晚都沉浸在编程的世界里，天马行空地寻找新的创意，构想新的项目，其时间轴（Timeline）和点赞（喜欢）按钮的想法就是在这样的活动中诞生的。现场采用程序员们向往的结对编程、持续交付、单元测试，互相攻防，就像大型主要聚会一样。我在硅谷参加过几次公开的黑客马拉松。"赵敏一边给 Agile 公司北京研发团队的几个主管介绍黑客马拉松的由来，一边用电脑给大家展示了一张从维基百科上找到的在编程界可谓经典的照片。

"这张 1975 年 2 月 17 日计算机活动的告示，可以算是黑客马拉松的根源，更是苹果公司的根源。后来几位非常出名的黑客和计算机企业家都是这个 HomeBrew 计算机社团的成员，包括苹果公司的创始人斯蒂夫·盖瑞·沃兹尼亚克和斯蒂夫·乔布斯。后来他们通过每两周的定期活动，在社团的科技信息的发布和成员间思想的交流下，助推了一场个人电脑革命。毫不夸张地说，HomeBrew 计算机社团影响了整个科技产业，改变了世界。

（图片来自维基百科）

告示内容如下：

HOMEBREW 计算机社团（你可以来给社团取名）—计算机业余爱好者的组织

你想做个人的计算机吗？终端机？显示打字机？ 芯片与外部接口交互器件？或者其他各种数码设备？

或者你想在一个时间共享的设备上买时间？

如果是这样，活动上你将会遇到一帮志同道合的人。交流信息，交换意见，谈谈自己行业内的事，一起完成一个项目……

活动将在 3 月 5 日星期三晚上 7 点，于 Gordon French 的家中举行。

如果你有兴趣但由于时间的安排而不能来到的话，可以为下次活动撕下一张门票。

希望您的到来，待会见。

"大家看啊，正是这一群善于独立思考，喜欢自由探索，爱分享，热衷于解决问题，具有创新思维的电子技术和科技爱好者聚集一起，用当时的电子零部件、电路板等，搭建出了最早的一台个人电脑。而这个过程，正是黑客马拉松的精神所在。也正是我们每个人都应该学习的精神。"赵敏说到的这些，不禁令阿捷和大民他们欣然神往。"

赵敏接着又说道："后来，1999 年 6 月 4 日，在加拿大，开源操作系统组织 OpenBSD（www.openbsd.org）举办了世界上第一个真正的黑客马拉松 OpenBSD。组织人向外界邀请对修复计算机程序故障和对计算机安全问题感兴趣的人，提供食物酒水，一起解决问题。活动最终来了 10 个人。"

赵敏又给阿捷他们展示了另外一张照片："这张是 2015 年，OpenBSD 举行的活动海报，左下角的河豚是该组织的标志。"

"在首届 OpenBSD 举办后的两周，SUN 举办了一场具有商业比赛性质的黑客马拉松。SUN 的目的想让开发者一起开发出公司旗下 Palm 电子设备新的应用。"

"1999 年后，各地举办了大大小小的黑客马拉松，企业家们也逐渐开始加入了黑客马拉松的队伍。"

"2005 年，超级开心开发屋（Super Happy Dev House）在旧金山湾区举办了一场反对商业性质的黑客马拉松，因为许多开发人员只希望专注于技术层面的改善与提高，并以此为乐趣。这种抵制商业文化思潮的黑客马拉松一直持续到今天，发起者聚集了那些只关心技术的开发者，一起开发，一起享受派对。脸书也于同年将超级开心开发屋的做法，植入于内部的黑客马拉松文化中。"

"但真正形成如今流行的黑客马拉松形式的则是 2006 Yahoo 举办的黑客马拉松。在当时，这可以算世界上最具影响力的黑客马拉松大赛之一。"

赵敏把黑客马拉松的来龙去脉介绍完，便宣布下课。这时候，阿捷的手机响了起来，阿捷一看，是自己大学时代的同窗好友昶哥打过来的。昶哥当年在大学里就是出了名的不走寻常路喜欢尝新爱冒险的主儿，毕业后没几年就加入了当时还没啥名气的京东，从底层技术人员一步步做起，现在已经成为京东技术学院的院长，负责京东集团内的技术创新和 DevOps 实践推广。阿捷知道昶哥平时很忙，连几次同学聚会都没有去，今天打电话一定是有要紧事。

"Hi，昶哥！好久没你消息，又在研发什么秘密武器呢？"阿捷调侃道。

"嗯，最近在折腾互联网创新的事情。阿捷，你在做什么呢？"昶哥的声音一直很高亢响亮，说话也直来直去。

"在听媳妇讲课，介绍黑客马拉松。"

"哈！你们也要学互联网公司搞黑客马拉松了吗？这方面俺们京东可有经验，俺们京技院经常搞。"作为京东技术学院的院长，昶哥负责整个京东的技术类培训与内部技术社区建设。

"那太好了！我正愁没地方取经呢，你这是找上门来了！快给我讲讲你们是如何玩的？有啥成功经验给我分享一下？你们搞这个的初衷又是什么？应该注意什么？最终的效果又如何？"阿捷把一连串的问题抛了出来。

"打住！打住！你这么多问题，哪是三八两句话能够说清楚的呀。要不这么吧，咱们找个地方，见面好好聊聊，我正好也有事情找你帮忙。"

"嗯！也好，那我们明天下午 2：00？我还是去你们京东楼下的 COSTA 如何？"

"好，就这么定！明天下午我请你喝咖啡。"

京东总部楼下的咖啡店从来都不愁生意，供应商、访客和员工总是会把咖啡店从早到晚地占领下来。在熙熙攘攘的各色人等中，阿捷和昶哥两人桌上放着两杯香浓的拿铁，全神贯注地聊着。

"你们京东为啥要搞黑客马拉松？是互联网公司都会这样做吗？"像往常一样，阿捷开门见山，提出了第一个问题。

"你知道的，互联网公司最看中业务 / 技术的创新和研发的效率，而互联网公司的研发更是一个偏重实践实效，需要动手验证、动手历练的工作。作为负责创新和技能培训的京东技术学院，之前我们搞过很多传统的培训，都是老师讲学员听，有时再加上一定的考试，但这样灌水的效果都很差，早已过时（OUT）了。培训加上机练习，这也是现在各种烂大街的 IT 培训学校的惯用方法，也过时了。所以，我们一直在思考如何让研发人怎么快速成长、怎样才能真正快速掌握需要的技能，并且在进入部门后能够用起来，把团队技能真正提升起来。其实在其他互联网公司也是类似的情况。培训这事，不要玩花活，现场花样很多，现场玩得很开心（High），回到工作岗位一切归零，还是照旧，我们不要这样的培养方式。"昶哥娓娓道来。

"不少公司说起来也是很注重研发人员的培养，但实在是不清楚该怎样培养。升级一下，选择用线上学习＋线下翻转课堂问答交流的形式，仍然产出甚微。这几年，我们学院在内部采用高级技能训练界流行的黑客马拉松这类的工作坊形式，在一个高强度，高压力的时间段内，通过实战演练，让参与者扎实地掌握业务知识、技术框架、开发规范、开发流程、辅助工具，这就是黑客马拉松为何会在京东流行的原因。"

"你看，老外的电影是不是这样：一个青春期少年，家长、老师怎么说都不听，非要去冒险。他去冒险后，经历了很多，担当了很多，收获了很多，也感受到了爱与责任，自我也成长了。黑客马拉松就是这样一个让你在实践中成长的过程。"

"哈哈，你现在讲啥都一套一套的，还用上了隐喻！咱还是来点具体的吧，你们到底是怎么做的呢？"阿捷期待昶哥继续。

"兄弟你咋还是这么猴急。且听我慢慢道来。"昶哥喝了一口咖啡。"你看，国内的互联网公司黑客马拉松已有很多，虽然都很火爆热闹，但能够转化为企业业务支撑或成为明星产品推向市场的，并不算多。归根结底，是因为与业务场景结合度不高，以及团队研发主力内部创新得到的激发力量不够。"

"所以，我们京东的马拉松不同于那些折腾了24小时后，取得一些与公司业务需求并无关联的创意或是队员们耗费了大量心血却并没有得到什么结果的单一编程马拉松活动，因为京东黑客马拉松的出发点是注重实效。"

"行啦行啦！别吹啦！赶紧来点干货！！"

"我们的玩法是产品马拉松、架构师训练营、编程马拉松三弹连发。要求在极限时间内，组成实战团队，进行实战PK，同时会有专家、导师、敏捷创新教练进行指导，用极致的方法达成人才历练、人才识别、能力应用、动手实践、创新激发、成果转换和研发激励。为了与业务结合，我们的第一次黑客马拉松就是源自京东虚拟商品研发部的一项需求，即个性化旅游推荐。"

"哇！你们真厉害！"

"那当然，咱们要玩，就玩大的！"昶哥抑制不住自豪，跟阿捷碰了一次杯！

"我们做马拉松会与业务部门合作，也就是说我们会有一个主题。比如上一次的马拉松叫 O2O 智慧门店，我们和服装事业部进行合作，这是他们今年的业务战略。他们有方向，但是不知道如何去搞，而且过去搞研发，总是规划、设计、开发、上线，短则几个月，长则半年，这对于创新探索业务就不合适了，所以我们放进马拉松活动中去探索。第二点，跟其他马拉松不一样的是，我们有核心研发团队。其他马拉松的形式都是大家来报名吧，随便玩儿，玩儿完之后又各回各部门。我们的马拉松就是以与这个业务密切相关的研发团队为核心主力，其他人自由报名。主要的业务部门和研发部门进来之后，在给定的主题下我们不限制方法，搞什么方案都行。这个办法我们讨论了好几个月，也做了很多试验，最终收获很大，比如上次马拉松过后，已经有两个项目把成果运用到真实业务中了。"

"听起来真的接地气啊！"

"那是！我们的产品马拉松为期 2 天，按端到端产品设计方法论：需求调研、洞察分析、产品规划、产品设计、市场推广、用户运营、数据分析、产品迭代分阶段进行。"

"教练每讲 1 个小时，队员就按所讲的主题实战 2 个小时，在实战过程中教练会不断走动、观察，根据学员们的现场问题进行实时指导，然后让学员们上台展示 PK，导师来打分点评。"

"经过教练一步步地的引导，产品原型从最初模糊的创意变成交互原型，这也是产品马拉松的'魅力'所在。"

"那另外两个也都是 2 天吗？"

"对，架构师训练营同样也是 2 天时间，在产品马拉松结束一周之后开始。这个时候，产品创意、产品原型、产品细节更趋成熟。在 2 天的时间里，准架构师们会了解到国际前沿架构的发展水平，也会学习到经典的产品架构演化历史。"

"产品经理会给架构师们讲解业务和产品，架构师们要识别出非功能性需求点、技术风险，并设计出技术架构图，进行技术选型和工作量估算。最后，各个团队上来展示自己的架构思路并说明为什么要这样架构，其他组来进行质疑挑战。"

"架构师导师们会做最后的点评与指导，选出设计考量最平衡、最适应当前产品并且还有一定未来延展性的架构方案。"

"牛！接地气！"阿捷直接给了一个赞！

"那是，咱们干啥从来不玩虚的！"

"我们的编程马拉松同样也是 2 天时间。在架构师训练营举办完的一周后举行。这个时候，产品详细设计说明书经过 2 周时间已经完成，架构方案也已经有了胜出方案，现在就可以进行最小的 1.0 版本开发了。产品经理、架构师、程序员共聚一堂，形成一个完整的团队。我们会邀请敏捷创新教练，现场辅导大家如何快节奏小步迭代的研发。"

"编程马拉松是一个高度极限时间的比赛，大家压力很大，很容易疲惫，也经常会出现团队内部冲突或是消极情绪。为此，我们邀请了创业公司的创始人给大家分享他们真实的创业经历，从 0 到 1 地感受他人遇到的挫折。大家边听边回忆自己刚才遇到的问题、思考对产品和代码的改进。接着进行小组分享，通过交流激发团队斗志，提高团队凝聚力。"

"这个外部大咖分享真不错！"阿捷把水果拼盘推到昶哥那边，示意他吃点东西。"讲讲细节呗，反正今天下午你是跑不掉了。"

"OK！所谓，磨刀不误砍柴工！作为组织方，我们需要提前做很多准备工作的。每次黑客马拉松正式开营之前，需要提供线上学习和复杂内容现场讲解，完全针对黑客马拉松过程中所必需的技能。当面向校招新人群体，或者新技术领域、创新产品的黑客马拉松主题时，第二个必要动作会非常有效。这样，通过应用提前几天学习的内容，团队合作，才能在 36 小时内产出一个创新成果，毕竟成果是检验一切的真理。"

"每次 2 天，一共 6 天的效果的确很棒，但是时间真的有点多，能不能一次 2～3 天把你说的三类马拉松放到一起？这样每天该怎样安排的呢？"

"当然可以！我给你找个复盘的文章！这个就是按照 2～3 天来完成的！"

第一天：产品创意

1. 分组
要根据大家各自的擅长技能和经验（UI/ 产品 / 架构 / 数据 / 开发 / 项目管理等）进行成员搭配，一个团队不需要人人都是大牛，但每一个人必须发挥自己独一无二的作用。力求每个组的角色能力均衡、角色能力互补，因此可以通过问卷，面谈，提前了解成员背景。

2. 导师

为每个组配备一名产品导师一名开发导师。没有有经验的导师参与黑客马拉松，团队成员在 72 小时内只会混乱忙碌而不会有序地产出有效价值。我们从研发、产品等部门调动了多位一线专家，成立了强大的黑客马拉松导师团队。

3. 敏捷创新教练

他们与组内导师不同，主要是为大家讲解精益创业 / 商业画布方法，帮助大家梳理产品创意。敏捷创新教练也是全程、全场跟进，指导每个组如何有效配合、拿捏工期以及确保最小 MVP 产出。

4. 定义黑客马拉松主题

主题的设定对于黑客马拉松的有趣程度意义重大。你可以选择目前业务痛点方向，未来转型方向，行业热点方向，核心业务方向等，但最好融入用户、营销、服务等特性，要么有趣可以拉升用户量，要么具有商业价值可以让用户付费。对于参与者要玩到有收获；对于导师来说，这个课题也很新鲜。可以走出自己日常工作的状态，重新想象，重新学习，这对导师也是非常有挑战性的。

5. 这里满满都是坑

在产品设计阶段，每个组开始呈现出不一样的风格。有的组在大白纸上不断讨论不断画，最后大白纸用了 N 张，有的组设立了书记员，大家边讨论，有人进行整理。有的组有经验，一上来先定义自己想搞个什么，是问答社区？是在线视频直播？是问卷调查？是课程付费？是线下培训报名 / 签到 / 点评？

有的组有方法，按用户场景来。一个用户要做什么事，先做什么后做什么。把事件用彩贴纸卡片记录下来，然后像拍戏一样演练。

有的组一上来就排列功能菜单。照着功能菜单讲流程，发现越绕越复杂，大家都忘了怎么跳转跳的路径了；有的组是一上来先从首页雕琢精细，开始上网找图，开始PS；有的组是开始折腾 Axure 了，更有人在折腾 Dreamweaver 了……这些环节都需要组织者进行提醒，各组及时的跳出，调整，回到正轨。

第2天：架构设计

1. 技术选型

黑客马拉松通常不会特别规定使用什么技术，你可以选择 Java、PHP、.Net 或 Android 开发都 OK，甚至 C++ 也拦不住，用什么 Framework 也不阻拦。因为即使项目经验很浅，现场也可以在较短时间内，学会一些框架技术，进行配置修改和开发。

2. 组内分工

讨论产品创意的时候，全组都会参与其中。但架构设计阶段，是架构师、开发人员才能参与的阶段了，所以产品、项目管理，测试，营销，运营人员的角色需要继续完善界面原型图、完善功能详细说明的规格书。

导师需要把人员分为前端、业务逻辑、数据库，把代码分布在三个层面，这样开发人员都能运用自己会写的技术，并行推进。如果用 SOA 架构，Thrift 提前定义好接口，那大家就可以用自己熟悉的开发语言来写各自的模块，模块之间通过 Thrift 来相互调用，效率就更高了。除此之外，架构阶段需要完成的，就是设计定义好函数接口、函数调用流程。

第3天：打磨产品，细节开发

1. 详细开发

通常在这个阶段，产品设计和开发人员将会出现相互 PK 的现象。有的功能在开发时才会发现有些问题没有想通，然后大家就开始讨论。有的组甚至扯到很远，扯到产品创意阶段了，觉得一开始定位就没想明白，白白浪费了大量的开发时间，甚至有的团队闹得不欢而散。

在这个 PK 争论阶段，需要发挥团队项目经理的功效了。有的项目经理"嗅觉"

比较灵敏，会及时出现协调现场气氛，比如让大家先一起出去吃点东西，散散心换换脑子；有的团队项目经理如果看不清状况，也会牵扯进产品和开发的 PK 中。一会儿同意产品经理意见，一会儿同意开发人员的意见；有的团队项目经理开始讨论砍功能、开始讨论我们要注意进度……有没有觉得这个场景非常的熟悉？

2. 测试

多数情况下，你会看到程序的完成度不高，无法引入单元测试；程序走不通，无法继续测试；很多担任测试角色的人，经常在首页、登录等功能上耗费大量的精力进行测试，找问题说漏洞，有的倒是会选择直接在数据库里编数据，先把程序全程跑通再说……多种情况都会在现场发生，组织者会与技术专家在现场及时引导指正。

3. 展示

黑客马拉松最有趣的环节之一是给每个团队设置固定时间进行产品展示，然后接受其他团队的 2 次提问。这里可以设置 PK 的形式，专业评审不能独裁决定验收成果，提问环节大家的投票会进行综合评分。正所谓台上一分钟，台下十年功，好的产品也需要好的展示，否则只能事倍功半。

作为组织者，也会对项目展示阶段的注意事项进行提前的培训，帮助你的项目加分。比如产品经理来分享需要做哪些准备；如果是根据团队的不同分工角色，轮流讲解自己的部分，又需要怎样获得加分；如果是进行产品 Demo 演示，怎么能做到比 PPT 更有趣，也许有的团队会用 3D 的酷炫方式展示大数据模型和算法，这也不是天方夜谭。

4. 评审

评审，验收，必须找牛人。京技院在编程马拉松活动中，会邀请京东首席技术顾问，从技术架构和代码实现成熟度来验收大家的作品；京东技术学院院长，从 CTO 角度验收大家作品的商业价值和完成成熟度；京东系统运营支持经理，从用户体验角度来验收大家的作品等。

PK 环节是很激烈的。有的团队越问越深，全是细节；有的团队抓住一点反复挑衅；有的团队到处抓人短板，非要拼个"你死我活"；有的团队甚至台上台下互相吵起来，这都需要组织方及时把控现场，把大家带回正确的方向。

5. "毕业"大趴

当一切都结束之后，"大趴踢"是令大家印象最为深刻的部分。导师，评审和团队经过三天三夜在一个战壕里的摸爬滚打，之间都有了非常深厚的战斗友谊。别看刚才为了某个模块争论不休，"大趴踢"上却是最为亲密的伙伴，他们之间所建立的信任感，认同感，是多少次常规团建都无法实现的。这段难忘的经历在以后大家日常工作中，将会是很好的一段记忆。要达到的团队凝聚力、团队协作、团队融合、新老搭配，这些诉求也都达到了。

"这个文章总结的真不错！收藏，回去就照着这个玩。"阿捷兴奋异常。

"那该说说我的事了吧？"昶哥笑眯眯地看着阿捷。

"您讲您讲！"

"我看你朋友圈，总是有你们关于实施规模化敏捷的情况，整得不错！我想让你帮个忙，帮我设计一下我们京东的敏捷课程，把你们在大规模敏捷上的实践经验，引入我们互联网界。"

"好呀，那我就抛砖引玉，给你出出馊主意。"

经过一阵碰撞，一份针对不同角色的培训方案，跃然而出。

从京东回来后，阿捷把自己和昶哥讨论的一场 3 天黑客马拉松计划初稿拿给赵敏、李沙和大民他们讨论，大家都非常兴奋。

赵敏悄悄问阿捷："臭小子背着我去哪里取经了？这样的计划方案绝对不是百度或谷歌上查得到的！"

阿捷心里乐着嘴上却说："还不是听赵老师您讲黑客马拉松之后的灵光乍现，灵光乍现。"

Agile 公司的这场黑客马拉松活动非常成功，很多非常接地气的想法被提了出来，并完成了初步的代码原型，大家都兴奋异常！

8 本章知识要点

1. 黑客马拉松打破了日常以部门为单位的固定形式，采取了自由结合、集思广益的方式。这种自愿组合的方式使每个队员以不同于以往的视角去观察现状，一些创新灵感可能会由此闪现。

2. 在黑客马拉松里，没有 Level（级别），更没有繁琐的层层汇报，它跨越了层级、部门的固有界限，随心所欲的畅想、发挥、创新，这正是黑客马拉松的核心理念与独特魅力所在。这种方式创造了极大的生产力，改变世界的机会也许就在这里。

3. 黑客马拉松进行中的每一刻，每个人只对自己的兴趣负责。它是释放想象力的狂欢，全球互联网圈子里的很多重要产品都是在这样的狂欢中产生的。在特立独行的黑客文化中，这样的活动能让参与者获得藐视权威的力量，在颠覆性的代码里找到改变世界的灵感。在这里对于热爱技术的极客来说就像是身处一个游乐场。

4. 产品马拉松，按端到端产品设计方法论，从需求调研、洞察分析、产品规划、产品设计、市场推广、用户运营、数据分析、产品迭代分阶段进行。一般创新教练每讲 1 个小时，会让大家按主题实战 2 个小时，在实战过程中教练会不断观察，根据学员们的现场问题进行实时指导，然后让学员们上台展示 PK。经过教练一步步地引导，最终将模糊创意变成交互模型。

5. 架构师训练营，一般在产品马拉松结束一周之后开始。这个时候，产品创意、产品原型、产品细节更趋成熟。在这个时候，产品经理会给准架构师们讲解业务和产品，架构师们要识别出非功能性需求点、技术风险，并设计出技术架构图，进行技术选型和工作量估算。最后，每个团队上来展示自己的架构思路并说明理由，再由其他团队成员进行质疑挑战。真正的架构师们会做最后点评与指导，选出设计考量最平衡、最适应当前产品并且有一定未来延展性的架构方案。

6. 编程马拉松一般在架构师训练营举办完的一周后举行。此时，产品详细设计说明书经过 2 周时间已经完成，架构方案也已经完成，可以进行最小的 1.0 版本开发了。产品经理、架构师、程序员共聚一堂，形成一个完整的团队，快节奏小步迭代研发。

7. 整个黑客马拉松，敏捷创新教练的作用不可或缺。现场辅导，让团队用正确的工具，做正确的事情，可以起到事半功倍的效果，可以非常有效的打造起创新文化。

8. 通过产品马拉松、架构师训练营、编程马拉松，实际上走完了从产品创意—产品详细设计说明书—架构设计—最小 1.0 版本的迭代过程。三个活动环环相扣，可以算是世界上最小、最有效的"YC 创业营"。

冬哥有话说

《精益企业》中说，比日常工作更重要的，是对日常工作的持续改进。精益生产系统 TPS 中，有改善闪电战（Kaizen Blitz），是 TPS 的重要组成部分，它强调的是日常的持续的改善，让工程师以自组织团队的方式来解决他们感兴趣的问题。

与黑客马拉松的思想一脉相传，脸书将公司内第一条道路称为黑客道（Hacker Way），黑客马拉松也是脸书的一大传统。脸书于 2012 年 5 月 18 日登录纳斯达克正式上市，然而很少有人知道，脸书庆祝上市的方式不是狂欢，而是举办了一场黑客马拉松，"这场黑客马拉松在扎克伯格象征性地敲响纳斯达克开盘时钟时达到高潮。"

黑客马拉松，也是学习型组织建设的体现。彼得·圣吉在《第五项修炼》一书中强调，学习型的组织与安全的文化，让日常工作的改进做到制度化；学习型的组织，将成功与失败都视为是极佳的学习机会，每个人都是持续学习者，而整个组织构建了开发、公正和安全的文化，同时也为日常工作的改进预留时间，来偿还技术债务、修复缺陷、进行重构以及优化代码。

塔吉特（Target）公司每月会组织 DevOps 道场，设定每月挑战计划，通常是 1 ～ 3 天；而其中强度最大的是为其 30 天的挑战，让开发团队在一个月的时间内，与专职的道场教练和工程师一同工作；开发团队带着工作进入道场，目标是解决长期困扰的内部问题。在 30 天内，道场中的团队密切合作，在道场结束后，又各自回到自己的产品业务线，道场不仅帮助解决重大问题，也让彼此的知识得以共享以及碰撞，并将这些知识传播到各自的团队。

《丰田套路》中说，就算不去优化现状，流程也不会是一成不变的。无论是黑客马拉松、改善闪电战、DevOps 道场或是其他类似的为改进工作、偿还技术债务以及产品创新，而专门实行的例如代码大扫除、20% 创新实践等，都有助于组织构建全局的知识共享与学习氛围，在日常工作中注入弹性模式；通过定期举办改善闪电战、黑客马拉松等活动，价值流中的所有人都以合伙人的心态进行创新和改善，不断将安全性、可靠性和新的知识整合进来，这也是前面章节中，我们提到"反脆弱"型组织的真实体现。

📝 精华语录

第 33 章

设计冲刺与闪电计划

伟大的东西都需要进行验证。对于在阿捷他们举办的黑客马拉松中产生的两个可应用于 Sonar 车联网项目的想法，阿捷反馈给了在帕洛阿尔托的市场部门同事，让 Sonar 客户大为赞赏。客户方认为这两个想法非常具备技术的前瞻性与挑战性，希望阿捷他们研发团队加到实际的项目里进行快速设计与技术验证，以决定是否能够正式进入到下一个产品 PI 计划中。由于系统排产设计的要求，这个事情需要在五月的第一周内给出答案，以便让 Sonar 的管理层做出"做 / 不做（Go/Not Go）"的决策。

对于这样的任务，按照 Agile 公司的工作节奏，至少需要 1 ～ 2 个月的调研时间，现在需要阿捷他们在一周内完成这样的挑战，明显属于不可能完成的任务（Mission Impossible）。而作为外部顾问，Dean、Richard、Inbar 和赵敏他们也已在四月底结束了在 Agile 公司的咨询实施工作。

五一假期的最后一天晚上，说好不把工作带回家的阿捷左思右想，还是没能忍住跑到正在看美剧的赵敏旁边，讨好地说道："赵老师，打搅一下，还是得请教一个事情。"

赵敏知道每次阿捷尊称她为老师的时候一定就是有求于她，于是按下暂停键，微笑地说："讲吧，又是项目上遇到什么难题了？不是都帮你们把 SAFe 落地了嘛！"

阿捷把放假前 Sonar 要求在一周内完成设计验证的事情，一五一十地讲给赵敏听，也提到了 Agile 公司高层也知道这是一件几乎不可能完成的任务，但客户就是上帝啊。

"嗯，我知道你们在黑客马拉松里产生的那两个不错的想法，其实 Sonar 他们要求的也不是完全不可能完成。我知道谷歌内部曾经流行一个玩法，叫'设计冲刺'（Design Sprint）。他们的一个设计冲刺的周期就是一周，利用一周的时间验证一个挑战，而你们有两个挑战，尝试分两个小组用一周时间来分别完成看看怎么样？"

"对呀，就知道你有锦囊妙计。这又是谷歌发明的玩法吗？"阿捷知道去年赵敏曾经在谷歌的山景城总部做了 3 个多月的咨询项目，帮助谷歌几个 Beta 产品团队在云计算、微服务和 DevOps 几个领域做技术创新的实践。

"设计冲刺这个 5 天框架的确是谷歌的原创，但是里面的核心思想却是来自'设计思维'（Design Thinking）。"赵敏果然是见多识广，说起一些新东西来，如数家珍。"设计思维源自美国硅谷，由全球最大的商业创新咨询机构 IDEO 提出，已成为商业创新最热门的话题之一。斯坦福大学还专门成立了设计学院 D.School，致力于设计思维的发展、教学和实践。设计思维早已突破狭义的设计概念，它不只是讲设计的，也不仅仅是给设计师学习的，设计思维和设计师职业没有直接关系，是一套产品与服务创新的方法论，还可以用于流程再造、商业模式创新、用户体验改进等，是每一个想要突破自我、做出创新的个体和组织都需要掌握的一套方法、工具和理念。苹果、IBM、宝洁、SAP、西门子和埃森哲等诸多企业将设计思维作为内部创新的主流方法论。"

"它的整个框架结构是这样的，"赵敏边说边在一张纸上画了几个圆圈。

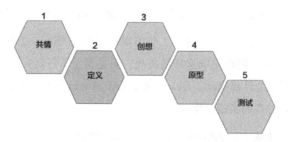

第一步：共情（Empathize），意思是要有同理心，从客户的角度思考，体会客户有些什么问题，背后的核心诉求又是什么。

要做到共情，有三个关键点。

- 首先是观察（Observe），这里讲的观察不仅仅是观察用户行为，而是要把用户的行为作为他的生活的一部分来观察。除了要知道用户都做了什么，都怎么去做的，还要知道为什么，他的目的是什么，要知道他这个行为所产生的连带效应是什么。
- 其次是参与（Engage），这里指与用户交谈，做调查，写问卷，甚至是以设计师或者是研究者的身份去跟用户"邂逅"，尽可能多地了解到用户的真实想法。
- 最后是沉浸（Immerse），这里是指亲身去体验用户的所作所为，这一点也是最难的。国外一家创业公司，一帮大老爷们想为孕妇做一款产品，为了体验孕妇的不便之处，他们特意穿上特制的衣服，把自己装扮成孕妇，体验生活了一周。能够具备这种精神，他们做出的产品不受欢迎才怪呢。

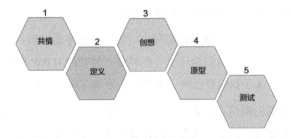

第二步：定义（Define），在全面了解了客户需求之后，我们要写出一个 Problem Statement（问题声明）来阐述一个 Point of View（POV/ 观点）。

POV 类似一个企业的愿景声明（Mission Statement），是用一句很精简的话来告诉别人你这个产品是做什么的，有怎样的价值观。要得到这样一个 POV 需要考虑很多因素，比如说我们的客户是谁？我们想解决的是什么问题？对于这个我们想解决的问题，我们已有哪些假设？有什么相关联的不可控因素？我们想要的短期目标和长远影响是什么？我们的基本方法是什么？

这一步的关键在于如何定义好你的创新问题。如何提出好的问题呢，我们通常会用 HMW 这种形式，也就是"我们可以怎样"（HMW，how might we），这种方式确保你使用最佳的措辞提出正确的问题。

谷歌、脸书和 IDEO 的创新通常都是从这三个词着手的。我们可以怎样提高 X……我们可以怎样重新定义 Y……或者我们怎样能够找到一种新的方法来完成 Z？简单的三个单词让你和大家在实践过程中时刻保持一个正确的、积极的心态：

- How：引导大家相信答案就在不远处等待我们，树立起信心；
- Might：提倡一种可能性，目的是让大家在这个阶段提出尽可能多的方案；
- We：提醒大家这是一个团队工作，我们需要彼此启发。

HMW 方法对解决问题可能有帮助，也可能没用，不过无论哪种情况都可以接受，我们来看一个例子。

20 世纪 70 年代初，宝洁公司的市场团队正为与高露洁的一款新品香皂竞争而苦恼。这种名为"爱尔兰春天"的香皂以一条绿色条纹和诱人的"提神醒脑"为卖点，但一直没找到好的切入点，只好寻求商业顾问闵·巴萨德（Min Basadur）的帮助。

当巴萨德以咨询顾问的身份受邀协助该项目时，宝洁已经测试了 6 版自行研发的山寨版绿条纹香皂，但没有一款能胜过"爱尔兰春天"。

巴萨德认为宝洁团队问题的本身就有问题："我们怎么才能做出一款比 XX 更好的绿条纹香皂呢？"，巴萨德让他们设计了一系列野心勃勃的 HMW 问题，并最终以"我们可以怎样创造一款属于我们自己的、更加令人神清气爽的香皂"。

这个方法开启了创意的闸门，巴萨德说，接下来的几小时里诞生了成百上千个关于令人神清气爽的可行方案，最终团队将寻找神清气爽的主题聚焦于海滨。据此团队开发出了一款海洋蓝与白色条纹的香皂并命名为"海岸"。它凭借着自身优势与优秀创意，迅速成为一个明星品牌。

就像"海岸"的故事告诉我们的，HMW 这种方法远不止这三个词的运用，它还有更深的内涵。巴萨德采用了一个更庞大的流程来引导人们提出正确的 HMW 问题。这包括提出很多"为什么"问题。例如，为什么我们要这么拼命去制造另一种绿条纹香皂？同时他鼓励宝洁团队不要执迷于竞争对手的产品，应该试着站在消费者的角度看问题：对于他们来说，归根到底，一切与绿条纹无关，只与他们想要的神清气爽这种感觉有关。

正如爱因斯坦说过的，提出一个好的问题，远远比解决方案重要得多，这就是"定义"阶段的重要性。

第三步：创想（Ideate），其实就是做头脑风暴，尽可能多想解决方案。

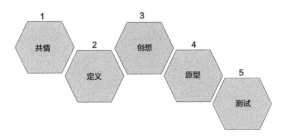

在创想阶段，最重要的就是接受所有想法（Say "Yes！" to all ideas），也即是说要为所有的点子点赞，每一个点子都是好点子，不加任何判断，不着急去考虑可行性，鼓励疯狂的点子，而且是越疯狂越好。关于头脑风暴的资料很多，这里无须多言。

第四步：原型（Prototype），用最短的时间和开销来做解决方案。

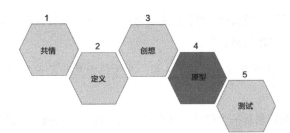

设计思维提倡的原型除了做产品原型之外，还强调要在做原型的过程当中发现问题，找到新的可能出现的问题或瓶颈。为此，D.School还自创了一个新词叫Pretotype，就是Prototype的Prototype（原型的原型）。在D.School，为了能让学生快速、廉价地制作Pretotype，有一些专门的柜子里放着各种手工原料和工具，像是剪刀、贴纸、卡纸、布料、布条、旧的易拉罐和雪糕棒等等。

第五步：测试（Test），是拿前一阶段的产品原型找真实用户测试。这阶段提倡"走出去"（Out Of Building），因为真实的反馈才是最重要的。这里可以用眼动实验、出声思考（Think Aloud）测试、可用性测试等方法。

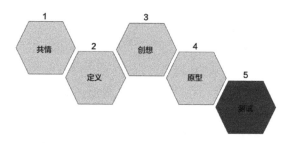

"赵老师，你能不能带我们按照这个设计冲刺玩一次？把那两个挑战给解决掉呢？"

"可以是可以，就是时间真的太紧了，今天就是周日，大家都没时间做准备。"

"倒是不用担心，我们公司的人包括顶层领导都还是很开放的，只要能解决问题，大家都会鼎力支持的，我们就搞一次吧！"

"好吧，你要觉得没问题就行。那我们先去超市，我要买些意大利面与棉花糖做教具，明天先带大家玩个破冰游戏。"

第二天早上，赵敏把所有的人分成了 4 组，并为每组发放了一个棉花糖、20 根意大利面条和一个纸胶带。

"大家好！今天我们来玩一个游戏，这个游戏叫'棉花糖挑战'。挑战什么呢？你们每组要在 18 分钟内，利用 20 根意大利面条，搭建一个棉花糖塔，塔尖是棉花糖，我会计算从棉花糖到塔基的高度，哪个小组的高度最高，将会胜出！"

"这里的要求是：棉花糖塔的塔基不能做任何固定，也就是说你不能把它粘在桌子或者地上，要能移动；棉花糖必须要放在塔的顶部；意大利面可以折断来用。"

"大家都清楚了吗？如果没有异议的话，我们开始。"

随着钟表的滴答声，每个小组都开始了紧张的工作。有的小组甚至拿起了纸与笔，开始规划这个塔应该长成什么样子；有的小组开始用胶带把意大利面粘接起来，以形成更长的面条；也有的小组干脆直接拿三根面条组成了一个小金字塔……现场异常热闹。

"还有 10 分钟……还有 6 分钟！"赵敏提醒着时间。

大多数团队都在忙着用面条搭建塔，几乎没有人把棉花糖放在最上面，去测试一下自己的塔能不能支撑住棉花糖。

"最后一分钟！请大家记住一定要把棉花糖放在顶部，我们只计算棉花糖的高度。"

时间截止时，只有两组的塔是立住的，一个是稳稳的三层金字塔，棉花糖就在顶端，一动不动；另一个组的塔已经弯了一半，棉花糖在上面摇摇欲坠。

"好！请大家就坐吧！没立住的也没关系，我们来总结一下。每组先回顾一下自己的工作过程，看看有什么感悟。"

"我先来！"章浩站了起来，"其实我们的架构是好的，每个接驳点也都是最整洁的。"

"可就是没立住呀！"阿紫适时地补了一刀，引起了哄堂大笑。

章浩也笑了笑，"其实我们还是有机会的，我们只是最后把棉花糖放上去时，才开始倾斜的，之前一直好好地，没想到棉花糖还挺重。我们已经在修正了，如果再有 3 分钟，相信我们一定能立住！"

"再给你们 5 分钟，估计也立不住！"阿紫还在起哄。

"肯定没问题。我们的问题应该是没有提早把棉花糖放上去试试，直到整体架构都搭完了，才把棉花糖放上去。这样一旦出现问题，修复起来就很麻烦了。"章浩一边指着倒在桌上的塔，一边拿起一张纸说，"不过，我们架构肯定是最完美的，你们看我们这个草图！"

下面又是一场哄笑，还有人鼓起了掌。

"嗯，我相信另外两组，也是同样的思路，都是最后才出的问题！既然阿紫这么喜欢说，那你讲讲你们是怎么做的吧？"

"你们看，我们这个塔多稳定，吹都吹不动！"阿紫得意地用书扇了扇，"我们呢，因为没有架构师，所以呢，也没想那么多，一开始就拿了一根面条，把棉花糖插在了上面，我们发现，居然还挺沉，这根面条立刻就弯了！于是，我们就用了另外一根一起来支撑，这样就稳定了！"阿紫指着最高的部分说。

"然后，我们搭建了一个小的金字塔，三根面条是塔基，三根面条是三条斜柱，这个就是中间的这块！然后我们把之前的两根面条和棉花糖再固定在这个金字塔的顶部，也是很稳的！"

"这时候，我们还有一半的时间。于是我们决定在下面再搭建一层，把这个金字塔加高！"阿紫得意地环视了一下四周，"所以呢！我想说，架构师在这里面是没用的，还得尽早尝试才行。"

现场一片掌声和欢笑声，大家仿佛都到了人生巅峰。

"嗯！非常感谢阿紫的分享！这个游戏我带很多团队做过，很多团队都会犯你们其他三组的错误，最终都立不起来！"一听到赵敏这银铃般的嗓音，大家马上平静下来，"这里面最重要的事情，就是要尽早去尝试，既不要空想，也不要想得太多，先有个最基础的版本，虽然不高，但至少是完整的，能够把棉花糖立住的。先搭建一个小型的，不要求高度，只要先做成，稳定了，然后在此基础上再加高，如果发现不行，要及时地对结构进行调整，优化完善。这样也能确保在有限的时间和材料下，做出一个可能不是最高的，但是完整的棉花塔。这也就是阿紫他们团队的工作过程。"

"之所以想带大家玩这个游戏，就是想让大家明白，任何伟大的想法，都要及早地去验证，尽早尝试。因为所有的想法，都是一个假设，所有的假设都是拍脑袋想出来的，都是不靠谱的，都需要验证。如果你的假设得到了验证，再投入资源大规模进入市场；如果没有通过，那这就是一次快速试错。"

"非常感谢赵敏老师。"阿捷这时候接过了话筒，"首先告诉大家一个好消息，我们前几天针对 Sonar 提出的车联网解决方案，其中有两个点子，已经得到了 Sonar 的初步认可，他们希望我们能够快速验证！当然，给我们的时间也很紧，算上今天也只有7个工作日！"

"哇！这怎么可能……"下面一片哗然。

"我最初也觉得这是不可能的任务（Mission Impossible）。但是，谷歌有一个5天的'设计冲刺'（Design Sprint），就是说他们会在5天的时间内，完成一个挑战的验证，给出初步的解决方案，然后再去制定一个 30-60-90 的闪电计划，快速落地。关于怎么做，大家不用担心，赵敏老师会带着我们一起来冲击。大家鼓掌，再次欢迎我们敬 - 爱 - 的 - 赵 - 敏 - 老 - 师！"

在夹杂着口哨的热烈掌声中，赵敏从阿捷手中接过了话筒，微微瞪了一下阿捷，似乎怪他油腔滑调！

"大家好，其实这个设计冲刺，脱胎于一个创新框架，设计思维（Design Thinking）。简单从字面上来看，似乎这跟设计相关，这是一个常见的误解，其实它是与创新相关的，是一个创新思维框架。一提到创新，大家马上想到头脑风暴，似乎创新就是要想出来各种天马行空的点子，其实这是非常片面的，点子的确很重要，但却不是最重要的，更重要的是问题风暴。正如爱因斯坦所讲，'提出一个好问题，远远比解决方案更重要！'所以，设计思维是从人的真实需求出发，首先经历一个用户洞察及问题定义的过程，再进入到解决方案域，然后再快速形成原型，让真实的用户做测试，根据反馈，再做针对性的调整，不断优化。"

赵敏洋洋洒洒，把前天晚上对阿捷讲的那些内容又跟大家讲了一遍，大家听得有滋有味。

"听了赵敏老师对设计思维的讲述，感觉是不是超棒？！现在该我们动手啦。"在经过片刻休息后，阿捷又把大家召集在一起，"我们这次的挑战是'在 2018 年 Q3，针对 25-40 岁的男性汽车发烧友，设计一个可信赖的、令人着迷的车联网 OTA 定制升级体验，可以实现 NPS（净推荐值）得分 60% 以上'！"

"为啥要限定 25～40 岁？我们上次提出这个想法的时候，是所有有车一族都适用的？"

"是啊！为啥只是针对汽车发烧友？不是所有汽车用户，那个基数不是更大？"

"啥叫可信赖？"

"NPS 是个什么鬼？"

……

阿捷才抛出来挑战，下面就炸了锅。

"我先来解释一下这个挑战的要求吧。"赵敏见状，立刻站了出来。"这个挑战需要聚焦特定用户或者场景，所以阿捷这里的 25～40 岁的汽车发烧友，是对的。创新项目在早期一定不能跨度太大，一定要找到你的天使用户。我给大家画一个用户对新技术的接纳曲线，大家就明白了。"

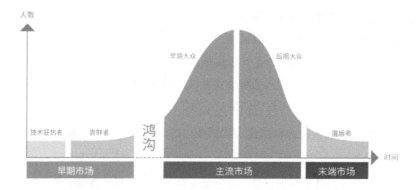

"这是杰弗里·摩尔在《跨越鸿沟》中提出的一个颇具影响力的概念,新技术接纳曲线,这条曲线涉及了技术狂热者、尝鲜者、早期消费大众、后期消费大众和跟随者。

- 创新者(Innovator),技术狂热者,勇于尝试一切新技术,约占比例 2.5%。
- 产品尝鲜者(Early Adopter),早期采用者,相信这个产品可以带来自己所需要的改变,并愿意为此做吃螃蟹的人,他们痛恨现在的解决方案,并期待翻天覆地的变化。这个人群约 13.5%,他们大多位于决策高层。
- 早期大众(Early Majority),他们需要更好的产品,但他们不希望冒风险,他们只要更好,不要彻底的改变,他们构成新技术的主要用户群体约 34%。
- 后期大众(Late Majority),他们只会跟随这个市场的变化,大家都在用这个产品了,老产品无人使用了,所以他们也就跟随着换成新产品,这类人群约占比 34%。
- 落后者(Laggard),占比 16%,除非老产品停产,否则他们不会更换。

在尝鲜者和早期大众之间,存在着巨大的鸿沟,为了跨越这个鸿沟,我们需要一场登陆战!"

"这也是说你想要进入大市场,必须先解决细分市场。我们可以回顾一下,目前成功的科技公司,基本都是遵循这条发展道路。"

"脸书其实就是在常春藤联盟大学中赢得学生青睐的;易趣(eBay)专注于可收藏的商品;领英(LinkedIn)最初的目标只是硅谷的经理们;谷歌最开始的广告客户只是那些初创公司的创始人,他们往往无法支付昂贵的网络广告费用,于是谷歌出手给了一个在他们承受范围之内的广告服务解决方案;亚马逊起步于图书。每一个公司都是随着时间的推移，不断地在身上叠加功能，从而逐步地将自己的品牌打入更加广阔的市场中。再看国内，京东最早只做 3C 用户，小米最早也只是针对刷机的发烧友；OFO 最初只做校园学生群体；子弹头短信也只是针对使用锤子手机的发烧友；拼多多最早就是针对 4 ～ 6 线城市的手机用户……"

"这样的例子很多，所以我们这次呢，也要专注在一个细分群体上。当然，是不是 25 ～ 40 岁之间的汽车发烧友，我们这里只是一个初步的假设，我们可以随后去验证，这一部分工作非常重要，咱们今天下午就要开展。"

"另外，这个挑战必须定义的足够 SMART，除了要有时间，还要有可以度量的指标。所以阿捷在这里提出了一个 NPS 指标，阿捷来解答一下，有什么含义吧！"

阿捷接过话筒，清了清嗓子道："净推荐值（NPS）最早由贝恩咨询公司客户忠诚度业务创始人弗雷德·赖克哈尔德（Fred Reichheld）在 2003 年《哈佛商业评论》一篇文章'你需要致力于增长的一个数字'（The Number You Need to Grow）中首次提到。他提出净推荐值主要有几个方面的考虑。

首先，他认为 NPS 是衡量忠诚度的有效指标，通过衡量用户的忠诚度，可以帮助区分企业的'不良利润'和'良性利润'，即哪些是以伤害用户利益或体验为代价而获得的利润，哪些是通过与用户积极合作而获得的利润，追求良性利润和避免不良利润是企业赢得未来和长期利益的关键因素。

其次，与其他衡量忠诚度的指标相比，NPS 分值与企业盈利增长之间存在非常强的关联性，高 NPS 分值公司的复合年增长率要比普通公司高两倍以上。而其他指标如满意度、留存率与增长率的相关性较弱，无法准确定义用户是由于忠诚还是其他原因使用或购买某个产品。此外，传统的满意度模型比较复杂，理解成本较高，而且调研问卷冗长，导致用户的参与意愿不高。

NPS 模型可以简单理解为两个主要部分，第一个部分是根据用户对一个标准问题的回答来对用户进行分类，这个问题的通常问法是你有多大可能把我们（或这个产品 / 服务 / 品牌）推荐给朋友或同事？请从 0 分到 10 分打分。

这个问题是弗雷德·赖克哈尔德在对 20 个常用的用户忠诚度测试问题进行调查和筛

选，并结合不同行业上千名用户的实际购买行为数据综合分析后最终确定的。他认为基于这个问题采集的答案最能有效预测用户的重复购买和推荐行为。

另外一个部分是在第一个问题基础上进行后续提问：'你给出这个分数的主要原因是什么？'为用户提供反馈问题和原因的完整流程。因此，NPS 的核心思想是按照忠诚度对用户进行分类，并深入了解用户推荐或不推荐产品的原因，然后鼓励企业采取多种措施，尽量的增加推荐者和减少批评者，从而赢得企业的良性增长。"

他停顿了一下，接着又说："NPS 的计算方式如这张图所示，根据用户愿意推荐的程度在 0～10 分之间来表示，0 分代表完全没有可能推荐，10 分代表极有可能推荐。最后依据得分将用户分为三组。

- 推荐者（得分在 9～10 分之间）：是产品忠诚的用户，他们会继续使用或购买产品，并愿意将产品引荐给其他人。
- 被动者（得分在 7～8 分之间）：是满意但不热心的用户，他们几乎不会向其他人推荐产品，并且他们可能被竞争对手拉走。
- 贬损者（得分 0～6 分之间）：是不满意的用户，他们对产品感到不满甚至气愤，可能在朋友和同事面前讲产品的坏话，并阻止身边的人使用产品。

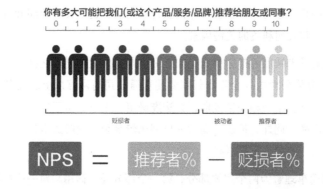

NPS 值就是用推荐者所占百分比与贬损者所占百分比的差额，即净推荐值（NPS）=（推荐者数/总样本数）*100%-（贬损者数/总样本数）*100%，净推荐值的区间在 -100% 到 100% 之间。"

"哦，原来是这个意思。那么 NPS 在什么范围内才算好的？"阿紫举手提出了一个大家都想知道的问题。

"一般来说，NPS分值在50%以上被认为是不错的，如果NPS得分在70%～80%之间，说明企业已经拥有一批高忠诚度的口碑用户。所以我们这次是定义在60%以上！"

"那这个挑战还真是不小！"章浩若有所思地自言自语，"那我们要是按照5天的话，要做到什么程度呢？"

"好问题！"赵敏又站了起来，"每个挑战都很大，5天内我们应该定义一个小目标，这个目标我建议是'经过真实用户初步验证的方案原型'，大家同意吗？"

大家都没有表示异议，毕竟这是第一次做这种设计冲刺，没有太多经验，还是相信赵敏这个专家的建议吧！

看大家对第一个挑战的定义及交付目标没有任何异议，阿捷又把第二个挑战抛了出来。这个挑战的定义是'在2018年Q3，针对OTA第三方开发者，提供一个应用市场，可以让第三方开发者为OTA开发个性化应用，截止Q4至少要有3个个性化应用上线'，初步交付目标是经过测试验证的方案原型。

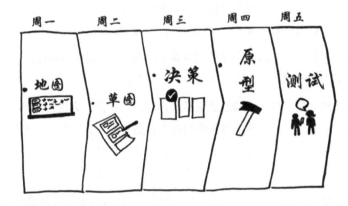

"好！既然大家对这次的两个挑战已经没有任何异议，这是我们这一周的日程。我们将会分成两个小组，各自解决一个挑战。"赵敏拿出早已准备的一张画纸，贴在了墙上，"这是咱们的整体安排：周一做用户洞察，周二形成产品洞见，周三给出方案决策，周四进行原型制作，周五找用户测试、验证。今天是第一天，我们首先需要共享各种相关的信息，包括各种文档和资料，我们整合所有的信息，确保没有任何重要的事情被落下。"

赵敏接下来做出了具体的安排：首先是闪电演讲，每人5分钟。Mark为大家澄清商业目标和成功标准，章浩会讲技术能力和挑战，李沙则给出用户研究的结论。

为了有效治疗话痨，压缩演讲的水分，提高演讲的效率，节约听众的时间，咱们将再次使用 Pecha KuCha（全球性非盈利创意论坛组织）这种闪电演讲方式。在今年的年会上，大老板的演讲方式就是这个。在这种演讲中，每位演讲者准备 20 页演示文稿或者图片，每页文稿用时 20 秒时间，全部文稿自动播放，总共需要 400 秒来展示演讲者的主题。因此 Pecha Kucha 也称为 20×20。

快节奏和简洁是 Pecha KuCha 的最大特点，这对他们三位有非常大的挑战，相信他们昨晚一定没有睡好觉。但对诸位也是一种挑战，在座的每一位都必须集中精力、全神贯注，才能跟上他们的节奏，抓住要点。"

首先上场的是 Mark，他的演示文稿显然做了精心准备，只包含极少量的文字，由更多的图片组成，每张图片都极好地配合他要讲述的核心思想。表现堪称完美，不愧是老牌销售出身。在阵阵掌声中，Mark 兴奋地冲着章浩和李沙挥舞着拳头。

接下来，章浩四平八稳，李沙则保持一贯的诙谐有趣，特别是对在典型用户阐述时，更是直接给该虚拟用户取名 Mark，着实调戏了一把刚刚还风光无限的 Mark。

最后，阿捷又介绍了一下竞品，目前直接竞品几乎没有，相关方向国内外也不超过 5 家，资料也很有限，这个创新方向属于典型的"黑暗森林"。

在经历短暂休息之后，再次响起赵敏悦耳的声音："各位，大伙都清楚，用户才是最终评判我们产品好坏的人，所以倾听他们的声音很重要。我们需要了解他们的喜好和厌恶。为了避免闭门造车，我们需要到他们真实使用产品的环境中，去理解上下文，发现问题，这里除了访谈和观察外，如果可能的话，尽量亲身体验。"

接下来，赵敏做出具体的部署："这是我们建议的访谈流程及设计访谈问题的注意点，请大家在 12：00 之前设计出一套访谈大纲以及细化的问题。午饭后，我们分成两个小组，出发去最近的两个 4S 店，一个是凯迪拉克，一个是奔驰，直接获取用户数据。我们在下午 4：00 回来，一起分享各自的收获。"

下午 4：00，大家准时回到公司，阿捷已经提前准备好了茶歇，有小龙虾、三明治、咖啡、山楂糕、小蛋糕、巧克力威化和汇源果汁等，摆了满满一桌，大家边吃边聊着各种有趣的发现。

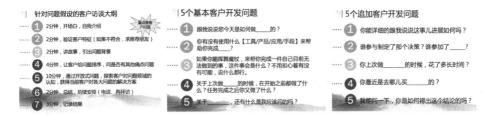

赵敏先以一个病人到医院就医问诊的过程为例,给大家介绍了客户旅程地图(Customer Journey Map)的概念,重点强调了触点的概念。

什么是触点? 就是进行该项服务的整个流程中,不同的角色之间发生互动的地方,称为一个触点,一项服务是由多个触点所组成的。触点可以是一个网页、一个APP界面,也可能是一张纸,一个人工服务台,一个服务电话。

接着,大家用客户旅程地图复现了用户现在使用OTA的整个过程,它分成三个阶段,分别是享受服务前的觉察阶段、享受服务阶段、享受服务后的反馈阶段。

在流程上达成一致后,大家又把各个阶段的重要发现(譬如用户问题、痛点、期望等),用记事贴补充上来,形成了一张五颜六色的大地图。这时候,已经到了18:30,大家才意犹未尽的各自回家。

阿紫所在的小组留了下来,加班做出一份用户画像与移情图。赵敏虽然没有强调要大家做这两个产出,但看到这些,非常欣慰,因为这两个工具在这个阶段,用在对用户的洞察上,是非常合适的。感觉团队能够举一反三,灵活运用各种知识与工具,又这么主动,真是倍感欣慰。

周二，早上 9：00 一到，赵敏便宣布第二天的工作开始。

"非常感谢大家昨天的辛苦工作，让我们完成了对用户的洞察，今天我们的任务是产品洞见，也就是畅想我们的解决方案，今天的主题就是'疯狂脑暴'，大家要尽情地发挥创意，想出尽可能多的点子，多多益善，越疯狂越好！"赵敏指着墙上早已贴好的一些标语，"这些是我们头脑风暴的原则，今天这里所有人都没有头衔（Title），大家都是平等的参与；所有的点子都是好点子，我们要欢迎所有的点子（Say Yes），不要评论可行性；所有的点子都是大家的点子，每个人都可以在别人的基础上继续发散；欢迎图文并茂，毕竟一图胜千言。当然，我们还得聚焦，大家还记得你们的挑战吗？"

"记得！没问题！"大家异口同声地说！

"好！很好！非常好！那我们开工。"

一个上午，大家一共产生了 128 个创意，当然，这离不开赵敏的引导，奔驰法，随机输入法，换境置意法，水平思考，让大家脑洞爆了一轮又一轮。

经过中午的短暂休息后，大家又用亲和图对点子进行梳理分类，把相同类别的点子放在一起，用折线区分开，并为每个类别都起了名字。这个分类的过程，也是让大家重新审视他人点子的过程，因为只有充分理解，才能做出正确的分类。

"接下来，我们要做一件最疯狂的事情，我给他起名 Crazy 8！怎么玩呢？请每人拿一张 A4 纸，把它折成 8 个小块。"待大家都完成后，赵敏才继续说，"接下来，请每个人独立工作，针对我们提出的所有想法，任选你中意的 8 个，在 A4 上画出来，每个想法代表一个场景或触点；或者界面原型，这里的主体一定是图画，只能有少量的文字描述。大家对此有问题吗？"

"我可以找人代画吗？我自己画不好！"

"不能！咱们不是绘画课，不需要画得很精美，只需要达意即可！"

"可以画连环画吗？"

"当然欢迎！如果你能把多个想法串起来，形成一个场景剧，那最好！当然，请标上先后顺序。"

很快，所有人都拿起桌上的彩笔，开始画起来。

待大家基本完成后，赵敏让大家把自己的草图贴到墙上，每人 2 分钟快速解释。待所有人分享完后，针对具体的一个想法，进行快速投票，每人 5 票。

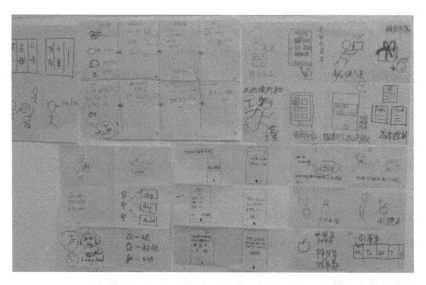

不知不觉间，已经到了下午 16：00，赵敏为大家布置了最后一项任务：为星期五的测试招募用户。

周三的主题是方案决策。根据周二的投票结果，赵敏带领大家使用六项思考帽进行初步决策，当然，这个阶段可用的工具与方式很多，譬如艺术博物馆，绘制热点图，快速批判，民意调查，超级大选等。

为了让大家使用好这个工具，赵敏对这个工具进行了简单的介绍。

六顶思考帽是一种思维训练模式，是一个全面思考问题的模型，它强调“能够成为什么”，而非“本身是什么”，寻求一条向前发展的路，而非争论对错。使混乱的思考变得更清晰，使团体中无意义的争论变成集思广益的创造，使每个人变得富有创造性。

六顶思考帽思考法分有白、红、黑、黄、绿、蓝六顶帽子，代表六种不同的思考模式：

- 白帽子代表信息及质询。我们现在有什么信息？需要寻找什么信息？还缺乏什么信息？
- 红帽子代表情绪、直觉、感觉及基于直觉的想法。只需表达即时的感受，不需要进行解释。
- 黑帽子代表谨慎、判断及评估。这是不是真的？会不会成功？有什么弱点？有什么坏处？一定要把理由说出来。
- 黄帽子代表效益。这件事为什么值得去做？有什么效益？为什么可以做？为什么会成功？一定要把理由说出来。
- 绿帽子代表创新、异见、新意、暗示及建议。有什么可用的解决方法及行动途径？还有什么其他途径？有什么合理的解释？任何意见都不可抹杀。
- 蓝帽子代表思考的组织及思考有关的问题。我们到了哪个阶段？下一个步骤是什么？做出具体说明、概括及决定。需要使用那顶帽子？

六种不同颜色的帽子分别代表着不同的思考真谛，使用者要学会在不同的时间带上不同颜色的帽子去思考，毕竟创新的关键在于思考，从多角度去思考问题，绕着圈去观察事物才能产生新想法。当然，好工具要想有好的效果，这六顶帽子的使用过程也要遵循一定的顺序才行。

在赵敏的带领下，大家采用如下使用步骤：

- 陈述问题事实（白帽）；
- 提出如何解决问题的建议（绿帽）；
- 评估建议的优缺点：列举优点（黄帽）；列举缺点（黑帽）；
- 对各项选择方案进行直觉判断（红帽）；
- 总结陈述，得出方案（蓝帽）。

下午 15：30，在经过蓝帽阶段后，基本上确定下来了解决方案的主线。接下来只需要根据业务逻辑框架，将产品的业务具化成由一个个环节组成的流程，这样就可以更容易地针对每个环节来设计产品的功能。这种细化，对所有人而言都不再是问题，因为这正是用户故事地图的最佳使用时机。半年前，大家对这个地图就已经用得炉火纯青。

周四的主题是原型制作。大家先从纸面原型入手，快速地用 A4 纸和马克笔完成基本界面元素的设计及交互逻辑，然后再用墨刀完成了第一版高保真原型。这个原型可以在 iPad 上使用，毕竟 iPad 的屏幕及大小非常像汽车上的中控操作台。经过几轮快速迭代，基本定稿。

下午 16：00，大家分头行动：

- 准备周五采访用户的稿件；
- 提醒用户参加星期五测试；
- 为受访用户准备礼品。

周五的上午，大家按计划、有条不紊地进行用户测试，获取真实用户反馈。当然，关键环节在征取用户意见后，做了录像，以方便后期进行回顾。

下午 14：00，所有人再次聚在一起，相互分享了各自拿到的用户反馈与自己的新认知。经过五天的冲刺，大家从最初的惶惶不安、所知甚少，变得更加有信心，因为在这 5 天里，针对两个挑战，都产出了经过初步用户验证的交互原型。

阿捷趁热打铁，又带着大家制定了一份 30-60-90 天的闪电行动计划，这将是大家进行 PI Planing 的关键输入。

30 天	60 天	90 天
阶段性SMART目标		
关键策略 感知 先感后验证，再开发		
行动计划		
关键里程碑		
目标达成激励		

五天的冲刺紧张而刺激，通过对最初的想法的快速验证，获取了大量用户反馈，整理之后，阿捷把用户反馈结果给到了 Sonar 公司，Sonar 不仅对验证结果非常满意，更是对如此快的验证速度大加赞赏。

8 本章知识要点

1. 设计冲刺是利用 5 天的时间，走完一个设计思维（Design Thinking）的完整循环；核心理论框架就是设计思维，但把 5 个阶段的关键事情，分配到了 5 天，正好一周，完成一次冲刺。

2. 设计思维首先不是讲设计的，也不是针对设计人员的，它是一个创新框架，是帮助团队来推导创新的。这意味着创新是可以推导出来的，只要你遵循这个框架，采用适合的工具，当然需要更好的引导师。这里面引导师的作用巨大，需要根据项目 / 挑战的性质，选择最适合的工具；根据团队的特质，进行催化。所以这个引导师，更应该称为"创新催化师"。

3. 设计冲刺的团队组建一定要多样化，要有不同角色和不同背景的人，这一点是最难的。有时候，甚至需要引入外脑。在做得好的公司，经常会引入跨体系的其他部门专家或热心童鞋。

4. 设计冲刺的团队在一起工作时，提倡 No Title，No permanent assignment（没有头衔，没有不变的任务），但很多时候，团队的带头人会过多限制团队的发挥

5. 冲刺过程中，相对于点子风暴，问题风暴更重要，这也是设计冲刺要在第一天做"用户移情和洞察"的原因。

6. 冲刺的过程中，我们通常会用 HMW 这种形式，也就是"我们可以怎样（HMW，How Might We）"，这种方式确保你使用最佳的措辞来提出正确的问题。

   - How：引导大家相信答案就在不远处等着我们。
   - Might：让大家明白在这个阶段提出的 HMW，对解决问题有可能有帮助，也有可能没用，不过无论哪种情况都可以接受。
   - We：提醒大家这是一个团队工作，我们需要彼此启发。

7. 设计冲刺的核心。

- 解决真实的问题。以用户为中心，进入真实世界找到新视角，获得新洞察。
- 盒外而非盒内创新。用开放性思路，重新界定商业问题，不再依赖于单一的经验路径。
- 角色要多样化。邀请用户、合作伙伴、利益相关方共同参与变革。
- 越早失败越好。高速迭代，在实践和反馈中不断摸索，持续改善解决方案。

 冬哥有话说

设计思维

通常我们要解决的问题分为三个方面，人、技术和商业。如果是人的方面，需要洞见需求，洞见是挖掘出连用户自己都不知道自己应有的需要；如果是技术层面，则是人无我有，人有我优的策略；如果是商业方面，通常我们会用商业模式画布 / 精益创业来定位。

而创新，则是三者的交集，需要兼顾人、技术与商业；创新的核心目标，是将创意（有商业价值的创意点子）、创新（突破技术障碍、产生创新的技术 / 服务）、创业（商业模式变现），三者有机地融合起来，于是就出现了设计思维。

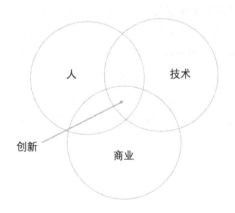

如果说前面很多的章节，例如精益、敏捷和代码道场，我们讲的是如何把事情做对；而后面的章节，我们会谈如何可持续地把事做好。例如 DevOps 和持续集成流水线。设计思维就是在讨论前面的什么是做"对"的事情。

有一种说法是，一流的企业卖专利（即创新），二流的企业卖产品，三流的企业卖苦力。

爱因斯坦还说过："如果你老是做你习惯做的事，那么你就只会获得你习惯获得的。"所以要不同凡想（Think Different），要走出思维定势（Think Out of the Box）。

同理心

设计思维最重要的是站在用户的角度，把人放在故事的中心，发掘出人们内心未说出来，甚至是未察觉到的渴望，这样才能设计出真正好的、用心的产品。所以，同理心才是最重要的，是设计思维的第一步。设计思维就是一套以同理心的角度出发，进行深入观察并整合了跨领域的分析工具，以期获得客户洞见，从而设计出令客户感动和愉悦的产品或服务的方法。在 XaaS 的时代，一切皆可服务化，所以产品不再是唯一的产出方式，设计思维甚至还被运用到了组织流程、经营模式等方面。

同理心地图

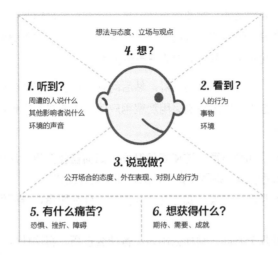

同理心是让自己站在对方立场，借以了解对方的感受与看法，然后思考自己要怎么做。要像设计师一样思考，以同理心去感受用户，站在别人的立场上，感受对方的看法，感受用户的五官甚至是第六感，同理心地图是极好的一个工具，可用以梳理访谈过程中对方的所说、所做、所想、所感：

- 描述你听到对方说了什么？
- 你看到对方有哪些表情和动作？
- 对方说了什么，做了什么，表现出什么？
- 你对对方的感受和想法是什么？

从而 进一步发掘对方的所面临的困难与期待：

- 对方的恐惧、挫折与阻碍是哪些？
- 对方想要的目标、期待的支援又是什么？

HMW（How Might We）体现了设计思维背后的精神。设计思维是一个以团队为载体，群体合作，集体创意激发的过程；是深入观察，从而发掘实际问题，从使用者的角度思考创新的方案。团队一起动手，不断交付原型，从而学习并不断精进的过程。

用户访谈

同理心光靠想是不行的，需要去现场感受用户体会，所以用户访谈是至关重要的。访谈分为访谈前准备、开始访谈、访谈中探索、整理访谈、撰写访谈报告。

其中访谈前的准备尤为重要。需要思考你打算访谈谁？是采纳曲线中的哪种类型？技术狂热者或者尝鲜者是最佳的人选吗？早期大众、后期大众和跟随者有访谈价值吗？完全抵制使用你产品的人，是否给你的信息量更大？

仔细思考这些问题，选定好访谈的人群，然后问题又来了。访谈多少人合适？什么样的方式是最合适的方式吗？还是说采用观察用户使用的方法？亦或是购买市场报告、产品及技术趋势报告？

- 访谈的安排涉及几个方面：访谈如何开场，如何自我介绍，从什么问题开始，如何进行，如何收尾，是否需要小礼品，如何进行回访。
- 访谈的角色涉及几个方面：我方几个人参与，什么职责，谁问问题，谁记录，谁观察。
- 访谈过程涉及几个方面：问什么问题，有什么技巧，避讳什么，访谈套路，如何让对方乐于分享，你怎么知道对方说的是真话，访谈需要的工具。
- 访谈技巧包括：开放式问题，多问为什么（5 Why），看用户实际操作（Show Me），注意对方肢体语言，不要急于打破沉默，记录不寻常的举动 / 言辞。

POV

POV（Point of View，洞察观点），通常由三部分组成：使用者 + 需求 + 洞察。最后的洞察，往往容易被忽视，也是最难的，却也是区分好的产品 / 服务与差的产品 / 服务的关键。洞见是我们经过对用户深刻的理解，发掘出潜伏在用户内心深处却从而被感知的点，一旦发掘就会获得极大的共鸣。

📝 精华语录

第 34 章

DevOps 文化：信任、尊重与担当

随着 30-60-90 天的闪电行动计划在 Agile 公司紧锣密鼓地开展，设计思维（Design Thinking）开始深入人心，用户故事地图和影响地图早已融入 Agile 公司各个研发部门，规模化敏捷 SAFe 更是不仅在 Agile 公司内部生根发芽，也影响到了大洋彼岸的 Sonar 公司。

对于车联网项目，Sonar 负责研发管理的技术总监带了一个团队，和阿捷他们一起做了 5 个迭代的发布火车。即便如此，当收到 Agile 公司同 Sonar 成立合资公司的邮件时候，阿捷还是大吃了一惊，没想到这次 Agile 公司高层的决策如此神速，这背后，一定有很多不为人知的故事。

其实，Agile 和 Sonar 公司共同成立一家专注于科技产品研发和运维的公司，确实对双方都是大有帮助。通过给 Sonar 做车联网项目这段时间，阿捷逐步了解到 Sonar 公司的定位，绝不仅仅是一家电动车制造公司，Sonar 公司 CEO 埃里克的雄心壮志是要把 Sonar 打造成一个提供全新清洁能源的科技公司，因此，埃里克专门在 2017 年

2 月把 Sonar Motors Inc. 改名为 Sonar Inc.

对于 Agile 公司来说，因为近几年自己的电信主业在全球一直增长乏力，不仅进行了大刀阔斧的敏捷研发和精益创新的改革尝试，还像思科、埃里克森和华为那样，努力尝试采用 OpenStack、CloudFoundry、Docker 和 Kubernetes 等开源技术框架，来构建自己的云计算平台，但苦于没有找到合适的业务场景进行突破，而 Sonar 所处的新能源汽车和工业新能源领域正是 Agile 公司非常想打入的领域。

所以，当埃里克带着负责对外投资与合作的副总裁造访 Agile 公司，建议成立一家合资公司，为 Sonar 在全球的运营提供稳定高效的支持，Agile 公司的董事会居然只经过两次讨论，就接受了成立合资公司的建议。

作为传统的电信系统开发商，Agile 公司十几年的企业研发管理经验，分布在全球稳定的运维团队，都是 Sonar 公司所看重的。要知道，Agile 分布在全球 7 个国家 12 个研发中心的 5000 多名技术研发和运维人员，可以为 Sonar 提供 7*24 全年不中断的技术服务支持。Agile 公司基于 6 西格玛建立起的质量体系，高于 99.99% 的系统运维稳定性，都是 Sonar 在未来的业务发展上极为需要的助力。

Sonar 公司希望其本身更为聚焦在电动汽车和清洁能源的智能制造方面，把相对较重的 IT 运维管理和非核心业务的系统开发外包给新成立的合资公司，这样不仅可以让 Sonar 的核心业务更为聚焦，也可以为 Sonar 的上下游生态提供同样的 IT 资源服务，降低协作成本。

2018 年 6 月 6 日，一个 Sonar 和 Agile 共同出资成立的戴乌奥普斯公司正式成立了。按照合作协议，Agile 公司原有涉及 Sonar 业务的研发部门和运维团队从 Agile 公司剥离出来，与 Sonar 相关的业务运营团队合并，成为新公司的技术研发与运维中心，阿捷带领大民他们顺其自然地加入新成立的戴乌奥普斯公司。

阿捷知道新成立的戴乌奥普斯公司挑战重重，并不是一个简单地把业务切分出来再加上一些股权激励就可以解决的。

首先，按照目前 Agile 公司的组织架构和运维能力，想要承接 Sonar 所公司希望的快速业务上线与基于云平台的自动化运维，还有很多需要改进的地方。虽然 Agile 在传统的运维领域有一定的积累，但完全没有针对云平台的运维经验，而 Sonar 大部分业务都将运行在公有云和自建的私有云上。

其次，两家公司的企业文化差异巨大，Agile 是标准的传统科技类公司研发 / 运维 / 市场体制，而 Sonar 是典型的创业公司，这是两个不同"物种"的融合。

千里之行，始于足下，不去试一下怎么能够知道呢？当阿捷、大民依依不舍离开 Agile 北京研发中心，进驻到具有浓重创业氛围的中关村大街，看着周边都是那些 A 轮、B 轮的初创公司，这种创业活力，大家的战斗力一下子燃了。

迎接阿捷团队的第一个新项目，是要将原先运行的 Oracle 数据库逐步迁移到基于 AWS 的 MySQL 数据库。阿捷知道其实无论在全球、还是中国，去大型关系数据库的趋势在所难免，如果阿捷他们成功把 Sonar 所用的 Oracle 数据库全部迁移成功，每年可以减少数百万美元的版权费用，这可都是实实在在的真金白银。

理想是丰满的，现实是骨感的，阿捷他们在项目一开始就应了这句网络流行语。还没开始做基础的方案验证，阿捷开发团队的小宝就和原来负责 Oracle 运维的 Sonar IT 运维团队掐了起来。

事情的起因很简单。为了做数据库迁移方案的原型验证，阿捷吩咐小宝带着他的团队开发一套小工具，用于连接原有系统中的 Oracle 数据库，自动扫描并提取它的结构或数据，然后生成可以装载到 MySQl 数据库的 SQL 脚本。

生成 SQL 脚本本身的程序编写其实不难，关键是需要用到大量的数据进行实测，并根据不同的数据模型进行验证和调整。对用于测试的数据，小宝和负责运维的老主管 Wayne Chen 看法截然不同。在小宝看来，直接从生产环境取回脱敏数据，基于真实数据进行代码调试是最高效的方式。而在 Wayne 看来，运维上的任何操作能少就少，能不动就千万别动；别说提取清洗过的数据库运维数据，就连正常的业务上线变更也最好一个月只有一次；如果想去做数据库迁移调试，小宝就应该拿着数据库测试文档自己造一些 Mock 的假数据就好，绝对不能碰他运维环境的任何数据；他的运维团队更没时间去为开发团队做什么数据脱敏的处理。

阿捷团队第一个项目刚开始就遭遇了挫折。这天晚上吃饭的时候，阿捷把目前团队所遇到的情况以及自己的困扰说给赵敏听。赵敏反问阿捷："你知道 DevOps 中的开发与运维团队的文化冲突吗？其实你所遇到的情况是绝大多数传统企业的开发和运维团队都会遇到的，虽然你们是从 Agile 公司和 Sonar 公司剥离出来新成立的合资公司了，但是文化还是各自的，不冲突是不可能的。"

"DevOps 还有文化？DevOps 不就是个打通开发和运维的持续部署实践吗？我们也有用 Jenkins 做持续集成，虽然目前仅集成到测试环境，生产环境的部署还是靠传统的手工执行脚本方式来进行，依旧需要开设升级时间窗口等。这些跟我们团队和运维要数据有什么关系呢？"阿捷不解地问道。

赵敏微笑着反问道："你们用的 Jenkins 只是用来实现持续集成的工具而已，其实 DevOps 远远不止是搭建持续集成工具、搭建持续交付流水线来进行自动化部署这么简单，你有想过为何负责运维的 Wayne 不愿意让你们动他的运维环境吗？"

"那还不是山头思想作崇？Wayne 他们这帮家伙从 Sonar 分出来的时候就不怎么高兴，认为 Sonar 对他们一点都不重视，随意剥离，最近提出来离职的人员众多；老旧的 OracleX86 服务器又偏偏故障多多，他们自己人力都不够应付的，再加上支持迁移 Oracle 的工作，简直就是动了他们的根基，肯定不愿意配合我们。"

"嗯，你分析得不错，这些都是一些客观因素。其实，最主要的还是运维团队和你们开发团队的团队利益与工作目标的冲突。作为运维团队，确保运维系统 7*24 小时稳定是他们的第一要素；而作为开发团队，不断迭代完成业务系统开发，快速交付是你们的头等大事。所以虽然你们开发团队已经和 Sonar 运维团队合并在一起，但相关团队利益和工作目标其实都不尽相同，这就是 Dev 和 Ops 不同目标和思维模式的冲突。"

"嗯，确实是这样，那有什么办法进行破局吗？有让开发和运维目标一致的可能吗？"阿捷放下筷子认真地问道。

"信任，尊重，担当！这就是我和你之前提的 DevOps 文化。其实对于你们新成立的戴乌奥普斯公司，如果可以建立起自己的 DevOps 文化，而不仅仅是技术的堆积和自动化工具的使用，别说进行数据库迁移这类问题，后面更艰难的车联网 OTA 系统开发任务，你们都可以轻松搞定！"赵敏对此成竹在胸。

"嗯，信任，尊重，担当。DevOps 文化，确实很有意思，可以介绍得更详细一下吗？"阿捷越听越专注，干脆把面前的碗筷移开腾出地方，打开自己的 Macbook 准备好好地记录下来。

赵敏一看阿捷如此认真，笑着说："你这家伙，还让不让人吃饭了？好吧，那今天再给你上一课。

"首先信任。这是 DevOps 文化中最为重要的基础。对于你们新的戴乌奥普斯公司来说，无论是研发还是运维，大家的目标和核心都是一致的，就是提供基于云计算的安全稳定的车联网服务。你想想看，Wayne 他们运维人力短缺，本身老旧的 Oracle 系统又经常崩溃，各种大大小小的故障层出不穷，他们当然不愿意再为你们去准备迁移测试数据。而你们原先也只是为 Sonar 服务的乙方研发单位，虽然现在合并在一起，但相互的信任和理解还没有建立起来。你应该好好考虑一下如何在两个团队间建立信任。

其次是尊重。阿捷同学，你做了那么多年软件开发，应该知道，软件开发和系统运维是完全不同并且独立的专业领域。Wayne 他们团队一直在 Sonar 公司做数据库运维，虽然对敏捷开发和 DevOps 都不是特别了解，但原有的运维流程和技术积累还是非常多的。你不能因为让他们为你们提供测试数据，说改就改流程。在专业的知识领域上，你们都要相互尊重。

最后是担当。敢于担当是 DevOps 文化中的关键因素。你有没有想过，在运维团队人力紧张的时候，让具备 Oracle DBA 能力的开发同事去支持一下 Wayne 的运维团队，一起配合把数据脱敏，你们拿来验证迁移程序，而不是仅仅要求 Wayne 团队为你们提供数据验证服务。借你的 MacBook 一用。"说完赵敏麻利地打开马丁·福勒（Martin Fowler）的博客，找出劳安·威尔瑟拉奇（Rouan Wilsenach）的那一张 DevOps 协作示意图。

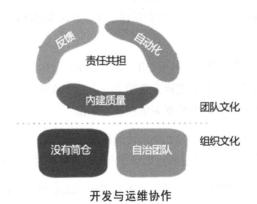

开发与运维协作

来，阿捷同学请看，如果你想在企业内部建立起好的 DevOps 文化，需要在开发团队和运维团队之间，做好责任共担（Shared Responsibility），并且在企业组织上进行必要的调整，从而打破部门墙，建立起团队自治的文化。就像劳安所说的那样，也许你无法直接改变文化，但你可以改变员工的行为，而员工的行为就会逐步变成一种文化。"

阿捷边听边若有所思地点了点头。

赵敏接着补充道："还记得咱们一起看过的《纸牌屋》吧，出品方奈飞公司（Netflix）就是著名的 DevOps 行动派。要知道，在全球视频网站市场中打拼，奈飞面对的不仅是传统媒体和影视制作公司，更需要应对像 Youtube 和 Hulu 这样的互联网视频巨头，如果他们不能在业务和技术上不断创新，早就死翘翘了。奈飞的微服务应用框架，一直都是业界学习借鉴的榜样，而他们的 DevOps 文化更是独树一帜。奈飞自己独到的企业文化，对于驱动团队自组织非常有借鉴意义。比如你们原来 Agile 公司的休假制度，已经够弹性灵活了吧，但其实人家奈飞公司根本就没有设置请假制度，而是让员工自己选择合适的时间和休息的天数，因为在奈飞看来，把管理的权力还给员工，相信他们，给他们充分的自由，他们也一定会设身处地的为公司考虑，履行好自己的责任，推动公司不断向前发展。"

第二天早上，阿捷把 Wayne 约到楼下的星巴克，郑重其事地问他，如果开发团队出一些 DBA 协助他进行运维管理，Wayne 是否可以接受。

Wayne 有些不敢相信自己的耳朵，这种天上掉馅饼的事情是从何而来呢？虽然他一直为运维的人力短缺一筹莫展，但他也知道阿捷的研发团队也一直处于人力紧缺状态，好几个项目的开发进度都由于缺少开发人力而延误。两杯拿铁咖啡过后，阿捷和 Wayne 达成了以下协定。

1. 阿捷从他的开发团队抽调 6 名具备 DBA 能力的开发人员，加入 Wayne 的运维团队，进行为期 8 周的轮岗，除了支持日常的系统运维和软件补丁升级工作外，还要进行 Oracle 数据库迁移而做的数据采集和验证工作。

2. Wayne 运维团队每次派出 4 名运维人员到阿捷所带领的 4 个开发团队进行为期两周的轮岗，协助开发团队完成和运维管理与 DevOps 工具相关的开发任务。

3. 每周五上午 8 点，阿捷团队和 Wayne 团队的一线主管们，一起召开时间为一个小时的开发运维联席会，在会上每个小组 8 分钟，分别介绍和讨论本周工作中所遇到的开发与运维的种种问题，讨论可行的解决方式，并根据方案制定可以跟踪的计划等等。

经过赵敏的启迪，阿捷知道，对目前的戴乌奥普斯公司开发和运维团队来说，必须用责任共担的方式来代替传统的责任划分的制度，才有可能让开发团队与运维团队产生合作，如果还是按照老旧的划分清晰的各部门责任边界，每个人都一定是倾向于做好分内的事情，而不会去关心其他团队的任务，更不会关心这些任务是否会对整个公司有利。

对于阿捷的开发团队来说，运维工作枯燥乏味，技术含量低的认知早已经根深蒂固，但小宝他们没有认识到，云计算大数据时代的运维其实早已不是传统运维那么简单，运维工作对技术的要求并不会比软件研发少，只有让开发团队全程介入运维，他们才能对运维的技术痛点和流程感同身受，从而才有可能在开发过程中加入对运维工作的考量。

对于 Wayne 的运维团队，通过轮岗的方式加入到阿捷的开发团队后，对开发团队的业务目标和责任更加理解，通过为开发团队介绍那些对开发运维的技术要求，从而帮助开发团队建立起产品运维意识。

通过这次轮岗，阿捷和 Wayne 团队打破了原来组织中的孤岛，用实际的行动来构建属于戴乌奥普斯公司自己的 DevOps 合作文化。如同华为倡导的"胜则举杯相庆，败则拼死相救"，只有这样的责任共担的工作方式，才能避免相互的扯皮与指责。

一晃 4 周就过去了。去 Wayne 团队做数据库运维的 DBA 同事，都感觉到运维其实是一件技术含量极高的工作，原先没有轮岗计划的 Java 和 C 的开发人员也纷纷申请到运维团队轮岗；而加入到阿捷开发团队的运维同事，不仅用自己丰富的运维经验帮助开发团队提升了软件部署效率，更重要的是两个团队开始变得合作起来。

就连一直对运维团队有成见的小宝同学，也对这几周产生的神奇效果欣喜。他一直发愁的 Oracle 数据库验证工作，也进展神速。小宝自己也抽了 3 天时间到数据库运维团队进行轮岗，了解如何确保 Oracle 数据库生产环境的变更稳妥，需要做哪些具体工作：譬如跨功能上线运维，如何确保系统性能和安全，如何自动化验证，如何快速让系统回退等。

通过这次轮岗，打通了开发环境到测试环境再到上线的配置和部署自动化。让开发的同事们把这方面的精力释放出来，更专注于功能的开发，还有效减少了部署上的人为配置失误。

同时，两个团队还开了几次回顾总结会，针对现状，提出了对研发到运维的监控，是下一步的工作重点，形成一个囊括运维故障诊断与研发上线管理的正向反馈环。尽管每个团队的任务有差异，改进的方式和方法也不尽相同，但没有什么绝对的对错，只要适用，阿捷就鼓励大家去尝试改进。

为了鼓励大家，阿捷和 Wayne 商量了一下，借用微服务中去中心化的思想，建立去中心化的组织结构，为各个团队进行充分的授权，让团队能够在有限的风险控制中开展改进。因为自动化工具仅仅是通过技术手段降低变更和系统上线的风险，更需要的是构造一系列的实践和制度，来分散高度集中化和集权化管理所带来的风险。

一段时间下来，阿捷惊喜地发现，原来那些他认为只有他或者 Wayne 才能做的决定，其实大民和小宝都可以来做。例如之前，任何变更都必须由阿捷和 Wayne 批准，有些甚至要上报到更高一级才能去做的决定，现在让小宝他们直接决定，并没有带来任何问题，决策效率更高。

阿捷知道，只要在 DevOps 的道路上知行合一，最终一定会走出一条具有自己特色的 DevOps 之路。

∞ 本章知识要点

1. 2009 年，奈飞放出了一份《奈飞文化》的 PPT，阅读和下载量超过 1500 万次。它被脸书的首席运营官桑德伯格称作是"最能代表硅谷公司创新文化的一份文件。"以下是《奈飞文化》中所阐述奈飞文化的 7 个方面：

   - Values are what we Value（价值观来自我们推崇和珍视的价值）
   - High Performance（追求高绩效）
   - Freedom & Responsibility（自由和责任）
   - Context，not Control（情景管理而非控制）
   - Highly Aligned，Loosely Coupled（认同一致，松散耦合）
   - Pay Top of Market（支付市场最高工资）
   - Promotions & Development（晋升和成长）

2. 《奈飞文化》只给出了奈飞文化的架构，想要真正了解奈飞文化的精髓，还需要看一下帕蒂·麦科德（Patty McCord）所著的《奈飞文化手册》一书。帕蒂在奈飞工作了 14 年，参与了奈飞初始高管团队的组建，曾任奈飞首席人才官。以下是《奈飞文化手册》中描述奈飞的 8 个文化准则：

文化准则 1：我们只招成年人

文化准则 2：要让每个人都理解公司业务

文化准则 3：绝对坦诚，才能获得真正高效的反馈

文化准则 4：只有事实才能捍卫观点

文化准则 5：现在就开始组建你未来需要的团队

文化准则 6：员工与岗位的关系，不是匹配而是高度匹配

文化准则 7：按照员工带来的价值付薪

文化准则 8：离开时要好好说再见

3. 对失败宽容并不意味着不为失败承担责任，而是要从失败中学习到经验，向成功的目标不断地努力。进行下一场"改进冒险"。成功很可能是巧合，但失败必然有原因，避免了那些失败的原因，就有很大的机会走向成功。

4. 每个团队在每个迭代都定义了 SMART 目标，毕竟"没有度量，改进就无从谈起"。在改进之前，设定好度量指标，然后再通过数据来确保改进的有效性。

冬哥有话说

奈飞（Netflix）有一百多个微服务，每天产品变更超过一千次，超过一万个虚拟实例，每秒钟有十万多用户交互，超过一百万的用户，十亿多个时间序列数据，超过一百亿小时的流媒体。高峰时段，全美带宽超过三分之一被奈飞消耗，号称北美峰时带宽杀手。这样的企业，你猜有多少运维工程师？才十几个！而且没有自建的数据中心，完全基于 AWS。

那么，奈飞是如何看待 DevOps 的呢？看下面这张图，左边是他们不做的，右边的是需要他们做的。例如，他们不会去构建一个拒绝变更（SAY NO）的系统，而是依赖于员工的自由和责任；再例如他们不会依赖于流程和控制，而是基于信任和上下文；他们不会去做标准，而是给员工赋能；最重要的一点，奈飞说他们不做 DevOps，而

是去构建文化。

不做	要做
·构建"说不/拒绝变更"的系统	·自由与责任
·花成本的正常运行时间	·创新速度
·流程和步骤	·信任
·控制	·上下文
·被要求的标准	·赋能
·筒仓，墙，篱笆	·让责任更清晰（谁构建，谁负责）
·猜测	·数据
·DevOps	·文化

奈飞文化的结果，像极了 DevOps 的效果（The Result of Netflix Culture Looks a Lot Like DevOps）。所以奈飞说，你有的是文化的问题，而不是一个 DevOps 的问题。文化可以化解一切，而一切的根源又归结于文化。

在奈飞看来，DevOps 的企业文化重于一切，只有当具有相同价值观的人聚集在一起，通过赋予他们使命和责任，才能激发他们最大的潜能，共同为企业的发展而努力。

奈飞推崇自由、责任与纪律的文化。奈飞认为，管人的人不是企业的管理者，而是员工自己；自由与责任的核心，就是将权力还给员工。不是要对员工赋能，而是提醒他们拥有权力，并且为他们创造条件来行使权力，同时去欣赏他们的权利。

被称为"全球第一 CEO"的杰克·韦尔奇说过，管理者的绩效是通过团队来体现的。同样，奈飞认为管理者的本职工作是建立伟大的团队，按时完成那些让人觉得不可思议的工作，而不是去强调员工忠诚度，保持人员稳定等方面；识别你希望看到的行为，让其变成持续不断的实践，然后用纪律来保证这些实践得以顺利进行。

一个公司真正的价值观和动听的价值观宣传或许不同，是具体通过哪些人被奖励、被提升和被解雇来体现；真正的价值观是被员工所重视的行为和技能。奈飞特别珍视以下 9 项行为和技能：判断力，沟通力，影响力，好奇心，创新，勇气，热情，诚实，无私。

"只招成年人"，渴望接受挑战的成年人，持续清晰地和他们沟通所面对的挑战是；真正被激发的成年人，每天都盼着去工作，要和这些人一起解决问题；人们最希望从工作中得到的东西，是加入让他们信任和钦佩的团队中，大家一起专注于完成一项伟大的任务，所以"从现在就开始组建你未来需要的团队"。

尽可能简洁的工作流程和强大的纪律文化，远比团队的发展速度更重要。奈飞强调自由、责任与纪律，DevOps 同样也强调人员的素质与纪律。你不需要为每样事情都制定规则，这样的一种自由的氛围，是依靠成年人的责任与自律来维护的。很多公司建立有各种规章制度，目的是让人正确地做事。事实上，员工只需要知道他们最需要完成的工作是什么，即什么是正确的事情，让每一位员工了解，他为客户带来的体验是如何直接影响公司利润的。

领导者能够坦承错误，员工就能畅所欲言；领导者不但坦然接受错误，而且乐于公开承认错误，就相当于传递给员工了一个强烈的信号：请畅所欲言。

对待员工同样需要坦诚。如果员工做得不好，应该告诉员工真相，这是获得信任和理解的唯一途径。既然是成年人，就应该有能力听到真相，就有责任告诉他们真相。员工从收到负面反馈的打击中迅速振作起来，不仅学会了珍惜这种反馈，也学会了始终如一和考虑周全的给予他人这种反馈；不给即时的反馈，会给管理者带来不必要的压力，最后也对员工造成了伤害。"难道你不应该在几个月前告诉我吗？"员工在年度评估中因为好几个月前的绩效问题而被指责，连给他解决问题的机会都没有，就好像调研几个月之前的 Bug 一样，无法让员工及时地得到反馈、学习、改进和成长的机会。要学会给出受欢迎的批评，以不带情绪的方式，用具体实例说明，并提出相应的解决建议。

站在六个月后的未来审视你现在的团队，了解团队对即将到来的变化是否已经准备就绪，面向未来去思考你需要什么样的团队。公司的目的不是职业生涯管理，员工应该自己管理自己的职业发展；应该像规划产品一样规划自己的职业生涯，像运营产品一样运营自己的职业发展；建立更具流动性的团队带来的好处是双向的，保持灵活，不断学习新技能，不断考虑新机会，经常接受新挑战，保持工作的新鲜感和延展性。

"离开时要好好说再见"，离职的人可能是企业永远的朋友，也可能是永远的敌人。理想的公司，就是那种，离开之后，依然觉得它很伟大的公司。如果员工的表现不好，及时告诉他们要么纠正过来，要么去一家新的公司。不要把与工作不再匹配的员工归结为失败者，并积极帮助离职员工找到新的好机会。

精华语录

第 35 章

跨越敏捷与 DevOps 的鸿沟

虽然说阿捷的研发团队与 Wayne 的运维团队通过双向轮岗、结对工作等方式，将两个团队协同起来，打通了敏捷快速开发与频繁运维上线的重要一环，但大家对敏捷与 DevOps 的概念与范畴，却依然有些傻傻分不清楚，像小宝这些平时总想对运维指手画脚的"激进分子"，尤其喜欢插手运维团队的活儿。

如何才能帮助大家搞清楚敏捷与 DevOps 的"道、法、术"，阿捷决定厚着脸皮，再请赵敏出山为大家讲讲敏捷与 DevOps 的关系。

为了帮助赵敏做好准备，阿捷提前收集了大家的一些问题。

- 敏捷是什么？DevOps 是什么？两者有什么区别？
- 持续集成不是 XP 里面的吗，怎么 DevOps 也有持续集成？
- DevOps 是不是只与开发与运维两个角色有关？
- DevOps 与规模化敏捷又是什么关系？
- 我们之前在做敏捷转型，现在又开始 DevOps 转型，到底有什么区别？

- 是不是需要先敏捷，才能再 DevOps？
- DevOps 的实践包括 Scrum 和用户故事的实践吗？
- DevOps 与敏捷和精益的关系是什么？
- DevOps 的落地工具有哪些？
- DevOps 的起源？
- 既然有了敏捷，为什么还要搞 DevOps？
- 敏捷、精益创业、设计思维、SAFe、DevOps 这些该如何组合应用？
- "快速将产品推向市场"与"提供稳定、安全并可靠的 IT 服务"是否可以兼得？
- 如何用更少的资源完成更多的业绩，既要保持竞争力，又要削减成本？
- 如何解决任务交接出现的问题，例如业务与开发，开发与运维之间；
- 运维人员能否和其他人一样，正常上下班，而不用在夜里或者周末加班？
- "持续交付与持续部署，到底谁应该包含谁？"
- DevOps 所追求的愿景是什么？

周五，赵敏随阿捷驱车赶往中关村创业大街，虽然说北四环上有些小堵，但两个人一起上班的感觉还是很温馨的。毕竟各自忙各自的工作，每天下班都很晚，再加上赵敏总是出差，两人最近见面的时间又少了很多，阿捷越发怀念起一起并肩推动 SAFe 落地的日子。这次安排了两天的培训"无敌 DevOps 精粹"（Incredible DevOps Professional Essential），再加上周末，两人连续在一起的时间一下子就超过了 72 小时，在这个快节奏的都市，很是难得。

开场，赵敏先带着大家玩了一把 DevOps 乐高游戏，先让大家掉到坑里，然后再通过开发与运维的协同努力爬出来，再次让大家感悟到开发与运维协同的重要性。

"我看了大家之前提出的问题，我觉得，与其纠缠于各个名词的定义与区别，不如踏踏实实做点儿事情。其实咱们没必要太纠结，因为敏捷与 DevOps 都在演进，两者也越来越像。"赵敏用她悦耳的声音为大家开启了两天的培训。"狭义的敏捷与 DevOps，也许是你们想听到的两者区别。强调一下，这里说的，注意是狭义而不是狭隘；有狭义就有广义，广义的在后面会讲。"

……

两天的培训一晃而过，大家不仅仅收获到了书本外的知识以及最新的发展趋势与实践，更是对之前的各种疑问有了清晰的认知。阿捷更是总结了一堆笔记，赵敏看着阿捷根据赵敏所讲绘制的一张关联图笑着说："你都可以写本书出来啦。"

从图中可以看出，传统的敏捷是为了解决第一个鸿沟，即业务与开发之间的鸿沟。结合敏捷宣言（强调个体和互动、可工作的软件、客户合作、响应变化）、12条原则（尽早、连续地高价值交付、自组织团队、小批量交付、团队节奏、可改善可持续的流程、保持沟通等）以及包括Scrum、Kanban与XP在内的众多管理和工程实践来实现开发与业务之间的频繁沟通，快速响应变化。

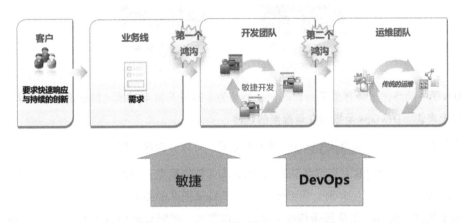

DevOps的出现，是为了解决图中的第二个鸿沟，即开发与运维之间的鸿沟。前面的敏捷是快了，却发现因为开发部门与运维部门之间的隔阂，无法真正地将价值持续的交付给客户。开发侧求快，运维侧求稳，这个就是我们常说的开发与运维之间固有的冲突，即下图中的混乱之墙。毕竟开发与运维有着不同的价值需求与目标方向：开发部门的驱动力通常是"频繁交付新特性"，而运维部门则更关注IT服务的可靠性和IT成本投入的效率，降低风险。两者目标的不匹配，在开发与运维部门之间造成了鸿沟，从而减慢了IT交付业务价值的速度。因为运维从维稳出发，自然希望生产系统部署上线次数越少越好，而上线频度降低，对开发人员是一个负激励：反正我辛苦开发出的版本也不会及时上线，即便我再积极也不能实时体现出来，团队积极性和人员士气都会受到打击。与此同时，业务部门则希望业务需求尽快地推向市场，而维稳的要求导致价值交付用户的速度被延缓，价值无法迅速得到反馈验证。

DevOps 就是在这种背景下出现的，最初是为了打破开发与运维之间的部门墙。从这点上来说，DevOps 是敏捷在运维侧的延伸。

为什么这么讲呢？因为从 DevOps 的起源来看，可以分为两条线。

第一条线是比利时独立咨询师 Patrick Debois（帕特里克·德波斯）。2007 年他在比利时参与一个测试工作时，需要频繁往返于 Dev 团队和 Ops 团队。Dev 团队已经实践了敏捷，而 Ops 团队还是传统运维的工作方式。看到 Ops 团队每天忙于救火和疲于奔命的状态，他在想："能否把敏捷的实践引入 Ops 团队呢？"

第二条线是当时雅虎旗下的图片分享网站 Flickr。这家公司的运维部门经理 John Allspaw（约翰·沃斯帕）和工程师 Paul Hammond（保罗·哈蒙德），在美国圣荷塞举办的 Velocity 2009 大会上，发表了重要的演讲"每天部署 10 次以上：Flickr 公司的 Dev 与 Ops 的合作"。

这个演讲有一个核心议题："Dev 和 Ops 的目标到底是不是冲突？"传统观念认为 Dev 和 Ops 的目标是有冲突的，Dev 的工作是添加新特性，而 Ops 的工作是保持系统运行的稳定或快速；而 Dev 在添加新特性时所带来的代码变化，会导致系统运行不稳定和变慢，从而引发 Dev 与 Ops 的冲突。然而从全局来看，Dev 和 Ops 的目标是一致的，即都是"让业务所要求的那些变化能随时上线可用"。

了解了这个演讲的议题后，Patrick Debois 撸起袖子，2009 年 10 月 30 至 31 日，他在比利时根特市，以社区自发的形式举办了一个名为 DevOpsDays 的大会。这次大会吸引了不少开发者、系统管理员和软件工具程序员前来参加。会议结束后，大家继续在"推特"上"相聚"，Debois 把 DevOpsDays 中的 Days 去掉，而创建了 #DevOps 这个"推特"聊天主题标签，DevOps 诞生了。此后，DevOps 成为了全球 IT 界大咖在各种活动中热议和讨论的焦点话题。Debois 也因此而被全球 IT 界称为"DevOps 之父"。

Flickr 公司的两位演讲者所表达的"Dev 和 Ops 的共同目标是让业务所要求的那些变化能随时上线可用"这一观点，其实就是 DevOps 的愿景，而要达到这一点，可以使用一个现成的工具，即精益。因为源自丰田生产方式的精益的一个愿景，就是"最短前置时间"（Shortest lead time），即用最短的时间来完成从客户下订单到收到货物的全过程。这恰好能帮助实现 DevOps 的上述愿景。《持续交付》的作者之一 Jez Humble 也体会出精益在 DevOps 中的重要性，所以将 DevOps 的 CAMS 框架修订为 CALMS，其中增加的 L 指的就是 Lean（精益）。

后来，有人把 DevOps 总结到了维基和百度百科网站：

> "DevOps 是软件开发、运维和质量保证三个部门之间的沟通、协作和集成所采用的流程、方法和体系的一个集合。它是人们为了及时生产软件产品或服务，以满足某个业务目标，对开发与运维之间相互依存关系的一种新的理解。"
>
> ——维基百科

> "DevOps（英文 Development 和 Operations 的组合）是一组过程、方法与系统的统称，用于促进开发(应用程序/软件工程)、技术运营和质量保障(QA) 部门之间的沟通、协作与整合。它的出现是由于软件行业日益清晰地认识到：为了按时交付软件产品和服务，开发和运营工作必须紧密合作。"
>
> ——百度百科

根据维基百科上的总结，DevOps 的出现有以下四个关键驱动力：

- 互联网冲击要求业务的敏捷
- 虚拟化和云计算基础设施日益普遍
- 数据中心自动化技术
- 敏捷开发的普及

近些年来，业务敏捷、开发敏捷、运维侧自动化以及云计算等技术的普及，几乎打穿了从业务到开发到运维（当然里面还有测试）之间的隔阂，所以虽然字面上是 Dev 到 Ops，事实上，已经是 BizDevTestOpsSec 了，即从狭义的 D2O，前后延伸到 E2E，端到端广义的 DevOps 了。

IBM 公司正是从这一角度出发，提出了 D2O 和 E2E 两个概念。D2O，即 Dev to Ops，是经典、狭义的 DevOps 概念，解决的是 Dev 到 Ops 的鸿沟；E2E，即 End to End，是端到端、广义的 DevOps，是以精益和敏捷为核心的，解决从业务到开发到运维，进而到客户的完整闭环。

IBM 认为 DevOps 是企业必备的持续交付能力，通过软件驱动的创新，确保抓住市场机会，同时减少反馈到客户的时间。所以在推进广义 DevOps 落地时，提出了 DevOps 的 6C，即 Continuous Planning，Continuous Integration，Continuous Testing，Continuous Deploy，Continuous Release，Continuous Feedback，具体中文寓意见下图。

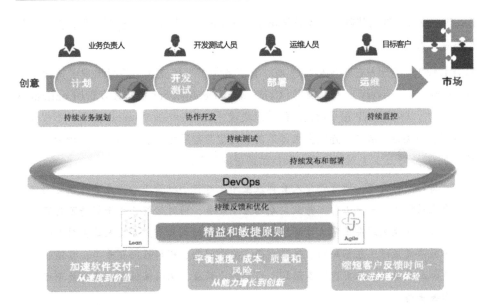

从以上 DevOps 的发展历程，对比敏捷来看，敏捷的优点是，有一个敏捷宣言，宣告其诞生；而敏捷的缺点，也是因为其敏捷宣言，有些人常常拿着敏捷宣言来判断是否在做敏捷，敏捷宣言并不应该被拿来约束和限制敏捷的范围。而且敏捷宣言也说要拥抱变化，宣言诞生于 2001 年，时至今日，应该也当然会与时俱进，只是后来再没有这样的一个标志性的事件来做声明。当年在雪鸟签署敏捷宣言的 17 位大师，后来也都各自对敏捷有了新的认识和发展，只是没有再体现到敏捷宣言中。

DevOps 的缺点是没有一个明确的定义；而 DevOps 的优点也正是因为没有一个明确的定义做限制，所以一切好的东西，都可以为我所用。从上面两条线来看，DevOps 源自草根，没有什么框架，所以如何定义 DevOps 成了 DevOps 社区里面的一个大难题。一些 DevOps 从业者，纷纷给出自己的 DevOps 框架。其中比较有名的框架有前面提到的戴明所定义并被 Jez Humble 所修订的 CALMS（细节见本章知识要点）和 Gene Kim 所定义的 The Three Ways（三种做法）。

随着时间的流逝，敏捷与 DevOps 都已经不再是原来的那个敏捷和 DevOps 了。世界变化太快，问题域发生了变化，解决方案域自然也要随之变化。后来，Nicole Forsgren（尼古拉·佛斯格伦）博士、Jez Humble 以及 Gene Kim 三位大师，在多年

DevOps 现状报告的基础上，也总结出了一个 DevOps 能力成长模型，很显然，这依然不是终点。

随着 DevOps 理念及各种实践的落地，有了各种工具的支撑，陆续出现了持续交付（Continuous Delivery）、持续部署（Continuous Deployment）、持续发布（Continuous Release），再加上 XP 很早就提出的持续集成（Continuous Integration），不仅仅让吃瓜群众傻傻分不清楚，连很多大师们的表述也是前后矛盾。目前，业界较为认同的是《DevOps 手册》上对持续交付和持续部署的定义：

> "持续交付是指，所有开发人员都在主干上进行小批量工作，或者在短时间存在的特性分支上工作，并且定期向主干合并，同时始终让主干保持可发布状态，并能做到在正常工作时段里按需进行一键式发布。开发人员在引入任何回归错误时（包括缺陷、性能问题、安全问题、可用性问题等），都能快速得到反馈。一旦发现这类问题，立即加以解决，从而保持主干始终处于可部署状态。"

> "持续部署是指，在持续交付的基础上，由开发人员或运维人员自助式的定期向生产环境部署优质的构建版本，这意味着每天每人至少做一次生产环境部署，甚至每当开发人员提交代码变更时，就触发一次自动化部署。"

"持续交付是持续部署的前提，就像持续集成是持续交付的前提条件一样。"

其实，对于持续交付以及持续部署等概念的解读，核心就是一句话：将技术行为与业务决策解耦。如果抓住了这个第一性原理，任何疑惑都可以迎刃而解。

"大家还有问题吗？再提问题的就要发红包啦！50 元起！"阿捷看了看手表，此时已经下午 6：30 啦。面对高昂的学习热情，阿捷不得不给大家喊停！"相信大家还有很多未解之惑，在未来的实践之路上，大家可以共同探讨，不需要毕其功于一役。让我们把掌声送给我们敬爱的赵敏老师！"

热烈的掌声、热情的话语、兴奋的人群。赵敏知道，这其实只是帮他们打开了一扇窗户，更多的未知领域需要他们自己去探索。

🎱 本章知识要点

1. 从字面意义上理解，DevOps 是英文单词 Development 和 Operations 的组合，实际上，DevOps 所涉及到的不仅仅局限于开发和运维之间的协作。

2. 敏捷与 DevOps 的目的都是为了解决问题，不是为了树碑立传，更不是为了占领地盘。两者并非泾渭分明，没有一条线能够划出来，说哪边是敏捷，哪边是 DevOps。讨论敏捷与 DevOps，目的是为了了解两者之间的内在联系，而不是为了划清界限。

3. 常常讨论的是狭义的敏捷与 DevOps 概念，而广义的敏捷与 DevOps，已经趋同。两者都是试图去解决相同、或相近的问题，只是革命尚未成功，同志还需努力。

4. DevOps 的精髓是"CALMS"的主旨：

   - Culture（文化）是指拥抱变革，促进协作和沟通；
   - Automation（自动化）是指将人为干预的环节从价值链中消除；
   - Lean（精益）是指通过使用精益原则促使高频率循环周期；
   - Metrics（指标）是指衡量每一个环节，并通过数据来改进循环周期；
   - Sharing（分享）是指与他人分享成功与失败的经验，并在错误中不断学习改进。

5. 持续交付、持续部署、持续发布的区别，更多的是技术行为与业务决策的区别。

   - John Allspaw 说："我不知道，在过去 5 年里的每一天，发生过多少次部署……我根本就不在乎，黑启动已经让每个人的信心大到几乎对它冷漠的程度"。
   - 解耦不是分家，最终整体团队的衡量，还是要由业务形成闭环。持续发布是以持续部署为基础，持续部署提供技术能力，使得业务根据市场需要，随时进行特性发布，或是进行特性实验。
   - 正是因为技术的支持，持续部署到生产环境，才能让业务前所未有的具备如此灵活的能力，任何业务的决策，可以不再如此紧密地依赖于 IT。

6. 如果混淆了部署和发布，就很难界定谁对结果负责。而这恰恰是传统的运维人员不愿意频繁发布的原因，因为一旦部署，他既要对技术的部署负责，又要对业务的发布负责。解耦部署和发布，可以提升开发人员和运维人员快速部署的能力，通过技术指标衡量；同时产品负责人承担发布成功与否的责任，通过业务指标衡量。

7. 按需部署，即视技术的需要进行部署。通过部署流水线将不同的环境进行串联，设置不同的检查与反馈。

8. 按需发布，让特性发布成为业务和市场决策，而不是技术决策。

9. 持续部署更适用于交付线上的 Web 服务；而持续交付适用于几乎任何对质量、交付速度和结果的可预测性有要求的低风险部署和发布场景，包括嵌入式系统、商用现货产品和移动应用。

10. 从理论上讲，通过持续交付，已经可以决定每天、每周、每两周发布一次，或者满足业务需求的任何频度。

11. 对于互联网应用，从持续交付到持续部署，只是一个按键决策，是否将其自动化的过程。持续交付，更像是没有特性开关支持之下的业务决策。

冬哥有话说

方法也好，实践也好，其价值应该由客户价值来体现。对客户而言，需要解决的问题，是端到端的，是全局而不是局部优化；所以，是什么，不重要；能解决什么，要解决什么问题，很重要。

DevOps 的核心，是精益与敏捷的思想和原则，所以说到底是敏捷包含 DevOps 呢，还是 DevOps 包含敏捷呢？我觉得没必要纠缠，两者原本已经无法区分，也无须区分。

敏捷也好，DevOps 也罢，能"抓住耗子就是好猫"。具体应该叫什么，何苦那么纠结？

DevOps 是集大成者，是各种好的原则和实践的融合；敏捷又何尝不是如此。2001 年的 17 位雪鸟大师，各自在践行着不同的敏捷框架和实践，敏捷宣言和原则，原本就是一次融合；2003 年波彭迪克夫妇的精益软件开发方法，即便是已经有敏捷宣言的前提下，不也一样纳入敏捷开发的范畴吗？敏捷也是在不断前行，DevOps 与敏捷殊途同归，是同一问题的不同分支，最终汇集到同一个目标。

一个好的方法论，应该是与时俱进，兼容并蓄的；应该是开放的、演进的而不是固化的。方法论如此，学习和实践方法论的人，更应该如此，以开放的心态，接纳一切合理的存在。

📝 精华语录

第 36 章

灰度发布与 AB 测试

新出场人物 Jim（戴乌奥普斯公司新任 CTO 埃里克·陈（Eric Chen.DBA 带头人））
2018

"咱们什么时候可以上线发布？"周一一早，阿捷刚刚坐下还没喘口气，就被周末带着团队连续加了 2 天班的小宝同学堵在了座位上。自从大民、小宝、阿朱他们听完赵敏讲的关于跨越敏捷和 DevOps 的鸿沟之后，对 DevOps 又有了更进一步的认识。

"小宝，别着急。先给我讲讲你们周末内测情况如何？阿朱、阿紫她们的测试报告呢？"阿捷安抚着急冲冲的小宝。

"就知道你会这样问，都给你准备好了。这是阿朱的测试报告，周末我们从 Oracle 数据库迁移到 MySQL 的内测工作非常顺利。用来进行验证的生产环境 Oracle 数据库核心数据已经全部迁移到 UAT（User Acceptance Test）环境上的 MySQL 中。"小宝一边说一边把打印好的测试报告递给阿捷。

其实在 Agile 公司的时候，阿捷的研发团队已经采用 SAFe 框架下的敏捷发布火车

（ART）方式进行产品更新与发布上线，但从 Sonar 公司合并过来的运维团队却还是一直遵循着传统的瀑布开发模式，严格遵守着从功能验收测试（FVT）到系统集成测试（SIT）再到用户验收测试（UAT）流程。

新的戴乌奥普斯公司成立后，在交付流程上其实还是割裂开的，阿捷一直希望把 SAFe 的敏捷发布火车可以一直开到运维环境，真正地实现持续交付中的一键式部署。为此阿捷还专门约着 Wayne 和戴乌奥普斯公司新任的 CTO Jim 谈了两次，把自己的想法和后续具体执行版本发布火车的流程做了详细的介绍。Jim 是一个非常谨慎的老 IT，但也原则上支持阿捷他们对 DevOps 中面向运维的持续交付实践。

这次小宝所做的 Oracle 数据库迁移的工作，其实是一次不错的数据服务持续交付的尝试机会。难得的是 Wayne 的运维团队在经历过 DevOps 文化运动后，也看到了变革带给他们的好处，对持续交付一站式部署到运维的工作全力支持。

实践出真知。阿捷和 Wayne 带着参与这次 Oracle 数据库迁移升级的相关人员，一起开了一个系统上线评审会，参与的人员包括小宝的开发团队，阿朱的测试团队和 Wayne 团队负责数据库运维的 DBA 负责人 Eric Chen。大家一致决定，先将 Sonar 车辆注册信息的 Oracle 数据迁移到 MySQL 数据库中，因为相对于车辆行驶信息和充电状态信息，这些车辆的用户注册信息数据量相对较少，更易于处理和验证，而且车辆注册信息也是后续数据迁移的基础，方便对客户进行分类和鉴别。

系统迁移时间定到了 2018 年 9 月 1 日的 20 点，小宝、阿紫戏说这是他们的开学典礼。数据库迁移相关的研发团队和运维团队的相关人员都已经整装待发，迁移脚本和操作手册早已被演练了多次，Sonar 车主 App 上也已推送了应用维护通知，告知车主们，在 1 日 20 点到 2 日 8 点的 12 个小时间，App 应用的用户注册服务将暂停。

20 点整一到，Wayne 运维团队的 DBA 负责人 Eric 带领他的运维工程师，准时将用户注册服务停止，将生产环境原有的 Oracle 数据库进行备份后，开始执行小宝研发团队开发的迁移工具，准备将 Oracle 生产环境数据库一次性迁移到全新的 MySQL 数据库中。

由于经历过多次演练，迁移工具和执行脚本都非常顺利，经过近 4 个小时的操作，Sonar 车主用户注册信息的完整库全部迁移完成，在迁移过程中仅有几个 warning 级别的警告，没有出现任何关键性错误提示。

守在现场的阿捷、小宝、阿朱、阿紫和 Wayne 团队的运维同事都满心欢喜，小宝更是兴高采烈地对大家说："还是今天的日子选的好，开学典礼大获成功啊。阿朱、阿紫，你们赶紧做数据验证，等验证通过，我请大家去簋街吃小龙虾。"

阿朱看着小宝如此自信，笑着对小宝说："你别高兴得太早，如果真没问题了，一定会让你请吃大餐。"

小宝对阿朱撇撇嘴，拉着阿捷和大民到楼下的金鼎轩，给大家买夜宵去，而阿朱带着阿紫和 Eric 开始了紧张的数据验证和 App 应用实测。

阿捷他们给大家点好夜宵，边等着服务员打包，边聊着这次系统升级的成功经验。就在此时，阿捷的电话突然响了，阿捷一看是阿朱的号码，心里不由一紧，赶忙接起来，就听见平时说话慢腾腾的阿朱急迫地说着："阿捷，你赶紧带着小宝他们回来，数据库迁移出问题了，有好几张表的一致性测试都没通过！"

阿捷他们一听，打包的点心也不等了，拔腿就往办公室跑，小宝边跑还边嘟囔着："这怎么可能啊，该测的都测过了啊。"

回到办公室，阿捷发现气氛变得异常紧张，负责 DBA 运维的 Eric 紧锁眉头，阿朱和阿紫还在屏幕前讨论着："你来看，这张表的数据也有点不对"，就连一贯沉稳的 Wayne 也在紧张地走来走去。

小宝冲到阿朱的 MacBook 屏幕面前，急迫地问道："出了什么问题？不是刚才迁移一个报错都没有吗？"

阿紫指着屏幕说："小宝哥你看，你的迁移工具确实没有报错，但这几张表的数据都对不上啊！你看，这原本在 Oracle 数据库里应该是 Null 的值，怎么在 MySQL 里都变成了数字 0，App 应用也报了错，有接近 5% 的 Sonar 车主 App 会受到影响。现在已经凌晨 1 点多了，如果在早上 8 点前咱们没有解决，这可怎么办啊？"

阿捷也凑过来在屏幕前仔细查看，确实如阿紫所说，好几张表单的数据对不上。细心的阿朱提示阿紫："咱们再把迁移过程的 log 打开仔细看看那些 warning 的提示，看看能否找到一些蛛丝马迹？"

果真，没过多久，阿朱和阿紫就在众多的日志中查询到某一张表单存在如下的 warning 提示，而这张表正是没有校验通过的几张表之一。

```
|dbadmin@test 01:12:17>show warnings;
+---------+------+-------------------------------------------------------+
| Level   | Code | Message                                                |
+---------+------+-------------------------------------------------------+
| Warning | 1366 | Incorrect integer value: '' for column 'age' at row 2 |
| Warning | 1366 | Incorrect integer value: '' for column 'age' at row 3 |
| Warning | 1265 | Data truncated for column 'birthday' at row 3         |
+---------+------+-------------------------------------------------------+
```

看着日志中的 warning 提示，小宝深思许久，一下子从凳子上跳了起来，兴奋地说道：
"原来问题出在这里！可是为何原来在 Oracle 数据库中的值会是 Null 呢？之前从来
没有这样的测试数据啊。"

阿捷、Wayne 和 Eric 听见小宝找出了问题，立刻都围了过来。小宝指着屏幕上的日
志对大家说："你们看，在 Oracle 数据库中车主的年龄和、生日这些信息都是用 int
类型来存储，所以我们在 MySQL 数据库中也是采用同样的 int 类型。但这几张表中
因为某些原因，车主没有选择自己的生日，所以在 Oracle 数据库中的值是 Null，但
是在 MySQL 里 int 类型如果插入的为 Null 的话，就会自动转换为数字 0。应用程序
如果发现车主信息中，生日或年龄这些关键数据为 0，就会认为是虚假数据而报错，
设想一下，怎么会存在 0 岁的 Sonar 车主呢？你们看，这几张表都是这样的情况。"

```
dbadmin@test 01:12:31>select * from t where name is null;
Empty set (0.00 sec)

dbadmin@test 01:13:00>select * from t where name='';
+------+------+------+---------------------+
| id   | name | age  | birthday            |
+------+------+------+---------------------+
|    2 |      |    0 |                     |
|    3 |      |    0 | 0000-00-00 00:00:00 |
+------+------+------+---------------------+
2 rows in set (0.00 sec)
```

Wayne 也恍然大悟，说："在早期 Sonar 手机 App 的版本中，因为隐私的关系，我
们确实允许车主在注册时不填写年龄和生日等信息，但是，近几年系统已将生日这些
信息变为必填项，不过那些没有填写生日的车主，如果自己不主动更新相关信息，在
App 应用中就还是会以 Null 来保存，应用程序不会对生日为 Null 的数据进行校验。
但这类的车主人数并不会很多。小宝，你在之前做 Oracle 数据库验证选取数据时，
很有可能没有采集到类似为 Null 的数据。"

问题找到了，但在如何解决的方案上大家又产生了争执。小宝坚持认为给他的团队 2
个小时，他们就可以重新运行脚本，将原先为 Null 的数据继续保持为 Null，并对 int

类型进行严格限制。但阿捷和 Wayne 却选择了更为稳妥的办法：切回原有的 Oracle 数据库，确保早上 8 点生产环境上的 App，应用访问万无一失，等待下一次的升级窗口，再进行 MySQL 数据库的切换。

早上 9 点，当阿捷拖着疲惫的身体回到家里的时候，赵敏正带着小时工打扫卫生。阿捷打了个招呼，走进卧室倒在床上一觉就昏睡到了下午。望着醒来后还是一张熊猫脸的阿捷，赵敏心疼地问："怎么累成这个样子，你们数据库迁移的事情搞定了没有？"

阿捷给自己泡了杯普洱茶，把昨天折腾一晚，最终为了稳妥起见，又切换回 Oracle 数据库的事情，一五一十地给赵敏讲了一遍。

听完这些，赵敏笑着对阿捷说："你听过金丝雀发布吗？其实你们早就应该采用 DevOps 中的灰度发布、蓝绿部署或者 AB 测试这些实践了。你见过现在还有哪个互联网公司会采用传统的停机升级和时间窗口？京东商城 App 和淘宝、天猫他们的 App，好像从来没有发过通告说某某时间到某某时间停服吧？"

"金丝雀发布？金丝雀发布是个什么鸟发布？可以再多给我介绍一下吗？"阿捷听得一脸懵圈，不过他确实知道赵敏所说的互联网公司从不停机升级的事情，阿捷在京东工作的大学好友彪哥也这样讲过，但是具体怎么实践阿捷并不了解。

赵敏解释道："你知道采煤的时候最怕瓦斯爆炸吧？在英国，17 世纪的时候，英国矿井工人发现金丝雀对瓦斯这种气体十分敏感，如果在采煤的坑道中哪怕有极其微量的瓦斯，金丝雀也会停止歌唱，当瓦斯含量超过一定限度但对人类还没有危害时，小小的金丝雀却会被瓦斯毒发身亡。在当时相对简陋的条件下，下井的矿工们每次都会带上一只金丝雀作为'瓦斯检测指标'，以便在危险状况下紧急撤离。而我刚才给你讲的金丝雀发布，就是指在原有版本可用的情况下，同时部署一个新版本作为金丝雀应用，测试新版本的性能和表现，以保障在整体系统稳定的情况下，尽早发现、调整问题。"

阿捷一脸兴奋地回应道："原有版本可用？不停机升级？对于我们的数据库切换也是适用的吗？快教教我怎么做？实在熬不动通宵了。"

"好吧，学费呢？你准备付我多少学费？"赵敏调侃着说道。

"还付学费？我工资卡都在你那里好不好？赵老师，您可怜可怜我们吧，十几号人，大周六的折腾了一个通宵，什么都没搞定，还把原有的 Oracle 数据库又切换回去了。我们容易吗？"阿捷装出一个可怜兮兮的样子。

看着可怜巴巴的阿捷，赵敏不由得认真起来："其实你们不能仅仅只有 DevOps 意识，还需要利用好 DevOps 的优秀技术实践。你们现在内部有基于 vSphere 和 OpenStack 的私有云，在外部有基于 AWS 和 Azure 的公有云，可以好好尝试一下用蓝绿部署、灰度发布这些 DevOps 的技术实践。

先给你讲讲灰度发布吧，也就是金丝雀发布。其实灰度发布系统的作用，就在于可以让你们根据自己的系统配置，将实际用户的流量先小批量切换到新上线的系统中，来快速验证你们开发的新功能。如果验证通过并稳定运行，再通过灰度策略进行滚动升级。而一旦系统出现问题，也可以马上进行回退。

灰度发布的流程分四步。

- 选定策略：包括本次灰度的用户规模和筛选原则、功能覆盖度、回退策略、运营策略、新旧系统部署策略等。
- 灰度准备：准备好灰度发布每个阶段的工件，包括：构建工件，发布脚本，测试脚本，回退脚本，配置文件和部署清单文件等内容。

- 执行灰度发布：首先从负载均衡列表中移除准备进行灰度的"金丝雀"服务器。升级"金丝雀"应用（排除原有流量并进行部署）；然后对应用进行自动化冒烟测试，确保应用基本功能正常；再将"金丝雀"服务器重新添加到负载均衡列表中，确保服务连通性和通过服务的健康检查。如果"金丝雀"应用在线测试成功，通过滚动方式升级剩余的其他服务器；如果应用升级失败，则通过摘除负载均衡中失败的金丝雀应用，进行回退，确保对客户服务的不间断。

- 发布总结：用户行为分析报告、灰度策略实施总结、产品功能改进列表等内容。"

赵敏侃侃而谈，阿捷听得津津有味，见赵敏沏停下来，赶忙给赵敏沏上茶问："那蓝绿部署是指什么？ AB 测试又是讲什么的呢？难道还有红黄部署和 CD 测试不成？"

赵敏被阿捷逗笑了，说道："哪里有那么多颜色供你部署，你以为是共享单车玩彩色拼图呢？其实蓝绿部署的概念很早就出现了。只是近些年，随着云计算和虚拟化技术的成熟，特别是 Docker 容器和基于 Kubernetes 容器编排技术的引入，计算资源可以按需切分为更小颗粒度，为各种应用和服务所使用，原来的资源受限和申请资源缓慢问题也已经逐步解决，部署应用可以做到弹性按需分配。这些都为蓝绿部署提供了基础保障。

因此，我们可以很方便地在一次部署前，分配两组计算资源，一组是运行现有版本的蓝色环境，一组运行待上线的新版本绿色环境，再通过负载均衡器切换流量的方式，完成新旧版本的发布，这就是所谓的蓝绿部署，其简化过程如下图所示。"

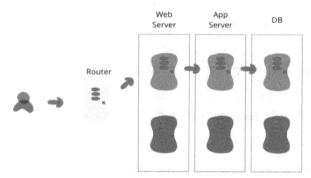

图片来自Martin Fowler 2010年3月1日的blog
https://martinfowler.com/bliki/BlueGreenDeployment.html

赵敏打开图，讲道："其中，蓝色路径版本称为蓝组，绿色路径版本称为绿组，发布时通过 Load Balance（负载均衡）一次性将流量从蓝组直接切换到绿组，不经过金丝雀和滚动发布，蓝绿发布由此得名。

如果在蓝绿部署过程中出现问题，进行回退的方法也很简单，即通过 Load Balance 直接将流量切换回蓝色环境。

对于蓝绿部署，当部署成功后，蓝色环境的资源一般不进行直接回收释放，而是设定一个保留期，如果有涉及到数据库资源的情况，蓝绿环境的数据库需要有一个数据同步的机制，确保一旦绿色环境出现问题，应用和数据可以快速切换回蓝色环境。具体的观察期，视应用和服务的具体情况来设定。在观察期过后，确认蓝绿部署成功后，对蓝色资源进行回收，并为下一次蓝绿部署进行准备。

从蓝绿部署的设计上，你就会发现其优势就是应用版本升级的切换和回退速度非常快。但对于资源的消耗是比较多的；另外由于版本回退是全量回退，如果绿色环境版本有问题，不太容易通过类似灰度发布的方式较友好的进行切换，对用户体验会有一些影响。

所以，蓝绿部署一般要求计算资源较为充足并且对用户体验有一定容忍度的场景。"

"那 AB 测试怎么讲？"阿捷继续问道。

"AB 测试则和灰度发布与蓝绿部署完全是两码事。AB 测试常发生在互联网领域，针对某类应用或服务，看其是否受最终用户受欢迎，或功能是否可用，以前端应用为主。一般来说样本取样均设置为 50%，目的在于通过科学的实验设计、采样样本代表性、流量分割与小流量测试等方式，来获得具有代表性的实验结论，根据结论，决定是否在全系统中进行推广。所以，AB 测试和灰度发布与蓝绿部署，可以同时使用。例如，你想在设计 Sonar 前端应用 App 远程开车门操作的时候，通过 AB 测试来获取哪种设计更符合客户使用习惯，你就可以在全流量中，切出 10% 的流量进行灰度发布，其中 5% 的流量分给 App 远程开车门设计 A，另外 5% 的流量分给 App 远程开车门设计 B，通过一段时间的样本获取与数据分析，最终确定那个更受用户欢迎的设计，来进行滚动的灰度发布。好了，讲了这么多。阿捷你都吸收了吗？说的不如做的，听别人的不如自己亲自练的，你加油吧。"赵敏看着阿捷记有满满两页的笔记说道。

2018 年 9 月，中秋节前一天的上午 10 点，戴乌奥普斯公司成立之后，第一次在白天非停机状态的系统升级发布，准时开始。

首先是确定发布的策略。阿捷和 Wayne 他们经过多次讨论和多轮技术验证，最终选择了通过金丝雀发布的方式来进行 MySQL 替代 Oracle 数据库的升级。由于目前戴乌奥普斯公司的私有云计算资源比较充分，经过验证，大家一致决定通过在私有云云管平台上，新申请一批虚机资源，将 MySQL 服务器发布到新资源上，再通过灰度的方式，切一部分前端流量到 MySQL 的环境中进行验证。

其次是灰度发布的准备工作。小宝的开发团队准备好灰度发布的升级发布脚本、回退脚本和部署清单文件；阿朱、阿紫的测试团队准备好自动化测试脚本；Wayne 的生产运维团队对各环境中的配置文件、发布脚本、回退时负载均衡切换等内容进行过反复检查与验证。

就这样，当阿捷亲自按下执行灰度发布脚本的按键时，小宝还开玩笑地说，他可不想中秋节时还带着大家恢复系统，气得阿紫一顿呸呸呸，说他乌鸦嘴。

不管怎样，阿捷都知道，开弓没有回头箭。随着灰度发布脚本的执行，首先从生产环境 Database Proxy 的负载均衡列表中，加入已经做好数据同步和验证的 MySQL 服务器，并按照之前设置的灰度策略，切入部分应用的访问流量。然后从前端应用监控，查看应用访问数据情况，确保数据库服务连通性和完整系统的健康检查。

如之前验证过的那样，随着前端 App 应用不断成功接入 MySQL 服务集群，监控中的应用访问状态和数据连接状态，都清晰地呈现在阿捷、阿朱和 Wayne 等人面前。通过滚动升级的方式，下午 2 点，Wayne 和小宝他们就成功升级完数据库服务器，将原有的 Oracle 数据库集群从负载均衡中摘除下线。

但为了确保系统稳定和万一出现失败后进行回退，Wayne 的生产运维团队并没有对原有的 Oracle 数据库进行停机，释放计算资源，而仅是断开与前端的连接。同时，运维团队也按照灰度计划，采用小宝开发的一套数据库同步程序，将写入到 MySQL 中的数据，同步写一份到原有的 Oracle 数据库中，确保新版本的 MySQL 和老版本的 Oracle 数据库服务的一致性。按照计划，Oracle 数据库在保留一周后，会逐步关机下线，完成自己的历史使命。

随着周五下班时间的临近，这次 MySQL 数据库升级的灰度发布大获成功。阿捷和 Wayne 决定在中秋节后上班的第一天，针对本次灰度策略和灰度发布实施过程进行总结，并对潜在的改进点进行开放式讨论。

🎱 本章知识要点

1. 灰度发布（又名"金丝雀发布"）是指在黑与白之间能够平滑过渡的一种发布方式。它可以让一部分用户继续使用原有版本的产品，另一部分用户（常被称为"灰度用户"）开始使用新版本的产品。如果灰度用户对新版本测试通过，并且没有什么反对意见，那通过滚动升级等策略，逐步扩大灰度范围，最终把所有用户都升级到新版本上。灰度发布可以保证整个系统的稳定，在初始灰度的时候就可以发现、调整问题，以满足应用。

2. 灰度期：灰度发布开始到结束期间的这一段时间，称为灰度期。

3. 灰度发布常见三种类型。

   - Web 页面灰度：按照 IP 访问地址或者用户 cookie 等标识进行流量切分。可具有一定的随机性或方向性，可以控制切分流量的比例；
   - 服务端灰度：比较考验服务端负载均衡的切分能力，可做逻辑切换开关，按照之前所设定的灰度策略逐步进行流量切分；
   - 客户端灰度：按照前端用户的分类进行逐步的灰度，主要包括 PC 端（如 Windows 系统，Linux 系统或 macOS）、移动端（安卓，iOS）等。

4. 对于如何选取灰度发布的目标用户，即选取哪些用户先行体验新版本，是强制升级还是让用户自主选择等，可考虑的因素很多，常见的策略包括但不限于地理位置、用户终端特性（如屏幕分辨率、GPU 性能、是否有指纹识别等）、用户自身特点（性别、年龄、使用习惯、忠诚度）等。

5. 对于细微修改（如文案、少量控件位置调整）和对安全性具有强要求的，如支付宝出现支付安全漏洞等情况，一般会要求强制升级，对于类似腾讯微信改版（如新增抢红包功能）这样的系统升级，应让用户自主选择，并提供让用户自主回退至旧版本的渠道。

6. AB 测试的作用在于及早获得用户的意见反馈，完善产品功能，提升产品质量。并通过灰度策略选择 A、B 用户，让其参与产品验证，加强与用户的互动，并降低产品升级所影响的用户范围。

冬哥有话说

持续交付，持续部署，傻傻分不清楚

"持续交付与持续部署，到底谁应该包含谁？"

Jez Humble 说："在过去的 5 年里，人们对持续交付和持续部署的区别有所误解。的确，我自己对两者的看法和定义也发生了改变。每个组织都应该根据自己的需求做出选择。我们不应该关注形式，而应该关注结果：部署应该是无风险、按需进行的一键式操作。"

争辩持续交付的定义意思不大，关键是在这个概念背后，都有哪些实践，以及原因和产生的结果，相比叫什么，更重要的是为什么。

这里面涉及到几个概念：持续集成、持续交付、持续部署以及持续发布。

持续集成

持续集成的概念基本没有什么歧义，要求每当开发人员提交了新代码之后，就对整个应用进行构建，并对其执行全面的自动化测试集合。根据构建和测试结果，我们可以确定新代码和原有代码是否正确的集成在一起。如果失败，开发团队就要停下手中的工作，立即修复它。这正是丰田安灯系统的实践

以下几张图出自 https://www.mindtheproduct.com/2016/02/what-the-hell-are-ci-cd-and-devops-a-cheatsheet-for-the-rest-of-us/）。

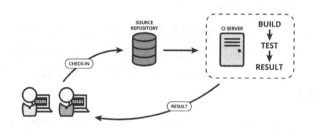

持续集成的目的是让正在开发的软件始终处于可工作状态。同时强调，代码的提交是一种沟通方式，既然是沟通就需要频繁，下图中代码的提交过程，事实上就是各条分支之间的对话过程。

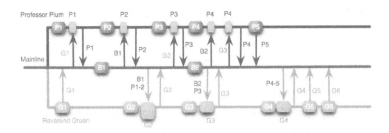

持续交付

持续交付（Continuous Delivery，CD）持续交付是持续集成的延伸，将集成后的代码部署到类生产环境，确保可以以可持续的方式快速向客户发布新的更改。如果代码没有问题，可以继续手工部署到生产环境中。

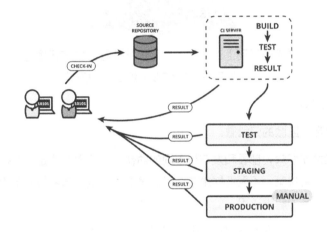

持续部署

持续部署是在持续交付的基础上，把部署到生产环境的过程自动化。如果真的想获得持续交付带来的收益，应该尽早部署到生产环境，以确保可以小批次发布，在发生问题时快速排除故障。

持续测试

持续测试始终贯穿在整个内部研发流程中，从持续集成到持续部署，都有自动化测试的存在。

"没有自动化测试，持续集成就只能产生一大堆没有经过编译并且不能正确运行的垃圾。"自动化测试是持续集成的基础，同样也是其他实践的基础，越靠前的测试越应该自动化。

测试是获取反馈最有效的方式，从部署流水线中，能够看到在不同的环节，不同环境上运行的不同层面的测试。

从以下理想的测试自动化金字塔来看，截止到持续交付阶段，在开发环境、测试环境以及类生产环境，已经把开发内部需要运行的所有测试全部运行完毕了。

所以在这个点，从技术的层面上讲，代码是可以被部署到生产环境的；从业务的层面上讲，需要判断是否发布特性给用户，以获取最终的用户反馈。

将部署与发布解耦

让上帝的归上帝，凯撒的归凯撒。

需要将部署和发布解耦，部署和发布是不同的动作。部署更多的是一个技术行为，而发布更多的是业务决策。不要把技术与业务决策混为一谈。部署与发布的解耦过程，也就是技术与业务的解耦过程。

- 部署：在特定的环境上安装定制版本的软件。部署可能与某个特性的发布有关，也可能无关。
- 发布：把一个或一组特性提供给（部分或全部）客户的过程。

要实现部署与发布解耦，需要代码和环境架构能够满足：特性发布不需要变更应用的代码。

如果混淆了部署和发布，就很难界定谁对结果负责，而这恰恰是传统的运维人员不愿意频繁发布的原因，因为一旦部署，他既要对技术的部署负责，又要对业务的发布负责。

解耦部署和发布，可以提升开发人员和运维人员快速部署的能力，通过技术指标衡量；

同时产品负责人承担发布成功与否的责任，通过业务指标衡量。

按需部署，视技术的需要进行部署，通过部署流水线将不同的环境进行串联，设置不同的检查与反馈。

按需发布，让特性发布成为业务和市场决策，而不是技术决策。

"持续部署更适用于交付线上的 Web 服务，而持续交付适用于几乎任何对质量、交付速度和结果的可预测性有要求的低风险部署和发布场景，包括嵌入式系统、商用现货产品和移动应用。"

从理论上讲，通过持续交付，已经可以决定每天、每周、每两周发布一次，或者满足业务需求的任何频度。

而对于互联网应用，从持续交付到持续部署，只是一个按键决策，是否将其自动化的过程。持续交付，更像是没有特性开关支持之下的业务决策。

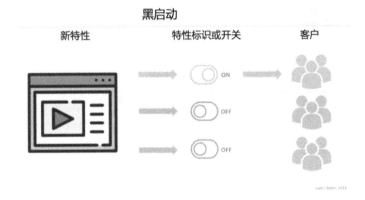

黑启动

详情访问 https://tech.co/the-dark-launch-how-googlefacebook-release-new-features-2016-04。

当有了低风险发布的各种手段，例如阿捷所实践的，基于环境的蓝绿部署、金丝雀发布以及基于应用的特性开关、黑启动等；尤其是特性开关，将其部署到生产环境，并不意味着特性的发布，具体何时发布，对谁发布，都可以由业务决定。

也就是说，从技术上可以支撑持续的部署，同时与业务决策进行解耦。所以，此时只需要视不同的业务场景，来决定是否以及打开哪些特性开关，持续部署已经几乎可以脱离业务层面。

结语

对于持续交付以及持续部署等概念的解读，个人认为核心就是一句话：将技术行为与业务决策解耦。持续交付、持续部署、持续发布，更多的是技术行为与业务决策的区别。

所以，核心是技术决策与业务决策的分离。持续部署，是一个技术行为，持续交付是业务行为，交付的是业务价值。是否需要持续的部署到生产环境，是由业务形态决定的。

即使部署到了生产环境，并不意味着正式发布。通过技术手段，我们可以将部署与发布解耦，通过特性开关和黑启动（Dark Launch）等技术手段，赋能业务进行 A/B 测试和灰度发布等业务行为，这是技术赋能业务最典型的场景，也是最有力的支撑。

📝 精华语录

第 37 章
持续交付流水线与运维可靠性

国庆节后的北京，进入到一年最美的秋高气爽的季节，然而，阿捷却被 Protocol 开发团队的 Leader 韩旭烦到不行。

作为 Sonar 车联网负责通信协议模块研发团队的主管，韩旭在 Agile 的资历可比阿捷、大民他们都老，绝对可以称为研发老司机。可正应了那句俗话：老司机遇到了新问题。

事情还要从 Sonar 车联网底层协议变更的需求说起。作为新能源汽车代表的拉特斯电动汽车，最引以为傲的，莫过于能像苹果手机或 Android 手机那样实现 OTA（Over The Air）升级。通过 OTA 方式，不仅可以快速修复 bug，更能够将新的产品功能特性推送给车主。这样 Sonar 每一次新系统发布，都能使车主找到驾驶一台"新车"的感觉，这种不断保持的新鲜感是传统汽车远远所不能及的，更何况 OTA 的升级服务还是免费的。

而在 OTA 的设计中，通过移动通信的空中接口，对 SIM 卡数据及应用进行远程管理的技术是核心。因此，OTA 底层会适配多种通信协议，从 2G、3G、4G 到 WIFI 的

802.11 a\b\g\n 等，甚至于短消息技术和语音服务。正是由于适配了多种网络协议，Sonar 的车辆才可以在各种网络中确保稳定的网络连通，为车主提供诸如远程空调预热、无钥匙启动等多种夺人眼球的实用功能。

随着 5G 网络的商业试用，韩旭所负责的车联网 OTA 协议研发团队，也承接了 Sonar OTA 系统 5G 网络的预研支持工作。本来通信协议就是韩旭他们这帮老司机的强项，看着小宝、大民他们今天弄一个灰度发布，明天折腾下 AB 测试，风光到不行，韩旭和他的团队早就憋了一股劲儿，希望可以在 Sonar OTA 系统 5G 预研的项目上发挥一下自己的强项，出出风头儿。

谁曾想，由于 5G 标准和兼容协议，需要根据业务要求频繁变更进行测试，更要对原有系统进行适配支持，对 5G 试验网测试的时间要求也非常紧张。而且对于 OTA 升级的验证流程来说，是需要将认证内容，例如待升级的新系统或补丁，通过车辆所在的可用网络下载至车内。在进行升级时，Sonar 车辆的 OTA 系统会收到一份清单，上面列明了所有的待升级项目，当车辆发出 OK 信号后，Sonar 车联网部署在云端的服务就会发送自己的签名，交由待升级的车辆进行验证。验证通过后，Sonar 车辆的电子控制单元（Electronic Control Unit，又称"行车电脑"或"车载电脑"）就会开始执行首个升级任务。如果升级安装过程失败，系统必须能够激活"恢复"（restore）功能，以便恢复至升级前的状态。

虽然阿捷的研发团队已经在用 Jenkins 搭建的非常成熟的持续集成系统，从 Gitlab 中取代码进行编译构建，并对构建物的依赖关系和测试环境通过脚本进行自动化管理，但由于业务方需要将 OTA 系统中的协议栈在线升级，并根据不同类型的协议在 5G 试验网中进行验证，一旦出现升级失败，系统必须百分之百地回退恢复到原有系统。目前阿捷他们所用的老版 Jenkins 持续集成系统并没有办法支持，只能通过手工将 Jenkins 编译构建好的安装包部署到生产环境，出现问题也需要手工方式进行回退，并没有打通从持续集成到业务最终上线部署和交付的最后一公里。

因此，在 Sonar 5G 车联网测试的过程中，韩旭他们团队的部署效率和业务验证进度，都不理想，更何况 5G 的网络搭建，也都是由第三方电信运营商所选用的设备制造商来提供，一旦业务测试人员发现问题后，韩旭他们开发团队修复 Bug 的周期又很长。由于这个缘故，负责 Sonar 车联网 5G 业务测试的业务老大，直接投诉到戴乌奥普斯公司 CTO Jim 那里，说阿捷团队的研发支持不给力，拖延了 Sonar 车联网 5G 业务，如果再不进行改进，让竞争对手抢了先机，就会如何如何。同时，韩旭也和阿捷抱怨：Sonar 的业务人员各种蛮横不讲理，压着他们开发团队从国庆节就开始各种加班，但还不满意开发和测试进度，强词夺理，欺人太甚。

韩旭他们团队的研发能力阿捷是放心的，毕竟有那么多年的电信协议研发经验了；车联网 OTA 升级的复杂性和验证流程的繁琐，阿捷也是了解的，知道没有韩旭原先想得那么好做。但如何打通业务交付的流程，让系统验证变得快捷起来，阿捷却一直没有思路。

此时，大学同宿舍的好友昶哥国庆刚从西藏自驾回来，约阿捷这帮老友聚会，观看旅行中摄影片，阿捷没有心思去。

昶哥在电话里听出了阿捷的犹犹豫豫，笑着问："你小子不是和赵敏吵架了吧？怎么这样畏畏缩缩的，不像是你的风格啊？"

阿捷苦笑着，把这些天自己在工作中遇到的 5G 试验网测试问题和昶哥简单说了一下："昶哥，不是不想去喝酒看片，真是被工作压得没有心情。你在京东那么多年，你们互联网公司有什么好实践，快帮我出出主意，有什么解法？"

在了解了阿捷目前所面临的情况后，昶哥在电话中说："既然你们都已经在用 Jenkins 做持续集成，也有做灰度发布和 AB 测试的经验，干什么不百尺竿头更进一步，采用持续交付流水线的方式，打通业务交付的最后一公里？你小子要是今晚能给赵敏请个假，来我这儿，我给你详细讲讲，电话里一句两句说不透。"

就这样，阿捷和昶哥在鼓楼后街一个小院里的大槐树下，一碟花生米加两杯 IPA，就着一张持续交付工具图，昶哥把持续交付的精髓向阿捷一一道来。

作为极限编程中最佳实践"持续集成"的延续，早在 2011 年 Jez Humble 就根据自己在项目中的实践，针对软件部署的流水线，增量开发、软件版本管理，以及基础设施、部署环境和数据管理等场景，出版了著名的《持续交付：发布可靠软件的系统方法》一书。

书中只是给出了先进的思想和有限的实践作为参考，不同业务、不同产品和不同的技术栈，导致持续交付的实践注定会因项目和产品而异。这些年，大家不断摸索从持续集成到持续交付的方法，DevOps、微服务架构、容器技术和云计算等技术不断成熟起来。

以 cgroup 和 namespace 为基础的 Docker 容器技术的出现，让不同的开发语言和不同的运行环境都可以通过 Docker Image 的形式进行打包；Swarm、Mesos 和 Kubernetes 等技术的成熟，可以让不同框架的应用系统经过方便快捷的容器编排，在云端或物理机上进行部署和监控。目前无论是国外的 AWS、Azure 和 GCP，还是国内的阿里云、腾讯云、华为云和京东云，都支持程序实例的容器部署。

微服务架构的出现，更是将轻量级服务机制和去中心化思想将软件架构设计带入了一个全新的领域。微服务架构中的单一职责的思想，12 要素法则（12 factor）把应用程序构建为服务组件，将有状态的后端服务和无状态的服务进行区分，定义服务组件的边界，允许不同的团队采用不同的开发语言编写不同的服务，只需要显示声明依赖关系，将服务之间的耦合关系降到最低。这样就可以在持续交付中，业务交付可以按照类别进行更为轻松便捷的部署，而不是传统的费时费力的一体化升级和回退。

DevOps 中的灰度发布、蓝绿部署等实践也为持续交付提供了业务端到端部署的能力，通过灰度策略和金丝雀发布的选择，让原来必须的全量版本升级的布署情况得到了完全的改善，通过小流量的切换和发现问题的自动回退，让面对最终业务的持续交付有了低成本试错的可能。

这也是为什么其实类似 OpenStack、vSphere 等公有云、专有云和混合云平台，基于 Docker 和 Kubernetes 的容器技术，与微服务架构这些看起来都是独立的技术领域，以及像 Git、Jenkins、Chef、Puppet、Ansible 这些开源工具，都会在今天持续交付实践中被广泛采用的原因。

听完在京东商城技术团队摸爬滚打了多年的昶哥一番解释，阿捷如醍醐灌顶般地豁然开朗。其实阿捷他们去年也采用了 Docker 加 Kubernetes 作为容器化技术的基础，但软件架构设计上并没有采用微服务架构设计，而只是利用 Docker 容器方便打包易于部署的好处，在一些系统耦合性原本就不是很强的组件上使用。

作为在电信领域摸爬滚打了多年的开发团队，无论是基于 IP 加端口的四层负载均衡，还是基于 URL 等应用层信息的七层负载均衡，对阿捷他们来说都不是什么难事。阿捷他们在之前的灰度发布实践中，就采用了主要以分析 IP 层加 TCP/UDP 层为主实现流量负载均衡的四层交换机，与基于开源 HAProxy 的七层软负载均衡器搭配使用，来控制灰度发布策略中基于 Cookie 信息或 URL 的处理。目前，Sonar 车联网系统的车主应用 App 端，本身也是运行在亚马逊的 AWS 公有云上，车联网的核心系统和数据都在阿捷他们所部署的私有云上。

听到阿捷已经有了这些基础，昶哥举起手中装满 IPA 啤酒的杯子，一边和阿捷碰了碰杯，一边说："兄弟，你或许真应该在这次 5G 测试中尝试一下持续交付，用好你们充足的云计算资源，通过灰度发布的方式，让持续交付流水线打通 DevOps 的最后一公里。这几年，随着这些新技术的变化和成熟，你们之前所采用的很多传统持续集成开源工具，也都有持续演进，就拿你们最熟悉的 Jenkins 来说，其实早在 2016 年推出 2.0 版本的时候，就已经支持了 Pipeline as Code（流水线即代码）的功能。就这个 Pipeline 流水线功能，绝对是帮助 Jenkins 实现从持续集成（Continuous Integration）到持续交付（Continuous Delivery）的关键抓手。更重要的是，Pipeline 流水线并不复杂。简单来说，就是一套运行于 Jenkins 2.0 上的工作流框架，将原本独立运行于单个或者多个节点的任务连接起来，实现之前单个任务难以完成的复杂系统发布的流程。而 Jenkins 中 Pipeline 的实现方式，其实就是一套 Groovy DSL，类似于 Gradle，任何发布流程都可以表述为一段 Groovy 脚本，并且 Jenkins 支持从你的 GitLab 代码库直接读取脚本，从而实现了 Pipeline as Code 的功能。给你看看 Jenkins 自己是怎么通过 Pipeline 流水线功能来进行 Jenkins 自身的持续交付。"

昶哥从 IT 男标配的双肩包书包里取出自己的笔记本电脑，放在大槐树下的长条桌上，打开了 Jenkins 的官方网站 jenkins.io，给阿捷讲流水线的使用方法。

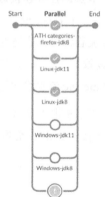

注：图片来自jenkins.io网站的流水线构建

无论是以微服务为代表的互联网应用，还是传统的一体式应用，每一次系统升级往往要涉及到多个模块组件的协同发布，单个 CI 流程，无论怎么通过发布脚本来控制和改造效果都不会很好。

而随着敏捷开发实践的广泛应用，软件产品迭代周期不断缩短，对发布的需求也从简单的持续集成，升级到面向最终业务的持续交付。再看看你们，也早就用 Git 替换了 ClearCase 和 SVN 这些传统的配置管理工具。Git 拉分支是非常便捷，但随着你们不同项目的诸多 Git 分支，原本集中式的任务配置就会成为一个瓶颈，其实你们应该把任务配置的职责下放到各个应用团队，这样才可以方便快捷地进行持续交付流水线的配置和管理。

"还有一个关键，就是在 DevOps 中，对于运维要求和职责的一个转变，不仅仅是一个简单的运维自动化的支持，更需要对整个运维体系和流程，进行全面的梳理，打破传统运维里认为运维系统不能出现任何错误，稳定性高于一切的观念。这样才能让有决策权的老板们敢于支持你们对最终业务进行端到端的持续交付，真正的达到从研发到运维的一键式部署。另外，你们的运维有 SRE 的角色吗？"昶哥突然停下来喝了一大口 IPA 向阿捷问道。

阿捷津津有味地听着昶哥对持续交付看法的长篇大论，猛地被问道一个什么 SRE 的问题，有点懵圈。

"SRE？SRE 是个什么东西？我只知道有个 GRE。另外你得给我讲讲什么叫打破传统运维里认为运维系统不能出现任何错误，稳定性高于一切的观念？"阿捷苦笑着回应着昶哥。

"就猜到你会这么惊讶。你做了这么多年技术研发，之前老说担心系统升级导致业务出故障，请问，在你经历过的这些运维故障中到底有多少是直接与系统升级相关？而从来没有升级过的系统有没有出过运维故障呢？"昶哥对阿捷反问道。

阿捷想了想昶哥的话，别看昶哥喝得老脸微红，但确实说的不无道理，毕竟像服务器硬件故障，运维人员操作失误这些都是在所难免的事情，想要达到真正的运维系统零故障确实还是一件比较艰难的事情。

看见阿捷有些领悟，昶哥笑着继续说："像国外的科技巨头谷歌、脸书和亚马逊以及国内你经常用的淘宝、京东这些电商平台，现在都不可能采用 IBM Power、Oracle 和 HP 这些小型机做底层架构，他们一定是采用更为廉价的 x86 服务器作为自己的计算节点。你也知道，x86 服务器的稳定性不可能比传统的 IBM Power 小机好。

还记得那个著名的墨菲定律吧，只要是有可能出错的事情就一定会发生出错，你越担心什么，就越有可能发生什么。所以像谷歌这样的大公司，根据这么多年运维 x86 的经验，已经默认系统运维的过程中可能会出现各种各样的故障和运维问题。

一方面，谷歌和脸书这类互联网公司已通过微服务的方式重构自己的业务架构和技术架构，让服务和服务之间的耦合性降到一个自己可控可管的程度；另一方面，谷歌还专门设置了负责运维可靠性的组织 SRE（Site Reliability Engineering），该组织的成员被称为直译过来就是"网站可靠性工程师"（Site Reliability Engineer）。

SRE 让传统的运维人员慢慢退出历史舞台。Site Reliability Engineering，顾名思义，首要任务就是保障业务的稳定运行，SLA 是衡量其工作的重要指标。对于 SRE 来说，其原则之一就是针对不同的职责，给出不同的测量值。对于工程师、PM 和客户来说，整个系统的可用程度是多少以及该如何测量，都应有不同的定义方式。

要知道，如果无法衡量一个系统的运行时间与可用程度的话，是很难运维一个已经上线的系统，就像之前你提到过你们负责运维的团队那样，负责运维的同事会处在一个持续救火的状态。

同样，对于开发团队来说，如果无法定出系统的运行时间与可用程度的测量方法，开发团队往往不会将'系统的稳定度'视为一个潜在的问题。为了解决这样的问题，谷歌才创建起自己的 SRE 组织，并定义了 SLA、SLI 和 SLO。"

听到昶哥讲到 SLA、SLI 和 SLO，阿捷忍不住打断他，问道："SLA 我知道是指 Service Level Agreement，那 SLI 和 SLO 又是指哪些呢？"

昶哥笑着说："就猜你会被这些名词绕进去。其实并不复杂，在 SRE 组织中，SLI 是指 Service Level Indicators，它定义了和系统'回应时间'相关的指标，例如回应时间、每秒的吞吐量、请求量等，常常会将这个指标转化为比率或平均值。

而 SLO 则是指 Service Level Objectives，是 SRE 在经过与 Product Owner 讨论后，得出在一个时间区间，期望 SLIs 所能维持在一个约定值的数字，属于偏内部的指标。"

和昶哥谈完后的几天里，阿捷一直在想这样两个问题：在戴乌奥普斯公司，适不适合搞持续交付；需不需要在负责服务 Sonar 车联网的运维团队，进行 SRE 的尝试。

经过几天的研究和思考，在与大民、小宝、阿朱他们讨论后，阿捷先让阿朱带着负责持续集成的几个同事，把 SIT 和 UAT 环境上的 Jenkins 环境升级到 2.0，尝试了一下 Jenkins 流水线的功能。同时，阿捷让韩旭负责协议开发的团队，根据灰度发布的策略，将灰度发布中编写的自动化脚本与 Jenkins 的流水线结合起来，通过 Jenkins 流水线，让基于 5G 车联网测试的流程，根据灰度发布不同的策略真正实现了一键式部署。小流量的金丝雀发布，将待验证的功能和协议推送到指定的车辆 OTA 系统中，并根据灰度后实际运行的数据比对，确保 OTA 系统稳定后，再进行下一轮的持续交付。

对于运维可靠性的问题，阿捷知道，其实 SRE 的理念，在于通过产品研发团队和运维团队与业务之间的讨论，根据实际业务稳定性的情况，建立一个合理的可靠性目标，并不是一味地投入人力去达成所谓的 99.995% 或 99.999%，甚至于更高的 99.9999%。

通过设置"错误预算"的方式，让研发团队和 SRE 运维团队在一个合理的"错误预算"内进行系统的开发、升级和运维。对于 5G 的实验网验证来说，不应改变原有各组件服务的 SLA。如果之前约定的 OTA 网络通信稳定性 SLA 是 99.99%，那韩旭他们开发团队在进行 5G 生产环境线上部署和发布的"错误预算"就是 0.01%，只有在有可用的"错误预算"时，韩旭的研发团队才能通过持续交付进行业务升级和上线操作。

因此，Wayne 他们运维团队的系统运维目标不再是"零事故运维"，而变成"可靠性可控可管的运维"。把未知的运维故障尽量避免，通过需求预测和容量规划，让每一个业务都有一个增长需求的预测模型，并根据有周期性的压力测试，将系统原始资源，现有业务容量和未来预计增长的业务容量对应起来，由 SRE 来控制业务上线部署和运维可靠性的各项指标。

在和运维部门进行了充分的沟通后，阿捷和 Wayne 一致认为，可以在公司的运维体系中增加 SRE 的角色，由阿捷从产品研发团队抽调具备开发能力、并了解一定的软件基础构架和应用服务的同事，将产品研发、软件基础架构、故障问题排查等能力带到运维。当然，Wayne 运维团队的同事，如果有想做 SRE 的，也可加入到 SRE 团队中。

阿捷和 Wayne 约定，传统运维工程师对生产环境的系统和服务上线进行管理；SRE 团队则全权负责生产环境中各项服务的可靠性与性能，并根据需求预测和容量规划，通过建立业务预测模型，根据业务增长需求来计算基础设施资源的分配。

在运维过程中，一旦发生任何故障，作为 SRE 首先紧急修复系统，恢复服务；然后根据故障类别和系统运行状态与相关的开发团队进行沟通，将运维故障日志和相关信息同步给产品研发团队，由开发团队来修复 Bug。

而对于最容易出现故障的业务系统更新，开发团队不仅要提前通知 SRE 运维，做好各种准备工作，SRE 团队还要查看当前的错误预算是否足够，确保系统稳定性符合之前设置的 SLA 后，才能发布新的服务。

带着整理好这些内容的建议方案，在 11 月第一个 CTO Staff Meeting 上，阿捷向公司的 CTO Jim 做了关于面向业务的持续交付和针对运维可靠性组建 SRE 团队的汇报。

Jim 首先问了阿捷和 Wayne 对 SRE 团队职责划分与业务 KPI 设置等问题，又详细查看了韩旭团队在进行持续交付和 SRE 试运行的系统数据，看到阿捷他们对 SRE 和 DevOps 持续交付如此有信心，同意给阿捷半年的试验期，如果半年后 KPI 达成，将提交到公司经营管理委员会进行正式的部门职责重新设置和人员组织调整。

∞ 本章知识要点

1. 持续集成：持续集成着重在开发人员提交代码后所进行的编译构建、集成测试和验证的阶段。根据持续集成的测试结果，开发人员和测试人员可以确保代码变更正确地集成。

2. 持续交付：持续交付则着重面向业务交付，通过快速、可持续和小批量地部署经过持续集成阶段测试验证通过的代码，来降低业务上线的发布风险。

   持续交付在持续集成的基础上，首先需要将集成后的代码部署到更贴近真实运行环境的准生产环境或被称之为类生产环境。在经过准生产环境中充分验证后，再通过持续交付流水线采用灰度发布方式部署到生产环境中。

3. 持续部署和发布：一般认为，持续部署是在持续交付的基础上，通过自动化的方式完成生产环境的部署；而对最终用户可见的功能变化称之为"发布"。

   通过使用特性开关（Feature Toggle，详情可参见 https://martinfowler.com/bliki/FeatureToggle.html）或灰度发布等 DevOps 实践，可以帮助开发和运维人员频繁地部署变更到生产环境中，并根据业务需求和运维稳定性等因素决定在何时发布这些功能。

   对于 DevOps 而言，CI/CD 都是从开发到运维的必经之路。其核心思想都是切分任务，缩短每次迭代的间隔（对应的是细小任务和细小时间），然后通过自动化的方式将测试、部署和交付方便快捷地完成，并确保系统的稳定性和可靠性。

4. SRE：无论是作为网站可靠性工程组织的 Site Reliability Engineering，还是作为其成员的 Site Reliability Engineer，其出现的过程都和微服务、云计算和 DevOps 相关。

   只有当采用微服务化的架构设计，服务和服务之间的耦合关系才可以降低。微服务设计法则中的单一职责原则会让每个服务的 SLA 有可能根据业务类别和对可靠性要求的不同而不同。

   无论是公有云、私有云还是混合云，云计算中的多区域、多可用区的设计，按业务需求和实际系统使用量进行计算资源与网络资源的弹性伸缩等云计算平台的特性更是为 SRE 提供了最基础的支持。

   DevOps 的普及和被广泛接受让全栈工程师成为一种可能，DevOps 文化的建立让开发工程师和运维工程师重新检视自己的价值。运维不再是一件高重复、缺乏趣味的工作，SRE 在确保系统可靠性的同时，更会花费大量时间和精力去进行那些确保系统稳定运行和可以快速完成故障定位的开发工作。

冬哥有话说

凤凰服务器 Phoenix Server

马丁大叔（Martin Fowler）在博客（https://martinfowler.com/bliki/PhoenixServer.html）中，开玩笑说自己想做一项认证服务，认证评估的内容是，他会和同事一起，进入数据中心，用包括但不限于电锯、棒球棍和水枪等手段，将数据中心瘫痪。测试评估运维团队能在多长的时间内将所有的应用恢复起来。

凤凰就像是《反脆弱》一书中的九头蛇，每砍掉一个头，就会长出两个，每一次浴火重生，都让凤凰更加年轻有力。

定期的模拟服务器宕机是一个好主意，而这一概念在奈飞的 Chaos Monkey 得到充分的体现。当 AWS 的健壮性已经足以忽略 Chaos Monkey 的时候，奈飞适时地推出 Chaos Gorilla 以及 Chaos Kingkong。从最早的 Chaos Monkey 模拟实例的中断，到 Gorilla 模拟整个 AZ 被宕机，再到新的 KingKong 模拟一个 Region 瘫痪力度越来越大。

服务器应该像凤凰一样，能够从灰烬中重生，而每一次的重生，提供给它更强的生命力。这一生命力，不来自坚硬的硬件 Hardware，而是来自运维人员的软技能。

训练日 Game Days

https://queue.acm.org/detail.cfm?id=2371297

无独有偶，亚马逊在 2000 年初创造了 GameDay，设计用来提升系统从失效中恢复的能力，包括系统严重宕机、子系统的依赖以及缺陷等。GameDay 练习用来测试一个公司的系统、软件以及人员应对灾难事件的响应能力。

用了几年时间，GameDay 的理念才被亚马逊等公司广泛接受。

现在众多的公司都开始采纳并衍生出自己版本的 GameDay，例如 Etsy，Google 等。约翰·沃斯帕（John Allspaw）是 Esty 的工程 VP，一手主导了 Etsy 版本的 GameDay。

GameDay 的启示是，一个组织首先要接受系统和软件是有失误的，这是一个必然，以开放的心态去接受，并从失误中学习。GameDay 的另外一个优点在于，当模拟的攻击发生，众多团队需要协同起来一起解决问题，而这一场景，很难在日常开发过程中出现，这有助于团队之间的沟通协作。当真正的事件发生时，团队间已经建立起了彼此的了解和信任，同时知道出现什么事情应该如何应对。而这一点，也正是反脆弱的体现。

如何构建一个免责、安全、具有成长型思维、从失误中获益的、反脆弱型的组织，是所有组织和团队都需要思考的问题。

三只袖子的毛衣

详情访问 https://qz.com/504661/why-etsy-engineers-send-company-wide-emails-confessing-mistakes-they-made/。

在 2017 年 9 月的一次访谈中，Etsy 的 CEO 柴德·迪克森（Chad Dickerson）透露，Etsy 有一个传统，鼓励人们把自己犯的错误写下来并通过公开的邮件广而告之："这是我犯的错，大家不要再犯哦。"

柴德称之为"公正文化"（Just Culture）。基于这样一个理念，即免责会让人们更有责任心，并愿意承认错误，从而让自己以及他人从自己的错误中吸取教训。

Etsy 的 CTO 约翰·沃斯帕（John Allspaw）曾在博客中描述，Etsy 会给"搞砸的"工程师一个机会，详细描述他们做了什么，结果是什么，原先的预期和假设是什么，从中得到了什么教训，以后应该怎么做。原原本本表述出来，但不会因此受到惩罚，这被称为"不指责的回顾"（a blameless post-mortem）。

第一封 PSA 邮件来源于一个工程师，他遇到一个特别的、模糊不清的、常识里没有的缺陷，而他认为别人可能也会遇到的问题，因此把这一问题分享给大家，以免他人重蹈覆辙。从此，PSA 开始在 Etsy 广为实践。

以下是沃斯帕分享的一封 PSA 邮件样例，可以从中看到内容框架，并从语气中感觉到 blameless 的氛围：

Howdy!

While <doing some specific development> I introduced some bugs into the code. <Engineer #1> alerted me to what could have been a serious problem when they reviewed the code. I share this with you all to remind you of a few things：

1.Tests tell you what you tell them to. I wrote tests，the tests passed. That made me confident that everything was okay when it really wasn't. One of these tests in particular was literally proving that I was calling a method incorrectly. Lesson：you can write tests that pass when things are wrong – a passing test is great but doesn't mean you're done.

2.I got the code reviewed but no one caught the problem （the first time）. Lesson: get more eyes on your code. The more risk involved, the more eyes you'll need. If I hadn't gone to <specific team> to get this code reviewed by more folks，there could have been problems with <specific feature>. No one wants problems with <feature>! Additional Lesson: Be like <Engineer #1> – read reviews with care. Bonus Lesson: One of the bugs they caught had no direct relation to their team's code. Domain knowledge is not a direct requirement for thorough code review.

3.Manually test! In this case, the manual test would have failed. I hadn't gotten to that yet, and wasn't planning on skipping out on manual testing, but I'm mentioning it to reinforce the trifecta of confidence. Don't skip manual tests!

Etsy 还有一个非常有趣的举动，公司每年会颁发一个年度大奖，一件真的有着三只袖子的毛衣，这一毛衣，颁发给当年造成最大意外失误的员工，而不是造成最坏结果的，这是在提醒员工，许多事情的发生往往与预期的情况大相径庭。

这也同时表明了公司的态度，犯错不是什么应该羞耻的事情，Etsy 的员工反而会因收到这一毛衣而开心，因为他无意中犯下的错误，给了所有 Etsy 员工一个成长的机会。

奈飞的猿猴军团（Simian Army）

奈飞公司所用流量超过北美高峰时段网络流量的 1/3，背后所依靠的是 AWS 的支撑。无论是底层网络、存储与计算，还是大数据、人工智能应用，奈飞可是把 AWS 各项服务的能力用到了极致。

墨菲定律告诉我们，但凡一件事可能发生，它就必然发生。奈飞网络用户数量及并发访问非一般技术公司能够想象。一般的做法无非是加强测试，尽可能模拟一切可能发生的事故。但现实中很多事故无法在实验室模拟，比如大规模宕机，有些无法预先想象的错误，还有无处不在的 rm -rf * 故事。

对这些不可预测的问题，有些公司会选择回避，当事件真正发生时再作处理，毕竟在这类小概率事件上花费不成比例的精力，有些得不偿失。Netflix 公司追求的是极致的用户体验，以及对自身技术能力的无限追求。如果你的应用无法容忍系统失效，你是否愿意在凌晨 3 点被叫醒。

于是乎，奈飞公司在 AWS 上建立了一个叫 Chaos Monkey 的系统，这些"猴子"会在工作日期间随机杀死一些服务，制造混乱，来测试生产系统的稳定性。Chaos Monkey 是一种服务，用于将系统分组，并随机终止某个分组中的系统的一部分；Chaos Monkey 运行在一定的受控时间段和时间间隔内，并且仅在上班时间内运行。在大多数情况下，我们的应用设计要保证当某个 peer 下线时仍能继续工作，但是在那些特殊的场景下，我们需要确保有人值守，以便解决问题，并从问题中进行经验学习。基于这个想法，Chaos Monkey 仅限于工作时间内使用，以保证工程师能发现警告信息，并做出适当的回应。一开始，每当这些"猴子"开始骚扰，相关的工程师们不得不放下手头的工作，手忙脚乱地寻求应对之策。随着系统的不断完善，猴子们的攻击能力和攻击范围虽然也在不断提升，但整个奈飞的服务稳定性、自愈能力以及抗击打能力却在不断上升。

如今 Chaos Monkey 已经升级为 Simian Army，可从可用性、一致性、安全性、健康性等各方面对系统进行各种扰乱。想象一下，一群泼猴（Monkey），小到蹦蹦跳跳的猴子，大到猩猩、金刚，在你的机房不知道会搞出什么麻烦，而同时又要求你的系统防御、自愈以及运维能力能够抵御这些全方位的极限攻击。长时间暴露在这样高强度的压力之下，系统和团队的能力将得到怎样的长足进步。

小结

Chaos Monkey 的原则：避免大多数失效的主要方式就是经常失效。思考最频繁发生的且痛苦的是什么？坚持经常做，一步步自动化，减少人工重复劳动。从失败中吸取教训，从错误中学习，成长。

谷歌花了两年时间研究了 180 个团队，总结出成功的 5 个要素，其中一点就是心理安全。每个人不用担心自己会承担风险，可以自由地表达意见，并提出不会被批判的问题。管理者提供一种保护文化，使员工可以畅所欲言，大胆尝试。

反脆弱、成长型思维与安全的文化，三者相辅相成，如同源之水，缺一不可。

📝 精华语录

第 38 章

熵减定律、演进式架构与技术债

"快看！华为的任总又在说熵减啦！"赵敏很快把一篇文章微信给了阿捷。

"熵减？不都是熵增吗？我记得上大学的时候，物理老师是这么教的，好像还是热力学第二定律吧！"阿捷满腹狐疑。

"没错！熵增是第二定律，但任总的熵减是另外一个概念。你看他为《华为之熵：光明之矢》一书写的序。"赵敏把一张照片传给了阿捷。

熵减的过程是痛苦的，前途是光明的

水从青藏高原流到大海，是能量释放的过程，一路欢歌笑语，泉水叮咚，泉水叮咚，泛起阵阵欢乐的浪花。遇山绕过去，遇洼地填成湖，绝不争斗。若流到大海再不回来，人类社会就死了。当我们用水泵把水抽到高处的时候，是用外力恢复它的能量，这个熵减过程多么痛苦呀！水泵叶片飞速地旋转，狠狠打击水，把水打向高处，你听到过水在管子里的呻吟吗？我听见过"妈妈我不学钢琴呀！"，"我想多睡一会。"，"妈妈痛，好痛呀！我不要让叶片舅舅打我呀！"

人的熵减同样。从幼儿园认字、弹琴；小学学数学；中学历史、物理；大学工程；又硕士、博士，考试前的不眠灯光……。好不容易毕业了，考核又要受打 A、B、C，末位淘汰……的挤压。熵减的过程十分痛苦，十分痛苦呀！但结果都是光明的。从小就不学习，不努力，熵增的结果是痛苦呀！我想重来一次，但没有来生。

人和自然界，因为都有能量转换，才能增加势能，才使人类社会这么美好。

任正非

2017 年 12 月 19 日

"有点儿意思,我研究研究。"喜欢刨根问底的阿捷又有了新的学习对象。

热力学第二定律,熵增定律

熵理论源于物理学,常用于衡量系统的混乱程度,大至宇宙、自然界、国家社会,小至组织、生命个体的盛衰,同样也适用于软件系统。鲁道夫·克劳修斯发现热力学第二定律时,定义了熵。自然社会任何时候都是高温自动向低温转移的。在一个封闭系统最终会达到热平衡,没有了温差,再不能做功。这个过程叫"熵增",最后状态就是熵死,也称"热寂"。

特 征	解 读
熵增 混乱无效的增加,导致功能减弱、失效	人的衰老、组织的滞怠是自然的熵增,表现为功能逐渐丧失
熵减 更加有效,导致功能增强	通过摄入食物、建立活力机制,人和组织可以实现熵减,表现为功能增强
负熵 带来熵减效应的活性因子	物质、能量、信息是人的负熵,新成员、新知识、简化管理等是组织的负熵

封闭系统一定是熵增的过程。就好像宇宙,从宇宙奇点,大爆炸开始,就一直是膨胀的过程,最后的结果一定是熵死。

开放系统可以有熵减的机会,能量注入,打破表面平衡、有序之下掩盖的死寂、无趣;能量也要输出,成为耗散系统,耗散的目的是为了能量流动和转化。

熵遵从以下四条规律。

1. 只有开放的系统才能熵减。

   保持开放的心态,兼收并蓄。接受不稳定性,因为不稳定中孕育着可能性,意味着变化与活力。云计算相较于传统的数据中心,正是通过不稳定的分布式,带来了扩展的可能性。

2. 负熵打破平衡,促进熵减。

   要制造熵减机制,必引入负熵。熵增的过程是自然规律,水往低处流,热量从高温往低温的方向去,这都是符合自然规律的。但是,衰老与死亡同样是自然规律,对组织如此,对人体如此,对软件系统也是如此。顺其自然只会归于平庸,需要依靠反自然、反人类天性的方式,才能减缓或者逆转,才能制造熵减的机制。

3. 引入负熵要适量并且高品质，负熵不是越多越好，负熵的质量很重要。

运动过量会导致身体受伤，负熵过多，或者是不恰当的引入，都会导致机体排异。品质没有绝对的评判标准，适合的才是好的。

4. 熵增和熵减的对抗消长。

熵增和熵减同时并存，人在不断衰老，同时依靠运动获得活力；组织不断臃肿，依靠组织换血获取动力。

任正非的熵减理论与实践

熵和耗散，是任正非特别喜欢使用的两个概念。

熵减，被任正非用于企业的发展之道，成为贯穿任正非管理的思想精华。熵是无序的混乱程度，熵增说明世界上一切事物发展的自然规律都是从井然有序走向混乱无序，最终灭亡。对于企业而言，企业发展的自然法则也是熵由低到高，逐步走向组织疲劳并失去发展动力。任正非说，要想生存就要逆向做功，把能量从低到高抽上来，增加势能，这样才能发展了，故由此诞生了厚积薄发的华为理念；人的天性就是要舒服，这样企业如何发展？故由此诞生了"以奋斗者为本，长期艰苦奋斗"的华为理念。

耗散结构理论于 1969 年由比利时学者普利高津，他认为："处于远离平衡状态下的开放系统，在与外界环境交换物质和能量的过程中，通过能量耗散过程和系统内部非线性动力学机制，能量达到一定程度，熵流可能为负，系统总熵变可以小于零，则系统通过熵减就能形成'新的有序结构'。"[①]

任正非曾经非常形象地表达了他对耗散结构的理解："公司长期推行的管理结构就是一个耗散结构，我们有能量一定要把它耗散掉，通过耗散，使我们自己获得一个新生。我提一个问题，什么是耗散结构？你每天去锻炼身体跑步，就是耗散结构。为什么呢？你身体的能量多了，把它耗散了，就变成肌肉了，就变成了坚强的血液循环了。能量消耗掉了，糖尿病也不会有了，肥胖病也不会有了，身体也苗条了，漂亮了，这就是最简单的耗散结构。那我们为什么要耗散结构呢？大家说，我们非常忠诚这个公司，其实就是公司付的钱太多了，不一定能持续。因此，我们把这种对企业的热爱耗散掉，

---

① 编注：1977 年，普利高津因为这一理论而获得了诺贝尔化学奖，先后出版过《确定性的终结》《时间之箭》《从存在到演化》《探索复杂性》等著作。

用奋斗者，用流程优化来巩固。奋斗者是先付出后得到，与先得到再忠诚，有一定的区别，这样就进步了一点。我们要通过把我们潜在的能量耗散掉，从而形成新的势能。"

简单用一句话来说，任正非希望，以熵减对抗惰怠；用耗散获取新生！

对抗熵增，需要演进式架构

研究了来龙去脉后，阿捷深受启发，想到软件系统与产品的生命周期，同样也是一个熵增过程，因为软件系统的技术债务一定是不断积累的过程。这就像人的生命周期，一开始是弱小的，但充满了活力和可能性，同时也是开放的，学习型的。随着成长壮大，逐渐熵增，身体会堆积各种毒素、脂肪，这时候就需要引入负熵，进行健身和塑形。架构的演进，技术债务的定期清理，就是对组织和系统进行熵减，找到耗散结构的过程。

Jez Humble 曾经说过："任何成功的产品或公司，其架构都必须在生命周期中不断演进。"易趣和谷歌都曾自上而下地把整个架构进行过 5 次重构，还不算上大大小小的日常类型的重构。

架构应该是不断演进的，每个公司应当选择适合自己当前以及近期未来的架构，综合考虑业务响应要求、人员技能水平、技术架构成熟度等因素。不是所有公司都适合选择微服务架构，即使现在看来，也是如此。正如 Martin Fowler 建议的，创业公司或者新型的产品，一开始的架构建议选择单体架构，便于快速搭建，当业务模式得到验证，业务发展到一定程度，再逐步演进到微服务架构。

技术作家 Charles Betz 指出："IT 项目负责人并不对整个系统的熵负责。"换而言之，降低系统的整体复杂性以及提高整个开发团队的生产力，几乎从来都不是某一个人的目标，而应该是整个团队，作为一个有机体存在的目标。

对抗熵增，需要及时消除技术债

技术债是最常见的系统熵增的表现。技术债过多的表现可能是，每当试图提交代码到主干分支或者将代码发布到生产环境，都有可能导致整个系统出现故障。正因为此，所以开发人员会尽量避免提交，从而导致情况进一步恶化：代码堆积，大批量提交，而且是未经测试验证的，同时提交时会出现各类的代码冲突，部署的工作量加大，难度提升，集成和测试工作变得更加复杂和难以控制，问题发生的概率进一步增加。

如同人体机能的老化，越是害怕摔跤，越是不敢运动，机能越是进一步退化。

所以，软件系统也需要有一个负熵与熵减的过程，减速刹车，并且反向减少复杂性和混乱的状态。这正是定期消除技术债务的必要性所在。

常见的技术债务有：紧耦合的架构、缺乏自动化测试、延迟集成与交付、缺乏重构、团队竖井、人员能力竖井、缺乏过程与工具支撑等。

技术债务需要管理，《DevOps 实践指南》中建议，将至少 20% 的开发和运维时间，用于消除技术债务（投入到重构、自动化工作、架构优化中）以及满足各类非功能性需求（例如可维护性、更好的封装、低耦合、可管理性、可扩展性、可靠性、可测试性、可部署性、安全性）等。

要管理好技术债务，就好像身体需要锻炼排毒一样。如果技术组织不愿意支付这 20% 的税，那么技术债务最终会恶化，耗尽所有可用资源，无论是人力资源，还是计算与存储资源。

对于技术债务，只有三种选择：

- 听之任之，选择死亡；
- 休克疗法，全部停工，集中力量进行改造；
- 渐进疗法，在日常工作中定比例地进行偿还，演进式架构。

架构是影响工程师生产力的首要因素

根据 Puppet Labs 的《2015 年 DevOps 现状报告》，架构是影响工程师生产力的首要因素，它还决定了是否能快速和安全的实施变更。

以下内容摘取自此报告。

> "特定的软件架构特性与 IT 高绩效密切相关，这些特性包括：适用集成环境开发的能力、开发者从自动化测试获取可理解的反馈的能力、独立部署相互依赖的服务的能力、采用微服务架构。毋庸置疑，良好的软件架构能够带来更高的 IT 绩效和更高频次的部署。
>
> 软件开发传统的观点认为向团队增加开发者会增加团队整体的生产力，但由于需要更多的沟通和信息整合，每个开发者的生产力会下降。在布鲁克斯的《人月神话》一书中提到了一个经典的反面例子：在项目晚期，增加开发者不仅会降低开发者的平均生产力，也会降低团队整体生产力。

但是通过模块化的软件架构，开发和运维可以一起工作，持续集成、部署代码和运行环境，至少每天把代码合并到 trunk 上、测试部署到生产环境，而不会造成全局破坏和崩溃。数据显示，开发效率可以随着开发者数量的增多而增加。

我们提出了一个问题：如果调查中的自变量不仅仅是"部署次数/天"，而是"部署次数/天/开发者"，结果会如何？随后今天的调查中，我们对此进行了测试。下面的图中表示每天至少部署一次的开发者。我们调查了这些团队是否与大型 DevOps 团队展现出同样的特点。随着开发者数量的增加，我们有以下三大发现：

- 低绩效者（浅紫色线）的部署频率不断降低。
- 中等绩效者（深紫色线）部署频率不变。
- 高绩效者（黄色线）部署频率显著上升。

换句话说，采用"部署次数/天/开发者"为单位，我们需要关注与高 IT 绩效相关的所有因子：目标为中心的公司文化，模块化的架构，支持持续交付的工程实践和有效的领导力。

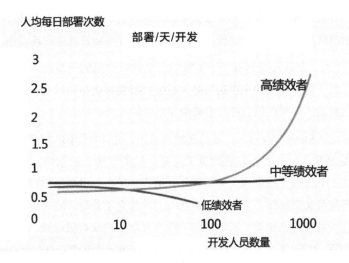

只有有了成熟的持续集成、自动化测试、持续部署等基础实践为开发保驾护航时，向团队加人，才有可能提升团队及个人生产率。否则，只能是适得其反。

亚马逊的架构演进之路

2001 年，亚马逊零售网站还只是一个大型的单体，多层结构，每层都有多个组件，但是耦合度很高，运行起来就像一个整体。许多初创的企业项目开始时都采用这种架构，因为这种方式起步快，但是随着项目的成熟和开发者的增多，代码库会变得越来越庞大，架构也会变得越来越复杂，单体架构会带来额外的开销，软件开发周期也会变慢。

亚马逊有大量的开发者服务于这个庞大的单体架构的网站，尽管每个开发者只负责这个应用中的一小块，一旦有更新，也还是要在与项目中其他模块的协调中花费大量精力。

而添加新功能或修改 bug 时，需要确保这些更新不会打断其他人的工作；如果要更新一个共享的库，需要通知每个人去升级这个库；如果要进行一个快速修复，不仅要协调自己的时间，还要协调所有的开发者。这使得一些需求更新就像 merge Friday 或merge week 一样紧张，所有开发者的更新集合到一个版本中，要解决所有的冲突，最终生成一个 master 版本，推送到生产环境中。

每次的更新规模很大，给交付环节带来了很大的开销，整个新的代码库需要被重新构建，所有的测试用例需要重新运行，最终要将整个应用部署到生产环境中。

在 2000 年左右，亚马逊甚至有一个团队专门负责将应用的最新版本，手工部署到生产环境中。对于软件工程师来说这很令人沮丧；最重要的是软件开发周期变得很慢，创新能力也减弱了，所以他们进行了架构和组织的重大变革。

史蒂文·叶戈（Steve Yegge），亚马逊的前员工，在 2011 年爆料过这一过程。据说他本来只是想在谷歌＋上和谷歌的员工讨论一些关于平台的东西，结果不小心把圈子权限设成了 Public，结果这篇文章就公开给了全世界，引起了剧烈的反应。发布后很快他就把这篇文章删除了，不过，互联网上早已有了备份。随后史蒂文赶紧解释说是喝多了，而且又是在凌晨，所以大脑不清，文章中的观点很主观、极端且不完整，等等。（英文原文：http://www.businessinsider.com/jeff-bezos-makes-ordinary-control-freaks-look-like-stoned-hippies-says-former-engineer-2011-10。中文版解读：

http://blog.jobbole.com/5052/ 。)

大概是 2002 年，贝索斯下了一份命令，坚持所有的亚马逊的服务，必须相互之间可以通过 Web 协议轻松沟通，谁不遵守，立即开除。

贝索斯邮件的英文版如下：

1. All teams will henceforth expose their data and functionality through service interfaces. 所有团队从此将通过服务接口公开他们的数据和功能。

2. Teams must communicate with each other through these interfaces. 团队间必须通过这些接口相互通信。

3. There will be no other form of interprocess communication allowed：no direct linking，no direct reads of another team's data store，no shared-memory model，no back-doors whatsoever. The only communication allowed is via service interface calls over the network. 不允许其他形式的进程间通信：不允许直接连接；不允许直接读取另一个团队的数据存储；不允许共享内存模型；不允许任何后门。唯一允许的通信是通过网络上的服务接口调用。

4. It doesn't matter what technology they use. HTTP，Corba，Pubsub，custom protocols — doesn't matter. Bezos doesn't care. 使用什么技术并不重要，HTTP、Corba、Pubsub、自定义协议，都无关紧要。贝索斯不在乎。

5. All service interfaces, without exception, must be designed from the ground up to be externalizable. That is to say, the team must plan and design to be able to expose the interface to developers in the outside world. No exceptions. 所有服务接口，无一例外，必须从头开始设计，以便外部化。也就是说，团队必须进行规划和设计，以便能够向外界的开发者展示接口。没有例外。

6. Anyone who doesn't do this will be fired. 违者将被解雇。

7. Thank you，have a nice day！谢谢你，祝你愉快！

哈哈！你们这群 150 位前亚马逊员工，当然能马上看出第 7 点是我开玩笑加上的，因为贝索斯绝不会关心你的每一天。"

很明显，贝索斯对第 6 点是很认真的，于是，所以人们都去工作。贝索斯甚至派出了几位首席"牛头犬"（Chief Bulldogs）来监督并确保进度，带头的叫瑞克·达热尔（Rick Dalzell），一名前陆军突击队队员，西点军校毕业生，拳击手，沃尔玛的首席虐刑官（CIO）。据说他是个令人敬畏的人，经常说话冷酷无情。

简而言之，贝索斯在 2002 年，就认为亚马逊应该成为一个对内外部开发者而言，易于使用和沟通的平台。

随后，所有代码按照功能模块分隔，每个模块用网络服务接口封装，各个模块间的通信必须通过 web service API。这样，亚马逊就建造了一个高度解耦的架构，这些服务可以相互独立地迭代，只要这些服务符合标准的网络服务接口。那时，这种架构还没有名字，现在我们都叫它微服务架构。

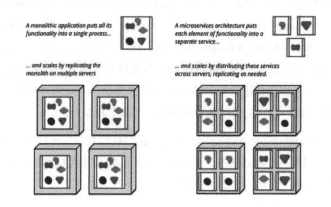

亚马逊将这些改变也应用到了组织架构中，他们将中心化、层级的产品开发团队，打散成了小的两个比萨的团队（two-pizza teams）。

"最初我们希望每个团队控制在两个披萨就够吃饱的规模，实际上现在每个团队有 6-8 个人开发者。"每个团队都对一个或几个微服务有绝对的控制权，在亚马逊这意味着三点：要和顾客对话（内部和外部的），定义自己的特性路线图，设计并实现这些特性，测试这些特性，最后部署和运维这些特性。

亚马逊用了 5 年的时间，经历了巨大的架构变迁，从两层的单体架构，转为分布式的去中心化服务平台。亚马逊在切换到面向服务的架构后，开发和运维流程都受益匪浅，进一步强化了以客户为中心的团队理念。每个服务都有一个与之对应的团队，团队对服务全面负责。

在经过架构和组织的重大变革后，亚马逊极大地提高了前端开发的效率。产品团队可以很快地做决定，然后转化为微服务中的新 feature。现在亚马逊每年要进行 5000 万次部署，这都多亏了微服务架构和他们的持续交付流程。

在这个华丽转身的过程中，他们学到了很多的东西。以下是部分信息。

- 支持：团队间的支持与接口变得重要。
- 安全：每个团队都成为潜在的 DOS（拒绝访问服务）攻击者，需要服务级别、配额和限制。
- 监控 /QA：监控与 QA 内部打通，需要更聪明的工具，不只是告诉你什么在运行什么宕掉了，而是准确提供想要的数据和结果。
- 发现：服务发现机制变得非常重要，你需要知道有哪些 APIs 到哪里能找到它们。
- 测试：沙箱与调试对所有的 API 不可或缺。

架构也是如此。对于紧耦合的架构，可以在其基础上，进行安全的演进式的解耦，从而减少架构的熵。

系统解耦，拆分方法需要根据遗留系统的状态，通常分为绞杀者与修缮者两种模式。

绞杀者模式

绞杀者模式，源于老马（Martin Fowler）在澳洲旅行时，由当地藤类绞杀植物得到的启示："藤的种子落在无花果树的顶部，藤蔓逐渐沿树干向下生长，最后在土壤中生

根。多年以后，藤蔓形成奇妙和美丽的形状，但同时绞杀了其宿主树。"

- 绞杀者模式指在遗留系统外围，将用新的方式构建一个新服务，随着时间的推移，新的服务逐渐"绞杀"老系统。对于那些老旧庞大难以更改的遗留系统，推荐采用绞杀者模式。绞杀者模式用 API 封装已有功能，并按照新架构实现新的功能，仅在必要时调用旧系统。能够在不影响调用者的情况下变更服务实现，降低了系统的耦合度。
- 修缮者模式就如修房或修路一样，将老旧待修缮的部分进行隔离，用新的方式对其进行单独修复。修复的同时，需保证与其他部分仍能协同服务。

绞杀者模式尤其适用于将单体应用或紧耦合服务的部分功能，迁移到松耦合架构，这也被《DevOps 实践指南》所推荐。

Jez Humble 建议的绞杀者模式游戏规则：

- 从新的功能交付开始；
- 不要重写已有的代码，除非是为了简化；
- 快速交付；
- 设计时必须考虑可测试性和可部署性；
- 新的软件架构运行在 PaaS 上。

通过不断地从已有的紧耦合的系统中解耦功能，工作被转移到安全且充满活力的新的架构生态中。

在做了充足的储备研究后，阿捷专门找大民商讨了几次，重点是如何对现有的 OTA 产品进行熵减，如何应用演进式架构，如何削减技术债务，特别聊了一下绞杀者模式落地策略。

🎱 本章知识要点

1. 组织与软件系统是熵增系统，需要建立机制，引入负熵，形成熵减。
2. 系统是一个进化的过程，不是一蹴而就的，在整个架构的生命周期，都应该不断地梳理重构，形成演进式架构模式。

3. 技术债务与架构的老化无法避免。在迭代过程中安排一定比例时间,清理技术债务,进行系统重构,管理自动化测试,优化流程,优化监控与反馈,保证系统有效的熵减。

4. 老马(Martin Fowler)建议,创业公司或者新型的产品,一开始的架构尽量选择单体架构,便于快速搭建;当业务模式得到验证,业务发展到一定程度,再逐步演进到微服务架构。

5. 技术债务需要管理。《DevOps 实践指南》中建议,将至少 20% 的开发和运维时间,用于消除技术债务,投入到重构、自动化工作、架构优化,以及满足各类非功能性需求,例如可维护性、更好的封装、低耦合、可管理性、可扩展性、可靠性、可测试性、可部署性、安全性等。

6. 绞杀者模式指在遗留系统外围,将新功能用新的方式构建为新的服务。随着时间的推移,新的服务逐渐"绞杀"老系统。对于那些老旧庞大难以更改的遗留系统,推荐采用绞杀者模式。绞杀者模式用 API 封装已有功能,并按照新架构实现新的功能,仅在必要时调用旧系统。能够在不影响调用者的情况下变更服务实现,降低了系统的耦合度。

冬哥有话说

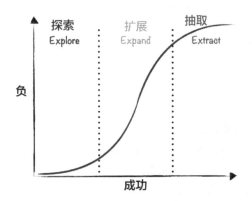

架构做得不好,留下的是什么?技术债务。那么问题来了,技术债务都是不好的吗?

当然也不是。

开发中也要采纳经济视角。技术债务就像是经济负债，如同 Kent Beck 的 3X 曲线。在早期应该有意识地去背负一些债务，来换取时间窗口，来撬动经济杠杆。当然，这个应该是有意而为之的事情，不是懵懂无知的。

架构是演化来的，不是设计出来的。不要过度设计，早期做严密的架构设计，在未来业务走向并不清晰的情况下，大概率会变成浪费，精益软件开发中最重要的一个原则，就是消除浪费；另一个重要原则是延迟决策。这两条原则在演进式架构上得到了充分的体现。

保持简单设计。Kent Beck 说，为明天而设计，而不是将来。将来有太多不确定性，将来甚至永远不会来临，也许你会在将来来临前学到更好的工作方法。

延迟决策的一个前提是随着时间的推移，更改的成本要能够保持一直很低，否则人们就没有勇气来进行决策的推迟。而更改的成本，是依赖于工程能力以及团队纪律，例如 CI/CD 流水线，自动化测试，对 DoR 和 DoD 的遵循，还有频繁的团队沟通。

系统设计的目的，首先是为了沟通程序员的意图；要把设计看作是一种沟通媒介，如果沟通受到限制，就必须找到方法，消除复杂的逻辑，而这就是重构和架构演进的时机。

除了有意识的背负一定的债务来撬动经济杠杆，还需要有计划地制定偿还技术债务的活动，将其制度化，常规化。可以安排和进行为期几天和几周的闪电战来改善日常工作，例如解决日常中的临时性方案。

偿还技术债务包括但不局限于如下的活动：

- 重构；
- 持续集成；
- 基于主干的开发；
- 对测试自动化进行重大投资；
- 创建硬件模拟器以便在虚拟平台上运行测试；
- 在开发人员工作站上再现测试失败；
- 以适合部署的方式打包代码；
- 创建预配置的虚拟机映像或容器；

- 自动化中间件的部署和配置；
- 将软件包或文件复制到生产服务器上；
- 重新启动服务器，应用程序或服务；
- 从模板生成配置文件；
- 运行自动化冒烟测试，以确保系统正常工作并正确配置；
- 运行测试程序；
- 编写脚本并自动化数据库迁移。

架构的解耦，可以有效地支撑持续集成、持续测试以及持续部署的进行。不只是架构需要熵减，组织架构也需要"折腾"。

根据康威定律，除了技术架构层面的解耦，组织架构层面也需要与架构相匹配，从功能型组织，竖井的工作模式，部门墙林立，变为产品型的组织，每个产品或服务作为独立的利润中心，阿米巴模式。

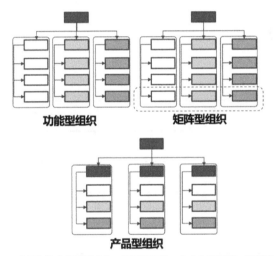

产品为独立的利润中心，组织扁平化，去中心化决策，如阿米巴模式

《赋能》一书中提到的分布式小型团队，事实上是进一步去中心化，甚至都没有稳定的小团队，以事务驱动开发。

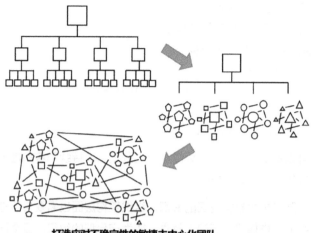

打造应对不确定性的敏捷去中心化团队

📝 精华语录

_____

_____

_____

_____

_____

_____

_____

_____

_____

_____

第 39 章

朴素的 DevOps 价值观

"道可道，非常道。"这是老子《道德经》的第一章，开篇名义。

与老子年代相距不远的韩非子在《解老》中这样说："道者，万物之所然也。万理之所稽也。理者成物之文也。道者万物之所以成也。故日道，理之者也。"他将道与物区分为两种不同的存在，即"道者，万物之所然也。"同时，万物还须遵循道，这是"之所然"的含义。

那么，在现实生活中，我们应当如何理解道，如何遵从道？

首先，我们应当敬畏道，敬畏遵从道而运作的大自然；其次，我们要在纷呈的生活中寻找到自己应当坚守的道，不因为恶劣的环境而放弃自己的立场。同时，我们还应认识到道并非是一成不变的，它随着时间、外部环境的改变随时发生着微妙的变化。我们应当顺应道的变化而调整自己的立场与观点，跟上环境的变化，不使自己成为"落伍者"。

想到这里，阿捷忍不住发问："小敏，你觉得敏捷中的道是什么？"

"那肯定就是《敏捷宣言》吧，大家不是经常把这个宣言当成价值观来看待吗。"赵敏不假思索地回答，"17 位大师签署敏捷宣言的时候，也是求同存异，摒弃了各自的分歧后，得出大家一致认可的关键理念。"

阿捷在纸上画了几下："嗯，那么法又应该是什么？"

"12 个原则！敏捷宣言过于概括，后来的 12 个原则相比较而言更接地气，更能指导大家的实践。"

"那么，Scrum、XP、FDD、Crystal、DSDM、Kanban、SAFe 等等，就都是术的层面啦！"阿捷继续在纸上飞速的画着。

"你看，如果把敏捷宣言、12 个原则、各种方法论比喻成了一棵树，如何？"阿捷把一张纸递给了赵敏，"宣言是价值观，是树根；12 个原则，就是树干；树冠就是各种方法论，还在不断地开枝散叶中！"

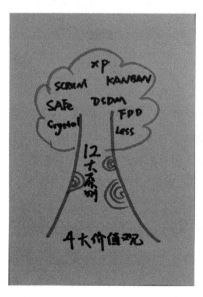

"这个比喻很好！很贴切。"

"敏捷经过 20 多年的发展，已经很成熟啦，DevOps 相对而言，还不是很成熟，我们也来总结一下 DevOps 的价值观，好不好？"阿捷望着赵敏。

"嗯，好啊！我们试着推演一下。从哪里入手呢？"

"敏捷也好、DevOps 也罢，都是为业务服务的！而业务的落地，离不开产品的设计与架构，也离不开技术实现，那么我就先从业务、架构与技术开始吧！"

"业务（Business）、架构（Architecture）、技术（Technology）可以缩写为 BAT，这个说法好！"赵敏拿起笔，在纸上快速地写了下来。

- Business matters...Architecture doesn't 业务胜过架构
- Architecture matters...Technology doesn't 架构胜过技术

"这是啥句式？有什么背景？"阿捷有点丈二和尚摸不着头脑。

"尼克尔·佛斯格伦（Nicole Forsgren）博士在 DevOps Enterprise Summit（DOES 企业峰会）上一次演讲中，有一句话就是这么说的 Architecture matters...Technology doesn't（业务胜过架构），我当时听了后，很有感触。刚才你提到了业务、架构、技术，我就灵机一动，把这个格式套用下来。"

"不是经常有人问到，初创公司在业务方向不明确的情况下，如何拆分微服务，我觉得 '架构是服务于业务的，太过超前的架构是浪费'，由此想到架构与业务其实也有相似的关系，毕竟架构是服务于业务的。"

"所以关于初创公司，新型的业务，是否需要采纳微服务，回答当然是视情况而定的。但通常建议从单体应用开始。对吧？"阿捷所有所思，"回顾我们戴乌奥普斯的车联网 OTA 应用，一开始也就是一个单体应用！毕竟还没有那么多的业务量。先用单体跑起来，然后再说微服务的事！"

"孺子可教也！初创公司或者大公司的初创业务，因为你的业务方向还处在探索阶段，服务的边界是模糊的，这些都是不确定性，即使微服务的技术储备足够，也不要一开始就搞微服务架构，而应该用最简单直接的方法搞定快速变化的业务诉求。这就是业务优先！"赵敏打开 MacBook，快速找出一张图。"微服务价值巨大，但挑战一样明显。老马（Martin Fowler）绘过一幅图。"

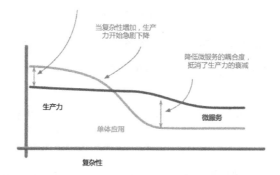

赵敏指着图说："用贷款买房来类比架构投入，先期支付的首付款就像是前期在架构上的投入，贷款就好比是减少一定的架构投入，但需承担技术债务。

- 贷款买房，预期未来房产的增值，贷款的利息是可以接受的；创业期也是同样，此时承担一定的技术债务是明智合理的选择。

- 一味追求全款买房，就会错过买房的最佳窗口时间；业务的时间窗口更短，需要不断的快速试错，期望在架构层面一步就位是不现实的。

- 不能贷款过多，否则无力承担月供；架构可以一开始简单些，原始一些，但基本的质量和 NFR 还是需要满足的；而一旦找对业务方向，又需要快速展开，所以架构需要具备一定的扩展能力。

- 要定期清理债务，房贷车贷过多，即使有能力偿还，生活质量也会下降，脱离了原始购房改善生活质量的初衷；技术债务也需要定期偿还，定期清理，不能让因为技术债务产生的额外时间成本，大于承担技术债务所带来的机会成本。

- 这其实是一个经济杠杆，用短期或长期的负债，来换取时间成本和机会成本。"

"哈，你这个隐喻用得好，我看你以后可以攻读经济学博士去啦！看来做架构也好，做 DevOps 也好，都需要有经济的头脑。记得 SAFe 的第一条原则采取经济视角（Take an economic view），也有这层含义。"

"是的！这是一个平衡，初创业务就是一场与时间的赛跑，总而言之，业务诉求高于一切。因为业务战略需要，主动有意识的承担技术债务，那是可以的；但如果是无意识的负债，那就叫奢侈浪费，就应该消除。"

"嗯，那这条怎么理解？ Architecture matters...Technology doesn't 架构胜过技术。"

"同技术相比，架构更重要。一旦业务清晰起来，就要根据业务需要，考虑逐渐切换到微服务架构，才不至于堆积太多技术债务，对于可扩展性、可规模化、可部署性等也都至关重要。优雅良好的架构更加重要，不要让微服务等技术成为另一座巴别塔[①]。"

"理论上微服务可以最大化利用各种语言的优势，但如果没有好的服务切分与架构设计，微服务只会是碎片化而不是去中心化，变成更大的灾难。微服务的目的是更灵活

[①] 《圣经·旧约·创世记》第11章记载，当时人类语言相通，同心协力，联合起来兴建希望能通往天堂的高塔，"来吧，我们要建造一座城和一座塔，塔顶通天，为要传扬我们的名，免得我们分散在全地上。"此举惊动了上帝，为了阻止人类的计划，于是他悄悄地离开天国来到人间，改变并区别开了人类的语言，使他们因为语言不通而分散在各处，那座塔于是半途而废了。

的协同，如果服务之间缺少沟通，就背离了微服务设计的初衷。"赵敏说道。

"嗯，我听说谷歌内部有三大开发语言 C/C++，Python，Java，分别是官方编译语言，官方脚本语言和官方 UI 语言。坚持三大语言意味着内部沟通的顺畅。谷歌虽然没有使用最新的技术和语言，但并没有影响技术与业务的发展，反而有助于谷歌快速成为世界顶级的公司。"阿捷附和道。

"是的！团队效率高于个人效率，统一技术栈带来的收益，往往大于使用最新技术栈带来额外的维护和沟通成本。Etsy 在 2010 年，决定大量减少生产环境中的技术，统一标准化到 LAMP 栈，'与其说这是一个技术决策，不如说是一个哲学决策'，这让所有人，包括开发和运维，都能理解整个技术栈。"

"另一个反面例子，Etsy 同样在 2010 年引入 MongoDB，结果是'无模式数据库的所有优势都被它们引发的运维问题抵消了'，最终 Etsy 还是放弃了 MongoDB，迁移到原来支持的 MySQL。"

"我们再来讨论一下人（People），流程（Process），工具（Tool），传说中的 PPT 模型吧！People matters...Process doesn't 人胜过流程。"

"好啊！最近敏捷微信群里 CMMI 之争沸沸扬扬。我参加过公司的 CMMI 2/3 级评估，CMMI 应该是团队做到一定程度，拿来对自身进行现状评估，用以指导下一步改进的参照。CMMI 模型的初衷是好的，设置还算合理，模型事实上也是在演进的，只是被不合理地使用了。"阿捷回忆起敏捷转型之前，Agile 公司一直沿用的是 CMMI 的管理模型。

"所以模型也好，流程也好，使用它们的人以及用法，才是最重要的。"赵敏用手拂了拂长发，"这就好比聚贤庄一战，乔峰用一套太祖长拳，打败天下英雄。太祖长拳，号称三岁孩童都会的拳法，为何可以在乔峰手里发挥如此巨大的威力？"

"具体的武功招式，方法流程，并不重要，重要的是看谁在用，如何用。"阿捷挥手来了一招推山倒海，"接招！！"

"我这是无招胜有招！"赵敏笑着不动，"奈何不了我吧？！"

"嗯！老婆大人自然是武功盖世。关于流程的另一个问题：如果流程是最重要的，那么到底是流程要求得多好，还是流程要求得少好？"

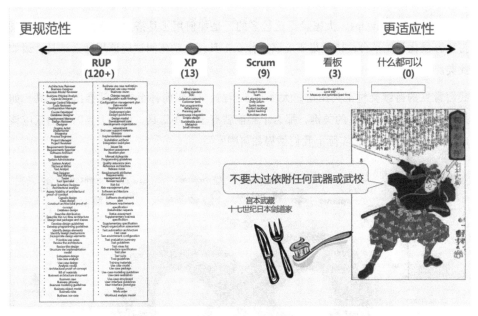

赵敏想了想："Henrik Kniberg 在《相得益彰的 Kanban 与 Scrum》[①]一书里，对RUP、Scrum、Kanban 等方法的约束给出了最直观的感觉：RUP 有 120 多个要求，XP 有 13 个，SCRUM 是 9 个，而 KANBAN 只有 3 个。RUP 是最重视流程和方法的，而 KANBAN 是最不重视的，孰优孰劣？很难讲，我并不觉得 RUP 就一定不如KANBAN，RUP 在实际采纳时需要裁剪，只是因为裁剪的过程对人的能力要求太高；Henrik 说，'Scrum 和 RUP 的主要区别在于，RUP 给你的东西太多了，你得自己把不需要的东西去掉；而 Scrum 给你的东西太少了，你得自己把需要的东西加进来。看板的约束比 Scrum 少，这样一来，你就得考虑更多因素'。"

---

① 编注：经过与作者 Henrik、Matts 及译者李剑商量，这本书将和《硝烟中的 XP 和Scrum》合为一本《走出硝烟的精益敏捷：我们如何实施 Scrum 和 Kanban》重新修订出版，于 2019 年 11 月上市发行中文版。

"一边是需要裁剪，另一边是需要增加，所以执行到最后，成熟的团队的研发流程，大抵都能找到很多相似之处。所以，武功最终都会返璞归真，流程也都会最终归结到人的维度！我们再来看看下面这条吧！ Process matters...Tool doesn't 流程胜过工具。"

"现在一提到 DevOps，大家谈得比较多的，是如何用工具搭建流水线，如何用工具搭建容器化开发平台，持续集成应该用什么工具，自动化测试应该用什么工具，诸如此类。

我们常见的持续交付工具图谱，大多是 5 年前、10 年前甚至更早就推出的工具。如果工具是实施 DevOps 的关键，那么十年前就有了这些工具，理论上当时我们就应该成功实施了 DevOps，实际上我们做得如何呢？"

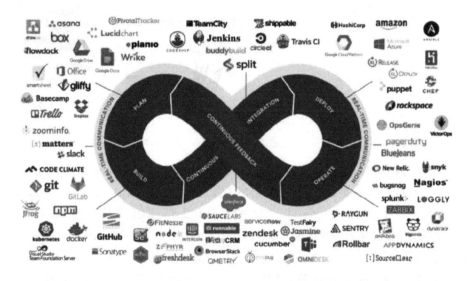

"工具当然是重要的，没有工具是万万不能的。但工具不是万能的，比工具更重要的是使用工具的方法和流程；而比流程更重要的，是执行流程和使用工具的人。"

"你说得太对啦！"阿捷点头称是，"简单如 SVN，复杂如 Clearcase，都有实施持续集成非常成功的企业。老马（Martin Fowler）对 CI 的定义和建议（https://martinfowler.com/articles/continuousIntegration.html），从 2006 年至今，居然未曾修改过。即使到现在，又有几个人敢拍着胸脯说真正把 CI 这些实践做到实的？"

01 May 2006

Martin Fowler

Translations: Portuguese · Chinese ·
Korean · French · Chinese · Czech
Find **similar articles** to this by
looking at these tags: popular · agile ·
continuous delivery · extreme
programming

For more information on this, and related
topics, take a look at my guide page for
delivery.
ThoughtWorks, my employer, offers
consulting and support around Continuous
Integration. CruiseControl, the first

Contents

Building a Feature with Continuous Integration

持续集成实践
- 只维护一个源码仓库
- 自动化build
- 让你的build自行测试
- 每人每天都要向mainline提交代码
- 每次提交都应在集成计算机上重新构建
  mainline
- 保持快速build
- 在类生产环境中进行测试
- 让每个人都能轻易获得最新可执行文件
- 每个人都能看到进度
- 自动化部署

Benefits of Continuous Integration
Introducing Continuous Integration
Final Thoughts
Further Reading

"所以流程也好，工具也罢，最重要的是执行的人；而对人来说，关键的是思维模式（Mindset）的转变，用今年的热词，我称之为原则。"赵敏话锋一转，又在纸上写下了几个关键字，"原则 Principle，方法 Method，实践 Practice，缩写为 PMP！"

Principle **Method** **Practice**
原则   方法   实践

■ **Principle matters...Method doesn't 原则胜过方法**

"敏捷的方法有很多，讲了很多年依然任重道远；丰田 TPS 被各大车企学习了 30 年，没有几家能学到真经的。有人说，丰田的生产模式，最重要的是背后的卡塔（KATA），即丰田套路，如何使得改善和提高适应性成为组织日常工作的一部分，而的书出版也快 10 年了，好像依然没有多大改观。"

"敏捷的方法有很多，Scrum，精益看板等，SAFe 是大规模的敏捷，DevOps 也有很多种模型。比模型更重要的是背后的原则，虽然这些模型从表面上相差甚远，但其背后的原则却十分相似，比如敏捷宣言的 12 条原则，SAFe 的 9 大原则以及 DevOps 的 CALMSR 原则。"

"CALMSR 原则？这又是哪些词的缩写啊？求赐教！"阿捷不放过每一个知识点！

"先别急，下回分解，咱们先保持专注。"赵敏笑了笑，卖了个关子，"方法论的表现形式有很多，具体落地执行要根据不同企业千变万化，但不变的，是背后的原则。"

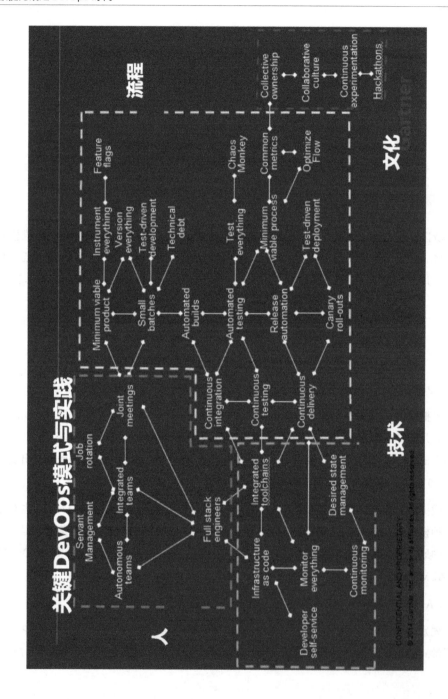

"好吧！这好比张三丰教张无忌太极剑，张三丰教得快，每次的招式还都不同，张无忌学得快，忘得更快。武功招式始终是下乘的，心法精髓才是上乘，守住了心法，招式就可以随心而变，不必拘泥。"阿捷站起身，来了一招白鹤亮翅，"看我这招敏捷版的白鹤亮翅如何？"

"您这叫野鹅乱跳！"赵敏噗呲一声笑了出来！

"下面这条 Method matters...Practice doesn't 方法胜过实践。还记得《雷神 3》里的这个桥段不？奥丁的女儿海拉轻易就捏爆了雷神之锤，索尔灵魂出窍，一时仿佛看到他已故的父亲奥丁。他向父亲求助。奥丁说：'索尔，你是锤子之神吗？那锤子，是为了让你控制你的力量，让你更专注，它不是你的力量的来源，你才是'。"

真不愧是阿捷："必须记得！我懂你的意思啦！我们经常会得到锤子，锤子很重要，它是个开始；锤子又不重要，当你能够控制你的力量的时候。"

"是的！DevOps 原本就是偏实践层面的，有很多实践归纳，比如 Gartner 的 DevOps 模式和实践图，也称为'DevOps 地铁图'。"

"如果你只关注具体的实践，那就会只见树木不见森林，他们缺少彼此之间的关联和依赖，需要用方法将其串起来。"

"明白！这也是为什么一套辟邪剑法的剑招，缺了葵花宝典的心法，就稀疏平常沦为三流一样。"阿捷用手作势挥出一剑。

赵敏也来了兴致，假装用剑挡住，并回刺了过去，二人在客厅里比划起来。

∞ 本章知识要点

1. 朴素的 DevOps 价值观 1（BAT 模型）。

   - Business matters...Architecture doesn't 业务胜过架构
   - Architecture matters...Technology doesn't 架构胜过技术

2. 朴素的 DevOps 价值观 2（PPT 模型）

   - People matters...Process doesn't 人胜过流程
   - Process matters...Tool doesn't 流程胜过工具

3. 朴素的 DevOps 价值观 3（PMP 模型）

- Principle matters...Method doesn't 原则胜过方法
- Method matters...Practice doesn't 方法胜过实践

冬哥有话说

朴素的 DevOps 价值观之所以朴素，是因为这只是我们一个比较原始的想法，虽然经过了仔细推敲与提炼，但还需要时间的检验。称之为价值观，是因为觉得他们应该具有相当的普遍性；同时我们也希望，如果有幸真的可以逐渐形成价值观，它也应该是简单质朴的。

朴素的 DevOps 价值观涉及 9 个要素：业务、架构、技术、人、流程、工具、原则、方法、实践，这 9 大元素不能孤立的来看，是相辅相成，密切相关的。原则（Principle）背后，其实是人的思维模式（Mindset），而一堆人遵循同样的原则（Principle），就演化成了文化（Culture）。方法（Method）也好，流程（Process）也好，最终都由实践（Practice）通过工具（Tool）落地。

所有的元素都重要，缺一不可；但不要舍本逐末，需要了解什么是根因，什么是手段。技术、工具、实践，都是服务于方法和流程的，需要遵循核心的原则，最终的目的是为了商业的诉求，为了快速的价值交付。DevOps、微服务和容器的三剑客，也是方法、架构与技术与工具的极佳结合。

方法、实践、工具，都是形；原则、思维模式、人，才是根。

从实践（Practice），到方法（Method），再到原则（Principle），也是从照做（Doing），到思考（Thinking），再到追求（Being）的过程。Being DevOps 并非一蹴而就的事情，需要从实践做起，心里要有方法论，过程中始终严守原则。在落地 DevOps 的过程中，不能固守着那把实体的锤子，方法也好，实践也好，都只是达成目标的途径，而原则才是指南针。

没错，赵敏与阿捷对于"业务、架构、技术"的讨论是非常值得业界警醒的，DevOps 也并非只有 Web 应用、SaaS 或是开放平台才适用，我们听到太多传统银行的转型案例，主机开发的案例，技术并非 DevOps 的绝对先决条件。

技术圈总是喜欢追逐潮流，总是存在各种鄙视链。就像前一段看到的 PHP 与其他各种语言的互喷群；还有类似于容器编排技术，大家一窝蜂地从 Swarm、Mesos 向 K8s 迁移。技术永远不是第一位的，最新的未必是最合适的，不切实际地追逐最新的技术，会丧失了自我的思考和技术的积累。

📝 精华语录

第 40 章

华丽的 DevOps 原则

阿捷最近读了杨少杰的《进化：组织形态管理》一书，后记"何谓'道'？"读来颇有意思：

> "道"是对"管理"规律的理解，是一种理性认知，以抽象的形式存在。不同的理解形成不同的思想、理论，因此也就有了"道可道，非常道"的说法。一切根据和符合于"道"的思想对管理实践起促进作用；反之，则会起阻碍作用。

与低调做人，高调做事类同，DevOps 落地需要先在价值观上形成一致，讲的是有所为有所不为，因此是低调而朴素的。毕竟价值观决定行为方式。人的价值观决定一个人的行为和决策模式，宇宙的价值观决定宇宙自身在时间和空间中的运动方式。正所谓"道不同，不足以为谋"。

"法"是指导如何做事，是价值观背后应该遵循的基本原则，必须是高调而华丽的。那 DevOps 的原则又该如何定义呢？阿捷与赵敏讨论了一轮又一轮，觉得无论

CAMLS，还是 CAMLR，都有些虚，不如敏捷 12 原则那样接地气，决定另辟蹊径，总结出适合 DevOps 的 10 大原则。

1. 遵循第一性原理　（Follow the First Principle）

现有的创新想法，往往是采用类比设计的方法，例如银行创新，想的还是如何将线下的网点业务，搬到线上，搬到手机端，而整个过程依然是遵循银行现有的方式和流程。例如依然需要有一张银行卡，需要有密码输入，必要时还得去线下网点开通业务。这不叫创新，顶多叫创意。

类比设计的基本思想是，通过技术和工程能力的提升，用更快、更好的方法来解决问题；但类比设计最大的问题在于被原有的方式束缚，所以只是积累小的进步，而无法达成革命性的改变。

特斯拉公司的 CEO 马斯克信奉"第一性原理"（First Principle），第一性原理原本是量子力学中的一个术语，意思是从头开始，无须任何经验参数，只用少量基本数据（质子 / 中子、光速等）做量子计算，得出分子结构和物质的性质，这最接近于反映宇宙本质的原理，被称为第一性原理。马斯克说："我们运用第一性原理，而不是类比思维去思考问题；在生活中我们总是倾向于比较，别人已经做过的或者正在做的事情我们也都去做，这样发展的结果只能产生细小的迭代发展。"

与类比思维不同的是，第一性原理强调回归问题的本质真相，回归设计的初心，而不是如何更好地实现现有的方案；第一性原理的思维方式强调独立思考，而不是人云亦云。

- 我们要的不是一匹快马，而是一辆汽车（福特）。
- 我们要的不是更好音质的音乐播放器，而是要将几千张 CD 装进口袋（iPod）。
- 我们要的不是通话品质更清晰的手机，而是随时随地连接世界的入口（iPhone）。
- 我们要的不是去拥有一辆单车，而是便捷的交通（优步，摩拜单车）。
- 不是更快、续航能力更强的电动汽车，而是制造超级充电网络、太阳能充电站、自动驾驶系统、在线升级系统，最终呈现出极致的用户驾乘体验。

第一性原理就是要从最基本的原理，引出更深层次的思考，摆脱现有方式的束缚，摆脱类比的方法，去直击根源的诉求，从而用最佳的方式解决核心问题。第一性原理就是"勿忘初心"，从头开始，思考如何最优化地解决一个问题，而不是从即有的产品或方案出发。

从零开始打造一个产品并非易事。即有的知识背景，会变成包袱，需要消除知识的诅咒，一秒钟变小白，需要真正的穿着用户的靴子去思考问题。良好的应用设计思维，就是遵循第一性原理的体现。

克里斯坦森的《创新者的窘境》一书中归纳的"失败框架"说，你很难通过改善"延续性技术"打败大企业，只有"破坏性技术"才能通过截然不同的价值主张，颠覆大企业的商业模式根基。延续性技术一定会发展到过度满足市场的需求，从而饱和，发展停滞。延续性技术，就是类比设计的模式，而破坏性技术所遵循的，就是第一性原理。

以第一性原理作为十大原则之首，不仅因为第一性原理就是 the First Principle，还因为它是商业模式探索，颠覆式创新，破坏性技术产生的根本；而敏捷与 DevOps，原本就是为商业 / 业务服务的；从业务来，到业务去，完整的闭环才是广义的敏捷与 DevOps。

2. 采纳经济视角（Take an Economic View）

采纳经济视角，是 SAFe 的 9 项原则的首条。来源于 Don Reinersten 的《流式产品开发》（*Product Development Flow*），他说："你可能会忽略经济，但经济不会忽略你。"Roger Royce（瀑布开发模式是其父提出的）是软件经济学的奠基者，他提出了一整套软件经济学的理论。事实上，软件开发的过程，就是用有限的投入，产出预期的回报，这原本就是经济的范畴。

敏捷软件开发过程，也同样存在很多与经济相关的话题与实践。

- 需求的优先级排序，是软件经济学的体现。将资源投入在哪些需求上，是价值比较的体现。

- Don 用 WSJF 加权最短作业优先的算法为依据进行需求排序，是综合考虑业务价值、延迟成本、风险、投入成本等因素进行评估的方法。

- 传统项目管理中，范围管理、时间管理、成本管理、风险管理、人力资源管理和采购管理等过程域，都是经济范畴的体现。

- 增量式的价值交付，价值快速变现并持续积累。

- 同时获取反馈，对于无法创造价值的需求，尽快地止损，忽略沉没成本，调整方向而不再纠结于已投入的成本。

消除浪费是精益软件开发中，最为重要的一个原则，是其他精益软件开发原则的基础，也是目的所在；而经济效能的出路，通常就是开源与节流，消除浪费就是节流的体现。

- 任何不能为客户创造价值的事物都是一种浪费。

- 传统制造业中的浪费有：闲置的零部件，不需要的功能，交接、等待，额外的工序，产生的缺陷等。

- 对应到软件开发中的浪费有：部分完成的工作，多余的过程，额外的特性，任务切换，等待，移动，缺陷。

- 要消除浪费，首先需要识别浪费，并揭示出最大的浪费源泉并消除它们。

软件开发中，存在增值与不增值的活动。

- Winston Royce（温斯顿·罗伊斯）提出，所有软件开发的基本步骤是分析和编码，其他的每一个步骤都是浪费。

- 对于端到端的研发过程而言，只有前半段的分析与编码过程是价值产出的过程，是创造性工作，无法强调效率或是要求缩短时间。

- 后半段的编译、构建、测试、部署、上线等，都不增加额外的价值，这些过程，称之为必要的非增值过程，是有必要强调效率的，如果条件允许，应该交由机器和工具进行自动化执行。

技术债务也是软件经济学的体现，债务原本就是将经济用词隐喻到软件研发。前面章节中将创业过程与贷款买房进行类比以及 Kent Beck 的 3X 模型，都是在价值收益、投入成本，与背负债务之间进行平衡，此处不再赘述。

3. 拥抱成长型思维 （Embrace a Growth Mindset）

美国心理学家 Carol Dweck（卡罗尔·德威克）在《终身成长》一书中提出了两种思维模式。

- 固定型思维模式的人，认为自己是最聪明的人，在面对挑战时，选择那些能明确证明自己能力的任务，而放弃那些可能会导致失败却能开辟一片新天地的任务；
- 成长型思维的人却与之相反，他们具有好奇心、乐于接受挑战，喜欢在挑战和失败中不断学习和成长，喜欢在不确定中胜出。
- 固定型思维认为人的才能是不变的，在这种思维模式下，人表现出来的是自己的智力与能力，把已经发生的事作为衡量能力和价值的标尺。
- 成长型思维认为，人的能力是可以通过努力而获取，人的先天的、以及当前的才能、资质各有不同，但都可以通过努力、学习与经历来加以改变。

两种思维模式，对待成功与失败的方式不同，在成长型思维模式下，会从失败中学习。

- 不仅不会因为失败而气馁，反而会认为自己是在学习。
- 将挫折转变为未来的动力。
- 勇于敞开心扉去迎接新的变化和想法。
- 从失败和挫折中收益，让自己变得更为强大。
- 成长型思维，也是反脆弱原则的体现。

这两种思维模式，也会同样体现到组织层面。

原则不是规则，原则比规则重要。遵循规则是固定型的思维模式，认为遵循规则就能够成功的，就像货物崇拜。如果去探索遵循规则背后的心理，应该是期望安全；缺什么补什么，事实上是缺乏安全的表现。遵循规则最后失败了，可以推卸责任，容易向领导交代。当发现组织中所有人都跟着规则走，而不是遵循原则，朝着组织的目标去努力做得更好，就要认真考虑，这种文化到底是怎么形成的。当我们都喜欢跟随规则时，组织的症状就已经比较严重了，因为这是大家怕担责。我们要质问为什么形成了跟着规则走的文化，为什么不鼓励追求更大的目标的文化。

拥有成长型思维模式的领导者，对于尝试、探索与失败更加包容。无论是看待自己、他人，还是组织，他们都相信具有发展潜能；拥有成长型思维的领导者，善于构建一个充满信任、摒弃评判的学习氛围，"我会来教你""你努力试试"，而不是"让我来批判你的能力"。只有在安全的氛围下，人们才会彰显个性，会乐于暴露问题；缺乏安全的环境，人们会趋同，从众。

4. 采用系统思考（Use System Thinking）

库尼芬（Cynefin）模型是 Dave Snowden（戴夫·斯诺登）在知识管理与组织战略中提出的，用于描述问题、环境与系统之间的关系，说明什么环境，适合使用什么解决方案。如下图所示，我们周边的系统，大多属于复杂系统，起因与结果，只有关联关系，没有直接的因果对应。换而言之，同样的事情做两次，结果未必相同。

美国心理学家斯金纳（B.F.Skinner）是一代心理学宗师，也是行为主义的旗帜性人物，他在1948年曾经发表了一篇广受关注的论文，解释鸽子如何在实验环境下变得迷信。斯金纳将8只鸽子分别置于彼此独立的8个箱子内，箱内设有机关，每隔15秒就会有食物落下给鸽子喂食。几天之后，两位观察者分别记录了这8只鸽子的行为。他们发现，这8只鸽子中有6只都在行为上出现了明显的变化，比如，有的鸽子会刻意地逆时针转圈，而有的则会反复地用头部撞击箱子的某个角落，还有的会将自己的脖子反复抬升，似乎在抬起某个不存在的杠杆，而这些行为在实验开始之前都是未曾被观测到的。斯金纳对这个现象的解释是，鸽子误以为是自己的某种行为导致了食物的出现，而这种因果关系其实并不存在。

复杂系统中局部到整体系统的关系，并非简单的 1+1=2 的因果关系，也无法从局部行为来解释或推测系统行为；人类至少在当前，是无法理解和解读复杂系统的行为表现，试图用因果关系来解释复杂系统的，就像斯金纳实验中的鸽子一样。

传统泰勒的科学管理理论，是还原论的思维模式，即由局部个体，来推论出整体系统的行为。这对于相对简单的机械生产系统而言，是奏效的，但对于复杂系统，并不适用。

当个体众多时，系统的行为会表现出一个涌现的过程；个体简单的蚂蚁，汇聚成蚁群，只需要极其简单却有效的指令，就可以做出精巧复杂、充满智慧的事情。蜂群也是如此，蜂巢是最完美利用空间的建筑，蜂舞是最高效的沟通，蜂群的分工与蜂群大小的比例如此合理，而单一蜜蜂的智力却并不高，即使是蜂后也只是选择的结果而非基因的使然。人的大脑神经元也很简单，上千亿个神经元汇集在一起，就形成了人类体的智慧和意识，其中的潜能至今没有完全挖掘。

智慧是涌现出来的，创新也是。涌现是量变到质变的过程。涌现的前提，第一要求数量；第二要多样性；不僵化，不盲从，才是创造力的来源。

管理学大师彼得·圣吉在《第五项修炼》一书中讲述了创造学习型组织的五项技术，其中的第五项修炼就叫系统思考；第五项修炼是最重要的一项，也是创建学习型组织的基础。

- 软件研发的对象，软件系统与解决方案，是一个复杂系统。
- 软件研发的过程本身，是一个复杂系统。
- 软件研发的主体，研发组织，也是一个复杂系统。
- 精益软件开发中，可视化价值流的过程，提供了一个系统的方法来审视产生价值的过程。
- 价值流图（Value Mapping），将系统的边界、系统自身以及系统内部与外部的交互过程可视化出来。
- 这一过程，是一个整体的价值流动，而不是局部行为体现。
- 通过识别价值流动中的阻塞点，从系统角度来进行整体优化，而不是从单点的角度进行局部的优化。
- 约束理论告诉我们，在任何价值流中，总是有一个流动方向，一个约束点，任何不针对此约束点而做的优化都是假象。

- 可视化意味着把价值流动，以及问题都显示化出来，暴露问题，而不是遮掩；解决问题，而不是追责。
- 思考组织如何避免再次发生，而不是讨论如何惩罚个体。

综上所述，采用系统思维，不只是运用《系统思考》一书中的 CLD（因果回路图）那么简单，更需要与 VSM（可视化价值流）、WIP（限制在制品）和 TOC（约束理论）等实践结合，提供安全不问责的企业文化，从整体进行优化而不是做局部的改善。

5. 让价值流动 （Let the Value Flow）

流动才能创造价值，体现价值。

水的流动，商品的流动，金钱的流通，信息的流动，流动起来才有价值，没有流动的就只是潜在可能的价值，无法兑现。这就像固定资产一样，在北上广，手握一两套房产，号称过千万的身价，可真正能流动起来兑换成现金的又有几个？千万身价都是伪命题，中年人的压力才是真话题。

水往低处流，是势能使然，也是一滴高山上的水价值交付的过程，价值必须通过流动体现。研发的过程，同样是一个价值交付的过程，更是价值流动与交付的过程。

精益方法中第一条就是价值流分析，即分析价值在端到端的流动。这里面，第一强调的是端到端，完整的价值闭环；第二强调可视化，暴露问题，去除阻塞；第三，持续改进，在价值闭环前提下，进行全局的持续优化。这一过程，是价值流动，价值反馈，不断循环迭代创新的过程。

大禹治水，不是堵而是疏通，水灾堵是堵不住的，只能顺其自然，适当引导，让水的势能释放出来。

产品价值交付过程中我们要做的也是去消除阻塞，发现问题进行疏通，而不是人为设置层层的管控，有交通灯的地方往往更容易造成交通堵塞，研发过程也是一样。

要持续识别并消除开发中的约束点，常见的约束点以及相关建议如下。

- 环境搭建的约束点，采用基础设施即代码的实践，应该让环境搭建与配置的过程自动化、版本化，提供自服务平台，使能开发者。
- 代码部署过程的约束点，采用自动化部署实践，利用容器化与编排技术，让应用部署与运行的过程呈幂等性。
- 测试准备和执行的约束，采纳自动化测试实践，分层分级的进行测试，针对不同的阶段，建立不同的测试环境，设置不同的测试目标，建立不同的反馈闭环。

- 紧耦合的架构往往会成为下一个阻塞点，要进行架构解耦，采用松耦合的架构设计，将重构等实践纳入日常的技术债务清理过程，演进式的采用服务化、微服务化的架构。

组织和人也会成为最大的阻塞点。一切的过程都与人有关，有人的地方就有江湖；要建立全功能、自组织、学习型的团队，进行分布式、去中心化的决策机制；调动员工的主观能动性，激发知识工作者的内在动力；而领导者是其中的关键，任何组织的演进，都不是自下而上能够完成的。戴明说过，系统是必须进行管理的，它不会进行自我管理，只有管理者才能改变系统。

所以，想要让价值顺畅流动，需要采用系统思维。

6. 赋能员工（Empower the People）

管理 3.0 里有一套授权模型，根据员工的能力以及决策的影响程度来决定使用哪种程度的授权。从一级到七级依次为告知、兜售、询问、同意、建议、征询、授权。

默认为放权。除非必要；授权事实上是一种对员工的投资，无论是能力还是心理上，这就像对孩子，不放手永远学不会走路。投资员工像是种地，你是想要立即收割，还是让庄稼再长一会儿？做一个园丁式的领导，缔造员工生长的环境，维系组织的氛围，尝试让员工放飞一下，你会收获不一样的惊喜。

需要注意的是，员工赋能（empowerment）与授权（delegation）并不完全是一回事。员工赋能强调的是决策力赋予和自主管理导向，并让客户得到更好的直接服务与体验。而员工授权则是管理者将工作分配至下属，从而将经理人从事无巨细的微观管理中解放出来。

赋能是赋予他人能力，相信员工，不断的锻炼员工的能力，不断地完善组织架构。赋能就是让正确的人去做正确的事，甚至可以不是正确地做事，也可以不一定是正确的事。要给员工空间，让他们勇于去尝试不同的做法，哪怕你预先知道这并非正确的做事方式，以及并非是正确的事，但在可控的前提下，给他们尝试的机会。没有跌倒过，又怎么能学会走路，甚至是跑步呢？

杰克·韦尔奇说过，在你成为领导者之前，成功同自己的成长有关；在你成为领导者之后，成功都同别人的成长有关。

- 领导者是通过别人的工作，来体现自己价值的人。
- 领导者要关心自己的下属和他们的工作，当员工不顺的时候你要成为他的后盾，要建立互信的倾听，对下属要有同理心。
- 领导者应该有勇气，敢于做出不受欢迎的决定，说出得罪别人的话，以保护团队；
- 领导者要保持好奇心，同样要保护员工的好奇心。
- 勇于承担风险、勤奋学习、成为表率。
- 要学会庆祝，抓住一切庆祝的机会，庆祝每一个小的胜利（Small Win）。

肯特·贝克（Kent Beck）说过，好的决策来自经验，经验来自坏的决策（Good decision comes from experience, experience comes from bad decisions）。"我们可以找有经验的人来，避免犯错，但这种人很少；我们也可以找没有经验的人，通过鼓励他们在工作中不断尝试，不断犯错，缩短反馈周期，降低犯错的成本，来增长经验，避免更大的错误。"

赋能就是放手让员工去不断尝试，不断犯错，从中获得"反脆弱"的能力，以"成长型思维"来看待员工。

7. 暂缓开始，聚焦完成（Stop Starting，Start Finishing）

一个需求，只有被交付的那一刻，其价值才会被体现出来，未能交付发布的都是在制品，都是库存，只是占用资源而未能产生价值，可能是潜在的价值，也可能是纯粹的浪费。

传统生产制造业中，库存是明显可见的，哪里有堆积，哪里有停滞一目了然。而软件研发中的库存却是不可见的，所以精益软件开发中，第一步就是可视化价值流，将库存、停滞、瓶颈等显性化，解决问题的第一步就是暴露问题。

类比交通，疏通道路阻塞的唯一办法就是加速让已经在路口的车辆离开，而减少路口中车辆的通往，这个道理显而易见；而往已经阻塞的项目里不断填充任务，只会让它更加阻塞，这个道理很多人却意识不到。

对于交通，我们看的是车速，看的是是否拥堵，而道路的使用率，永远不是最关心的。反观软件研发，关注资源利用率同样也是无效的，核心是看价值有多快的流过交付，所以我们会考核前置时间，相比起来，并行工作量则不是越大越好。要聚焦在快速完成工作，而不是最大化填充管道。

可视化价值流，将价值流动显性地体现在看板上；然后通过限制在制品，让所有人聚焦去完成在制品的工件，避免被上游推动而干扰；进而暴露出瓶颈点，逐步解决并发现下一个瓶颈点。增加交付管道的流速，最终也将增加流量，而不是反过来。

与武侠小说不同的是，软件研发中，是一寸短，一寸强；一寸长，一寸险；与武侠小说相同的是，软件研发中，也讲究"天下武功，唯快不破"。

试问，大卡车与小汽车，你认为哪个更快，哪个比较危险，哪个破坏力大？答案是显而易见的，所以要减小批量大小。

有很多实践体现了减小批量大小的思想。

- 比如需求，我们有不同大小类型的需求，Epic、Feature、Story，分别以月、周、日计量，优先级越高的需求，越放在产品待办列表的顶端，越要清晰可测并且大小适中。过大的需求进入到迭代中，会造成估算严重偏差，占用过多资源，流动缓慢，一旦延迟造成的破坏巨大，所以需求要大拆小。
- 再比如架构，单体的架构，牵一发而动全身，编译、构建、测试、部署等耗费的时间以及资源都大，而且无法独立部署与发布，无法满足按需求发布（Release on Demand）的快速要求；所以此时需要进行架构解耦，服务化、微服务化；
- 持续集成，持续部署，小团队，短的迭代，快速反馈等，也都是体现了减小批量大小的思想。
- 小批量能产生稳定质量，加强沟通，加大资源利用，产生快速的反馈，从而进一步加强控制力。
- 大的批量，会造成在制品的暴涨，因为每项工作占用的资源以及时间都长，同时也会导致前置时间增加，从而加长了反馈环路，导致问题无法及时发现。
- 大的批量交付，会增加发现问题的难度，导致产品质量下降。
- 小批量能够快速流过价值交付管道，从而减少在制品，降低库存，从而进一步降低资源占用。

- 前置时间更短，可以更快地完成价值交付闭环，快速获得客户反馈，在提升客户满意度的同时，提高产品的整体质量。
- 每个批量所涉及的修改较少，出现问题时可以快速定位，错误检测更快。
- 小的批量也使得分层分步的进行测试更为便利，整体返工减少。
- 快速交付价值，可使业务发生变化和调整时，船小好调头，可以更加灵活机动的调整方向。

完成的越多才交付越多，而不是开始越多交付越多；效率高低不取决于开始了多少工作，而在于完成了多少；让价值流动起来，而不是让任务多起来；要聚焦于完成，而暂缓开始。

8. 构建反脆弱能力 （Build Anti-Fragile Capability）

我们当前处在一个VUCA的时代，世界的"脆弱性"正在日益凸显，如何在充满变数的世界里，应对这些未知的挑战和风险？

免责的事后回顾，安全的企业文化，成长型思维，从失误中获益，这都是反脆弱的核心体现，也是反脆弱的思想来源。

免责文化给了员工安全感。员工在犯错误时难免心虚，自责，第一直觉会是掩盖，这不是我的错，考虑要不要让别人知道。组织者应当为个人营造一个安全、免责的"认错"机制只有通过真实的，触动人心的真实案例，才会让犯错的人，能够正视错误，经过全面的分析，成为日后这个事件领域的专家。

要在生产环境中主动而不是被动地注入故障，来训练并获得恢复和学习的能力；避免失效的主要方式就是经常失效，由此训练可恢复（Resilience）的能力。

需要注意的是，在生产环境中注入故障，要以安全为前提，以特定和受控的方式发生，我们要的是可恢复和学习的能力，而不是真的去毁灭一个机房。

- 痛苦的事情反复做，定期执行以确保系统经常正常失败；
- 根据墨菲定律，会出错的总会出错；
- 根据库尼芬（Cynefin）模型，我们所处的环境是一个复杂系统，是无法预知也没有简单的因果关系成立的；
- 唯一的应对就是训练自己以及组织的反脆弱性，可恢复性，以便能够以常规、平常的方式处理紧急事件。

我们所架构的系统本身也是一个复杂系统：

- 我们要为失败而设计（Design for failure）；
- 基于云计算的系统设计，是在一个不可靠的 x86 集群环境下，去构建系统的可靠性；所以底层的基础设施天生就是会出错的，要训练系统在失败中重生的能力，而不是试图去建立一个不会出错的系统；
- 我们无法防范所有的问题，这就是常说的安全系统 I 型与安全系统 II 型的区别，前者是试图发现尽可能多的，甚至是消除错误的部分，达到绝对的安全，这过于理想，不可实现；
- 所以我们推荐的是后者，弹性安全，尤其是适用于云化的场景，允许错误发生，我们追求的目标是快速恢复的能力。

2014 年 DevOps 现状报告显示，高效能 DevOps 组织会更频繁的失败和犯错误，这不但是可以接受的，更是组织所需要的。

- 要建立公正和学习的文化，需要建立可恢复型组织，团队能够熟练地发现并解决问题。
- 在整个组织中传播解决方案来扩大经验的效果，将局部经验转化为全局改进，让团队具有自我愈合的能力。
- 构建学习型组织，将每一次的故障、事故和错误视为学习的机遇。
- 重新定义失败，鼓励评估风险。

9. 按节奏开发，按需求发布（Develop on Cadence, Release on Demand）

DevOps 的目标是可持续地快速交付高质量的价值，只是简单的快是不行的，还需要在质量上达到平衡，同时需要是可持续的。

我们常把软件开发过程比喻为长跑，在长跑过程中，节奏是很关键的事情。

- 按节奏开发，保证价值的可持续交付，是技术领域的事。
- 按需求发布，则是业务领域的决策：什么时候发布，发布哪些特性，发给哪些用户。
- 发布节奏不需要与开发节奏完全一致，开发团队来保证环境和功能是随时可用的，由业务来决定发布策略。
- 节奏帮助开发团队保持固定的、可预测的开发韵律，目的是为保障价值的交付能够顺畅、频繁且快速的通过整个价值交付流水线。

- 使用定期的节奏可以限制变化累积。
- 可以让等待时间变得可预测。
- 通过使用定期的、短的节奏，来保证小批量。
- 通过可预测的节奏来计划频繁的会议。

什么叫持续交付？什么样的频度算是持续？一周一个版本还是一天多个版本？这要视不同类型的产品来决定。

在类生产环境验证之后，有两条路径。一条是传统的软件模式，部署到生产环境。商业软件产品的客户交付过程，就意味着发布给最终客户，那么这里需要有一个业务的决策过程，是否可以将特性交付给最终客户。

另一条是通过技术解耦的手段，实现即使是部署到了生产环境，也并不意味着发布给了最终客户，例如特性开关和黑启动（Dark Launch）。相较于第一种，这个业务决策过程相对灵活一些。

以上两条路径，均需要技术手段来支撑，从而实现将特性先行发布给一部分用户，以及功能对用户是否可见。

所以，按节奏开发，是从技术层面对业务的保障，通过功能开关、黑启动等能力，赋能给业务进行发布决策；理论上讲，并非每一个功能都需要发布给每一位用户，而是根据不同的业务环境，来决定哪些功能需要发布，对哪些用户进行开放。发布决策，由业务团队来做。而技术团队需要提供高效的交付能力，并保持随时可发布的版本状态。业务团队可以灵活地进行 A/B 测试，做灰度发布，按不同人群发布不同功能；这是典型的技术赋能业务的场景，也是敏捷和 DevOps 的终极目标。

低风险的发布，按需求的发布，让特性发布、目标人群、发布节奏，成为业务和市场决策，而不是技术决策。

- 通过金丝雀发布，可以小批量的选择环境进行试验，待金丝雀验证通过再发全量。
- 通过滚动发布，可以使得这一流量切换过程更加平缓，一旦出现问题，可以自动回退。
- 使用特性开关，可以保证应用上线后，由业务人员根据场景进行决策，在控制中心打开新功能开关，经过流量验证新功能。
- 特性开关将部署与特性发布解耦。结合基于环境和用户群的蓝绿或是滚动发布，可以实现对不同的用户群进行不同功能的投放，实现 A/B 测试，进一步增强了假设驱动开发的能力，可以基于不同的假设路径，进行快速灵活的发布验证。

要实现部署与发布解耦，需要代码和环境架构能够满足以下条件。

- 特性发布不需要变更应用的代码。
- 解耦部署和发布，可以提升开发人员和运维人员快速部署的能力，通过技术指标衡量。
- 产品负责人承担发布成功与否的责任，通过业务指标衡量。
- 按需部署，视技术的需要进行部署，通过部署流水线将不同的环境进行串联，设置不同的检查与反馈。
- 按需发布，让特性发布成为业务和市场决策，而不是技术决策。

"黑启动已经让每个人的信心达到几乎对它冷漠的程度……大家根本就不担心……我不知道，在过去 5 年里的每一天中，发生过多少次代码部署……我根本就不在乎，因为生产环境中的变更产生问题的概率极低……"，约翰·沃斯帕（John Allspaw）在 Flickr 担任运营副总裁时说了上述的话。由此可以看出，技术能够对业务提供极大的赋能。

如果我们能做到每天几十次的部署到生产环境，那么每次的变更又能有多大，一个月一次的版本，发布的时候的确需要严格审核；一天几十次呢？不难想象，此时的业务决策该有多简单，甚至可能不需要决策过程，这就是技术能力赋能给业务决策的体现，也是精益中强调小批量的原因。

按节奏开发，按需求发布，字面背后的含义，几乎是敏捷与 DevOps 核心理念的代名词。将技术与业务解耦，让技术来赋能业务，彻底打通两者之间的竖井，实现让技术释放业务的巨大潜能。让发布不再是痛苦两难的选择。频繁发布能建立起团队内部的信任，开发团队与业务团队之间，以及开发团队与运维团队之间的信任。

10. 以终为始 （Begin with the End in Mind）

做事的准则是什么，取决于目的是什么。我们应该看到目标，然后朝着目标前进，目标就像是一座灯塔，指引我们行事的航向。史蒂芬·柯维在《高效能人士的七个习惯》中提出，以终为始，就是我们应该以原则为中心，指导我们的规划，并始终牢记这座灯塔的位置，使自己不至于偏离航向。

"第一性原理"，类似于我们平常说的"透过现象看本质"，与"以终为始"异曲同工；

就是让我们把目光从那些表面的事和别人做的事情上挪开，做任何选择和决定都从事物最本质之处着眼，并且在做的过程中，以最根本的那个原则为参照点，不断纠偏，直到达成目标。

经常有人问，在敏捷与DevOps中，持续集成应该怎么做？自动化测试应该怎么做？其实，那些都是解决方案域的东西，应该回归初心，回到问题域。很多人在还没有搞清楚讨论的是什么问题，就急着去寻找答案。开始敏捷与DevOps实践之前，你要想清楚，需要解决的是什么问题，而不是去问，我应该采纳什么实践。

不探求具体问题，直接问询解决方案，这就好像直接去找医生说"给我开这种药"；其实，你应该先弄清楚自己得了什么病，然后再判断应该吃什么药。

此外，实践的目的是为了解决问题，而不是拿着一个锤子到处敲。我们经常能得到一把锤子，锤子很重要，它是你聚力的方式，通常适用于解决特定的问题，但并非适用于所有的问题。"圣诞节收到一把锤子的孩子会发现所有的东西都需要敲打"，了解一个DevOps实践的同学喜欢到处应用。只是在你用锤子敲打之前，先搞清楚被敲打的是不是钉子。

敏捷与DevOps中，同样有很多的实践，体现了以终为始的原则。

- 例如敏捷宣言强调客户参与，因为我们一切形式的目的，都是为客户服务。
- 精益软件开发中强调价值的顺畅流动，因为只有流动起来，才能产生价值，才能快速交付价值。
- 暂缓开始，聚焦完成，只有完成发布与交付，才能最终创造价值，才是对用户可见的。
- DevOps中强调的持续反馈，持续优化，形成反馈闭环，因为只有获得最终用户的反馈，才知道我们做的是否是正确的事。
- 测试要前移，为了尽快获取反馈，应该让测试人员在更早的阶段介入，加入验证的手段；测试还要后移，要在产品发布上线以后，依然进行相关的测试和验证活动。
- DoR与DoD，只有定义了就绪的标准，以及完成的标准，将需求分析与开发工作的目标在团队内达成一致，并显性地公布出来，这就是需求与开发活动的指路明灯。

仔细品味这十大原则，阿捷意识到，方法也好，实践也好，都只是达成目标的途径，不能固守着那把实体的锤子，以终为始，把原则作为航行的指南针，就会事半功倍。

8 本章知识要点

1. 朴素的 DevOps 价值观是道，是根本；华丽的原则是法，是实现价值观最根本的战略、方法、指导方针、思路；具体的敏捷与 DevOps 实践，是术；器，则是各类落地工具。

2. CAMLS 是指 Culture（文化）、Automation（自动化）、Lean（精益）、Measurement（度量）、Share（共享）。

3. CAMLR 是指 Culture（文化）、Automation（自动化）、Lean Flow（精益流）、Measurement（度量）、Recovery（恢复）。

4. 第一性原理就是要从最基本的原理，引出更深层次的思考，摆脱现有方式的束缚，摆脱类比的方法，去直击根源的诉求，从而用最佳的方式解决核心问题。第一性原理就是"勿忘初心"，从头开始，思考如何最优的解决一个问题，而不是从即有的产品或方案出发。

5. 采纳经济视角，是 SAFe 的 9 项原则的首条。

6. 成长型思维认为，人的能力是可以通过后天努力而获取；

7. 智慧是涌现出来的，创新也是。涌现是量变到质变的过程。涌现的前提，第一要求数量，第二要多样性。碰撞，不盲从，往往是创造力的来源。

8. 流动才能创造价值，体现价值。

9. 戴明说过，系统是必须被管理的，它不会进行自我管理，只有管理者才能改变系统。

10. 授权事实上是一种对员工的投资，无论是能力还是心理上，这就像对孩子，不放手永远学不会走路。

11. 员工赋能（empowerment）与授权（delegation）并不完全是一回事。员工赋能强调的是决策力赋予的自主管理导向，并让客户得到更好的直接服务与体验。而员工授权则是管理者将工作分配至下属，从而将经理人从事无巨细的微观管理中解放出来。

12. 完成的越多才交付越多，而不是开始越多交付越多；效率高低不取决于开始了多少工作，而在于完成了多少；让价值流动起来，而不是让任务多起来；要聚焦于完成，而暂缓开始。

13. 痛苦的事情反复做，定期执行来确保系统经常正常失败。

14. 按节奏开发，是从技术层面对业务的保障，按需求发布保障用户利益的最大化。

15. 要探求具体问题，而非直接问解决方案。

 冬哥有话说

实践是死的，人是活的，必须根据具体情况灵活处理；别人总结的实践需要吸收、消化和提炼，最终形成自己的实践。

实践是相对灵活多变的，根据不同的企业、不同的团队、不同的产品形态，以及不同的成熟度时期，需要灵活适配，所依据的标准就是原则。

复杂环境下，同样的实践做两次，未必能获得同样的结果；所以在复杂环境下，没有最佳实践只有最适合的应用；在复杂环境下，适用的实践是浮现出来的；只有通过探测，再适当地做出响应。

没有普遍适用的实践，需要特殊情况特殊处理，决定动作有没有走形，决定是否遵从敏捷与 DevOps，还是要看是否遵循核心的原则。

瑞·达利欧说："我一生中学到的重要的东西，是（过）一种以原则为基础的生活。"每当需要做决定时，我们就应该这样问自己：对这样的情况，我的原则是什么？在进行敏捷和 DevOps 决策时，也要问自己："对这样的情况，我遵从的 DevOps 原则是什么？"

📝 精华语录

第 41 章

超越 DevOps，更要 DevSecOps

"快去拼少少 App 里薅羊毛！"深夜 12 点，多个微信群里开始刷屏这样的消息。阿捷笑了笑，没有当一回事，毕竟自己连拼少少的 App 都没下过。哪知道，第二天的头条新闻，居然就是拼少少平台因为系统漏洞被用户"薅羊毛"，一夜之间损失 200 多亿的消息。不少用户通过该漏洞仅花费几毛钱即可获取 100 元无门槛优惠券，再通过优惠券去购买商城内的商品，有网友表示通过优惠券已为手机充了近 10 年的话费。

阿捷不禁想起，一周前他和赵敏登录民宿预订平台爱彼迎（Airbnb），准备预定圣诞节去法国霞莫尼滑雪的住宿时，在其 iOS App 上的付款方式选择"人民币支付"时出现惊天的 Bug 价。订单价为 113.42 欧元的房子，用某宝支付变成了 113.42 元人民币，吓得阿捷没敢付款，生怕登录的是钓鱼网站。结果第二天就有新闻报，原来是爱彼迎订单结算系统出现了惊天大 Bug：在开始下订单时选择一个币种，最后结算时换个币种，订单金额的数字居然不会按照汇率变。听说有薅羊毛的老手，猛下狠手，11 万英镑的房子，结算时币种换为越南盾，最后用 Paypal 只支付了仅合 35 块人民币的 11 万越南盾，就直接入住了 11 万英镑的豪宅。

阿捷一时兴起，把头条下方推荐的"2018网络安全大事件盘点"打开扫了一眼，喔！看来还真是不少！

1. CPU 芯片漏洞

2018 年 1 月，国外某安全研究机构公布了两组 CPU 漏洞：MeItdown（熔断）和 Spectre（幽灵）。由于漏洞严重而且影响范围广泛，从个人电脑、服务器、云计算机服务器到移动端的智能手机，都受到这两组硬件漏洞的影响，引发了全球的关注。

2. Facebook 深陷丑闻，千万用户信息遭泄露

作为全球用户规模最大的社交应用，脸书的 5000 万用户信息被第三方公司 Cambridge Analytica 用于大数据分析，根据用户的兴趣特点、行为动态精准投放广告和资讯内容，甚至被怀疑利用数据预测用户政治倾向，成为间接影响总统大选的隐形黑手。

3. Fappening 2.0，看热闹背后的信息安全问题

艾玛·沃森（Emma Watson）和阿曼达·塞弗里德（Amanda Seyfried）等明星的私照遭大规模泄露，拉开了 Fappening 2.0 泄露的序幕。随后，安妮·海瑟薇（Anne Hathaway）、麦莉·赛勒斯（Miley Cyrus）和克里斯汀·斯图尔特（Kristen Stewart）等当红女星的私照也在国外知名论坛 Reddit、Tumblr 和 Twitter 疯传。这些泄露主要是因为黑客通过漏洞获取权限或利用钓鱼、社工等方法造成的。

4. Equifax，大规模数据泄露造成惨痛教训

2017 年，美国征信巨头 Equifax 曝出数据泄漏事件，高达 1.43 亿美国居民个人信息暴露，涉及姓名、社会保障号、出生日期、地址以及一些驾驶执照号码等。

5. 区块链平台 EOS 现史诗级系列高危安全漏洞

2018 年 5 月，360 公司 Vulcan（伏尔甘）团队发现了区块链平台 EOS（Enterprise Operation System，商用操作系统）的一系列高危安全漏洞。经验证，其中部分漏洞可以在 EOS 节点上远程执行任意代码，即可以通过远程攻击，直接控制和接管 EOS 上运行的所有节点。

看到这些，阿捷觉得后背发凉，回想起在几年前美国黑客大会上，几个黑客黑进某款
SUV 的车载系统，控制转向灯、车门开关和发动机转速与刹车的事情。

毕竟，现在的汽车工业正处于利用人工智能进行自动驾驶的快车道上，几乎所有的汽
车操作都将由中央计算机控制，为了让乘客能轻松驾驶车辆，主动避障、上下坡辅助、
自适应巡航、无钥匙开门和自动驾驶等新功能层出不穷，而几乎所有的功能都由车载
计算机控制。现代汽车已经从传统出行工具变成一个移动的数字平台，成为物联网设
备之一，其操作和安全的更新都会通过 OTA（空中传输技术）进行。

作为通信行业的老兵，阿捷知道，网络安全一直是车载系统 OTA 无法回避的话题，
随着软件升级的方式变得简单易用，潜在的后门漏洞丝毫没有变少，电影里面那些黑
客攻击并不都是虚构的，伪装软件并远程控制行车电脑（ECU）不是什么难事。作为
一个工业化的产品，汽车的网络安全牵扯到非常多的地方，硬件中行车电脑需要有相
关的安全模块来存放授权钥匙，软件中同样也要做钥匙的各种算法比对（例如 HASH
算法），同时还要保证各种 CAN（控制器局域网总线）信号的安全。同样，在最后
的生产线上，还要有一个在线认证中心类的服务器来加密软件。这一套庞大的链条，
需要投入很多的人力物力，也是目前摆在 OTA 面前很大的挑战。

若是 OTA 出现一次带有安全隐患的系统升级，即使是司机控制住了方向盘和刹车，
也可能造成严重后果。对黑客而言，只要侵入系统，就可以获取他想要的各种信息，
进而控制车辆。与其他利用 OTA 的设备不同，自动驾驶汽车更需要高安全性能的保障。
一个联网洗衣机若是出现错误，最严重的后果无非是衣服洗坏了，但汽车若是更新出
错，就可能是致命的。因此，OTA 在车辆中的安全性不允许出任何差错，而阿捷他
们最近在做的产品就是基于 5G 的 Sonar 车载系统 OTA 3.0。

阿捷看过相关的调查报告，75% 的安全漏洞发生在应用程序层，92% 已知的安全漏
洞存在于应用程序中。程序和软件已经成为漏洞爆发的主要平台。可以说，只要代码
编程是人为的，就一定会有漏洞，漏洞虽不能杜绝，却需要降低且提前发现修复。

DevOps 所带来的业务效率提升是毋庸置疑的，"每天十次部署""15 分钟从完成补
丁到上线"，这些已经逐渐成为业内很多企业用于评价开发和运维的新标准。IT 团队
被要求要快速频繁地交付服务。DevOps 在某种程度上成为一个推动者，因为它能够
消除开发和运维之间通常遇到的一些摩擦。

在发布越来越频繁的情况下，如何做到漏洞的提前发现和修复？如何防范软件应用带病上线，最大限度降低漏洞的产生呢？

阿捷向赵敏说出了自己的这些疑问，看着忧心忡忡的阿捷，赵敏二话没说，给阿捷推荐了一位专门做安全咨询的朋友 Vincent Chen。

在了解了阿捷的困惑和疑问后，Vincent 给阿捷普及了一遍 DevSecOps 的理念与关键进展后，阿捷顿时有了主心骨。

DevSecOps 能改变安全的尴尬处境

随着开发和运维角色合并为跨职能的 DevOps 团队，组织有机会在每个阶段构建安全性。软件安全性可以并且应该在整个软件开发生命周期（SDLC）中添加，为此新的术语 DevSecOps 也越来越得到更多人认知。

"我们已经采用了 DevOps，因为它已经被证明通过移除开发和运营之间的阻碍来提高 IT 的绩效，"（Reevess）说，"就像我们不应该在开发周期要结束时才加入运营，我们不应该在快要结束时才加入安全。"

"安全团队从历史上一直都被孤立于开发团队之外，每个团队在 IT 的不同领域都发展了很强的专业能力"，来自红帽的安全专家 Kirsten 认为。"为了能够做得更好，很多公司正在整合他们的团队，专业的安全人员从产品开始设计到部署、生产，都融入到了开发团队中，几方都收获了价值，每个团队都拓展了他们的技能和基础知识，使他们自己都成更有价值的技术人员。DevOps 做的很正确，或者说 DevSecOps，提高了 IT 的安全性。他们在整个 CI/CD 流水线中集成安全实践、工具和自动化来推进 DevSecOps。"

DevSecOps 作为一种全新的安全理念与模式，是从 DecOps 的概念延伸和演变而来，其核心理念：安全是整个 IT 团队（包括开发、运维及安全团队）每个人的责任，需要贯穿从开发到运营整个业务生命周期的每一个环节，这样才能提供有效保障。它提醒我们，保证应用程序安全，和创建并部署应用程序到生产中一样重要。

Garnter 的分析师大卫（David）认为，当今的 CIO 应该修改 DevOps 的定义，使之包括安全理念变成为 DevSecOps。DevSecOps 是融合了开发、安全及运营理念以创建解决方案的全新方法。其作用和意义是建立在"每个人都对安全负责"的理念之上，其目标是在不影响安全需求的情况下，快速执行安全决策，将决策传递至拥有最高级别环境信息的人员。

Synopsys 委托 451 Research 对 DevSecOps 的状态进行研究，如报告"DevSecOps 现状与机会（DevSecOps Realities and Opportunities）"中所述，只有一半的 DevOps 团队在其持续集成和连续部署（CI/CD）流水线中包含应用程序安全测试（AST）。DevOps 团队在 CI/CD 流水线中应用安全工具和最佳安全实践时，既面临挑战又面临机遇。自动化、速度、准确性和 CI/CD 集成对 DevSecOps 成功至关重要。

这说明，在开发周期中，如果安全策略的位置太靠后，与迭代设计和系统发布相协作时，它就不够迅速。这意味着，随着 DevOps 的推进，传统安全策略不再是一种有效的工作模式。作为安全从业者，要想能够提供更大价值，必须做出相应的改变，向左偏移。

关于应用程序安全测试（AST）集成到 CI/CD 流水线中的理想时间，67% 的受访者表示"当开发人员提交代码时"，44% 的受访者表示"在编码时动态执行"。但真实情况是，只有 50% 在开发人员提交代码时集成 AST，而只有 38% 在编码时动态执行。这意味着，很多公司都未能从源头上做好安全管控，未能最大限度防范漏洞的发生。

安全需要被添加到所有业务流程中，使用工具来发现缺陷，持续测试，提前发现安全问题。要达成 DevSecOps，需要高级管理层和董事会的参与，将信息安全作为业务运营的关键指标，方能在竞争日益激烈的低信任环境中，证明自己公司对客户的价值。

不只是 DevOps，更需要 DevSecOps

软件自动化和安全公司 Sonatype 针对 2700 多名 IT 专业人士进行的关于 2017 年 DevSecOps 社区的调查数据显示：

- IT 企业将 DevOps 做法描述为非常成熟或者成熟占比为 67%；
- 58% 的成熟 DevOps 团队将自动化安全作为持续集成实践的一部分。

Sonatype 副总裁表示，调查为 DevSecOps 社区反馈了一些消息，即 DevSecOps 已经发生。但也存在对 DevSecOps 怀疑或抵制的数据。调查发现一些企业仍在抵制 DevSecOps，58% 的受访者表示，安全性抑制了 DevOps 的敏捷性。

阿捷对 DevSecOps 仔细研究了一番后，收获还是很大的。阿捷觉得很有必要在公司内尝试一下 DevSecOps 的实践。

要想落地 DevSecOps，公司主管信息安全的首席安全官（Neo He）可是关键人物。作为 Sonar 公司初创元老之一，Neo 平时眉头紧锁，一副拒人于千里之外的样子。但阿捷仍然决定硬着头皮去找 Neo 聊聊，毕竟安全无小事，潜在问题越早解决越好。

没想到，阿捷刚起了个头，介绍了一些自己想在公司内部尝试 DevSecOps 的想法，Neo 立刻就把他手下几个安全部门的主管都叫过来旁听，毕竟 DevSecOps 已是大势所趋。经过一番激烈讨论，阿捷和 Neo 部门的几位主管梳理出了在戴乌奥普斯公司落地 DevSecOps 的十大原则。

DevSecOps 落地的十大关键原则

1. 重在改善而不是苛求完美

DevOps 需要通过细小、频繁的代码部署逐渐改善软件。但不幸的是，许多资深的安全专业人员很难达到这种认知，且无法根据风险对软件的安全性要求进行优先排序。

不要让完美成为阻碍前行的敌人。总是会有很多想做的，但是必须确定自己的最小可行产品（Minimal Viable Product，MVP）是什么，并将其对外发布，如此一来，才能收集到用来改善产品的反馈信息。这是一个迭代的过程，这一点非常重要！

2. 以客户为中心，业务优先

近 60% 的 IT 专业人士认为，安全性是 DevOps 敏捷性的抑制剂。

安全性对业务而言确实是一个问题，尤其是在市场竞争中对敏捷性越来越依赖和重视的今天。

想要把安全和业务产出结合起来，有时就如同把油和醋混合起来一样困难。因为安全专家考虑的是如何保护企业资产的安全，而业务人员关注的是如何冒险满足客户的需求以增加收入。这些原则性的差异会导致双方产生极大的摩擦。

而以客户为中心，可以协调业务与安全之间的关系，从而确保制定准确、完备的安全策略，同时也可以减少复杂性造成的风险控制障碍。此外，安全计划及产出可以适应客户需求和业务产出，其中的复杂性也可以通过自动化报告进行展示。

3. 将安全人员纳入跨职能团队

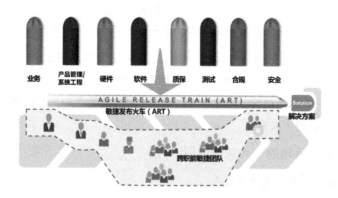

将安全人员纳入到跨职能协作团队中，才能更有效地促进合作，毕竟 DevSecOps 实践需要开发人员、运维人员和安全人员通力合作，目标一致，利益统一，才能站在对方的视角客观看待问题。具体到开发人员而言，不仅仅需要开发技能，还需要对运维及安全有所了解；对运维人员和安全人员同样，需要各自扩充不同领域的通用技能与知识。

安全人员想要在早期开发过程中实现保护代码的挑战，就需要真正地了解开发过程；安全专家要想成为开发人员更好的合作伙伴，与其抱怨开发人员忘记安全性，不如找到与他们更紧密合作的方法。

4. 将安全左移

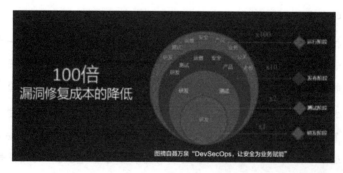

传统的安全人员通常被视作一个守门人，在开发流程结束时，检查所有的流程确保没有问题，然后这个应用程序就可以投入生产了。否则，就要再来一次。安全小组以说"不"而闻名。

为什么不把安全这个部分提到前面呢（即典型的从左到右的开发流程图的"左边"）？安全团队仍然可以说"不"，但要在开发的早期说出来，这时重构的影响要远远小于已经完成开发并且准备上线时进行重构的影响。

这方面最常见的实践就是代码静态分析，又也称为静态应用程序安全性测试/SAST，即使用工具检查源代码的安全性，发现编码缺陷。在开发过程的早期识别和缓解源代码中的安全漏洞，可以帮助组织将安全在整个开发周期中"向左移"。

5. 明确界定具体安全要求

安全是一项"非功能需求"（NFR），既然是需求，就需要有明确的验收标准（AC）。大多数安全专业人员在阐述他们的期望时，通常会抛出一个非常模糊的概念，只是抛出'最佳做法'以及'NIST标准'等要求，未能用开发人员日常工作的方式来明确界定具体要求，这自然难以收到好的效果。

安全专业人员必须用开发人员的语言，描述出安全需求，还要与大家协商达成一致，得出明确的验收标准（AC），如此才能收获好的结果。

6. 安全可视化

"透明、观察、调整"是基于经验过程管理的三大支柱。只有一切透明，才能产生信任，才能进行观察；经过观察才能看到问题；只有看到问题，才能做出针对性的调整。对于整个生命周期里所有阶段发生的安全问题，都需要可视化。

只有对DevSecOps落地的有效性进行了检测，才能知道效果与问题。这个检测分很多类别：一些长期的和高级别的指标，能帮助我们了解整个DevSecOps流程是否工作良好；一些严重威胁级别的警报是否立刻有人进行处理；有一些警报，比如扫描失败是否有人修复，等等。所有这一切必须可视化。

7. 自动化

自动化通常是DevOps的标志。如果你需要应对快速变化，并且不会造成破坏，你需要有可重复的过程，而且这个过程不需要太多的人工干预。实际上，自动化也是DevSecOps最好的切入点之一。

为了帮助开发人员避免错误并消除快捷方式带来的风险，SAST IDE插件通过在编写代码时扫描代码提供即时安全指导，而不是在代码提交到版本控制之后。通过这种方式，SAST IDE 插件充当桌面安全专家：当开发人员创建可能带来风险的代码时，它们会自动提供警示。

SAST 工具的自动化是 DevSecOps 的另一个重要组成部分，因为它可以提高代码效率和一致性，并能尽早地检测出缺陷。

在整个软件生命期的任何时候，发现高风险问题或漏洞时，必须中断构建。当构建中断时，持续集成 / 交付流水线也会中断，通知给相应的团队进行修复。在修复之前，不能提交任何新代码。

团队第三个关键举措是主动搜寻并测试业务资源的安全性，它有助于及时发现可能会被攻击的系统缺陷，采取主动策略保护业务资源的安全。

8. 微服务化

虽然 DevSecOps 实践适用于多种类型的应用架构，但它们对小型且松散耦合的组件更为有效。这些组件可以进行更新和复用，而且不会在应用程序的其他地方进行强制更改。目前，最好的组件形式是微服务。

但是，这种方法也带来了一些新的安全挑战，组件之间的交互可能会很复杂，总的攻击面会更大，因为应用程序通过网络有了更多的切入点。

另一方面，这种类型的架构，也意味着自动化的安全和监视，可以更加精细地管理应用程序的组件，因为它们不再深埋在一个单体应用程序之中，而且可以在需要时，关掉一个微服务，而不影响全局。

9. 有效管理第三方依赖

在现代应用程序开发过程中，很多时候，已经不需要去编写这个程序的大部分代码。使用开源的函数库和框架就是一个很好的例子；另外，还可以从公共的云服务商或其他来源获得额外的服务。许多情况下，这些额外的代码和服务比自己编写的要好得多。

因此，DevSecOps 需要把重点放在"软件供应链"上，你是从可信的来源那里获取你的软件的吗？这些软件是最新的吗？它们是否集成到了你为自己的代码所设定的安全流程中了？对于这些你能使用的代码和 API，你有哪些安全策略？你使用的组件是否有可用的商业支持？

目前，没有一套标准答案可以应对所有的情况。对于概念验证和大规模产品开发，它们可能会有所不同。但是，正如制造业长期存在的情况（DevSecOps和制造业的发展方面有许多相似之处），供应链的可信是至关重要的。

10. 一切靠数据说话

没有度量就没有改进，基于数据的改进才能看出效果，对于不同的价值流阶段，需要定义不同的度量指标。

譬如对于开发，使用的度量指标和提供的报告要倾向于开发效果，比如每行代码中存在的安全漏洞数量等；对于运营，使用的度量指标可以是基础设施和配置方面存在的缺陷和漏洞。整体而言，各种度量需要帮助各个角色排除干扰和分歧，并快速做出精准决策。

以上十大原则参考自 Gordon Haff DevSecOps 的 5 大关键举措 https:// opensource. com/article/18/9/devsecops-changes-security 和 https://mp.weixin.qq.com/s/- YkmPchetDOBsKYyn6BY8Q?（想要成为 DevSecOps 领航者？你还需要掌握这 7 大操作秘籍）。

∞ 本章知识要点

1. DevSecOps 作为一种全新的安全理念与模式，是从 DecOps 的概念延伸和演变而来的，其核心理念是：安全是整个 IT 团队（包括开发、运维及安全团队）每个人的责任，需要贯穿从开发到运营整个业务生命周期的每一个环节中。

2. 如果 DevOps 是为客户尽快交付高价值的软件，那么 DevSecOps 就意味着在价值之上，增加了安全属性。

3. 对于"安全左移"这个词要慎重。如果简单左移，意味着安全仍然只不过是提前进行的一次性工作。在应用程序的整个生命周期里，从供应链到开发，再到测试，直到上线部署，安全都需要进行大量的自动化处理，安全需要贯穿整个开发生命周期（SDLC）。

4. DevSecOps 落地十大原则：

- 重在改善而不是苛求完美；
- 以客户为中心，业务优先；
- 将安全专员纳入跨职能团队；
- 将安全左移；
- 明确界定具体安全要求；
- 安全可视化；
- 自动化；
- 微服务化；
- 有效管理第三方依赖；
- 一切靠数据说话。

冬哥有话说

传统企业转型 DevOps 的最大阻碍往往是合规与安全要求。事实上，将安全注入日常的工作中，DevSecOps 是最佳选择。

云计算是一把双刃剑。云计算提供了诸多好处，包括提高可靠性、灵活性、可管理性和可扩展性；但也要看到云的负面影响，单一错误、监管失误或者计算错误都会导致一场彻底的灾难。

传统的信息安全是由独立于开发与运维的团队独立运行，就像《凤凰项目》一书中的 CISO 首席信息安全官约翰，几乎成了所有人的绊脚石。但事实上，约翰是个关键人物，他的蜕变非常出彩，我相信如果拍成电影，他后来出现的造型一定很吸引眼球。也恰恰是他大醉之后的醒悟，决定和比尔一起去拜访 CFO 迪克，对故事情节的转变起到了关键作用。

这也预示着早在这本书出版的 2012 年，Gene Kim（吉恩·金）已然认识到 Security（安全）在 DevOps 里的作用。而同为全球 DevOps 四大天王的 John Willis（约翰·威利斯），已经学习 DevOpsDays，组织了 DevSecOpsDays。

各个企业正在改变其安全支出战略，从仅注重防御转而更加关心探测和响应速度。全球信息安全支出近千亿美元，而相应的人才及技能却严重失衡。典型的技术组织中，开发、运维和信息安全工程师的比例是 100：10：1。当信息安全人员较少，信息安全活动自动化程度较低时，唯一能做的，就是像约翰一样，进行合规性检查，这事实上与安全工程的目的相悖，而且让所有人都讨厌，同时严重影响了交付效率。

如同测试与运维人员在 DevOps 中一样，安全人员也应该尽早地参与到团队协作中，将安全集成到需求分析过程、开发测试过程、集成与部署过程、发布与上线过程中。

- 安全工程师应该在需求阶段，就提出与安全相关的 NFR 非功能性需求；应该参与到日常的站会，迭代演示会以及迭代回顾会议中。一旦出现与安全相关的缺陷和漏洞，应该进行记录，严重的应该进行不指责的事后分析。
- 在持续集成中，将白盒静态安全检查、黑盒动态安全模拟攻击等，集成入测试集；针对用户身份验证、权限控制、密码管理、数据加密、数据库安全、密钥、DDOS 攻击、SQL 脚本注入等典型的安全隐患，进行重点的检测。诸如 Sonatype 等工具，内置了大量的安全相关规则。
- 除了静态检查和动态分析，还需要对应用依赖的组件包与库进行扫描，可以利用诸如 Blackduck 等工具执行。尤其是目前企业开发中会应用大量的开源组件，在享用开源带来便利性的同时，安全与授权都是需要格外注意的。
- 二进制包的一致性检查，建立唯一可信源，这无论是企业内部，还是对于甲方而言，都是必不可少的。
- 系统与网络安全，更是长久以来黑白两道必争之处，依然需要加强。

综上所述，安全措施分为人和技术两类，包括：建立安全意识、在产品设计中全部融入安全考虑、采取灾难恢复演习、使用 DevOps 方法，以及基础设施运维、数字化基础设施、产品的安全交付等。最终目标是同时满足安全性、可靠性与灵活性的挑战。

技术层出不穷，道高一尺，魔高一丈，强调安全的同时，不能因噎废食，真正高效能的组织，应该在兼顾安全性的同时，保障业务的敏捷性；这需要依靠组建全功能团队，跨团队的协同，创建学习型组织，构建高效的工程卓越能力，提升人员的学习积极性、生成力与创造力等。

Jesse Robbins（吉西·罗宾斯）说："做正确的事，等着被开除"，其核心就是构建 DevOps 的价值观，遵循 DevOps 的原则，以开放的心态，去不断尝试 DevOps 实践。"

精华语录

第 42 章

化茧成蝶，打造极致用户体验

历经千辛万苦，Sonar 车联网中最重要的 OTA V3.0 终于按时上线了！在经历了灰度发布的前 24 个小时，系统功能表现平稳，阿捷他们本以为可以舒一口气，好好休整一下。谁知道第 2 天傍晚就爆了一个让阿捷他们完全没有想到的大雷！

事情是这样的。一位 Sonar 车主驾车在长安街行驶时，车辆显示 OTA 3.0 系统升级，这位车主想都没想，直接把车挂在 P 档，点击了屏幕中 OTA 升级按键。霎时间，车内全黑，车停在了长安街主路的中间。在 1 个多小时的 OTA 升级过程中，全车断电，车窗也无法摇下，更不要说其他的操作。要知道，这可是北京的长安街。不一会，就有交警过来问询。因为车辆长时间停在长安街上，不仅直接影响到交通，还隐藏了重大安全隐患。

第二天 Sonar 中国客服中心 400 的电话就被打爆了，客服邮箱也塞满了各种体验问题的邮件，头条、微博、微信、推特上更是充满了各种关于用户体验的吐槽。不得已，Sonar 的 CEO 埃里克在推特上三连发，表示对忠实用户的歉意。

Sonar OTA 3.0 系统居然以一种意想不到的方式轻松上了头条！

埃里克的推文在外人看来，紧张异常；但在内部，他既没有召集人开会，也没有发布任何公告邮件。阿捷及所有参与 OTA 3.0 开发的人员都为此感到异常郁闷。虽然已经采取了紧急补救措施，修复了关键问题，但影响却是再也抹不去了。连续一周，阿捷都是辗转反侧，无法入眠，做惯了 B 端软件的他，没想到 C 端居然这么难，任何一点问题，都有可能演化成一场灾难。

其实，跟大多数人一样，阿捷忽略了整个社会经济大环境的变迁，全球已经跑步进入体验经济时代。这个时代，我们解决的不再是"有和无的问题"，而是"好与坏的问题"，我们不再以电子邮件发出去为乐趣，以即时通信能联系到对方感到欣喜，每个人更在乎在这个过程当中个人的一种感受。功能不再是最重要的，更重要的是与用户产生情感层面的连接，让用户更开心。

体验经济到底是什么呢？

体验经济是以服务作为舞台，以商品作为道具来使顾客融入其中的社会演进阶段。体验经济追求的最大目标是消费和生产的个性化。在体验经济中，企业需要向顾客呈现难忘的事件，而顾客的记忆本身就是企业所提供的产品，体验。对体验进行收费将成为企业创造附加值的一种自然方式。

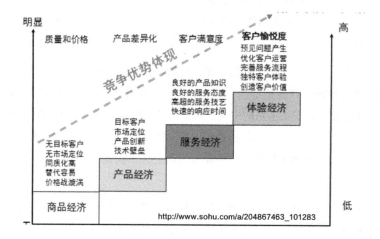

体验经济具备如下特性。

- 差异性，消费者需求各不相同，只有能提供个性化产品和服务的企业才能胜出。
- 感官性，围绕身体五官感受，设计体验细节。
- 延伸性，为"客户的客户"增加价值。
- 记忆性，让消费者留下深刻美好的回忆是体验经济的结果性特征。
- 参与性，消费者可以参与到供给的各个环节之中，记忆也会更深，也更有参与感。
- 关系性，企业需要与消费者形成伙伴关系，实现长期双赢。

实际上，早在十几年前，《体验经济》的作者就论述了作为价值主张的体验与企业商业的关系。书中明确指出："对什么进行收费，你就是什么类型的公司。"

- 如果对初级产品收费，则你就是产品企业。
- 如果你对有形产品收费，则你就是商品企业。
- 如果你对你的行动收费，则你是服务企业。
- 如果你对你和顾客相处的时间收费，则你就是体验企业。

移动互联网的爆发，使得体验经济时代下的游戏规则也发生了巨变。企业不再是商业舞台的主角，已经从站在前排的主要演员变成了导演，从台前退到了幕后，它的使命是营造舞台、搭建舞台，为大家写好整个剧本。这个剧本的主角换成了我们的用户，用户变成了新商业模式下的主要表演者和承担者。我们看到大量的社会化营销案例，都是粉丝在表演，很少看到企业本身。

这时候，企业的各种产品及服务都变成了道具。企业的使命就是写剧本，做好道具，让用户来玩，这是用户体验思维上的一种转变。

赵敏虽然身在国外，但从媒体上很快看到了关于整场事件的报道。她第一时间给阿捷打了电话，好好安慰了一下，承诺会找相关的资料，帮他系统性解决问题，并在周六上午飞回了北京。

"小敏，你说，我是不是应该找个专业的美工？再加强一下测试？同时通过灰度发布控制一下影响的范围，就可以解决用户体验的问题？"

"阿捷，我们来系统看一下用户体验问题吧！这事儿不是你想的这么简单。"赵敏拿起一张纸，在上面画了三个圆圈。

"用户体验可以从三个层级来看，最里面的是有用，这意味着能够解决用户问题，是从功能性来讲的；接下来是易用，是从交互流程上来讲的，能够让用户快速完成任务；第三层是美观，就是要赏心悦目。"

"怎么定义有用与易用？美观还好理解。"

"有用是从功能的角度来讲的。功能分为两种：一种叫软性功能，另一种叫硬性功能。说白了先有硬性功能，再有软性功能。什么叫硬性功能呢？是指这个产品没有这个功能就用不起来了，这个叫硬性功能。以浏览器为例，比如说输入网址，能够跳转到对应的页面，对应的页面能够正确的显示，页面里面的链接点进去可以去到新的地方，这些称为硬性功能。没有这些的话，整个浏览器的功能就已经失效了。"

"嗯！不管 IE 还是 Chrome，任何浏览器都是这样的。"

"与之对应的就是软性功能，比如说浏览器里面的收藏夹、截屏等等都可以视为软性功能。软性功能是什么？没有这些东西好像我通过其他方式也能够搞定，比如说没有收藏夹，我重新建一个文档，把我常用的链接复制到文档里，什么时候需要了，随时可以打开调用，这叫软性功能。"

"理解。"阿捷点了点头。

"我们今天所处的这个时代，已经过了产品功能有或无的时代了，今天所有的产品其实都在解决好与坏的问题。所以光有功能是不够的，还必须解决易用性问题。"

"易用性有没有比较客观的标准？"

"我查了一下，目前只有老尼尔森先生的 LEMErS 用户体验 5 要素最为贴切。分别是指易学、效率、易记、容错和满意度。"赵敏在电脑中把一页 PPT 找出来给阿捷看。

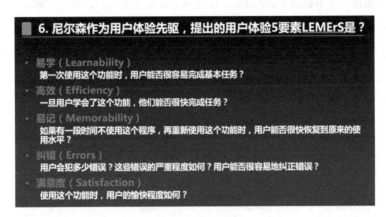

阿捷转过电脑屏幕仔细看着，拿起赵敏画的三个圈说："你这三个层次我完全认同，所以我们这次是想先专注在有用上；等我们把有用性解决之后，再去让它变得易用，最后再考虑美观。只是还没等我们优化呢，就先暴雷了。"阿捷一脸委屈。

"虽然我是按照从内到外的顺序来画的，但却不能这么落地！现在已经进入了体验经济时代，不再是稀缺经济时代。过去人们没得选择，现在可以对标、选择的产品太多了，必须三个维度都满足用户才行。所以，你得像切西瓜那样，每次交付的产品必须是有用的、易用的，而且还得美观才行！"

"哎哎呀！你说的有道理，早点问你好了。"

"亡羊补牢，现在也不晚！咱们需要系统的解决方案，而不是你说的那样找个美工，多做做测试就行的。你看有用，谁最应该负责？"

"应该是产品经理？要是我们敏捷团队的话，就是产品负责人（PO）了。"

"没错！那易用呢？美观呢？"

"美观应该是美工吧，我们没有美工，所以出了问题；易用的话，应该是开发人员吧。"

"易用性，需要有交互工程师的协助，配合开发人员一起完成！所以从这一点上来看，你现在的团队缺乏交互工程师、美工工程师，还缺专门的前端工程师。你们现有团队的人以前都是拿到一个需求，就一条龙做下来，那是因为你们之前做的电信监控系统界面少、交互少，所以要求不高。现在看来，你们这群人只能算是后端工程师了。产品特性不一样，对团队的跨职能要求也不一样。基于此，我建议你专门补充这三方面的人员，组成一个单独的 UED 团队，作为各个敏捷职能团队的共享资源。"

"遵旨！还有吗？"

"这件事情，你得让所有人都重视起来，因为体验绝对不是一两个角色的责任，是需要所有人共同努力，才能达成的。另外，落地时，需要从战略、范围、结构、框架与表现五个层次上着力。"

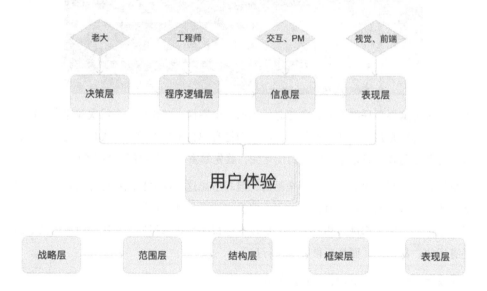

"啊？这五层又是怎么个划分？"

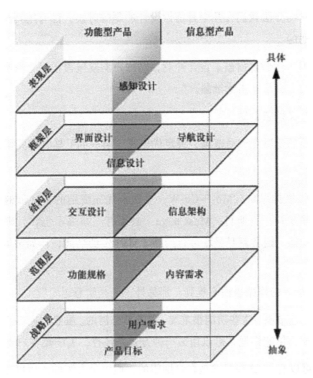

"从上往下看，表现层是视觉细节化，与外在的美观相关；框架层确定的是具体表达，与产品的界面表现相关；结构层确定各种特性和功能的组合方式，通常体现的是交互逻辑；范围层定义产品功能及内容需求；战略层是从宏观上定义企业与用户对产品的期望和目标。"

"哦，听起来还是有点虚，具体每一层落地的时候，都有什么方法或者工具吗？"

"那必须要有，要不然我们咨询师怎么混饭吃。"赵敏轻轻笑了笑，"战略层第一步最重要的是做干系人分析，找出核心关键用户，这可以用【服务生态图】或者【产业价值流图】；第二步是对核心用户进行研究，辨别真伪需求，这里你需要参考【客户深度访谈策略与框架】；第三步是针对之前的调研结果产生洞察，细分定位、理解目标用户，这可以用【用户画像与移情图】；最后要做用户场景分析，找出用户在真实场景下（When & Where & Who & Why & How）的诉求（4W1H），这里可以用【故事板 / 用户典型的一天】。"

"嗯，这些工具与方法我们在几个月前做设计冲刺的时候，都有用到！看来各种工具与方法都是相通的。"

"没错！就是因为你们之前搞了设计冲刺，对用户洞察做得很好，所有这次在产品功能设计的有用性上，没有出啥纰漏。"

"那范围层呢？又该怎么做？"

"这里面最重要的是决定产品范围，决定优先级。第一个工具就是莫斯科准则！"

"莫斯科准则？"

"这是一种优先级排序法，Mo-S-Co-W，是四个优先级别的首字母的缩写，再加上 o 以使单词能够发音：莫斯科。Must have：必须有。如果不包含，则产品不可行。Must Have 的功能，通常就是最小可行产品（MVP）的功能，比如微信的聊天、通讯录和朋友圈。"

"MVP 在精益创业的框架里面有提到，那另外三个是啥意思？"

"Should have：应该有。这些功能很重要，但不是必需的。虽然'应该有'的要求与'必须有'一样重要，但它们通常可以用另一种方式来代替，去满足客户要求。

Could have：可以有。这些要求是客户期望的，但不是必需的。可以提高用户体验，或提高客户满意度。如果时间充足，资源允许，通常会包括这些功能。但如果交货时间紧张，通常现阶段不做，可挪到下一阶段做。

Won't have：这次不会有。不重要、最低回报项目，或在当下是不适合的要求。不会被计划到当前交付计划中。"

"哦，有啥实际案例吗？"阿捷追问道。

"微信、支付宝和滴滴，这些产品现在的功能很多，但最初它们是靠着简单的核心功能（Must have）打开市场的。比如微信的语音信息、朋友圈，支付宝免费转账、付款，滴滴的打车功能。后来，添加的功能才越来越多，但我们最常用的，还是那些最初的功能，正是最初的 Must have 功能吸引了用户，满足了用户的需求，培养了用户。"

"嗯，这就是先做最重要的，小步快跑，逐步迭代。"阿捷长出了一口气，"那第二个工具是啥？"

"卡诺（KANO）模型！这个模型是一个叫狩野纪昭的日本学者提出的。卡诺就是这个日本学者姓氏的罗马音。卡诺最初是一种产品质量管理理论，在互联网产品设计中，也常被用来判断产品需求。下图中 X 轴表示满足用户需求的充足度；Y 轴表示用户满意度。卡诺模型可将产品质量属性分为五类，其中必备属性、期望属性以及魅力属性为研究用户需求时的主要探讨内容。通常需要在确保必备属性存在的基础上，尽量增加期望属性和魅力属性，减少无差别属性的功能，杜绝反向属性的功能。"

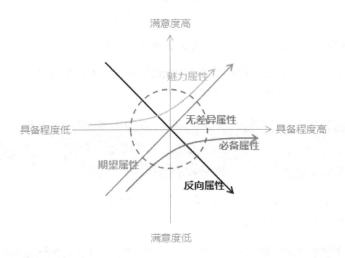

"举个例子呗！这个图太抽象啦。"

赵敏抛出一个表。

功能属性	定义	有他时	没他时	功能举例
魅力属性	用户意想不到的，超出期望的功能	满意度大幅提升	没啥影响	手机一分钟充满电
期望属性	用户已知的好功能，越多越好	满意度会提升	满意度会降低	手机电池容量越多越好（续航）
必备属性	一个产品最基本最核心的功能	无太大影响	满意度大幅降低	手机能上网连Wifi
无差异属性	对用户来说非常无关紧要的功能	无太大影响	无太大影响	手机有收音机功能
反向属性	与用户需求相反的功能	满意度降低	满意度提升	手机发热

"以手机为例。你看'一分钟充满电'这个功能，有它时满意度大幅升，没它时也没啥影响，因为你大不了充个把小时也充满了。这个功能呢，基本就属于用户意想不到的超出预期的功能，一旦手机具备这个,那一定是超级吸引人的,这就是'魅力属性'。"

"再看'手机 Wi-Fi 上网',在现在的智能机领域，没有这个功能满意度大幅降低,已经属于手机的必备功能。但要是在 10 年前的功能机时代，这个功能就属于魅力属性啦！所以，功能的属性会随着时间不断变化、迁移。同样，'手机发热'是谁都不喜欢的功能，就属于'反向属性',这样的功能绝对不能有。"

"哇！这个区分方式真的很有道理啊！可怎么落地呢？不能就靠这么分析吧。"

"在实际做用户研究时，为了解用户对某功能的满意度，卡诺模型问卷中通常包含正向和反向的两个题目，具体形式和选项如下表。"

	很喜欢	理所当然	无所谓	勉强接受	很讨厌
具备此功能时，您如何评价？	●	●	●	●	●
不具备此功能时，您如何评价？	●	●	●	●	●

"待用户做出选择后，就有了一个 5×5 矩阵，根据查表，很容易就能判断出一个功能到底属于什么属性了，是不是很容易？"

		（负向问题）不具备此功能时				
		很喜欢	理所当然	无所谓	勉强接受	很讨厌
（正向问题）具备此功能时	很喜欢	可疑结果	魅力属性	魅力属性	魅力属性	期望属性
	理所当然	反向属性	无差别属性	无差别属性	无差别属性	必备属性
	无所谓	反向属性	无差别属性	无差别属性	无差别属性	必备属性
	勉强接受	反向属性	无差别属性	无差别属性	无差别属性	必备属性
	很讨厌	反向属性	反向属性	反向属性	反向属性	可疑结果

"强！！！"阿捷兴奋地伸出大拇指做了个点赞手势。

赵敏假装很不屑的样子，瞟了一眼阿捷："范围层就简单给你介绍这两个工具吧。我们再来看看结构层，如何优化产品交互设计，合理组织功能，让产品易用。这层可以使用'卡片分类'这个用户体验研究方法。"

"怎么玩？"阿捷又来劲儿了。

"简单讲呢，就是产品设计人员先根据自己觉得合理的规则，把每个功能写在单独的卡片上，然后让用户进行主题分组，排定先后逻辑顺序，界定几级页面。这个方法能找出目标受众是如何理解产品设计的，产品描述是否容易理解，用户将会如何使用该产品。这样，我们就可以利用用户的领域知识来重新设计产品的信息架构，从而创造出满足用户预期的信息组织形式。"

"嗯，这个回头我们可以试试！那剩下的两层呢？"

"框架层与表现层的落地，需要专业的人来做，你先招聘 UED 团队，让他们定义出 UX 交互设计的一些准则来，参照执行即可。"

"OK！"阿捷再次举起剪刀手，做出胜利的姿势，"把这些都落地，我们的用户体验肯定没问题喽！"

"停！停！"赵敏把阿捷的剪刀手摁住，"你呀！给点儿阳光就灿烂！这些都是最最基础的工作，只做这些是不够的！"

"哦？"

"体验提升，一定要覆盖体验前、体验中、体验后的端到端的行程闭环，持续改进才行。所谓闭环，就是要根据用户反馈，进行针对性的改进。"

赵敏向阿捷展示了下面这张图。

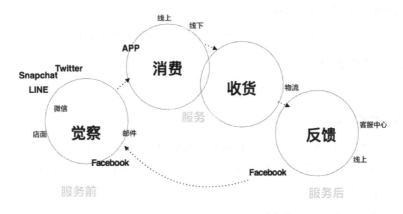

提升用户体验和品牌忠诚度

"学生这回全明白啦！感谢赵老师！"阿捷躬身做了一辑，转身要走。

"先等会，别走。我问你，你知道用户具体是哪个环节容易出问题？用户端崩溃有什么上下文？多少人使用了新功能？多少人没有升级到新版本？用户最常用的功能有哪些？用户完成一个常见任务，响应时间是多久？……是不是都答不上来呀？！"

阿捷不好意思地挠了挠头。

"体验提升，一定要数据驱动。根据数据反馈做针对性的改进，改进是否成功要靠数据对比，从而形成反馈闭环。所以你们应该在开发功能的时候，就要设计埋点方案，进行埋点；这样一上线或者灰度发布的时候，就能根据数据得到结果。当然，在正式上线之前，还要做一次'可用性测试'，把好是否上线发布的最后一关；这个可用性测试一定要拿真实用户来做，不需要很多用户，典型用户 8 ～ 12 人即可达到目的。"

"对！我们这次发布前要是拿真实用户做了可用性测试，或许可以避免这么大的风波！"阿捷有些懊悔。

"世上没有后悔药，不用考虑已经发生的事情了！关键是要从中吸取教训。对了，我还得再强调一点，体验问题越早发现，修复成本越低。建议在原型的设计阶段，就要做原型走查、评审。"

"这么做基本就系统化啦！但有没有啥方式可以迅速发现体验问题，找到改进点？毕竟我们系统化落地，还需要时间。"

"针对已有产品，偏交互偏流程性的产品，可以试试'用户体验地图'"

"好啊！快给我讲讲，怎么做呢？"

"你呀！一听到短期见效的，就猴急猴急的！"

阿捷不好意思地吐了吐舌头，赶紧坐了下来。

"第一步，按照用户使用产品的先后步骤，端到端列出用户行为流程；注意，每个行为触点（touch point）都是中性动词，要尽量细化，用词精准干净。我们以网购为例，来做一个示例吧。

第二步，画出情感坐标；笑脸代表让用户开心，哭脸代表用户伤心，中间是中性。"

"第三步，针对每一个步骤，分析对应步骤的问题点与惊喜点，把'问题'和'惊喜'

放到对应触点的情感坐标上。"

"第四步，根据'问题'和'惊喜'的数量和重要性，理性判断每个触点的情感高低，并连线形成情感曲线。"

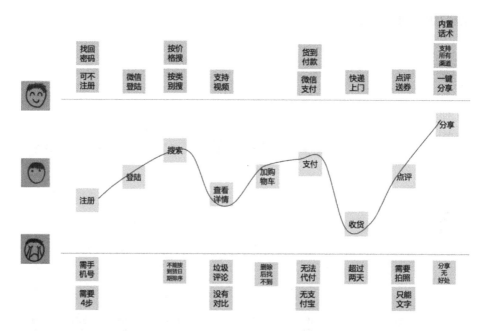

"第五步，思考如何提升每一个触点的体验，也包括那些体验已经很好的点。"

"有点意思，还真不复杂！那体验好的还折腾啥，重点去提升体验不好的点，不就得了？"阿捷觉得有点不对头。

"将体验低点有效提升，这只是应该做的！但是对体验好的点，也要思考如何提升，因为这些点是最有可能打造爆点的地方。"

"有道理！那我们提升点写在哪里呢？"

"直接贴在对应的触点旁边即可。譬如分享这个点，如果支持分享后，有其他人通过分享链接购买呢，分享者就可以直接返还佣金，这里可能就会形成引爆点，体验更好。"赵敏一边说，一边在分享旁边贴了一张卡片。

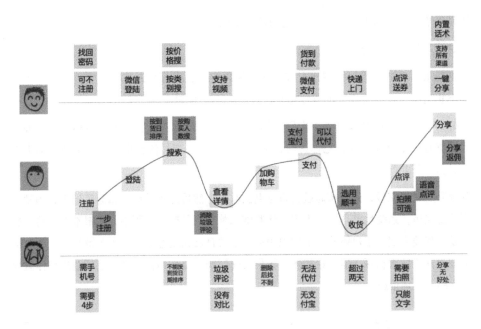

"嗯！这个方式倒是简单实用！有什么需要注意的吗？"阿捷总是这样小心谨慎。

"2002年诺贝尔经济学奖获奖者，心理学家丹尼尔·卡纳曼（Daniel Kahneman）经过深入研究，发现我们对体验的记忆由两个因素决定：高峰（无论是正向的还是负向的）时与结束时的感觉，这就是峰终定律（Peak-End Rule）。这条定律基于我们潜意识总结体验的特点：我们对一项事物的体验之后，所能记住的就只是在峰与终时的体验，而在过程中好与不好体验的比重、好与不好体验的时间长短，对记忆差不多没有影响。高峰之后，终点出现得越迅速，这件事留给我们的印象越深刻。而这里的'峰'与'终'其实就是所谓的'关键时刻MOT'（Moment of Truth），所以，最简单的体验提升方式就是要设计一个用户体验流程，在终点时达到最高峰，而且要迅速结束，不要拖泥带水。"

"说得有点绕啊！"阿捷不好意思地挠挠头。

"举个例子。你参加了一个旅行团，一路体验都很好，但是，行程即将结束的时候在机场把行李给丢了，整个行程不管有多少亮点，给你带来过多少快乐、你拍了多少照片、你对这趟旅行的体验都会是非常糟糕的。这就是我们经常讲的，在体验产业里，6-1

不是等于 5，6-1 的结果就是 0。这回能理解吗？"

"这回理解啦！赵老师！"

"这是最简单的体验地图制作方式，很容易理解，也很容易制作。其实，体验地图远远不止这些。还有更复杂的五线谱玩法，就先不给你讲了。"

"好的。我下周就带大家走一次用户体验地图，先改善当前版本的体验问题。另外，我再整理一下整体流程，把你讲的，都纳入整个产品交付流程中去。回头请老婆大人给过目一下！"

阿捷陪赵敏吃完饭，先安排赵敏去睡觉倒倒时差；然后迫不及待地拿起笔记本，跑到楼下的麦当劳，系统地整理如何把用户体验纳入整个产品交付过程中，从根本上预防体验问题。阿捷发现，用户体验这个知识领域，是被自己完全忽略的一个关键维度，这里面的理论同样博大精深。但无论如何，尽早发现问题，遵循精益原则，走精益用户体验提升之路，才是正途。

除了赵敏提到的关键举措外，阿捷决定定期举办"不指责的 UX 问题总结分享会"，建立用户体验案例库；同时建立一个"内部产品用户体验墙"，让大家把发现的任何体验问题贴出来，树立全员的用户体验意识；再定期搞搞"Fix It Friday"，即在每月最后一个周五，用一个下午的时间，以黑客马拉松的方式，快速修复关键体验问题。

三个月过后，阿捷先后通过猎头挖来了一个专职美工、两个前端开发、一个交互，外加一位用户研究员，组建起来了完整的 UED 团队，大大提升产品的易用性和美观性，完成了一次从土鸡到凤凰的蜕变。

11 月份，针对 OTA 系统，阿捷他们专门做了一次 NPS（净推荐值）调研，这次居然得到了 86 的高分。要知道，根据业界标准，一般 30 分属于及格，50 分就是很好，达到 70 分就已经是优异。

圣诞节，美国总部快递来了一件特殊的礼物：一件"三只袖子的毛衣"，要求挂在戴乌奥普斯的办公室内，恭喜阿捷他们"首战告捷"。后来阿捷得知，埃里克非常赞赏阿捷团队没有被负面的反馈所影响，反而从失败中吸取教训，通过改进提升了产品质量，更大幅提升了用户体验度。为表彰这种打不死的小强精神，专门去 Etsy 搞来的！

本章知识要点

1. Mo-S-Co-W，是四个优先级别的首字母的缩写，再加上元音 O 以使单词能够发音。

   - Must have：必须有；
   - Should have：应该有；
   - Could have：可以有；
   - Won't have：这次不会有。

2. MoSCoW 方法如何用？先列出所有的功能，然后按照一定的规则，分为必须有，应该有，可以有，这次不会有四类。

3. 卡诺模型可将产品质量属性分为五类，其中必备属性，期望属性以及魅力属性为研究用户需求时的主要探讨内容。我们通常需要在确保必备属性的功能存在的基础上，尽量增加期望属性和魅力属性的功能，减少无差别属性的功能，杜绝反向属性的功能。

4. 用户体验地图是以用户的视角来审视体验过程，照顾到用户的情感需求，以可视化的方式协助团队精准锁定产品引发强烈情绪反应的时刻，找到最适合重新设计与改进的地图节点。

5. 卡片分类法用户体验研究的过程。

- 选取一系列主题。其中应当包含 40 ~ 80 项代表网站 /APP 主要内容的事物。把每个主题写在单独的索引卡片上。

- 让用户把主题分组。把卡片顺序打乱并交给参与者，让参与者每次只查看一张卡片，并把它归到一类的卡片放到卡堆里。

- 让用户给每个组命名。一旦参与者满意地把所有卡片都分好组，就给她一张空白卡片并要她写下她所生成的每个组的名字。这一步会揭示用户对于主题范围的思维模型。

- 对用户进行询问。（这一步是可选的，但是我们强烈建议做这步。）让用户解释自己生成这些组的原因。还可以问这些问题：

    ○ 有没有什么事项很容易或是难以分类？

    ○ 有没有什么事项似乎属于两个或更多个组？

    ○ 对那些没法分类的事项有什么想法吗？等等。

- 如果有需要的话，让用户给出更具有实际意义的大小的组。

- 对于 15-20 用户重复进行次测试。

- 分析数据。一旦你掌握了所有数据，那就去找详细的种类，类别名称或是主题，并且找出经常被分类到一起的事项。

6. "不指责的 UX 问题总结分享会"，指的是重大用户体验问题发生时，进行总结分析，分析不是为了追责，而是让团队集体反思，避免二次犯错。团队内总结分享完，可以把过程与结果分享给部门其他人员避免犯类似的错误，从而转化为整个组织的学习与改进。

7. 复杂的五线谱用户体验地图，需要先分析用户体验流程的阶段、触点、用户具体的行为、痛点，最后才是对应的改进机会。

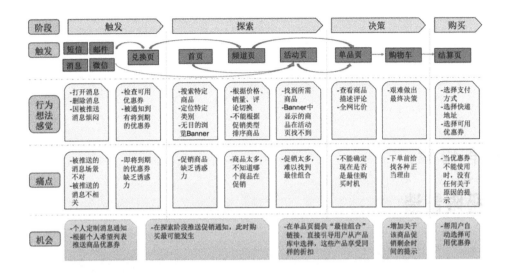

📝 **精华语录**

第 43 章

极限制造

阿捷团队在车联网 OTA 项目上获得的成功，不仅在市场为客户所认知，也使戴乌奥普斯公司在汽车行业和科技圈中声名远扬；更是让作为大股东的 Sonar 公司刮目相看，Sonar 公司的 CEO 埃里克做出决定，全资收购戴乌奥普斯公司，作为优质资产放入 Sonar 在纳斯达克的上市公司中。为了把 Agile 公司所占有的股份完全买断，收购的溢价谈判进行得有些艰难，但好在最终还是达成了。

其实，对于埃里克而言，技术虽然重要，但他更看重的是戴乌奥普斯的"人"及"研发模式"。这些不是通过简单的人才招聘就能迅速建立起来的，毕竟一个高绩效团队的搭建是需要很长的磨合过程，能够通过并购的方式，快速获取一个高战斗力的群体，是企业最快速、经济的扩张方式。

消息传来，阿捷和团队成员欢呼雀跃，不仅仅是因为每个人都可以获得一笔价格不菲的 Sonar 股票，更重要的是自己的努力获得了最大的认可与尊重。Sonar 公司的创新精神，开放的文化，必将为戴乌奥普斯公司带来更大的提升，而阿捷他们可以心无旁鹜地专注于产品。

彼得·德鲁克说过，管理知识工作者，最重要的就是"释放知识工作者的内在动机"，给他们尊重，为他们授权，聆听他们的心声，让他们自由的创新，这才是企业发展的原动力。

很快，阿捷的团队就收到了第一份挑战，把敏捷和DevOps等实践引入到汽车硬件生产领域。参与到Sonar公司的下一代电动车的生产制造中。对很多敏捷团队来说，最大的挑战之一就是在每一个Sprint结束时，建立一个真正的潜在可交付的产品增量（PSPI），希望从中尽可能多的得到反馈和学习。对于软件产品而言，这已经不是什么难题，阿捷他们已经能够做到"按节奏开发，按需要发布"，发布的节奏远远大于迭代的速度。但像汽车生产，这种在硬件设计的技术上非常复杂的项目，该怎么办？如何在一周或两周的时间内交付一个PSPI？

针对软件开发的工程实践，以极限编程和DevOps为代表，如测试驱动开发、结对编程、持续集成、自动化测试、持续部署、持续交付、持续监控，再加上Scrum、Kanban等管理实践，这些软件开发的范畴，阿捷他们统统不在话下，但面对硬件这些复杂的有形产品时，又该怎么办？如何调整？

阿捷真是头大了。

阿捷晚上提前下班回家，亲自下厨，做了四样小菜：油焖大虾、西芹百合、清蒸鲈鱼、小土豆牛肉，还额外做了一份酸辣汤，这些都是赵敏最喜欢的，阿捷还特意开了一瓶张裕解百纳干红。

赵敏看着一桌子的菜肴，先是每样都尝了几口，称赞了阿捷几句，然后就把筷子放在桌子上，"老实交代吧，臭小子，今天又有什么话题，你这是无利不起早呀。"

阿捷举起酒杯，跟赵敏碰了一下："哪里哪里，告诉你一个好消息，我们被Sonar私有化这事尘埃落定，咱们的三居梦指日可待，来干一杯！"

"嗯！这倒是一个好消息！祝贺你！！"阿敏看着身边这个像个孩子一样单纯的男人。"那接下来，你们会做什么呢？"

"我们要去做Sonar的下一代电动概念车！"阿捷满脸的兴奋，"不过，这次我们要用敏捷的方式，我正为这个事情发愁呢，你说咋落地呢？软件我是没问题的，硬件敏捷我是听都没听过啊，你给我支支招吧，圣贤老婆大人！"

"我就说嘛，你做饭肯定是有什么目的的。"赵敏抿了一口红酒。"我给你讲一个关于 WIKISPEED 的开源汽车的故事吧！"

2008 年，一个叫 Joe Justice 的软件工程师，与社区里的一些人应邀参加了一个叫 "X大奖赛"（X-Prize）的挑战，制造一辆每加仑汽油能跑 100 英里的符合道路法的汽车。尽管时间很短，几乎没有预算，还是吸引了世界各地 100 多家的竞争者参与，面对奖项委员会不断变化的要求，乔他们制造的 WIKISPEED 进入了主流级别的第 10 名。如今，WIKISPEED 正在销售原型。Joe 不仅制造出一款伟大的汽车，他还开发了一种用敏捷创造实体产品的方法。

作为一名软件开发人员，Joe 可谓一个 "敏捷土著"（Agile Native），他使用过像 Scrum 和极限编程这样的方法，他的工程实践很大程度上来自他的软件经验。WIKISPEED 制造方法正在全球范围内引起各公司的关注，如波音和约翰迪尔（John Deere）等公司的高管曾经如此评价他们："我们的技术比你们的复杂，但是你们的文化领先我们一光年！"

Joe Justice 后来把他们在 WIKISPEED 项目中的工作过程，总结为极限制造（Extreme Manufacturing），极限制造强调一种快速创建硬件产品并将改进快速集成到现有产品中的能力。他总结了一套用于硬件敏捷的原则。瑞士苏黎世的一个认证 Scrum 培训师 Peter Stevens（彼得·史蒂文斯），在其 2013 年 6 月发表的文章 "极限制造简介"（*Extreme Manufacturing Explained*）中发布了这些原则：

- 为改变而优化；
- 面向对象的模块化体系架构；
- 测试驱动开发；
- 契约优先设计；
- 迭代设计；
- 敏捷硬件设计模式；
- 持续集成；
- 持续部署；
- 规模化模式；
- 合作伙伴模式。

当然，这些原则和模式并不代表敏捷应用在硬件制造领域的最终智慧，这是一个还在进行中的工作，以此为基础，可以帮助我们发现更好的制造方法。

1. 为改变而优化

对于传统汽车制造商而言，如果工程师提出一个建立安全车门的方法会发生什么？这个新车门能被立即部署实现吗？不，生产这个门需要一个冲压机和一个定制的模具，它们的总花费超过 1000 万美元。在新车门正式被允许装配之前，这些花费必须被先行摊销。鉴于高昂的成本，这款更好的车门可能需要 10 年甚至更长时间才能投入生产。你可以看到，因为需要摊销巨额投资，对缓慢增量变化的汽车业而言，影响是长期的。

WIKISPEED 却可以每 7 天更新一次他们的设计。他们使用了价值流图等工具，不仅可以减少生产产品的差异，或优化生产流程，其首要目标是要降低变更的成本。他们使用一个新的设计时，并不比使用现有设计多花费多少，如果他们现在有方法去建造一个安全车门，他们下周就可以开始使用了。

拥抱和响应变化是敏捷制造的核心价值观和原则（参见敏捷宣言和宣言后的原则）。通过采用这个"为改变而优化"的原则，你将朝着成为一个敏捷组织迈出一大步。

2. 面向对象的模块化体系架构

直到 20 世纪 80 年代，软件行业中的程序开发还是基于过程模型的，它导致了极其复杂、不可维护的解决方案。程序上一个小小的改动，通常需要改变整个程序。

这种"紧密耦合"在汽车的设计中仍然很普遍。改变悬架需要更换底盘，甚至需要对其他部分进行更改，并最终影响到整车的设计。

今天，软件开发者使用"信息隐藏"和"面向对象设计"模式来建立松散耦合、高度模块化的解决方案，你可以更改登录过程，而无须修改系统中的其他部分。

对于 X-Prize 竞赛，很多竞争者都放弃了，为什么呢？由于报名参赛人数众多，竞赛组织者最初计划在城市街道上举行一次比赛来确定总冠军，后来改成东海岸到西海岸的汽车拉力赛，最终他们决定进行一场非常严格的封闭式赛道的竞赛。每种验收方案对悬架提出了千差万别的要求，这些变化给那些无法迅速接受改变的团队带来了巨大的挑战。

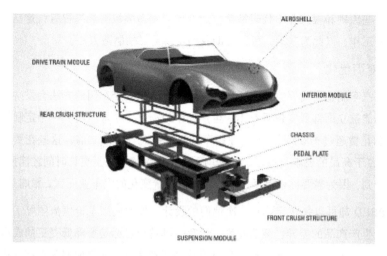

WIKISPEED 汽车被设计成 8 个模块，每个模块之间有简单的接口。WIKISPEED 可以快速切换悬架系统而不必对整车大动干戈。WIKISPEED 还可以应用其他相关模式，譬如继承和代码重用，来形成自己独特的优势。

拥抱变化是敏捷价值观的核心。迅速适应变化的能力，意味着 WIKISPEED 在 X-Prize 竞赛中比其他参赛者可以做得更好，这些参赛者在退出竞赛前甚至都没有制造出一辆汽车。

如何实现一个面向对象的模块化体系架构呢？接下来的两个原则："测试驱动开发"和"契约优先设计"将会帮到你。

3. 测试驱动开发

Joe 开始制造汽车前，首先建立了一个用于预测燃油经济性的模型。他定义了超过 100 个众所周知的随时用到的参数，如重量、阻力系数、发动机功率和轮胎尺寸等。基于这些参数，他可以在几个百分点的误差范围内预测汽车的 EPA 燃油经济性。

有了这个模型，他可以计算出 WIKISPEED 参赛者必须具备的特性，以实现不仅能每加仑跑 100 迈，而且还能达到高端跑车的性能。

WIKISPEED 团队希望根据 NHTSA 和 IIHS 的规范，实现五星级的防撞特性。这些规范指定了多种条件下的影响，以评估汽车的防撞性能。这些防撞测试非常昂贵，每次测试要花费一万美元，再加上车辆本身的生产成本、运输和处置测试汽车的费用、相关人员的差旅费用等，数值那就更大了。当每次变更都需要重新进行测试时，他们怎么做到每周更新他们的设计的呢？第一步是使用有限元分析来模拟碰撞，当他们确信汽车能通过测试时，再进行真正的测试。

Wikispeed 侧面碰撞测试

上图中可以看出可以看出，显然他们没通过测试，但这不是这次测试的目的，他们想通过测试得到真实的碰撞数据，以便在他们的模拟测试中建立更好的碰撞模型。他们基于实际的碰撞数据来更新模拟测试。经过多次迭代之后，他们的模拟仿真测试已经非常优秀了，现在权威机构已经接受他们的模拟测试结果来代替实际的测试。由于他们能做到几乎完全自动化的测试，他们可以每周进行模拟碰撞测试。

如何落地的呢？他们每设计一个新的组件时。

1. 创建一个预期通过的测试，可以是非常高级别的测试，如排放测试或碰撞标准，当然，也可以是更多组件级别的。如果有可能就进行自动化测试（或者为测试建立一个自动化的替代机制），因为这样可以减少未来因为设计变更需要重复测试的成本。

2. 创建能使测试通过的最简单设计。

3. 迭代设计，逐步改进，直到产品变得更有价值。

在软件开发中，这个过程也被称作"红-绿-重构"。为了实现某个功能，首先创建一个立即失败的测试（"变红灯"），再运行功能使其通过测试（变绿灯），然后改善设计以获得更好的可维护性等，这称为"重构"。

4. 契约优先设计

WIKISPEED 汽车最初的设计方案是，它应该包括八个模块：车身、底盘、发动机、悬架和内饰等。还没有开始设计独立的组件之前，WIKISPEED 团队就已经设计了这些模块之间的接口。乔不知道他的汽车会用到什么样的悬架，但是他可以定义出悬架的外部参数和边界条件。对悬架调研后，乔发现如果悬架装置可以承受 8 个单位压力，即使是用于一级方程式赛车，它也能满足必要的需求。于是团队确定了一个适当大小的可以承受这种负荷的铝块，可以连接在这种铝块上的任意悬架，都可以用于WIKISPEED 汽车而无须改变汽车的其他部分。

Wikispeed 悬架

如何落地呢？每当设计一个解决方案时，都要考虑以下因素。

- 基于外部参数设计接口，例如：负载系数、通信和功率要求。
- 只预先架构设计连接部分，而不是单个组件。
- 预留成长空间，即过度设计这些接口，因为改变这些基础的契约，未来可能会很昂贵。
- 采用包装模式（Wrapper pattern），以确保设计与任何组件供应商设计之间的独立性。

5. 迭代设计

对于准备采用 Scrum 的硬件或嵌入式项目，经常被问到的一个问题就是"我们怎样才能在每一个 Sprint 中完成任务？因为做一块硬件所花的时间比一次迭代时间还要长！"的确，与软件开发相比，硬件开发需要采取不同的观点来对待迭代和迭代执行。

当 WIKISPEED 的工程师首次在车体内部工作时，他们意识到缺乏紧急制动器减缓了他们的进度。制动器手柄在座椅中间，靠近变速杆以及座椅和安全带的接点上。因为没有人知道紧急制动器手柄是什么样的，他们不愿意承诺这些相关组件的设计决策。

后来，紧急制动器 0.01 版本的解决方案是：一个卡板箱，上面写着"紧急制动手柄将装在这个盒子里。"这个功能设计让团队在其他邻近部件的开发上继续前进了，当然没有人幻想这个卡板箱真的能将车固定住。

当进行硬件开发时，我们应该迭代设计。

步骤 1. 创建一个未来能让设计通过的测试。

步骤 2. 创建最简单的设计，使测试通过。

步骤 3. 改进这个设计，使之更加实用或更加精美。

步骤 4. 重复这个"迭代设计"过程，不断改进这个组件，直到改进不再是最有价值的工作。

在紧急制动器 v0.01 版本中，验收测试是"工程师有信心设计周围的部件吗？"这个卡板箱是满足这个测试要求的。其他部件的设计有更高的价值，因此他们会一直使用这个卡板箱，直到其他部件完成。

当敏捷方法应用到软件开发上时，每一个迭代应产生潜在的交付功能；当应用到硬件时，就不太可能实现了。在获得一个满意的设计之前，你可能需要多次迭代一个特定组件。从 WIKISPEED 构建者角度来看，那些后续的迭代包括"一个能将汽车固定到位的紧急制动器"和"一个在汽车行驶时不会产生阻力的紧急制动器"。

你可能还需要迭代验收测试，尤其是当你努力实现测试自动化时。WIKISPEED 进行一个真实的碰撞测试前，他们完成了大量有限元模拟。这些模拟很便宜而且可重复，因为它们需要花费的只是计算机的时间。模拟之后，他们会进行一个真实的碰撞测试，如果碰撞产生的结果与他们模拟的不同，他们就迭代模拟测试，他们使用真实的碰撞数据来改进他们的模拟测试。最终，他们的模拟变得完全接近真实情况，他们就不再需要那些昂贵的实体测试了。

6. 敏捷硬件设计模式

模式是一个简单的方式，能表示已知问题和解决方案的隐性知识。克里斯托弗·亚历山大（Christopher Alexander）在建筑领域开创了模式，软件开发者后来采纳了这一想法，在计算机领域用以沟通特定的解决方案。WIKISPEED 定义了许多模式来帮助更好地设计硬件，示例如下。

- Wrapper 封装，使用封装将第三方的组件调整到合同中。如果你把供应商的接口写进合同，无论是产品还是供应商做出任何改变，都可能导致你重新设计接口，这将会是一项昂贵的损耗。
- Facade 门面，使用门面，相当于引入了使用简单接口的多个连接器，任何时候，多条电缆（譬如数据线或者电源线）都需要装配到同一位置。
- Singleton 单体，每一个组件都需要电源线、数据线和接地线。设计一个新组件时，每个工程师首先要创建的都是电源、数据和接地总线。单体模式，对每一个基础组件而言，都有且仅有一个在用。如果你需要一个电源 - 数据 - 接地总线，那就使用我们的！

当然，有些时候，模式是有代价的。封装模式给 WIKISPEED 汽车增加了 8 公斤的重量，例如，在底盘和悬架中间外加一个铝板。

使用设计模式导致重量额外增加，值得吗？值得！因为这些模式允许 WIKISPEED 团队：通过持续优化，减少了汽车数百磅的重量，同时可以达到低成本地应对不断变化的悬架要求。

7. 持续集成

WIKISPEED 团队成员来自 20 多个不同的国家。他们是如何生产了一个有凝聚力的、特点突出的产品呢？答案有两个：一个是工程实践，另一个是规模化。

在工程层面，极限制造采用持续集成（CI）运行他们的测试套件（参见原则 3）；持续部署（参见原则 8）确保了产品创建和产品制造之间的紧密协作，因此可以实现一个产品改进不超过 7 天的目标。

持续集成（CI）确保了测试套件需要尽可能的自动化，因此团队成员每次交付一个设计更新时，一个覆盖范围更大的测试套件就会自动运行。

每次一个团队成员上载一个新的 3D 绘图到 DropBox，Box.net 和 Windows SkyDrive 时，WIKISPEED 都会运行测试。WIKISPEED 可以使用 FEA （有限元分析）软件包（如 LS Dyna 或 AMPStech 等）来模拟碰撞测试和压力测试。WIKISPEED 还可以使用计算机流体动力学（CFD）来模拟气流、空气动力学、流体流动、热量交换和电传播。

每当出现一个新的 CAD 时，这些测试就会自动运行，并形成一页纸的红灯和绿灯清单报告。绿灯代表测试版本与当前版本相同或者比当前的更好，或者通过了该部分或模块的显性测试。

通过这种方式，来自世界各地的团队成员就可以同时对每个模块进行改进，并提供与众不同的想法。根据版本记录，很容易知道哪一个是当前最好的，即通过了全部测试或有最多绿灯测试那个。

WIKISPEED 的测试包括促成简化和达成低成本目标的测试，还有用户的人体工程学，可维护性，可制造性和所属模块的接口一致性。

8. 持续部署

极限制造需要在 7 天或更短的时间内，将想法变成可交付的工作产品或服务。怎样才能在这样短的时限内，产生一个新的设计呢？

让我们来看一下传统公司是如何解决产品的创新问题的：传统的汽车制造商设计一个新的变速器时，他们会建立一个新工厂。首先是与各政府机关协商获得最佳的条件，如获取厂房建设许可道路、电力和税收优惠条件等等。然后他们开始兴建设施，雇佣并训练员工,配置生产线。经过多年的准备后,他们的客户才能订购一个可交付的产品。

如何将交付周期从多年的交付周期压缩到一个星期呢？

这个原则涉及到使大规模生产线具备灵活性，这样就可以在 7 天的迭代周期内，生产不同的产品。这些产品可能是现有产品，改良产品或是全新的产品。

实现这种操作上的灵活性，需要对原型机做加法或减法，或者两者兼而有之，一些机器或精益细胞单元被放置在可锁定的脚轮上，根据迭代目标推入或者推出工作主流程。团队在每日晨会后重新配置机器。这就意味着，测试装置总是被连接到生产线各个阶段的安灯拉绳上。（安灯拉绳的目的是当发生任何错误时，立刻会收到通知）

研发必须属于一线。如果新产品设计团队在大规模生产线的"听力"范围内，就会发生双向沟通；如果研发团队能把每个 Sprint 都部署到生产线上，就需要双方团队一起工作，配置生产线来测试和制造新产品。随着跨职能技能的增长，研发团队和制造团队之间的分隔都会消失，这样就很容易产生跨职能的产品团队。虽然每个人各具专业性，例如焊接认证等，但可以让他们在产品生产流程的各个方面协作，从创意到用户交付和支持，进行结对工作，从而产生协同。

如果你只有 7 天时间去创建一个新产品，你准备如何创造一个真实的市场化的产品呢？参见极限制造原则 5：迭代设计。目标是在一周内创建第一个版本，然后迭代这个设计根据需要改进它。使用中间结果从客户、用户和其他利益相关人那里获得反馈。早期设计可能会很庞大和笨重，因为是使用现有的组件堆成的，但当多次迭代设计并从中获取反馈后，一定会实现最终的目标。

对于服务，故事完全类似。理想的服务提供者是一项新服务的高级营销人员和创新者，在一个 Sprint 周期内，他们与客户互动来改进服务，并且将改进的服务提供给客户。

9. 规模化模式

增加团队时，以 Scrum 的方式进行规模化。通过产品负责人（PO）、Scrum Master 或团队成员进行协调，具体形式取决于所涉及问题的范围。

当多个团队在同一模块上工作时，他们各自拥有自己的子模块，这需要更好的契约优先设计，在创建这些团队前，先为子模块创建接口。例如，在发动机模块内部有燃油系统模块、发动机电子模块和排气系统模块。每一个模块都有一个松散耦合的接口，可以将其与其他模块连接起来，并能清晰地测试其价值和技术优势。

WIKISPEED 增加团队时，第一个设计决策是建立产品的基本架构。对他们而言，一辆汽车的主要模块有：发动机、车身、传动系统、驾驶舱等，他们之间的接口是什么呢？一旦定义了模块并创建了模块间的连接关系（参见 XM 原则 4：契约优先设计），就可以在接口的每一侧创建子团队来开发这个模块。

如果人力资源允许，从速度和质量指标来看，如果该模块增加更多的团队将会提高速度和质量，那么就配置多个团队在该模块中并行工作。

每个团队都拥有自己的集成和测试，在团队模块增量通过所有测试之前，团队的工作就没有真正"完成"（Done）。这些测试包括模块接口的一致性测试，以确保没有引入其他的额外连接。

在极限制造的 Scrum of Scrums 架构中，每个团队由 4 到 5 人组成，包括一个产品负责人（PO）和一个 ScrumMaster。每个产品负责人负责从投资组合产品待办事项列表中拉取故事，必要的时候，为团队澄清每个故事要交付的客户可见价值和净现值。

这种澄清来自首席产品负责人（CPO），他负责对投资组合产品待办事项列表进行不断排序和细化。从薪酬或经验方面讲，CPO 可以不是一个高级角色，它只是一个简单职位，只需为团队准备好待办事项列表，回答问题，对投资项目组合产品待办事项列表条目的客户可见价值给出最清晰的解释即可。理想情况下，CPO 也可以是客户，即为代办事项要生成的产品或服务付费的人。

在每个团队，每一个 Scrum Master 负责提升团队交付速度，即每个 Sprint 中持续交付的工作量。可持续性，意味着团队感到开心，并且所有已完成的工作都满足 "完成定义"（DoD）的质量要求。Scrum Master 在这里还有另外一项工作，即与其他团队的 Scrum Maser 合作，协调跨团队的工作空间、生产工具和模块接口等共享资源。

通过这种方式，一个 5 人团队就对如何解决最常见类型的阻碍有了明确的分工：缺乏清晰性由产品负责人处理，缺少待办事项列表由产品负责人处理，缺乏对团队交付趋势，质量等的可见性问题，自然由 Scrum Master 解决，还有资源约束和跨团队协调也由 Scrum Master 解决。

10. 合作伙伴模式

交付通常会依赖于第三方供应商，但他们通常不能在一个 Sprint 中交付一个满足我们新规范的新产品。那么他们如何才能在不到 7 天的时间里，将一个想法转变成一个能交到客户手里的新产品或服务呢？

WIKISPEED 首先设计一个封装（wrapper），通常是一块铝盘，上面有预定义好的螺栓样式，围绕第三方供应商的部分建立一个已知的 "接口"，即使第三方的部件改变了，该接口也不需要改变。您会看到这里应用了面向对象模块化体系架构和原则和契约优先设计两个原则，然后通过敏捷硬件设计模式原则实现加速。

一旦第三方部件被封装在一个已知的接口中，你就能够以非常低的成本在供应商、内部原型或批量部件之间迭代，唯一的边际成本是更换封装本身。

为了加快供应商的速度，要求他们交付一组特定的性能特征，而不是工程规范。"你们有适合 100 马力电机的传动装置吗？"，而不是 "这是我们的变速器设计，你能制造吗？"你为什么要等上几个月，等供应商按照你的规格制造设备，没准他们在产品目录或库存中已经有设备满足了你的需求。

许多工程师能够快速设计出他们自己的解决方案，当设计团队也是批量生产团队时，这种工作模式对整个组织有益。但是在一些生产被外包的情况下，发送一个价值和测试清单给外包供应商，而不是发送一个工程规范，这将给供应商提供最大的创新空间。这样可以让供应商做他们最擅长的部分，这也是为什么你要先与他们建立合作伙伴关系的原因。WIKISPEED 团队发现他们可以更快地得到更高质量的部件，这通常是从供应商现有的库存中获得的。

"哇噢！"阿捷对乔的神奇故事艳羡不已，"太猛啦！！居然真的可以把 Scrum、XP、DevOps 扩展到硬件生产领域，而且也是造汽车！"

"是的！所谓极限，就是相对比传统的做事方式，在每个实践、每个方法、每种理念，做到极限，做到最好。敏捷的重点就是要把事情做到极致，这其实也意味着永无止境！"赵敏意味深长地总结。

"一起加油！老婆大人，干杯！"

Joe 的故事与勇敢尝试的历程，着实鼓舞了阿捷，再次激发起了他的昂扬斗志。是呀，人生难得几回搏，此时不搏待何时！

🗲 本章知识要点

1. 管理知识工作者，最重要的是"释放知识工作者的内在动机"，给他们尊重，为他们授权，聆听他们的心声，让他们自由的创新，这才是企业发展的原动力。

2. 知识工作者的薪酬悖论。

   • 如果企业不能支付足额薪酬，员工就不能被激励。低薪酬是员工动力下降的原因之一。

   • 如果达到了一个临界点，薪酬就不是一个长期的激励因素了，这个临界点就是知识自由和自我价值的实现。

3. 驱动人们努力做好工作的三大驱动力：

   • Autonomy（自治），自我主导、自我驱动带来的参与感；

- Mastery（匠艺），追求极致；
- Purpose（目的），愿意做有价值、有意义的事情；

4. 极限制造（Extreme Manufacturing）的 10 大原则：

- 为改变而优化；
- 面向对象的模块化体系架构；
- 测试驱动开发；
- 契约优先设计；
- 迭代设计；
- 敏捷硬件设计模式；
- 持续集成；
- 持续部署；
- 规模化模式；
- 合作伙伴模式。

5. 极限（Extreme）相对传统的做事方式，在每个实践、每个方法、每种理念，做到极限、都要做到最好。敏捷的重点就是要把事情做到极致。

冬哥有话说

低风险的试错

纯软件的开发、测试环境相对容易构建，并且测试即使失败，通常也不会造成过于严重的问题；而涉及到硬件和嵌入式环境的开发，模拟仿真环境则往往会成为整个研发过程的瓶颈。

追溯人类的历史，飞机的设计和实验过程，危险系数与失败的风险，要远远超过软件的实验环境，甚至是软、硬件结合的环境。

我们都知道，美国莱特兄弟发明了世界上第一架试飞成功的飞机。可世界上第一个飞行器是谁发明的？是我们都熟知的艺术巨匠达·芬奇。1483 年到 1486 年间，达·芬奇绘制了一幅飞行器草图。

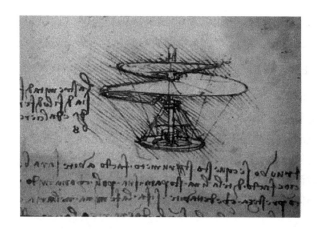

自达芬奇之后，有无数人尝试制造飞行器，却都与成功失之交臂。莱特兄弟之所以能够成功，最大的原因是采用了风洞。世界上第一个风洞是由英国人 Frank H.Wenham（弗兰克·H. 温汉姆）在 1861 年到 1971 年建成的，主要是为了测量物体与空气的相对运动。而真正让风洞名声大噪的，便是莱特兄弟在 1901 年前后建造的，对飞机飞行测试服务的风洞。

1901 年莱特兄弟为了实验和改进机翼，建造了风洞并在风洞中研究与比较了 200 多种的机翼形状，到 1902 年秋，已经积累了上千次滑翔经验，掌握了飞行的理论与技术。1903 年，莱特兄弟成功地实现了人类的第一次飞行，开辟了航空事业的新时代。

风洞已是当今空气动力学研究和试验中广泛使用的工具，新型飞行器都必须经过风洞实验。风洞可模拟不同的流速和不同的密度，甚至不同的温度，测试各种飞行器在不同气流条件中的真实飞行状态。因为风洞的可控制性、可重复性，现今风洞也广泛应用于汽车空气动力学和风工程的测试。

可控性、低风险的实验，在软、硬件一体化的研发中也是必不可少的。实验的目的，是为了获取反馈。我们都知道，反馈越快越早越好。WIKISPEED 的实例中，根据 NHTSA 和 IIHS 的规范实现五星级的防撞特性。这些规范设定了多种条件下的影响，以评估汽车的防撞性能。这些防撞测试非常昂贵，每次测试要花费一万美元，再加上车辆本身的生产成本、运输和处置测试汽车的费用、相关人员的差旅费用等，数值那就更大了。如果真的每次都进行防撞测试，不仅 WIKISPEED 无法接受，就算是财大气粗如特斯拉，也无法承受。而 WIKISPEED 采用的模拟仿真测试，就是在低成本、可控的前提下，有效获取反馈的方式。

低风险的试错，如同我们前面讲过通过功能开关、蓝、绿部署等，来提供低风险的发布，都是通过技术的方式来有效支持业务的低风险试错。

极限编程中的人性体现

所谓极限，就是将常识性的原理和实践用到极致。Kent Beck 在《解析极限编程》一书中，提到了极限编程实践。

- 如果代码评审是好的，那么我们会始终评审代码。
- 如果测试是好的，那么所有人都应该进行测试，甚至包括用户。
- 如果设计是好的，那么我们应该把它当作日常事务的一部分。
- 如果简单是好的，那么我们会始终将系统保持为支持当前功能的最简单的设计。
- 如果体系结构重要，那么所有人都将不断进行定义和完善体系结构。
- 如果集成测试重要，那么我们将在一天中多次集成并测试。
- 如果迭代短些好，那么我们将使迭代时间缩短为秒、分钟或小时，而不是周、月或年。

Kent Beck 早在 1999 年提出的极限编程理念，直到现在依然掷地有声，并且行之有效。技术圈总是喜欢追逐潮流，喜欢一窝蜂地追求最新的概念。请记住技术永远不是第一位的，最新的未必是最合适的，永远追逐最新的技术，往往丧失了自我的思考和技术的积累。前面也说过老马（Martin Fowler）对 CI 的定义和建议，从 2006 年至今，居然未曾被修改过。即使到现在，又有几个人敢拍着胸脯说，真正能把 CI 这些实践做到了。Jez Humble 在《持续交付》一书中所描述的原则与实践，又有多少人真正能够做到？与其去追逐最新的概念与技术，不如踏踏实实学习经典，扎扎实实地把手头的事情做好。

当极限编程遇到硬件制造所碰撞出的火化，就是极限制造。极限制造，大量借鉴了极限编程的理念。有意思的是，软件工程体系，从传统制造汲取和借鉴了大量的实践，现今已开始了对制造业的反哺。软件改变世界，如今已经没有一个行业敢说可以脱离开软件而独立存在，制造业也早就是机械＋电子＋软件的机电软一体化模式。

极限编程的理念，人们往往诟病说太过极端，这里面存在对它的误解。极限编程事实上最强调符合人性，在富足心态下，创造出特有的效率，克服稀缺心理造成的浪费。如果你有足够的时间，你将如何编码？你将编写测试，你会在学到一些东西以后重构你的系统，你会与程序员同事或客户进行大量讨论。

极限编程是顺从人类的本能，而不是逆向。人们喜欢沟通，喜欢胜利，喜欢成为团队的一部分，喜欢学习，喜欢掌控事务，喜欢受到信任，喜欢出色地完成工作，喜欢软件发挥作用。极限编程将这些人性，发挥到了极致。

要编码，是因为如果你不编码，就什么也没做；要测试，是因为如果你不测试，就不知道编码何时完成；要倾听，是因为如果你不倾听，就不知道为什么编码，要测试什么；要设计，是为了能够不断地进行编码、测试和倾听。这就是软件开发中的人性体现。

📝 精华语录

第 44 章

无敌的戴乌奥普斯

慵懒的下午，后海"人来人往"酒吧的阁楼上，阿捷跟大胡子 Gordon 博士正兴高采烈地聊着。Gordon 这次从苏格兰到中国旅行，专门约了阿捷见面。

"我们公司是在 2013 年成立的，最初只有 10 个员工，目前差不多有 3000 人，一半以上都是产品研发人员，主营业务是车联网。有 5 大产品线，12 个事业部，人员增长了几十倍，业务以每年 150% 的增长率发展。但我们的发布节奏却越来越慢。去年这时候，平均还是 2 ～ 3 个月才能发一版，客户在抱怨、供应商在抱怨，内部业务、产品、研发、运维、运营等各部门之间，各种会议轮车轮大战，各种标记着重要、紧急的邮件满天飞，每次快发版了，不断地有 VP（副总裁）提出重要需求，打断团队的开发节奏，导致继续延误，所有人都在骂娘……"讲到这里，Gordon 博士一脸的痛苦！

"哦，听起来真的令人同情！可你们又是如何做到现在平均每天发布 100 多次的呢？快告诉我们发生了什么？"阿捷回忆起 Gordon 博士之前的一条推文。

听阿捷惊讶于 100 次的发布，Gordon 一脸的兴奋。"其实，我们先后引入了敏捷

Scrum、引入了看板，又引入了持续集成 CI、自动化测试、自动化部署。这些手段都起到了很好的作用，但是依然没有最终实现快速的、可持续的、稳定的、高质量的持续交付目标。"

阿捷没有插话，满怀期待地看着 Gordon。

"后来，我算是想明白啦，最核心的还是目标设定与绩效管理问题，我相信你们国内的 BATJ 都没做到我这样。"

"哦，你做了啥？所有的敏捷方法与 DevOps 框架，在绩效管理这块，基本都还是空白。"

"目前，在我们戴乌奥普斯，所有人员都只能拿一半工资，但是员工们依然热情高昂，每天晚上都需要我赶他们下班，他们才不得不离开。有几次，我把他们赶走后，居然有人又偷偷地摸了回来，继续加班！害得我，只好用大锁锁住大门，才勉强遏制住了加班。要知道，在过去的几年，戴乌奥普斯也有加班，而且还发加班费或者倒休，但大家都没有现在这么主动延长工作时间！"

"喔！这到底是怎么回事？"阿捷一脸的迷惑。

"在戴乌奥普斯，我将发工资的节奏与产品上线进行了绑定，每上线一次，就发一次工资，如果一直不上线的，就一直不发工资！"

看着阿捷张大的嘴巴，Gordon 一脸的得意。

"以前产品上线发布，经常是 3 个月或者半年的节奏，产品、开发、运维经常互相指责，互相拆台。自从上线与发工资绑定后，他们很快就协作起来，打破了职能筒仓竖井，将发布日期缩减到了一个月，2 周，再到 1 周，再到 1 天，现在是几乎每小时都有新功能上线。现在都是一键上线，即点一个按钮，就完成了上线，上线后会自动验证，一旦遇到问题会自动回退，上线成功后会有持续监控，实时展示各种业务数据。每一次上线成功，我们办公室里面的短信提示声就会此起彼伏！知道是啥吗？那可是银行卡工资入账的通知啊。"

"牛！你够狠！这都能想出来！居然就这样轻松让团队具备了持续发布能力。"阿捷已经被 Gordon 的做法震撼到了。"提高了频次，又如何保证是有真实内容的上线？不是为了上线而上线。"

"我们引入了基于斐波那契的相对故事点估算法，奖金的额度跟每次上线的故事点挂钩！"

"可是这种估算，时间一长，团队会不由自主地往大了估的，而且，每个团队的估算标准也不一样的！"对于这里面的坑，阿捷还是很清楚的。

"嗯，是的，我是对故事点做了归一化，即一个点相当于一个人一天的工量。作虽然这么做有些粗暴，但是真没更好法子。"明显看出，Gordon 对此耿耿于怀。"不过，我们把每个团队都配置成特性团队，一条产品线的多个特性团队，每两周找一天一起做故事估算，各个团队先认领一批故事，进行拆解和估算。这时候大家是没必要故意往大了估算的，一个是群体压力，另外就是每个团队做的估算不一定该团队自己能做，因为我们会在各个团队做完估算后，由各个团队轮流抢任务。"

"强！这么做实际上非常巧妙地度量了交付的吞吐率！"阿捷禁不住给 Gordon 点了个赞！"那提高了频次，也能保证每次上线是真的有业务价值要发布？但又该如何保证交付质量呢？"

"为了保证质量，每发生一次线上事故，根据严重程度，就扣回对应额度的奖金。现在每个团队的每个人，在上线前都在认真的测试，其实他们在需求分析、代码编写阶段就已经在考虑如何测试了，不仅仅清晰定义了 DoR（就绪标准）、DoD（完成标准），那些 TDD（测试驱动开发）、BDD（行为驱动开发）、ATDD（验收测试驱动）等实践，全都用了起来，很多公司强调的全面质量管理都只是仅在口号而已，但在我们戴乌奥普斯，内建质量不再是口号，已经真的落地喽。我们也还会有工程效率改进人员，协助度量各个团队的内部过程质量，譬如曼哈顿积分、缺陷密度、缺陷修复速度等。当然，我们在上线质量这块度量的是上线失败率（Fail Rate）、线上事故个数和事故的严重程度。"

"其实，我觉得出现事故是不可避免的，还要看团队修复的速度吧。"阿捷觉得这么简单粗暴的度量，肯定也有问题，一直不建议企业这么做。

"你说的没错，所以我还考虑了 MTTR，也是故障平均恢复时间。"

"嗯！如何保证你们上线的内容就是客户所需要的？"

"我们外向型的度量指标包括客户上钩指数、客户上瘾指数、客户尖叫指数、NPS（净推荐值）、客诉数量等，这里千万不要用内向型的指标，如代码行数、故事点数、内部发现的缺陷数量等。因为外向型的度量才是结果（Outcome），内向型的度量都是产出（Output），Output 不一定能带来 Outcome。"

"这些概念很新潮，这么度量也很客观，真不错。那你们现在对业务的响应速度一定也很快吧？"

"没错！我们的开发周期都是以天或小时来计算的，已经实现了 2-1-1。"

"2-1-1？这可是京东的快递标准啊！"（注：在京东购物，上午 11 点之前下单，晚上 11 点前送达；晚上 11 点之前下单，第二天上午 11 点之前送达）

"我们有异曲同工之妙。我们的 2-1-1 是指：交付周期 2 天，也就是从提出想法到上线不超过 2 天；需求梳理周期是 1 天，即 1 天内要完成从提出待验证假设、梳理验证数据到最小可行产品 MVP 定义的全部工作；开发周期是 1 天，即在一天内完成产品开发并发布上线。"

"喔！好厉害的 2-1-1 啊，那具体做什么是如何定的？"

"我们现在完全是去中心化的、扁平化的模式，每个小团队都是自己决定每周要做什么。他们觉得做什么事情对用户有益，对公司有益，就可以去尝试，不需要任何审批。"

"这是真正的自组织状态啊。"阿捷佩服地说。

"嗯，这样的管理成本最低，因为团队真的是自动自发的状态。"

"那接下来几年，你们戴乌奥普斯公司的战略重点是啥？"

"偷偷告诉你，我们戴乌奥普斯被谷歌收购啦！我卖了 25 亿美金。"Gordon 一脸的得意！"我准备拿钱在中国砸几个初创项目玩玩。阿捷，你难道没有想过要开发一个属于自己的产品吗？没有想过要亲自创建一家属于自己的公司吗？有什么创业点子不？我先投你一个亿！"

听到这阿捷着实被震撼了，可又觉得有什么不对劲。

"25 亿美金，戴乌奥普斯？戴乌奥普斯？……"阿捷突然想起来，"这不就是我现在的公司吗？怎么成了你的私人公司？你咋就能卖给谷歌呢？"

Gordon 笑了笑，打开 iPad，示意阿捷自己看。

阿捷接过 iPad，还没等看清楚，iPad 却突然关机了。阿捷急得身子一颤，醒了。

这一切居然是南柯一梦！

阿捷怅然若失，看了下表，才早上 5 点 28 分。然而，阿捷已然没有任何睡意，习惯性地划开手机，才发现手机信息状态栏提示他有 8 封未读邮件，阿捷顺手点开了邮件客户端。

大多数邮件都是阿捷订阅的 Quora、LinkedIn、InfoQ 等网站推送过来的，其中有一封邮件的寄信者居然就是 Gordon，邮件主题是"来！咱们一起做一件有意义的事情"。

阿捷不假思索地点开了邮件：

> 亲爱的阿捷，
>
> 好久没联系了，你还好吗？
>
> 经常从 Twitter 和 LinkedIn 上看到你的消息，那些关于 Scrum、Kanban、XP、SAFe、DevOps、Lean、Agile、Coaching（教练）、Design Thinking（设计思维）、Lean Startup（精益创业）、GrowthHacker（增长黑客）等相关主题文章或实践心得，非常棒，受益良多。看得出，这些年来，你在这些领域耕耘很深，虽然也摔过很多跤，爬过很多坑，但最终取得的成就却非常惊人，只能用 Incredible Amazing（难以置信）来形容。
>
> 在这个知识爆炸的时代，人们变得更加焦虑，因为有太多的'不知道不知道'，而你却心无旁骛，专注于这个领域，不断学习与实践。或许你还没意识到，你持续积累的多年经验已经是一笔巨大的财富，你应该把这些经验分享出来，帮助更多的组织实现转型，提高产品研发与创新的效率。
>
> 我已经老了，除了开个小餐馆，跟朋友们谈谈天，聊聊家常外，也想把经验传承下来。我期望你能勇敢地走出舒适区，咱们一起开办一个学院，把知识与经验分享出去。名字我都想好了，就叫 International DevOps Coach Federation（国际 DevOps 教练联合会），简称 IDCF！
>
> 怎么样？这名字霸气吧。我想你一定会喜欢的。你的朋友们、你的客户也会喜欢的！
>
> 名字是我起的，我要先占 IDCF 中国公司 5% 的股份。

不要回复，除非你已经把 IDCF 在中国运作起来！我会把你介绍给我在中国的客户，他们会骚扰你的。

加油！加油！！加油！！！

一直支持你的 Gordon

阿捷很小的时候，曾经梦想成为一名科学家，发明各种稀奇古怪的东西；也曾经梦想成为一名教育家，用知识帮助更多人改变命运；工作之后，每天忙忙碌碌，早出晚归，日渐失去了昔日的梦想与激情。Gordon 的邮件，一下就激发起来阿捷久违的雄心壮志。阿捷提起笔，在日历上重重写下"IDCF，国际 DevOps 教练联合会"。

参考文献

书籍

1. 杜瓦尔，马加什，格洛弗 . 持续集成：软件质量改进和风险降低之道 . 王海鹏，贾立群，译 . 北京：机械工业出版社，2012.

2. 亨布尔，法利 . 持续交付：发布可靠软件的系统方法 . 乔梁，译 . 北京：人民邮电出版社，2011.

3. 帕蒂·麦考德 . 奈飞文化手册 . 范珂，译 . 杭州：浙江教育出版社 . 2018.

4. 吉恩·K 等 . DevOps 实践指南 . 刘征，等译 . 北京：人民邮电出版社，2018.

5. 贝克·K. 解析极限编程 . 雷剑文，译 . 北京：机械工业出版社，2012.

6. 玛丽·波彭迪克，等 . 精益软件开发 . 王海鹏，译 . 北京：机械工业出版社，2012.

7. 亨特·T. 程序员修炼之道：从小工到专家 . 马维达，译 . 北京：电子工业出版社，2011.

8. Jez Humble，等 . 2018 DevOps 全球状态报告 .

9. 杰克·韦尔奇 . 商业的本质 . 蒋宗强，译 . 北京：中信出版社，2016.

10. 斯坦利·M. 等 . 赋能：打造应对不确定性的敏捷团队 . 林爽喆，译 . 北京：中信出版社，2017.

11. 拉兹洛·B. 重新定义团队：谷歌如何工作 . 宋伟，译 . 北京：中信出版社，2015.

12. 尤尔根·阿佩罗 . 管理 3.0：培养和提升敏捷领导力 . 李忠利，任发科，徐毅，译 . 北京：清华大学出版社，2012.

13. 劳伦斯·J. 彼得原理 . 间佳，司茹，译 . 北京：机械工业出版，2013.

14. 丹尼斯·S. 系统思考 . 邱昭良，刘昕，译 . 北京：机械工业出版社，2014.

15. 纳西姆·塔布勒 . 反脆弱 . 雨珂，译 . 北京：中信出版社，2014.

16. Gojko Adzic. 影响地图 . 何勉，李忠利，译 . 北京：人民邮电出版社，2014.

17. 何勉 . 精益产品开发：原则、方法与实施 . 北京：清华大学出版社，2017.

18. 杰夫·巴顿 . 用户故事地图 . 李涛，向振东，译 . 北京：清华大学出版社，2016.

19. 埃里克·莱斯 . 精益创业：新创企业的成长思维 . 吴彤，译 . 北京：中信出版社，2012.

20. Donald G. Reinertsen. *Principles of Product Development Flow*, Celeritas Publishing, 2009/

21. 迈克·R. 丰田套路 . 张杰，译 . 北京：机械工业出版社，2011.

22. 肯尼思·鲁宾 .Scrum 精髓：敏捷转型指南 . 姜信宝，左洪斌，米全喜，译 . 北京：清华大学出版社，2014.

23. 詹姆斯 P. 等 . 精益思想 . 沈希瑾，张文杰，李京生，译 . 北京：机械工业出版社，2011.

24. 理查德 K. 等 . SAFe 4.0 精粹：运用规模化敏捷框架实现精益软件与系统工程 . 李建昊，等译 . 北京：电子工业出版社，2018.

25. 龚焱 . 精益创业方法论：新创企业的成长模式 . 北京：机械工业出版社,2015.

26. 阿希·毛雅. 精益创业实战. 张玳，译. 北京：人民邮电出版社,2013.

27. 史蒂文·加里·布兰克. 四步创业法. 七印部落，译. 武汉：华中科技大学,2012.

28. 克莱顿·克里斯坦森. 创新者的窘境. 胡建桥，译. 北京：中信出版社，2012.

29. 蒂姆·布朗. IDEO，设计改变一切. 侯婷，译. 北京：北方联合出版传媒，2011.

30. 格雷，布朗，马可努夫. Gamestorming：创新、变革 & 非凡思维训练. 方敏，等译. 北京：清华大学出版社，2012.（新版本《游戏风暴：硅谷创新思维引导手册》. 李龙乔，译. 北京：清华大学出版社，2019）

31. 埃斯特·德比. 项目回顾：团队从优秀到卓越之道. 周全，译. 北京：电子工业出版社，2012.

32. 克里斯平，格雷戈里. 敏捷软件测试 测试人员与敏捷团队的实践指南. 孙伟峰，崔康，译. 北京：清华大学出版社，2010.

33. 纳普，泽拉茨基，科维茨. 设计冲刺 谷歌风投如何 5 天完成产品迭代. 魏瑞莉，涂岩珺，译. 杭州：浙江大学出版社，2016.

34. 斯普尔·贾瑞特. 用户体验要素：以用户为中心的产品设计. 范晓燕. 北京：机械工业出版社,2011.

35. 迈克·科恩. 用户故事与敏捷方法. 石永超，张博超，译. 北京：清华大学出版社，2010.（新版本《敏捷软件开发：用户故事实战》. 王凌宇，译. 北京：清华大学出版社，2019.）

36. 迈克·科恩. Scrum 敏捷软件开发. 廖靖斌，吕梁岳，陈争云，阳陆育，译. 北京：清华大学出版社，2010.

37. 大卫·安德森. 看板方法：科技企业渐进变革成功之道. 章显洲，路宁. 武汉：华中科技大学出版社，2014.

38. 亨里克·克里伯格. 硝烟中的 Scrum 和 XP：我们如何实施 Scrum. 李剑，译. 北京：清华大学出版社,2008.（新版本将本书与作者另一本《相得益彰的 Scrum 与 Kanban》合并为《走出硝烟的精益敏捷：我们如何实施 Scrum 和 Kanban》重新编辑出版. 北京：清华大学出版社，2019.）

39. Paolo Sammicheli. *Scrum for Hardware*. 2018.

40. 高德拉特, 科克斯. 目标: 简单而有效的常识管理. 齐若兰, 译. 北京: 电子工业出版社, 2006.

41. 伊斯梅尔, 马隆, 吉斯特. 指数型组织: 打造独角兽公司的 11 个最强属性. 苏健, 译. 杭州: 浙江人民出版社, 2015.

42. 拜尔, 琼斯, 佩特夫. SRE: Google 运维解密. 孙宇聪. 北京: 电子工业出版社, 2016.

43. 桑吉夫·沙玛. DevOps 实施手册: 在多级 IT 企业中使用 DevOps. 万金, 译. 北京: 清华大学出版社, 2018.

44. 汤姆·迪马可. 最后期限. 熊节, 译. 北京: 清华大学出版社, 2002.

45. 卡罗尔·德韦克. 终身成长. 楚祎楠, 译. 南昌: 江西人民出版社, 2017.

46. 彼得·圣吉. 第五项修炼: 学习型组织的艺术与实践. 张成林. 北京: 中信出版社, 2009.

47. 史蒂芬·柯维. 高效能人士的七个习惯. 高新勇, 王亦兵, 葛雪蕾, 译. 北京: 中国青年出版社, 2011.

48. 杰拉尔德·温伯格. 咨询的奥秘: 成功提出和获得建议的指南. 李彤, 关山松, 译. 北京: 清华大学出版社. 2004.

49. 瑞·达利欧. 原则. 刘波, 綦相, 译. 北京: 中信出版社, 2018.

50. 丹尼尔·卡尼曼. 思考, 快与慢. 胡晓姣, 李爱民, 何梦莹, 译. 北京: 中信出版社, 2012.

51. 马克·舍恩. 你的生存本能正在杀死你: 为什么你容易焦虑、不安、恐慌和被激怒. 蒋宗强, 译. 北京: 中信出版社, 2014.

52. 派恩, 吉尔摩. 体验经济. 毕崇毅, 译. 北京: 机械工业出版社, 2012. (珍藏版 2016 年出版)

53. 萨博拉马尼亚, 亨特. 高效高效程序员的 45 个习惯: 敏捷开发修炼之道. 钱安川, 郑柯, 译. 北京: 人民邮电出版社, 2010.

54. 安东尼·德·圣-埃克苏佩里. 小王子. 马振聘, 译. 北京: 人民文学出版社, 2003.

网上资源

1. 关于 SAFe 流程中 PI Planning 的认知迭代

   https://zhuanlan.zhihu.com/p/28002721

2. 精益创业入门：八种 MVP 总有一款适合你

   https://mp.weixin.qq.com/s/V4-aUu1yFjdvEAx8-59GHg

3. Martin Fowler 的博客

   http://martinfowler.com/articles/continuousIntegration.html

4. SAFe 官方网站

   www.scaleagileframework.com

5. 敏捷宣言网站

   http://agilemanifesto.org

6. InfoQ 官方网站

   https://www.infoq.cn/

7. Scrum 简章网站

   http://scrumprimer.org

8. Scrum 联盟官网

   https://www.scrumalliance.org

9. LeSS 官方网站

   https://less.works/zh-CN

10. 火星人陈勇的博客

    https://blog.csdn.net/cheny_com

11. 净推荐值（NPS）：用户忠诚度测量的基本原理及方法

    http://www.woshipm.com/user-research/757893.html/comment-page-1

12. Planning as a social event – scaling agile at LEGO

   https://blog.crisp.se/2016/12/30/henrikkniberg/agile-lego

13. 斯坦福大学 Design School 所倡导设计思维的原则和步骤是什么？

   http://daily.zhihu.com/story/4280050

14. Making sense of MVP

   https://blog.crisp.se/2016/01/25/henrikkniberg/making-sense-of-mvp

15. 伟大领袖如何激励行动

   https://www.ted.com/talks/simon_sinek_how_great_leaders_inspire_action.html

16. 异地分布式敏捷软件开发

   https://www.iteye.com/topic/90820

17. Hackathon

   https://baike.sogou.com/v69601933.htm

18. 测试驱动开发

   https://blog.csdn.net/xljtang/article/details/2598743?locationNum=7&fps=1

19. DevSecOps 的 5 大关键举措

   https://opensource.com/article/18/9/devsecops-changes-security

20. 想要成为 DevSecOps 领航者？你还需要掌握这 7 大操作秘籍！

   https://mp.weixin.qq.com/s/-YkmPchetDOBsKYyn6BY8Q?

21. DevOps explained

   http://www.slideshare.net/JrmeKehrli/devops-explained-72091158

22. Puppet Labs.2015 年 DevOps 现状报告

23. 服务拆分与架构演进

   http://insights.thoughtworkers.org/service-split-and-architecture-evolution/

24. 熵减——我们的活力之源

https://mp.weixin.qq.com/s/q0mcGXRhqk2IujgVv3ftrg

25. Netflix 是怎样的一家公司？

https://www.zhihu.com/question/19552101/answer/114867581

26. 你看不懂的任正非熵理论，原来是这样的

http://www.sohu.com/a/123650197_460374

27. 模型—换个角度看问题

https://mp.weixin.qq.com/s/2DgdmtNWiyRYpgXbpHTAwg KANO

28. 实例化 DevOps 原则

http://www.liuhaihua.cn/archives/486501.html

29. Netflix 和它的混世猴子

https://zhuanlan.zhihu.com/p/19681894

30. Netflix 和 Chaos Monkey

https://my.oschina.net/moooofly/blog/828545

31. 上半年网络安全大事件盘点

http://special.ccidnet.com/180710/ 2018

微信公众号：敏捷一千零一夜、AgileRunner、JDTech、百度敏捷教练以及 LeanoneAngels

主要人物介绍

阿捷	全名徐捷，本书的核心人物，Agile 公司中国研发中心 TD-SCDMA 组开发人员，后接替袁朗成为 TD-SCDMA 组经理，在推行 Scrum 过程中承担起 Scrum Master 的角色。后又加入戴乌奥普斯公司，引领 DevOps 转型，男
敏捷圣贤	网络人物，对于敏捷软件开发具有最高的领悟力
大民	5 年的资深开发人员，负责整体设计，后升为阿捷组的技术带头人，男
阿朱	阿捷组测试人员，后升为测试带头人，女
阿紫	阿捷组测试人员，女
小宝	阿捷组开发人员，男
章浩	从周晓晓组借调到阿捷组的开发人员，原周晓晓组的技术带头人，后来被周晓晓挤走，男
王烨	从周晓晓组借调到阿捷组的开发人员，拥有两年 Agile 公司工作经验，男
李沙	Agile 中国公司负责 OSS 产品的 Product Manager（产品经理），老板在美国总部。后应阿捷之邀，担当起阿捷组实施 Scrum 过程中的 Product Owner（产品负责人）角色，男
袁朗	最早的 TD-SCDMA 组项目经理，男
周晓晓	中间件组项目经理，男
Rob（罗伯）	协议组项目经理，来自美国，男
Charles（查尔斯·李）	Agile 公司中国研发中心电信事业部部门经理，男
赵敏	阿捷的亲密人生伴侣，女
Gordon（戈登）	阿捷在苏格兰偶遇的一位业界前辈，后成为阿捷忘年交，男
Dean（迪恩）	无敌 DevOps 创始人，为戴乌奥普斯公司导入 SAFe，男
彪哥	OSS 通信协议团队的技术带头人，男
昶哥	阿捷同学，某大厂技术学院院长，负责公司内部技术创新和 DevOps 实践推广，男
韩旭	协议开发团队的 Leader，男
Wayne（韦恩）	戴乌奥普斯公司运维团队负责人，男
Jim（金）	戴乌奥普斯公司 CTO，男

上部　敏捷无敌：Agile 1001+

2005 年 6 月	6 月 18 日，阿捷在广西阳朔旅行时收到了 Agile 公司的录用通知书
2005 年 8 月	8 月 18 日，阿捷正式加入自己心仪已久的 Agile 中国研发中心
2007 年 5 月	5 月 7 日，当阿捷加入 Agile 公司将近两年后，阿捷所在的 TD-SCDMA 项目组原 PM 袁朗离职。部门老大 Charles 李找阿捷谈话，让其接替袁朗
	5 月的第三个礼拜，阿捷到美国帕洛阿尔托总部履新
2007 年 6 月	6 月 5 日，阿捷一直为如何才能带领团队按时完成开发计划而发愁。偶然的一次机会，大学同学猴子在 MSN 上建议阿捷采用敏捷软件开发，并透露给阿捷一个敏捷开发神秘高手的 ID "敏捷圣贤"
	6 月 13 日，阿捷抱着试试看的心态给敏捷圣贤发了邮件，后来又鬼使神差地被身在美国的敏捷圣贤加入 MSN，并开始了解到什么是 Scrum
	6 月 19 日，阿捷经过圣贤的指导，经过和 TD 组骨干大民的讨论后，鼓足勇气在 TD 组里开始了自己第一个 Sprint
2007 年 7～8 月	7 月 3 日，在为期两周的 Sprint1 结束之后，阿捷的第一次快跑出现了许多问题，大家对 Scrum 都不满意
	7 月 6 日，阿捷在网上第二次遇见敏捷圣贤，并与其接触，讨论阿捷在第一次快跑中遇到的种种问题，敏捷圣贤帮助阿捷解惑，并建议阿捷去找个合适的人担任 Scrum 里的 Product Owner，导致后来阿捷说服 Agile 资深产品经理李沙担任 Product Owner 角色
	7 月 17 日，在阿捷第三次跟敏捷圣贤接触，并讨论如何开好站立会议等诸多事项之后，TD 项目组第二个为期 3 周的 Sprint 2 红红火火地开始了
	为期 3 周的 Sprint 3 和 Sprint 4 胜利完成，大家都开始喜欢起敏捷开发，阿捷更是对 Scrum 充满信心。在 Charles 李偶然旁听阿捷召开的站立会议后，阿捷将燃尽图等 Scrum 细节介绍给饶有兴趣的 Charles

9 月初，一个偶然的机会，身在 Agile 中国研发中心的阿捷被 Charles 李史无前例地派去与 Agile 中国公司的销售合作，攻打中国移动奥运 TD 单子，阿捷提了非常有进取心的计划，让竞争对手对 Agile 公司的快速反应大为诧异

9 月 20 日，阿捷组的测试工程师阿朱提出持续集成概念，并通过艰苦的工作，做出了一个名叫 AutoVerify 的小工具，实现每天的持续集成与自动化部署及测试

2007 年 9 月

9 月 22 日，阿捷在网络上与敏捷圣贤讨论持续集成反模式和 XP 的各种实践，并最终将其用于自己的日常工作中

9 月底的最后一个礼拜，Agile 公司艰苦地将中国移动奥运 TD 系统支持的大单拿下，要求以阿捷为主要开发力量 Agile 研发中心必须要在 2008 年的春节前完成软件发布，并在后面的好运北京测试赛中完成实测

9 月 26—27 日，得知拿下奥运 TD 大单的阿捷第一时间想找敏捷圣贤讨论自己的想法，可是当阿捷从 MSN 空间里找到圣贤在美国的电话打过去时，居然发现是一个声音甜美的女孩子。阿捷根据和敏捷圣贤的讨论，决定了由 5 个长 Sprint 和 2 个短 Sprint 的项目发布计划

2007 年 12 月

通过两个多月的努力，阿捷的团队按照既定的开发计划进行着。消失了两个多月的敏捷圣贤重新出现在阿捷的生活中，并和阿捷讨论了精益开发的诸多要点

2007 年平安夜和圣诞节，一个巧合的机缘，敏捷圣贤回到北京，阿捷第一次见面后，才发现敏捷圣贤原来是个沉鱼落雁闭月羞花的年轻女子。二人在滑雪的同时，讨论了团队生产力相关的公式。

2008 年 1 月

1 月初，在项目开发接近尾声的时候，TD 项目组出现了许多问题，比如过度关注测试、Purify 内存泄漏问题和性能问题等。大家齐心协力消除了瓶颈

1 月 21 日，阿捷带领工程师将首套软件在拥有鸟巢和水立方的奥运主场馆区第一次安装调试成功

2008 年 2 月

2 月 2 日，Agile OSS 5.0 奥运特别版在春节前正式发布。在得知赵敏从北京转机飞回四川老家看望父母时因大雪被困机场后，阿捷独自一人驾车前往首都机场，看望疲惫不堪的赵敏

2 月 18 日，阿捷被老板 Charles 点名负责在 Agile 公司电信事业部内推广 Scrum，阿捷建议启用 SOS 模式

2008 年 4 月

4 月初，美国总部决定在中国成都新建一个开发团队，交由 Charles 李领导。在与阿捷和 Agile 中国研发中心电信事业部的另外二个 PM 周晓晓和 Rob 讨论后，Charles 决定让阿捷负责用 Scrum 分布式开发方式筹建成都团队

2008 年 5 月	5 月 12 日，在成都筹建团队的阿捷遭遇了百年一遇的汶川地震，阿捷跟赵敏一起施救被困青城山的学生，一下子成了英雄人物
2008 年 12 月	在全球经济的"冬天"里，Charles 李的突然离开让阿捷吃惊不小，而同部门项目经理周晓晓的所作所为居然还被公司高层认可，更让阿捷对 Agile 中国研发中心产生了疑惑。作为曾经的老大，Charles 李选择了离开 Agile 公司，阿捷遇到人生中又一次挑战
2009 年 7—8 月	7 月中，阿捷被派往苏格兰的 SQF 研发中心，协助把美国的一部分研发工作转移到 SQF，同时跟北京研发中心建立起异地协作。阿捷在饭馆偶遇老板 Gordon，从餐馆排队机制，阿捷获得顿悟，找到了多项目管理的关键点
	8 月下旬，阿捷再次从 Gordon 身上学了 Kanban 的可视化管理与在制品（WIP）限制
	8 月份最后一个周末，阿捷邀请赵敏来爱丁堡度假，在 Gordon 的小饭馆里向赵敏求婚成功

下部　DevOps 征途：星辰大海

2016 年 11 月	11 月初，依靠 Agile 公司老字号的招牌和通信领域深厚的技术积累，Agile 美国总部居然在这次强手如林的 Sonar 新一代车联网解决方案中赢得了一次 PoC 机会，阿捷责无旁贷地承担起重任
2016 年 12 月	阿捷从赵敏那里学到了黄金圈理论，并延伸到影响地图，协同市场、销售、研发等多个角色，一起制定出了"2 周内在 PoC 中胜出"的计划，令大家刮目相看
	阿捷再次拜师赵敏，运用用户故事地图，梳理出项目的全部需求并做出发布规划，第一次找到了"又见树木，还见森林"的感觉
	12 月中旬，捷报传来，超出 Sonar 公司的预估，本来大家都并不看好的 Agile 公司，居然在 PoC 阶段的技术排名第一。这都是阿捷团队借鉴精益创业思维，成功运用 MVP 理念的成果

Agile 公司聘请赵敏所在的咨询公司驱动整体转型，安排多位业界资深的咨询专家进驻到每个研发中心，带领大家一起按照敏捷的方式工作。为了统一思想，在新加坡举办一期企业敏捷转型研讨会，邀请世界各地骨干人员参加，阿捷第一次接触到了规模化敏捷框架 SAFe，并经历了第一次虚拟的多团队规划的 PI Planning

2017 年 1 月

1 月 16 日回到北京后，阿捷、大民他们都摩拳擦掌，准备大干一场，毕竟实践才是关键，毕竟之前没有这么系统的框架，对于像 Sonar 车联网这样跨越多个国家、多个部门协同的项目，必须依靠体系化打法方能成功

2017 年 2 月

2 月 8 日，Agile 北京 Site 的 8 个敏捷团队，再加上商务、市场、运维、运营等关键角色，齐聚在国家会议中心的亚洲厅，启动了第一个敏捷发布火车（ART）

4 月的第 3 周，第一个敏捷发布火车在历经 10 周、5 个迭代和 8 个团队的艰苦努力之后，终于如期通过了内部的验收测试，部署到 Agile 公司帕洛阿尔托办公地的服务器上，开放给 Sonar 进行灯塔（Light House）试运行

2017 年 4 月

4 月 21 日，周五上午十点，代码赌场的第一场比赛准时开赛

4 月 24 日，阿捷向技术学院院长昶哥取经后，在 Agile 公司内部成功举办了第一次黑客马拉松

5 月 6 日，阿捷把放假前 Sonar 要求在一周内完成设计验证的事情，一五一十地和赵敏讲了，也提到了 Agile 公司高层也知道这是一件几乎不可能完成的任务，但赵敏居然带着阿捷的团队通过一周的设计冲刺，运用设计思维成功完成了这个挑战

2017 年 5 月

6 月 6 日，Sonar 和 Agile 共同出资成立的戴乌奥普斯公司正式成立。按照合作协议，Agile 公司原有涉及 Sonar 业务的研发部门和运维团队从 Agile 公司剥离出来，与 Sonar 相关的业务运维团队合并，成为新公司的技术研发与运维中心，阿捷带领大民他们顺其自然地加入到新成立的戴乌奥普斯公司

2018 年 6 月

6 月下旬，在迁移 Oracle 数据库时，阿捷开发团队的小宝就和原来负责 Oracle 运维的 Sonar IT 运维团队掐了起来，出现了第一次开发与运维的冲突事件，迫使阿捷开始研究 DevOps

2018 年 7 月

7 月 10 日，通过赵敏的系统化培训，对于敏捷与 DevOps 的概念与范畴，终于让所有人从"傻傻分不清楚"的状态走了出来

2018 年 9 月	9 月 1 日 20 时，将 Oracle 生产环境数据库一次性迁移到全新的 MySQL 数据库的操作，出现了重大事故，研发团队和运维团队的第一次合作战役遭遇滑铁卢
	中秋节前一天的上午 10 点，戴乌奥普斯公司成立之后，第一次在白天非停机状态的系统升级发布，由于借用了金丝雀发布与 A/B 测试理念，大获成功
2018 年 10 月	国庆后，大学同宿舍的好友昶哥，国庆西藏自驾回来，约阿捷这帮老兄弟们聚会，观看旅行中摄影片的时候，阿捷趁机向昶哥请教持续交付流水线，第一次了解到了 SRE 这个新角色
2018 年 11 月	在 11 月第一个 CTO Staff Meeting 上，阿捷向公司的 CTO Jim 做了关于面向业务的持续交付和针对运维可靠性组建 SRE 团队的汇报
2018 年 12 月	赵敏无意间提到了华为的熵减，令阿捷茅塞顿开，延伸到了如何推进演进式架构，消除技术债
2019 年 1 月	阿捷与赵敏联袂推出朴素的 DevOps 价值观
	阿捷与赵敏再接再厉，理论再次升华，DevOps 的 10 大原则破空而出
2019 年 2 月	2 月底，拼少少与爱彼迎等平台相继出现漏洞，被用户薅羊毛，警醒阿捷开始考虑 DevSecOps
2019 年 3 月	Sonar 车联网中最重要的 OTA V3.0 终于按时上线了，没想到，一位 Sonar 车主驾车在长安街等红灯间隙，点击了屏幕中 OTA 升级按键，结果造成停车升级 1 个多小时，交警也束手无策
	赵敏连夜从国外赶回北京，安慰阿捷的同时，更帮阿捷打通了如何提升用户体验的关键通路
2019 年 12 月	圣诞节前夕，美国总部快递来了一件特殊的礼物：一件"三只袖子的毛衣"，要求挂在戴乌奥普斯的办公室内，恭喜阿捷他们"首战告捷"
2020 年 2 月	Sonar 公司的 CEO 埃里克做出决定，全资收购戴乌奥普斯公司。阿捷团队面临新的挑战，即把敏捷和 DevOps 等实践引入到汽车硬件生产领域
2020 年 8 月	Gordon 从苏格兰到中国旅行，约阿捷在北京的后海酒吧见面，再次激励阿捷走出舒适区